全国高等院校应用型创新规划教材·计算机系列

Linux 网络操作系统项目教程

刘学工　彭进香　周　倩　主　编

袁　礼　冯亚北　刘建国　熊芳芳　副主编

清华大学出版社

北京

内 容 简 介

本书根据企业 Linux 工程师的实际工作背景，结合高职学生的学习特点、Linux 网络操作系统职业应用背景，精心选择和组织教学内容，在保持知识先进性的同时，注意降低学习难度，以激发学生的兴趣。

书中分为 6 个大的项目任务，其中各项目中包含具体细化的学习情境，任务目标清晰，流程完整，学生通过完成各个项目任务，可以轻松掌握 CentOS 7 网络操作系统知识及其他必备的知识和技能。

本书内容包括基本应用、服务配置、管理运维、安全体系、未来发展、项目实施等，涵盖企业情境所需的方方面面，可以让学生快速融入日常工作。同时，情境设计注重了“还原真实、精简知识、理实一体、操作明晰”的原则。

本书适合作为应用型本科及高职高专院校计算机相关专业讲授 Linux 网络操作系统知识的实用教材，同时，也适合想要学习 Linux 网络操作系统知识与技能的广大读者阅读。

图书在版编目(CIP)数据

Linux 网络操作系统项目教程/刘学工，彭进香，周倩主编. —北京：清华大学出版社，2018(2024.2 重印)
(全国高等院校应用型创新规划教材・计算机系列)
ISBN 978-7-302-50430-6

Ⅰ. ①L… Ⅱ. ①刘… ②彭… ③周… Ⅲ. ①Linux 操作系统—高等学校—教材 Ⅳ. ①TP316.89

中国版本图书馆 CIP 数据核字(2018)第 118232 号

责任编辑： 汤涌涛
封面设计： 杨玉兰
责任校对： 宋延清
责任印制： 杨　艳
出版发行： 清华大学出版社

网　　址： https://www.tup.com.cn, https://www.wqxuetang.com
地　　址： 北京清华大学学研大厦 A 座　　**邮　　编：** 100084
社 总 机： 010-83470000　　**邮　　购：** 010-62786544
投稿与读者服务： 010-62776969, c-service@tup.tsinghua.edu.cn
质量反馈： 010-62772015, zhiliang@tup.tsinghua.edu.cn
课件下载： https://www.tup.com.cn, 010-62791865

印 装 者： 涿州市般润文化传播有限公司
经　　销： 全国新华书店
开　　本： 185mm×260mm　　**印　张：** 21.25　　**字　数：** 491 千字
版　　次： 2018 年 7 月第 1 版　　**印　次：** 2024 年 2 月第 5 次印刷
定　　价： 58.00 元

产品编号：072523-01

前 言

在作者多年的职教经验中，学生最大的几个疑问就是“学了有用吗？”“我能学会吗？”“学了就落伍怎么办？”

1. 怎么让学生学了有用

本书采用了项目导向式的教学体系，选取了最新版本的 CentOS 7 网络操作系统，对企业中最常用到的技能进行取材和做项目情境设计，体现了“学中做、做中学”的职业教育理念，通过必要的实践，让学生掌握工作必备的实用技能。

2. 学生能学会吗

通过对实用技能的解析，以能用、够用为基准，最大化精简知识体系，极大地降低了学生的学习难度。而“学中做、做中学”的技能训练模式，可以保证每个学生都能学会。

3. 学了就落伍怎么办

计算机技术的发展日新月异，要保证学习到的知识不落伍，需要的是终身学习的能力和对新技术的喜好与追求。本书不能让你永不落伍，但是会锻炼学生学习的本领，重视学生学习兴趣的培养，启迪学生探索未知，提高独立或协作解决问题的能力。

4. 本书分为六个项目

项目一：Linux 系统的安装和基本配置。该项目主要讲解网络操作系统相关知识、在虚拟机上安装 CentOS Linux、使用命令行管理方式进行系统管理以及对系统基本配置进行管理的内容。

项目二：常用服务的配置和使用。该项目主要讲解服务器和服务器软件的相关知识，配置 DNS 和 DHCP 服务器、配置 Web 服务器以及搭建 LAMP 应用环境等的知识内容。

项目三：服务器的日常管理和运维。该项目主要讲解服务器的日常管理、远程管理、数据的备份管理以及管理中的简单编程技巧。

项目四：服务器的安全管理。该项目主要讲解服务器安全管理、账号安全和权限管理、防火墙管理的相关内容。

项目五：云平台的使用。该项目主要讲解云技术的知识和如何搭建 OwnCloud 私有存储云。

项目六：综合实训。该项目主要通过典型实训任务，让学生综合实践前面所学的内容，以达到真正掌握技能的目的。

本书在任务内容选取上，以命令行管理配置为中心，从 Linux 系统的安装和基本配置开始，历经 LAMP 应用环境的搭建、服务器的日常管理和运维、服务器的安全管理，初步接触云平台的使用，最后从项目的全景中，剖析服务器的角色定位，通联点与面，部署综合实训任务。

本书作者通过多年的教学实践及对职场从业的实际了解，决定要精心编写出此书，编写过程中也参考了一些经典著作，在此一并表示感谢。

由于作者水平有限，书中难免存在疏漏和不足之处，恳请专家和广大读者批评指正，作者邮箱：liuxuegong@biem.edu.cn。

编　者

目录

目录

项目一

Linux 系统的安装和基本配置

项目导入

小刘作为某公司的网络管理员，其中一项工作任务是负责管理和维护公司的网站。要发布网站，他需要先安装一台服务器，作为网站的基础运行平台。经过分析，他选择了安装 CentOS 网络操作系统，并在 VMware 虚拟机上额外安装一台服务器作为公司网站发布的测试平台。

项目分析

网站是每个公司在互联网上的门面和沟通交流渠道，是每个公司业务的重要环节。对于管理员来说，管理网站是一项必备的技术能力和要求。完成一台 Linux 服务器的安装任务，是成为一个合格网络技术人员的第一步。

网站一旦上线提供服务，对它进行维护更新就要慎重。每次对网站进行维护升级操作，都要在测试服务器上先配置并测试通过后再在正式服务器上实施，不然如果出现意外，就会对公司造成恶劣影响。而且事前测试不仅可以查错纠错，还可以对整个操作流程的耗时和可能出现的问题谙熟于心，这样可以比较准确地预估维护的时间，保证维护可以按时保质完成。

对于管理员来说，有些时候，一次严重失误就可能导致职业生涯提前结束，这也是每个网管都会配置测试服务器的原因。很多企业都没有富余的服务器专门用来做测试，所以，虚拟机就是绝大多数网管的最佳选择。

虚拟机的另一个重大作用，就是用于实现对新知识的学习。在虚拟机上，可以根据需要仿真环境，而且可以尝试各种操作，与真正的服务器并没有什么区别，还不用担心造成严重的后果，因为很容易就可以恢复系统。目前，随着云主机逐渐普及，虚拟机的使用会越来越普遍。

本项目首先介绍常用的网络操作系统以及应如何选择适合的网络操作系统；接下来介绍如何在 VMware 虚拟机上安装 CentOS 7 系统；最后介绍如何在命令行模式下对系统进行管理的基本方法。

能力目标

能够根据实际需要选择合适的操作系统。
掌握 VMware 虚拟机的创建、配置和使用的基本方法。
能在 VMware 虚拟机上完成系统的安装任务。
掌握使用命令行管理方式进行系统管理的基本方法。

知识目标

了解操作系统的基本知识，熟悉主要的网络操作系统。
了解常见的 Linux 发行版。
了解 CentOS 网络操作系统的基本知识。

任务一：选择适合的网络操作系统

在这一部分中，我们要关注三个问题：操作系统是什么？为什么要使用操作系统？怎样选择适合自己的网络操作系统？

知识储备

1.1　网络操作系统概述

1.1.1　操作系统与网络操作系统

操作系统(Operating System，OS)是安装在计算机设备上的软件，用于实现对底层硬件的管理，并提供接口服务给用户，从而使得用户可以通过接口来操作和控制计算机。

没有安装操作系统的计算机被称为“裸机”，即只有硬件，它无法正常接收和识别用户的输入指令，也就无法正常工作。所以，要为每一台计算机安装操作系统软件，这样才能使计算机变成人类的好帮手。操作系统的整体概念如图 1-1 所示。

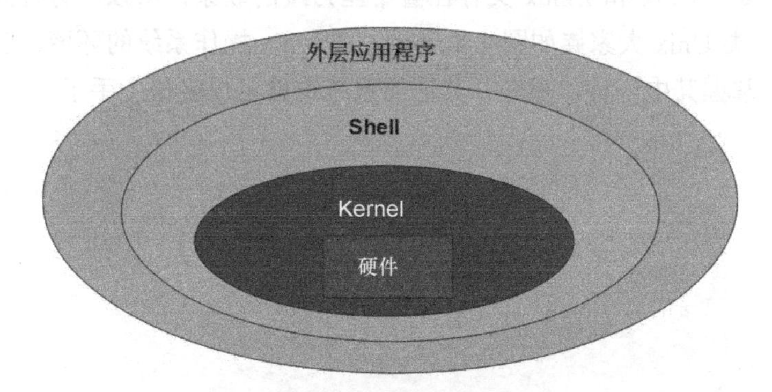

图 1-1　操作系统 OS

网络操作系统(Network Operating System，NOS)，就是具备网络功能的操作系统。通过它，人们就可以彼此联系在一起，如图 1-2 所示。

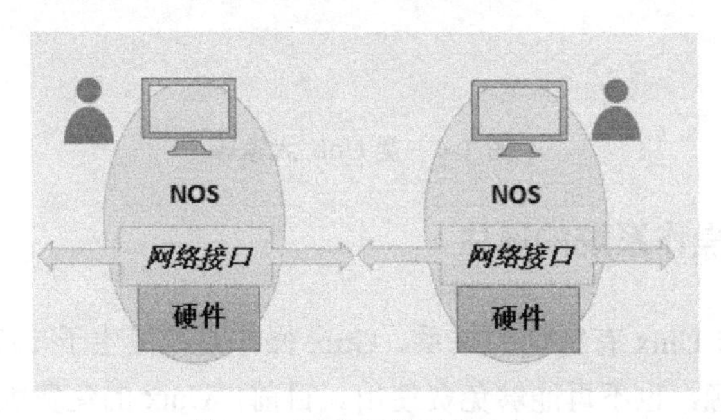

图 1-2　网络操作系统 NOS

信息时代是一个网络互通的时代，每个人的计算机都连接到互联网，再连接到整个世界。互联网把全世界连在一起，我们接入网络，成为网络的一个端点。与我们通信的对方是接入网络的其他端点，连在我们之间的就是这个覆盖全世界的互联网 Internet，就像渔网一样，如图 1-3 所示。

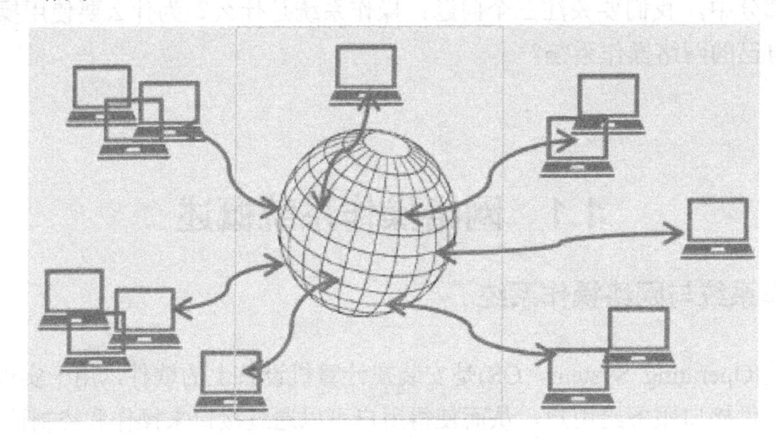

图 1-3　互联网 Internet

流行的网络操作系统有很多，其中流传广、影响较大的主要有 Unix、Windows 和 Linux 三大类。其中 Unix 和 Linux 又存在着千丝万缕的联系，所以，有时候也会统称为类 Unix 操作系统。类 Unix 大家族如图 1-4 所示。类 Unix 操作系统的环境、应用软件和操作方法近乎相同，掌握其中一种，那么，其他的系统也就可以轻松上手了。

图 1-4　类 Unix 大家族

1.1.2　Linux 网络操作系统的诞生

Linux 的产生，与 Unix 有密切的关系。Unix 操作系统诞生于 1973 年，后来，Unix 开始收回版权，不再开源，也不再能够免费使用。目前，Unix 的免费版本主要是 FreeBSD。

1984 年，为了教学需要，大学教授 Andrew S. Tanenbaum 开发了 x86 架构的 Minix 操

作系统。1991 年，芬兰大学生 Linus Torvalds 在 Minix 的引导下开发出最初的 Linux。1994 年，Linux 的核心正式版 1.0 完成，Linux 逐渐走向普及。

Linus Torvalds 开发的只是操作系统中最重要的内核部分，作为操作系统软件，还缺少用户的接口和一些必要的工具软件。目前，很多公司都在从事这项“集成”工作，他们把内核、外壳(接口)和各种软件集成打包在一起，这些集成品就是所谓的“发行版”。所以，当我们使用 Linux 时，要注意内核版本和发行版本的区别。目前国内比较有名的发行版有红旗 Linux 等，国外的有红帽子 Linux、Ubuntu Linux 等。

1.2　Windows 和 Linux 的区别

我们多数人很熟悉 Windows 操作系统，与 Windows 相比，我们有什么理由去选择 Linux 操作系统呢？

1.2.1　Windows 和 Linux 的设计思路不同

从设计初衷上说，Linux 和 Windows 就完全背道而驰。

Windows 设计目的，是让用户能更友好地使用系统，得到最好的用户体验；而 Linux 则聚焦在内涵，力求做出最专业的系统。

众所周知，Windows 是商业化系统，获得用户喜爱认可非常重要，所以，Windows 用户才会遍及全球；而 Linux 早期几乎是黑客专用操作系统，所以专业而高效的同时，对普通用户也不够友好。为了能够普及，Linux 在桌面化领域做了大量的工作，现在 Linux 桌面发行版的用户体验已经不逊色于 Windows 了，如图 1-5 所示。

图 1-5　Windows 与 Linux

Windows 和 Linux 的区别同样也来自于它们对自己的用户所做的假设完全不同。

对于 Linux 用户，这个假设是：“Linux 用户知道自己想要什么，也明白自己在做什么，并且会为自己的行为负责。”

而 Windows 则恰好相反：“Windows 用户不知道自己想要什么，也不明白自己在做什么，更不打算为自己的行为负责。”

以这两种不同的思路设计出的系统，一个是“傻瓜式”的用户易用系统(Windows)，容貌美；另一个是功能卓越的“专业式”系统(Linux)，内心美。对 Windows 和 Linux 的假设所做的形象化描述如图 1-6 所示。

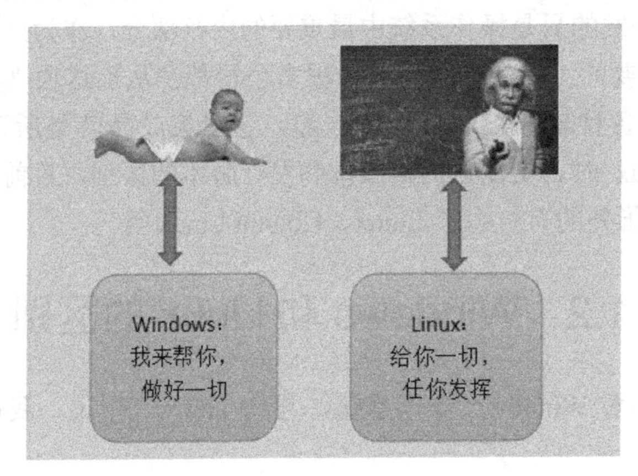

图 1-6　Windows 和 Linux 的假设

Windows 下的操作对于用户来说很贴心，使用门槛不高，基本上大家都会使用。“简单易用”通常就是 Windows 留给我们的印象。对于普通用户家用、娱乐用来说，因为入门简单，Windows 较为适宜。这一点，就决定了即使现在 Linux 桌面版的用户体验已经不逊色于 Windows 了，却也无法撼动 Windows 已经拥有的海量用户数和市场份额。

然而，孩子早晚会长大。长大了，虽然他还会喜欢那个曾经帮扶过他的系统，但是，这也不影响他向往新的世界。在 Linux 的世界里，他可以拥有一切，自由翱翔。

1.2.2　Linux 的优势

1. 客户/服务器模式

网络应用的基本运行模式是客户/服务器模式，如图 1-7 所示。我们是享受服务的客户，而另一端是提供服务的服务器。

图 1-7　客户/服务器模式

当我们去淘宝网站购物时，我们是顾客，是销售服务的购买者；淘宝网站是销售服务的提供者。就像现实中的大商场那样，提供这样的服务需要庞大的营业面积、海量的商品、专业化的团队、流畅的进货渠道、汹涌的人流等，淘宝网站这样的服务提供者要向整个互联网用户提供服务，它也需要能够支撑服务的服务器和其他必需的资源。

虽然互联网的使用者绝大多数是普通用户，但是，网络的一切核心功能都是运行于服务器的，如图 1-8 所示。服务器是所有网络应用和服务的支撑平台，对于互联网来说，服务器非常重要。

图 1-8　服务器

2. Linux 的优势领域

与我们使用的个人计算机相比，服务器具备更快的速度、更大的存储、更安全的保障等优良的性能。为了支撑庞大的业务，或者出于灵活性、经济性等因素考虑，现在各种网络应用正在逐渐向云服务平台迁移。而不论服务器还是云服务平台，选用 Linux 的占据主流。这意味着，在服务器和云服务平台等网络基础设施上，Linux 的重要性远远超过 Windows 和其他操作系统。

在软件开发领域，Linux 的使用率也非常高。对于软件开发者，开源免费的 Linux 平台和海量的应用软件及开源代码，加上火热的社区支撑，给程序员提供了一条永无止境的通天翱翔之路，吸引力远超 Windows。

在移动端平台上，多数也是基于 Linux 的。现代网络的发展趋势就包括应用中心化和接入微型化，即常说的“胖服务器，瘦客户端”。互联网的核心应用和数据都会聚集在云中，加速处理和交换，而接入网络的终端会越来越小巧易用，例如手机、平板电脑、随身手环、电子眼镜等。这些新领域主要都是基于 Linux 的。由于 Linux 的开源和免费，发展将越来越快、越来越广。

另外，通常基于 Linux 的设备会比较便宜，而 Linux 的知识更新换代较慢，学习的性价比很高，所以也会吸引很多人学习和使用；此外，Linux 的通用性也非常好，在几乎所有平台上都有极佳的表现。

综合看，对于计算机专业技术人员来说，无论处于哪个技术领域，Linux 都是必学的内容；除了家用娱乐领域，Linux 在大多数其他领域中都具备优势。

当我们说到 Linux 的时候，通常还会说到两个词：开源、自由。

简单地说，Linux 的一切都是开放的，所有的源代码你都可以免费获取，你能够学习到一切想学习的内容，让你从“菜鸟”一直升级到“大师”，当你觉得它不能满足你的要求的时候，你可以在它的基础上继续创造，无数的志愿者会帮助你测试和改进，使你可以更快地实现和完善它，这就是所谓的“自由”精神。

Linux 通常是免费的，你可以免费下载，自由地安装使用，这是作为商业系统的 Windows 所做不到的。

1.2.3 为什么 Windows 服务器仍很普遍

对比 Linux 和 Windows，我们可以发现，除了家用娱乐领域、桌面使用以外，Windows 并不占有优势。相反，在几乎所有专业领域，Linux 却都具备更高的认可度。

不过，在中小型企业中，Windows 服务器操作系统的选择比 Linux 要更广泛一些，这是为什么呢？

1. 程序兼容性

真正决定选择哪个系统的因素，还要考虑开发应用使用的是什么语言。

如果你的网站很简单，那么选择 Linux 还是 Windows 都可以。如果你的网站是动态语言编程的，是一个完整交互的系统，因为 Linux 主机和 Windows 主机分别支持不同的程序语言和数据库，选择了语言环境，也就等同于选择了操作系统。

Windows 服务器下的网站环境主要是 IIS + ASP.NET + SQL Server，而 Linux 服务器下的网站环境主要是 Apache + PHP + MySQL。可以看出，如果应用是 PHP 开发的，就会选择 Linux；如果应用是 ASP.NET 开发的，就会选择 Windows。

2. 性能稳定性

服务器的稳定性，简单地说，就是不出问题，服务器能够一直良好地运行，直到你关闭它。在这方面，Linux 的评价明显占优。

一直以来，普遍认为 Linux 系统的稳定性强于 Windows 系统。其一是因为 Linux 的设计比 Windows 更先进，整体性能完胜 Windows。而且当 Windows 主机配置变化的时候，通常需要重新启动，这会导致不可避免的停机；而 Linux 通常不需要重启，几乎所有的 Linux 系统配置的改变都能在系统运行中完成，而且还不会影响其他无关的服务。种种优势，都成为 Linux 支持者选择 Linux 服务器操作系统的原因。

Windows 服务器操作系统的选择者则认为，随着 Windows 服务器的不断完善，服务商提供方案的成熟，这种差异对于中小型企业用户来说，差距越来越不明显。而此时，Windows 服务器的易操作和广泛的用户基础则更为瞩目。

由于大多数桌面用户使用 Windows 桌面系统，自然对操作类似的 Windows 服务器会更加喜爱和熟悉，而易学易用的管理手段降低了学习的难度，企业选择 Windows 也会更容易招收到适合的技术人员来管理和维护自己的网络。

一般来说，每半个月 Windows 服务器需要重启一次，运行三个月的时间基本上肯定是

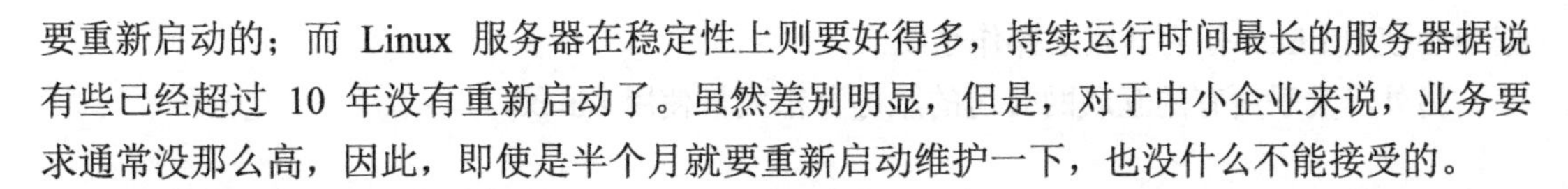

要重新启动的；而 Linux 服务器在稳定性上则要好得多，持续运行时间最长的服务器据说有些已经超过 10 年没有重新启动了。虽然差别明显，但是，对于中小企业来说，业务要求通常没那么高，因此，即使是半个月就要重新启动维护一下，也没什么不能接受的。

3. 成本对比

Linux 通常是免费、开源的，相对于收费的正版 Windows 服务器系统来说，要便宜很多，所以安装 Linux 操作系统的主机的价格通常都比 Windows 主机便宜。目前流行的虚拟服务器 VPS，在价格方面，Windows 主机相对来说也要贵些。Linux 也有不少商业版本，例如 Red Hat Linux，售价很便宜，主要是售后服务的费用，系统本身也是可以免费下载和使用的。

不过，运维管理人员的支出也会影响企业选择，Windows 平台门槛低，招人容易，工资也低，所以很多中小企业会因此选择 Windows 服务器。毕竟，系统的开销是一次性的，而工资是一直要发的，这样对于企业来说，总的花费可能会更少。

对于中小企业来说，增加专业的网络管理人员是一笔不小的开支，工资低了难以招聘到合格的员工，而且员工也容易跳槽。他们有时会选择把网络业务进行外包，由专门的网络技术公司进行代管，此时，选择 Linux 会更为适合。

实际上，Linux 主机和 Windows 主机可以说是各有所长。一般来说，选择操作系统时，第一要考虑的通常是网站程序的兼容性，其他方面两个系统的服务都是差不多的。

考虑到 Windows 系统的易操作性和桌面系统海量用户带来的辐射效应，很多企业选择 Windows 就容易理解了。

1.2.4　我们身边的 Linux

虽然我们刚刚开始学习 Linux，事实上，对 Linux 我们并不陌生。在我们身边，每天都会看到，每天都会遇到，每天都会用到 Linux。

坐飞机，大多数航空交通控制系统采用的是 Linux 系统，来确保航行安全；开汽车，现在路上跑的汽车里面都载着 Linux。

在移动终端领域，非常流行的 Android 手机系统是以 Linux 为基础，其他移动设备，基本上也都是以 Linux 系统为主流。

在 2009 年第一季度，当时 Android 的市场份额只有 1.6%，而截至 2016 年，Android 手机的市场占比已经达到差不多 90%，而 iOS 排名第二。Android 几乎击败了除 iOS 外所有的移动操作系统。

在超级计算机领域，Linux 系统支撑着世界上大多数的超级计算机。在最新的世界最快超级计算机排行榜上，世界前 500 台最快的计算机里，几乎所有的计算机都是运行 Linux 操作系统。

在网站和服务器领域，Linux 支撑着大多数的 Web 应用、数据中心。

在云计算、大数据领域，作为其支撑的数据中心业务这些年蒸蒸日上，而大多数的数据中心使用 Linux 作为其底层操作系统。

另外，几乎所有的互联网公司的服务器都大量使用 Linux。

1.3 Linux 和 Windows 的故事

Linux 和 Windows 是服务器操作系统的两大主流系统，是一对竞争对手，欢喜冤家。我们通过了解两大系统的恩怨情仇、历史往事，会对 Linux 有更深刻的印象。

1. Linux 诞生时，Windows 已经很“牛”

1991 年，没有人会拿一个芬兰学生林纳斯的业余项目跟盖茨的微软帝国做比较。

Linux 诞生的时候，微软的 Windows 操作系统已经占据超过 80%的市场份额，微软的拳头产品 Office 系列三大应用 Word、Excel、PowerPoint，到 1998 年已经获得接近 100%的市场占有率。

2. Windows 瞄准服务器市场，被时代宠儿 Linux 逆袭

微软从 1988 年开始开发 Windows 系统的服务器版本 Windows NT，1993 年面向市场发售。

但这一次，Windows 没有像早年横扫个人电脑市场一样完全拿下企业服务器的生意。

因为在这时候，Linux 聚集的志愿开发者写出了一个更快、更好的系统。坚持开放的结果，虽然使得林纳斯本人不能从操作系统的使用中赚到钱，但却让更多人加入进来，完善这个操作系统。而互联网的兴起，加速了这个过程，Linux 代码刚一更新，就能够以极快的速度在全世界范围内进行分发。无数的人会对它进行测试反馈，然后再改进、再反馈。这样不断重复、再重复，依托互联网络，奇迹就出现了。

在这个过程中，诞生了 Red Hat 这样的商业公司，所发行的企业版 Linux 系统可以通过为企业提供技术支持和培训来获利。IBM、Sun 这样的传统科技公司也给予 Linux 更多的支持。到现在，Linux 阵营空前强大，甚至包括微软公司自身最后也加入了 Linux 的阵营之中。

3. Linux 试图占领桌面市场，却最终失利

1996 年以后，Linux 的用户飙升。对于拿下桌面市场，开源社区一度非常乐观。

为了打败 Windows，很多程序员投入桌面版的开发，试图做出更漂亮、体验更好的 Linux 界面，GNOME 和 KDE 就是最有名的两个图形界面。

虽然各方面性能并不输给 Windows，但与 Windows 系统相比，Linux 缺少游戏和多媒体支持，很多商业软件也不具备 Linux 版本。

最终，Linux 的努力没有能真正取代 Windows 进驻办公桌和书房里的电脑。

Linux 的失利不是自身不足，而是缺少市场的支持，在桌面市场，Linux 终究只成为第二选择。

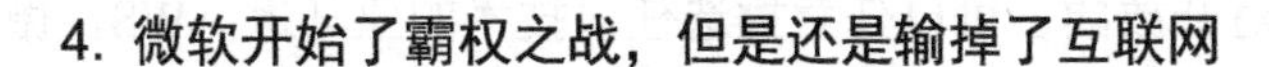

4. 微软开始了霸权之战，但是还是输掉了互联网

1998 年，微软的内部参考文件——“万圣节文件”被泄露。

文件中预测，Linux 不可能威胁 Windows 在桌面电脑上的份额，但它会威胁微软的 Windows NT 服务器操作系统。文件中总结了 4 个原因。

(1) Linux 对机器配置的要求更低。

(2) 由于 Linux 是延续自 Unix，因此系统转换成本更低。

(3) Linux 的可扩展性、互操作性、可用性和可管理性都更好。

(4) 只要服务和协议足够通用，Linux 就有机会赢。

在文件里提出了对应策略：一是传统的通过营销渠道攻击 Linux 的可靠性和安全性，再有就是“打击 Linux 的老巢，通用的网络和服务器基础设施”。

文件认为微软如果把网络协议抓在自己手上，用微软主导的协议取代开放协议，提升准入门槛，就能打败 Linux。

逐渐地，Windows 和 Linux 之间的战争，变成了一个由微软掌控的霸权体系对阵一个开放体系的抗衡。

这其实不是一场公平的竞争，但是，开放体系最终胜利了。

Linux 以及配套的开源软件，最终成为网站和互联网服务开发者的首选。很长一段时间，网站偏好使用的技术架构都是 LAMP(Linux+Apache+MySQL+PHP)。

5. Google 和亚马逊彻底让 Linux 体系打败了 Windows 体系

2003 年，曾数次创业，并把自己的手机公司卖给微软的安迪·鲁宾创办了一个新公司 Android。鲁宾想让 Android 成为手机上的通用操作系统。

2005 年，Google 宣布收购 Android，并让鲁宾在公司内部组建团队，推进手机操作系统的计划。2008 年，第一款 Android 手机面市，之后短短几年，它就成为全球使用量最多的操作系统。

Android 的成功，把微软手机占有率压到不足 1%，在新兴的移动终端领域打败了 Windows；而亚马逊，则帮助 Linux 彻底拿下了企业市场。

2006 年 8 月 25 日，正好是林纳斯宣布 Linux 诞生的 15 年后，一直专注于在网上购物的亚马逊发布了一个与主业没关系的产品——EC2，隶属于 AWS(亚马逊网站服务)。

AWS 其实就是今天所说的云计算，EC2 是它最基本的服务之一。简单地说，EC2 可以让企业直接在线搭一个服务器。如果对性能要求不高，第一年免费。之后随着需求增加，企业可以按使用量和时间支付成本。

AWS 成功的一个基础是种类繁多的免费 Linux 发行版，虽然它也可以使用 Windows 系统，但只有 Linux 才能做到真正免费启动。

EC2 最初受到创业公司的追捧，正好也赶上了智能手机出现以及创业潮。亚马逊跟着推出了一个又一个配套服务。

微软在 AWS 上线两年后开始测试自己的反击方案 Windows Azure。

与早年对抗 Linux 时一样，面对开放的、可以任意挑选任何技术的亚马逊 AWS，微软将使用者限制在自己的服务下，给 Windows Azure 开发服务就需要用成套的微软工具以及相关的标准。

在云计算的对抗中，背靠 Linux 以及诸多开放标准的 AWS 再次获胜。

最后，Linux 大势已成，微软也开始支持 Linux。

6. Linux 赢在了最后

云计算的失败是开放世界对 Windows 的最后一击。

2011 年，纳德拉接管了微软的云计算业务，他做的一个调整就是让 Azure 支持开发者使用 Linux 操作系统。此举是为了吸引不愿意用 Windows 的用户使用微软的云计算服务。

这一举动，一度让微软在 Linux 贡献厂商榜单排名 17，因为微软投入大量人力开发 Linux，让它支持 Azure 平台。

2013 年，纳德拉接替鲍尔默成为微软 CEO，他加大了对 Linux 的支持。

2014 年，纳德拉把云计算称为微软的战略核心，而不再强调操作系统的价值。

同年，Windows Azure 改名为 Microsoft Azure，进一步加强对各种开放标准和服务的支持，也包括 Linux。

2016 年 3 月 8 日，微软推出了 Linux 版 SQL Server 预览版，把数据库软件 SQL Server 向开放源代码的 Linux 操作系统进行开放，微软的这一做法旨在吸引大企业用户，从甲骨文手中夺取市场份额。

我们应该记住比尔盖茨(Bill Gates)，没有他就没有今天的微软和精彩的世界；我们更要记住林纳斯·托瓦兹(Linuz Torvalds)，因为他奠定了未来的基石。这是两个还活着的伟人，时代的弄潮儿。

1.4 选择适合的 Linux 发行版

1.4.1 最具影响力的 Red Hat Linux 及其衍生版本

Red Hat Linux 是由 Red Hat 公司(https://www.redhat.com/zh)推出的全世界应用最广泛的 Linux 版本。Red Hat 公司位于美国北卡罗莱纳州，其分部遍布全球。Red Hat Linux 发行版以易于安装和使用而闻名，在很大程度上减轻了用户安装程序的负担。

Red Hat Linux 9.0 版本推出后，红帽公司不再继续更新个人领域版本，而是依托 Fedora 项目，计划以 Fedora 发行版来取代 Red Hat Linux 在个人领域的应用。Fedora 发行版依托 Fedora 网络社区开发，红帽公司赞助，早期版本名为 Fedora Core 发行版(简称 FC)，FC 7.0 后改名 Fedora。Fedora 发行版基于 Red Hat Linux。

在商业应用的领域，2002 年 3 月，红帽公司推出了红帽 Linux 高级服务器版本

(RedHat Advanced Server，RHAS)，后来称为红帽企业版 Linux(Red Hat Enterprise Linux，RHEL)。而 CentOS 是 RHEL(Red Hat Enterprise Linux)源代码再编译的产物，而且在 RHEL 的基础上修正了不少已知的 Bug，相对于其他 Linux 发行版，其稳定性更值得信赖。选择 CentOS 可以得到 RHEL 的所有功能，甚至是更好的软件。但 CentOS 并不向用户提供商业支持，当然也不负任何商业责任。

2014 年 1 月，红帽公司收购了 CentOS Project 后，CentOS 仍然完全免费。

1.4.2　最流行的 Ubuntu 及其衍生版本

Ubuntu(http://cn.ubuntu.com/)是基于 Debian GNU/Linux 的，支持 x86、amd64(即 x64)和 ppc 架构，是由全球化的专业开发团队(Canonical Ltd)打造的开源 GNU/Linux 操作系统，为桌面虚拟化提供支持平台。Ubuntu 对 GNU/Linux 的普及，特别是桌面版的普及做出了巨大贡献。Ubuntu 的 Unity 桌面已经演变成一个用户友好的界面，对于 Windows 的用户而言，使用 Ubuntu 比从 Windows 7 转向 Windows 8 的难度相比还要容易一些。

Ubuntu 正式支持的衍生版本包括 Kubuntu、Edubuntu、Xubuntu、Ubuntu Kylin、Ubuntu Server Edition、Gobuntu、Ubuntu Studio、Ubuntu JeOS、Mythbuntu、BioInfoServ OS、Ebuntu、Fluxbuntu、Freespire、Gnoppix、gOS、Hiweed、Jolicloud、Gubuntu、Linux Deepin、Linux Mint、Lubuntu、nUbuntu、Ubuntu CE 等。这些版本各具特色，很多都拥有很高的知名度和用户群，如最适合笔记本使用的操作系统 Ubuntu MATE、最适合低配置旧硬件的系统 Lubuntu、最适合多媒体制作的系统 Ubuntu Studio 等。

1.4.3　最受好评的企业级系统 RHEL/SLE

Red Hat Enterprise Linux(RHEL)或者 SUSE Linux Enterprise(SLE)是最受欢迎的企业版系统。RHEL 是红帽公司的企业级 Linux 发行版，主要分为服务器版(Server)和桌面版(Desktop)。

SUSE 公司于 1992 年末创办。1994 年，他们首次推出了 SLS/Slackware 的安装光碟，命名为 S.u.S.E. Linux 1.0。现在，SUSE Linux 的主要产品版本有：SUSE Linux Enterprise Server(SLES)，是提供可用性、有效性和创新性的企业服务器版本；SUSE Linux Enterprise Desktop (SLED)，是企业桌面办公系统；SUSE Embedded，是嵌入式系统，适用于稳定而安全的专用设备和系统。另

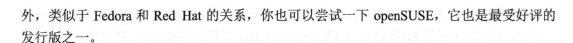

外，类似于 Fedora 和 Red Hat 的关系，你也可以尝试一下 openSUSE，它也是最受好评的发行版之一。

1.4.4 最好用的服务器操作系统 Debian/CentOS

如果你正打算为服务器选择合适的操作系统，但是又不想为 RHEL 或 SLE 的维护付费，那么 Debian 或 CentOS 是你最好的选择。它们是社区主导的服务器版本，都具有最顶级的性能标准，而且，它们的支持周期很长，所以你不必担心经常升级系统。

Debian Linux(https://www.debian.org/)是最早期的 Linux 发行版之一，很多其他 Linux 发行版都是基于 Debian 发展而来。Debian 主要分三个版本：稳定版本(stable)、测试版本(testing)、不稳定版本(unstable)。

CentOS(https://www.centos.org/)是红帽公司的 Linux 企业版(RHEL)的再编译版本，拥有等同于 RHEL 的性能。二者都是服务器系统的最佳选择。Debian 在低配置服务器上表现惊艳，目前流行的低配置虚拟私人服务器(Virtual Private Server，VPS)，内存有些只有 128MB/256MB，基本上 Debian 是最适合的选择；如果内存能达到 512MB 以上，CentOS 通常可以良好运行。

【任务实践】

选择适合你的 Linux 系统

(1) Red Hat Linux 影响最大，任何时候你都可以选择它。

(2) Ubuntu 拥有最好的桌面，使用起来最为舒适易用。

(3) 企业级系统挑选 RHEL 或者 SLE，虽然要付费，但是物有所值。

(4) 如果打算享受企业品质服务，但又不想花钱或者少花钱，你可以选择 Debian 或者 CentOS。

(5) 如果所有版本你都不满意，那么也可以自己 DIY，定制自己的 Linux 发行版。毕竟，发行版就是 Linux 内核加上各种应用的集成而已，从这个角度上说，你可以根据需要自由组合软件，制作自己的 Linux 发行版。你可以自由选择需要的内核版本和软件集合，可以对任何不满意的功能进行改进，或者添加新的软件满足需要，唯一能限制你的只有你自己的想象力和创造力，这就是 Linux 所象征的“自由”的体现。

本任务就是要求选择你中意的 Linux 系统，并且对其进行简要的介绍，说明你选择它的原因。

提示： ① 你心目中的 Linux 系统要满足哪些特征？

② 你选择的发行版是什么？它具备什么特征？

③ 为你选择的系统打个分数，你对它的满意程度是百分之多少？

任务二：在虚拟机上安装 CentOS Linux

在这一部分中，我们要关注三个问题：虚拟机是什么？为什么要使用虚拟机？怎么在虚拟机上安装 CentOS Linux？

知识储备

1.5　VMware 和虚拟机

虚拟机(Virtual Machine，VM)指通过软件模拟的具有完整硬件系统功能的、运行在一个完全隔离环境中的完整计算机系统。

VMware(Virtual Machine Ware)公司(http://www.vmware.com/cn.html)是一个“虚拟机”软件公司，提供服务器、桌面虚拟化的解决方案。它的产品可以使你在一台机器上同时运行两个或更多的 Windows、Linux 系统。

与“多启动”系统相比，VMWare 采用了完全不同的概念。多启动系统虽然在一台计算机上安装了多种操作系统，但在一个时刻只能运行一个系统，在系统切换时需要重新启动计算机。而 VMware 是真正“同时”运行，多个“虚拟机”同时运行在主系统的平台上，如图 1-9 所示，可以像标准 Windows 应用程序那样进行切换。

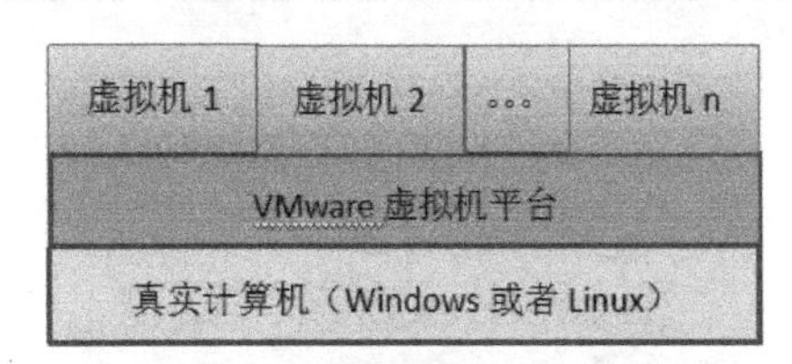

图 1-9　多虚拟机同时运行

每个“虚拟机”都相当于是一台独立的计算机，你都可以像真实计算机一样进行虚拟的分区、配置而不担心会影响到真实硬盘的数据，你还可以根据需要任意添加多块硬盘、多个网卡等虚拟设备来对高级性能进行仿真和练习，你甚至可以通过将几台虚拟机用网卡连接为一个局域网，来模拟网络环境。虚拟机的灵活性，对我们的学习可以提供极大的帮助。事实上，这些“虚拟 PC”使用起来与真实计算机基本没什么差别。虚拟机环境就是最完美的学习环境，比真实环境还要好得多。

随着海量的数据中心建立完成，“云时代”大幕拉开，各种应用、资源正在向“云”中迁移。“云”中的服务器就是虚拟机，VMware 就是云平台的一种。也就是说，我们现在在虚拟机上高效地学习，将来，我们的工作任务也将主要在虚拟机中完成。

从 VMware 公司的官方网站可以购买正式版或者下载试用版，下载链接是：

```
http://www.vmware.com/cn/products/workstation/
workstation-evaluation.html
```

下载完成后双击，可以进行安装。下载页面如图 1-10 所示。

图 1-10　VMware 下载页面

虚拟机安装好后，运行界面如图 1-11 所示，单击“创建新的虚拟机”就可以开始新虚拟机的创建；对于已经建立好的虚拟机，可以通过“打开虚拟机”重新打开；通过“连接远程服务器”，可以连接远程服务器，在服务器上进行虚拟机的操作；而通过“连接到 VMware vCloud Air”，可以连接到 VMware 云上，进行虚拟机的操作。

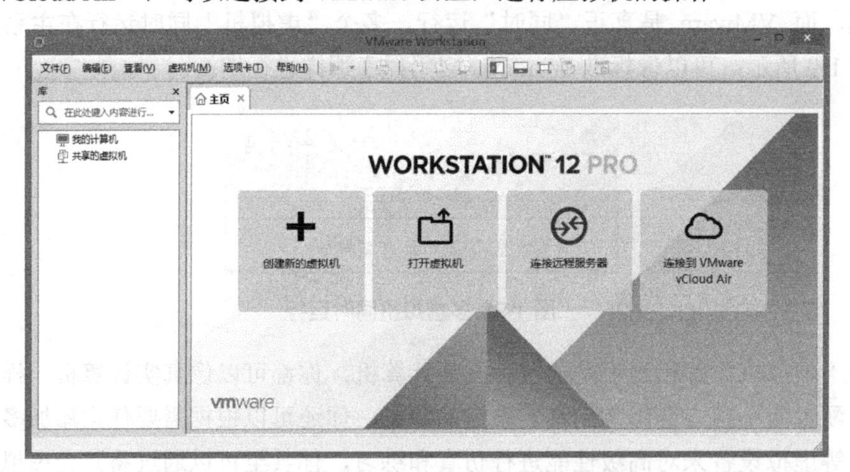

图 1-11　安装好的 VMware 工作界面

任务实践

1.6　创建虚拟机

VMware 虚拟机软件安装后，可用来创建虚拟机。每一个虚拟机就像一台独立的电脑一样，在虚拟机上我们可以再安装系统，在这个虚拟系统上再安装应用软件，所有操作效果跟操作一台真正的电脑完全相同。

利用虚拟机，我们可以学习安装操作系统、学习使用 Ghost 镜像、分区、格式化、测试各种软件或病毒验证等工作，甚至可以组建网络。即使误操作，都不会对你的真实计算机造成任何影响，因此虚拟机是个学习电脑知识的好帮手。

同样，我们可以在虚拟机中对产品和业务进行各种测试，比如测试网站的各项性能以及新的功能改进。使用虚拟机，具有低成本、易于部署、效率高等优势。

在创建虚拟机时，我们要为它进行设定，分配资源，具体步骤如下。

(1) 单击“创建虚拟机”，进入创建虚拟机的向导，如图 1-12 所示。默认选择“典型(推荐)”，这样可以快速完成虚拟机的设置。如果想进一步调整，可以完成后修改或者选择“自定义(高级)”配置。

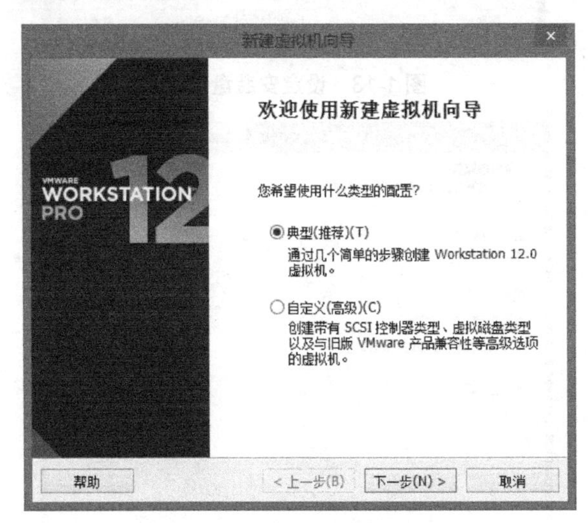

图 1-12　新建虚拟机的向导

(2) 单击“下一步”按钮，我们来配置系统安装选项，如图 1-13 所示。

如果选择第一项“安装程序光盘”，你需要把系统安装光盘介质放入当前计算机的光盘驱动器中，虚拟机将使用物理计算机的光盘驱动器来进行安装，就像你在物理计算机上安装操作系统一样。

如果选择第二项“安装程序光盘映像文件”，我们需要有安装光盘制作成的映像文件，使用映像文件(.iso)来进行安装。我们从网络可以下载 CentOS 的安装镜像文件(https://www.centos.org/download/)，然后选择下载的映像文件进行安装(当然，也可以把 ISO 映像刻录到光盘上，再使用第一种方式)。

如果选择第三项“稍后安装操作系统”，则暂时不设定系统安装选项，以后再行设定即可。

(3) 单击“下一步”按钮，我们来命名虚拟机。虚拟机名称可以自由设定，虚拟机存放位置由于会使用大量的磁盘空间，最好不要放在系统分区。建议自己创建目录，存放虚拟机相关文件，如图 1-14 所示。

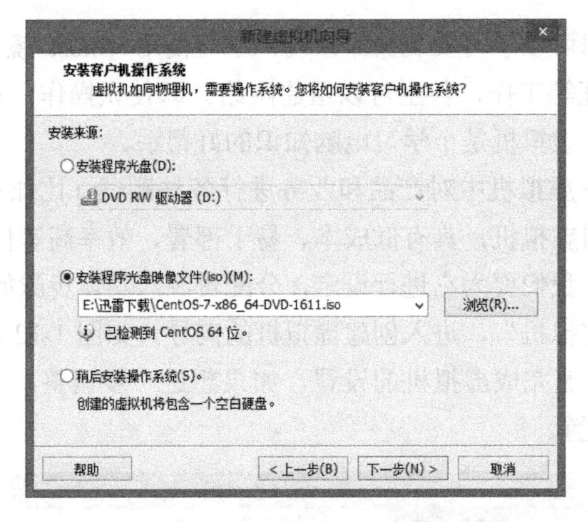

图 1-13　设定安装盘位置

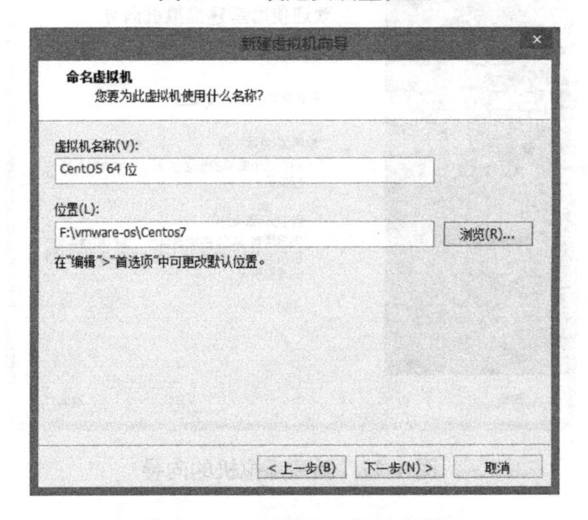

图 1-14　虚拟机名称和位置

(4) 单击“下一步”按钮，指定磁盘容量，使用默认 20GB 磁盘就可以，以后有需要可以额外添加调整，如图 1-15 所示。

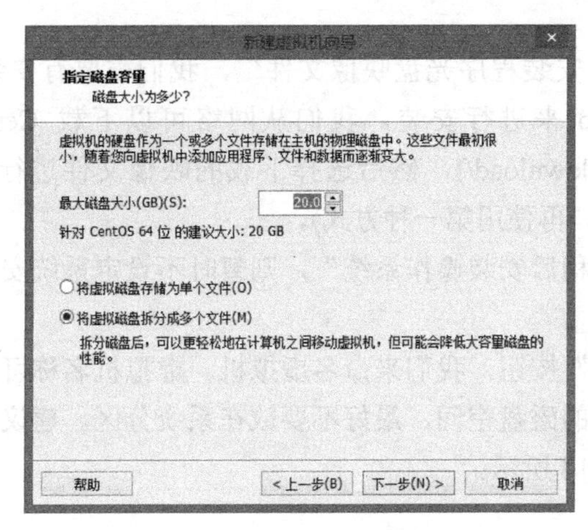

图 1-15　设置虚拟机磁盘容量

如果磁盘空间富裕，那么可以设置更大的空间。下方有两个选择项，如果选择“将虚拟磁盘存储为单个文件”，意味着可能会出现一个大小达到 20GB 的超大文件，这样的文件在复制移动时可能出错。如果你打算把安装好的虚拟机转移到其他计算机上，U 盘通常有单个文件的最大容量限制，一般是 2GB 大小，是不能存储 20GB 这么大的文件的，这就可能带来麻烦。通过网络传输大文件也会有类似的问题。所以，我们经常会选择“将虚拟磁盘拆分成多个文件”，这样易于复制和网络传输，对应地，要付出的代价就是数据读写速度会有所降低。

(5) 再单击“下一步”按钮，出现信息汇总界面，单击“完成”按钮，就完成了虚拟机的创建，如图 1-16 所示。如果想对虚拟机设置进行调整，可以单击“编辑虚拟机设置”，进行进一步设定。如果对设置满意，就可以单击“开启此虚拟机”。接下来，虚拟机就像真实计算机一样，启动，进行系统安装或者使用了。如果在安装选项设定时没有指定安装源的话，那么需要编辑虚拟机设置，对安装源进行设置。

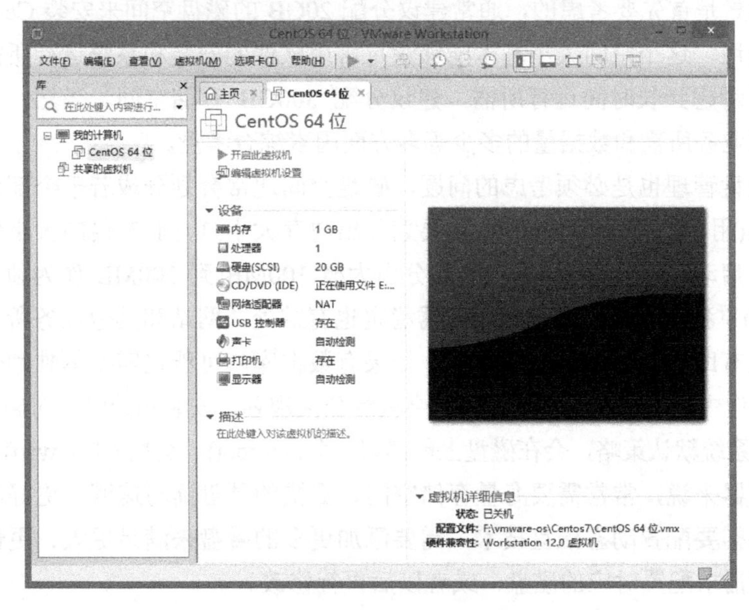

图 1-16　虚拟机配置和编辑

1.7　安装 CentOS Linux

1.7.1　安装前的准备工作

在虚拟机上安装，其实跟在真正的服务器上安装没多少差别，虚拟机也可以当作真正的服务器来使用。在安装之前，需要检查虚拟机的一些设置。

1. 调整分配给虚拟机的内存设置

因为虚拟机是在真实系统之上运行的，所以需要占用真实计算机的富余资源。如果虚拟机分配的资源高于系统富余资源，会导致真实计算机资源不足、运行变慢，虚拟机也会受到影响。例如真实计算机具有 4GB 内存，如果本机运行需要约 2GB，那么就有约 2GB 可以分配给虚拟机，分配时，要优先保证真实计算机本身的运行，留足余量。虚拟机的配置可以根据需要临时调整，如果内存紧张，可以先分配较少的资源，以后再行调整。此外，虚拟机不运行时，是不会占用这些资源的。

如果虚拟机分配的资源少于系统需要，那么虚拟机系统的运行也不能正常运行。对于 CentOS 系统的需求，通常，如果只是安装最小系统，设定 256MB 内存就可以良好工作；如果安装图形界面，那么建议至少内存达到 512MB；如果还要安装数据库，进行应用功能测试、用户负载测试等，再考虑实际负荷的用户数量，内存的需求要相应地调整和提升。从服务器运行角度看，内存多多益善。

2. 调整虚拟机的磁盘设置

虚拟机的磁盘设置需要根据需求进行调整。

磁盘的容量是首先要考虑的，通常建议分配 20GB 的磁盘空间来安装 CentOS 7，作为学习和基本应用，这个空间大小基本能够满足常用软件的安装和系统运行所需了。如果是企业级应用，考虑到长时间运行所需，建议分配 300GB 存储空间。当然，具体的空间估算，还要根据业务所需和数据量的多少等多方面因素综合考量。

其次，磁盘管理也是必须考虑的问题，磁盘空间通常会划分成若干个部分，除了安装系统的根分区(用“/”表示)之外，还需要划分出内存大小 1 到 2 倍的大小作为交换分区(swap 分区)；启动目录(/boot)通常也会划分出大概 100MB 到 200MB 作为独立分区；用户家目录(/home)单独作为一个分区对服务器稳定也有益处；网站和其他业务所在分区单独划分出一个分区有助于提升系统安全级别；如果有数据库，可能也需要单独划分出一个分区等。在实际工作中，根据需要，技术人员会进行分区规划，安装系统时，对磁盘进行合理分区。如果使用系统默认策略，会在磁盘上创建启动分区(/boot)、交换分区(swap)和根分区(/)。

对于服务器来说，常常需要海量存储空间、更快的硬盘读写速度、更好的数据安全保证，这些通常需要配置动态磁盘技术，需要添加更多的磁盘来满足更大、更快、更安全的存储，要根据需求配置对应的磁盘，或者以后再行修改。

3. 安装软件的选择：基础模板+附加软件

还有一个需要考虑的，是要安装的软件。CentOS 发行版有几万个软件可以选择，这么多的软件，即使只是了解，也要花费大量的时间。为了简化安装，CentOS 7 提供了简化安装模式。安装时，CentOS 7 提供了十种安装模板基础环境及每种环境的附加选项。根据实际需求，选择一种基本模板，然后再选择对应的附加选项，这样就可以实现满足需求的相应环境了。即使软件选择不当，以后也可以通过系统的软件管理工具很方便地随时调整。

4. 安装时的安全设置

安装时的安全选项也必须注意。如果启用 SELinux 安全策略系统，那么很多系统功能和配置都会受到影响，对初学者会带来很多额外的工作。因此，可以关闭服务，或者把服务暂时禁用，简化学习操作。防火墙如果设置不当，可能会对外来通信产生阻碍，致使相关服务出现问题，也可以考虑暂时关闭防火墙服务。在实际企业环境中，安全策略和防火墙都是安全管理的重点内容，必须认真学习和掌握。

5. 准备安装镜像文件

创建好虚拟机，在开始安装之前，要下载好 CentOS Linux 的安装光盘镜像。打开 CentOS 官网的下载链接：https://www.centos.org/download/，效果如图 1-17 所示。第一个图标是 DVD 介质的安装映像，第二个图标是完全版映像，第三个是最小安装映像。我们选择一个映像进行下载，如果是安装到真实计算机，可以下载后刻录到光盘上进行安装，在虚拟机上安装可以把 ISO 文件挂载到虚拟机的虚拟光驱上，简洁方便。

图 1-17　下载 CentOS 安装盘镜像

6. 挂载镜像文件，开始安装

(1) 在虚拟机初始界面选择“编辑虚拟机设置”，单击 CD/DVD(IDE)设置光驱，在右侧选择“使用 ISO 映像文件”，如图 1-18 所示。

图 1-18　把下载的光盘镜像挂载到虚拟光驱

单击“浏览”按钮，选择挂载下载好的 ISO 安装映像文件，单击“确定”按钮，返回虚拟机初始界面。

(2) 在虚拟机初始界面，单击“开启此虚拟机”，虚拟机开始启动。单击虚拟机显示屏幕，从本地计算机切换到内部虚拟机，然后用键盘上下键选择 Install CentOS Linux 7，然后按键盘上的回车键(Enter 键)开始安装，如图 1-19 所示。第二项 Test this media & install CentOS Linux 7 是当采用光盘安装介质进行安装时，为了避免光盘划伤引起数据损坏导致中途安装失败，在安装之前对光盘进行检测，读取正常的情况下再安装。第三项 Troubleshooting 是问题处理。按键盘上的 Tab 按键可以查看完整配置选项信息。

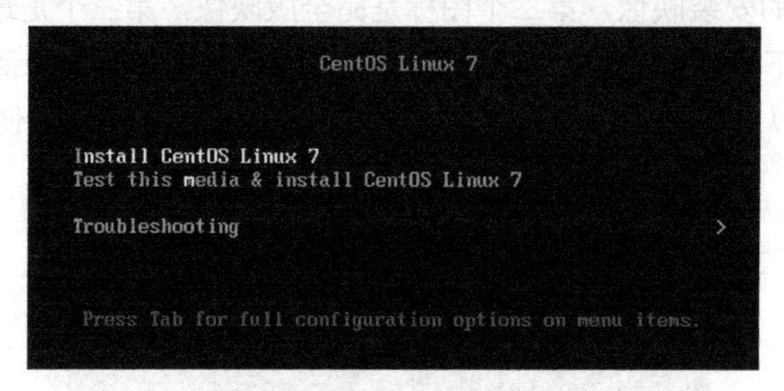

图 1-19　开始安装 CentOS 7

1.7.2　安装步骤说明

安装 CentOS 7 Linux 的具体步骤如下。

1. 选择安装过程中使用的语言(中文/简体中文)

这将自动加载中文支持，使用中文环境进行整个系统安装过程，并把安装好的系统默认语言设置为中文，配置好中文输入法。如果选择英文后再修改为中文，这些工作就要一一自己完成，如图 1-20 所示。

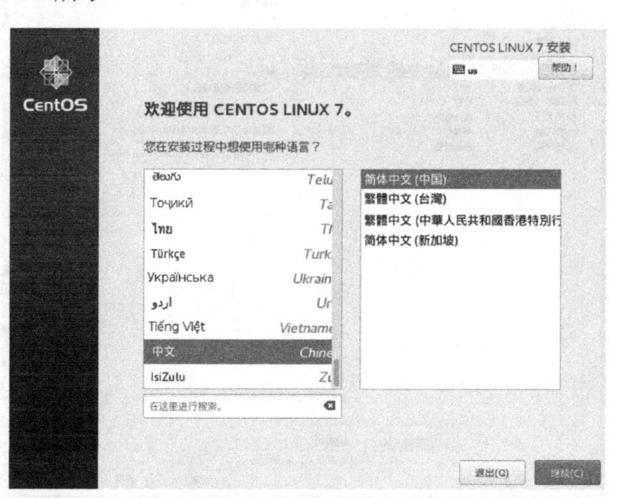

图 1-20　选择语言

2. 设定安装信息摘要，点击对应图标进行设置

主要的安装选项基本都在这个页面进行配置，如图 1-21 所示，具体步骤如下。注意，

如果某些选项上面有感叹号存在，就是必须配置的，没有感叹号的，不配置保持默认也可以。

图 1-21　逐一设置安装配置项

(1) 日期和时间设置：选择“亚洲/上海”。如果上一步语言选择 English，要选择的就是 Asia/ShangHai。如果在别的国家，按照所在时区进行设置。这将影响基本语言支持和时间时区设置，还有货币符号、显示格式等的本地化设置内容。

(2) 键盘设置：保留默认即可。

(3) 语言支持：简体中文(中国)等，可以把你需要用到的语言都加进来。Linux 几乎支持所有的常见语言，如果你要访问日文站点，那么应该加入日文支持；如果你要用韩文软件，应该加入韩文支持。这通常包含字库和输入法。

(4) 安装源：指定系统安装源文件的路径。选择“自动检测到的安装介质”，也就是我们下载后挂载在光驱里的镜像文件。如果进行网络安装，选择下方的“在网络上”，指定安装源所在的位置，如图 1-22 所示。

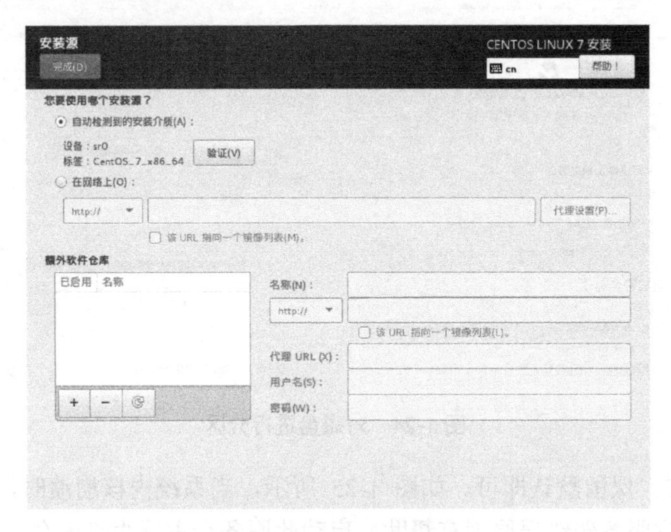

图 1-22　安装源指定

(5) 软件选择：根据需求进行选择，第一次安装，建议选择“最小安装”。如果需要图形界面，就选“带 GUI 的服务器”。然后继续选择要安装的附加软件，如图 1-23 所示。CentOS 7 按照常见用途分类，把预设模板进行了设置。如果不喜欢这些模板，可以选择一个接近的，在安装后进行调整，或者选择最小安装后再添加需要的模组或软件。

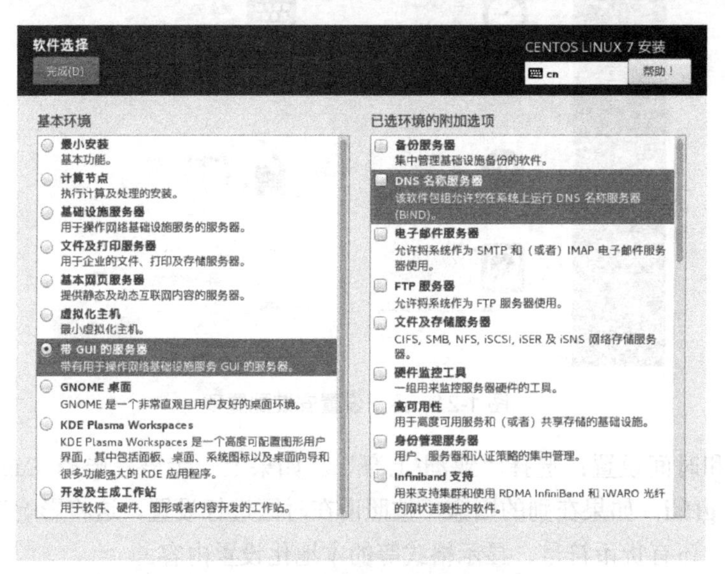

图 1-23 选择要安装的软件

(6) 安装位置：设定磁盘分区，建议首先使用默认的“自动配置分区”进行安装，如图 1-24 所示。等对分区有明确认知后，再按照需要进行规划，重新分区并安装新系统。

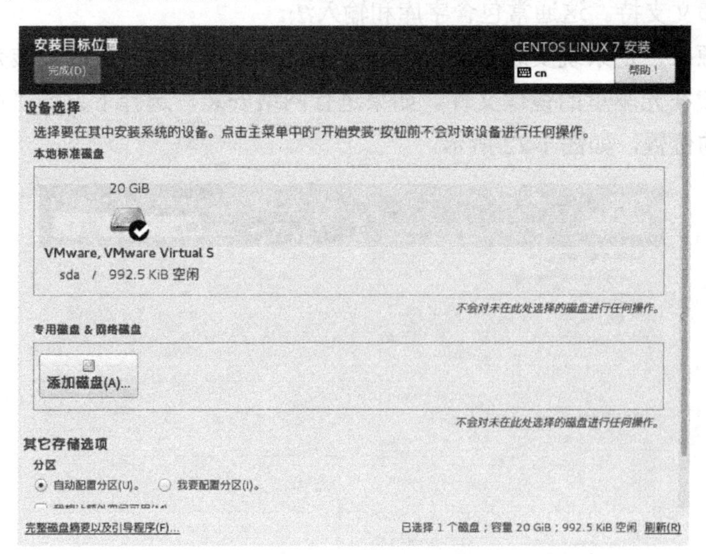

图 1-24 对磁盘进行分区

(7) KDUMP：保留默认即可。如图 1-25 所示。当系统内核崩溃时，KDUMP 会保存状态信息，对检测服务器错误原因有帮助。启动此服务会占据少量内存。

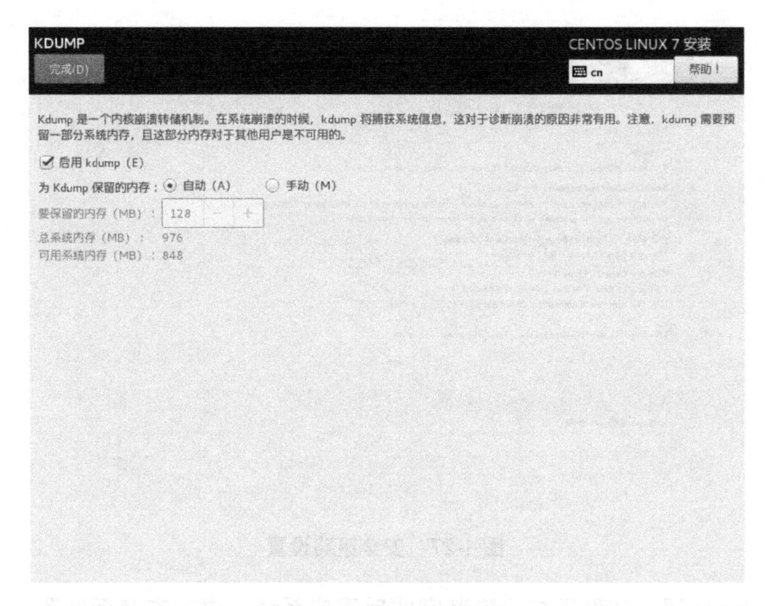

图 1-25　配置内存转储

(8) 网络和主机名设置：默认 IP 是动态获取，默认主机名是 localhost.localdomain。对于服务器来说，通常我们会把 IP 设置为静态 IP，主机名设置为自己设定的名称，这些也可以保持默认，在安装完成后再修改。在企业网络中，IP 地址和主机名是有统一规划的，不要随意设置，如图 1-26 所示。

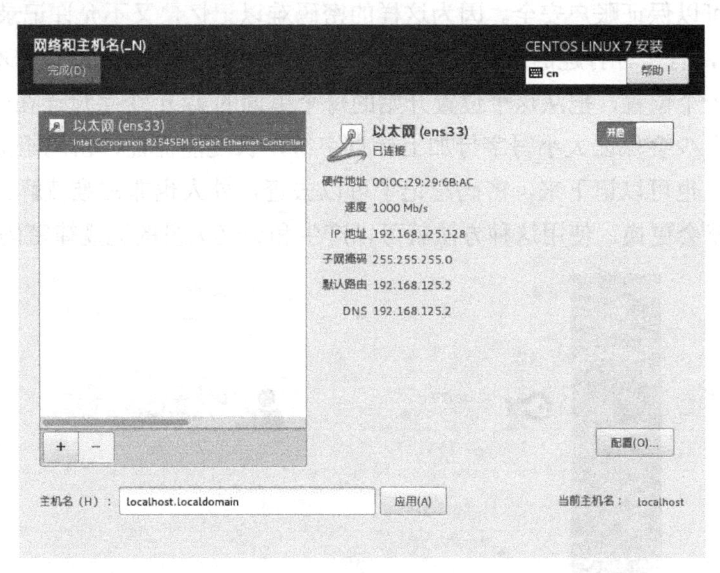

图 1-26　网络和主机名设置

(9) 安全策略设置：系统提供了 11 种可选的安全策略模板，可以进行加载，来保证系统的高级安全。不过，在此，可以考虑选择 default 默认模板，最低限度的安全模板，或者直接关闭安全策略功能，以免在后续实验中，因为安全权限问题，导致各种意外情况出现。如图 1-27 所示。

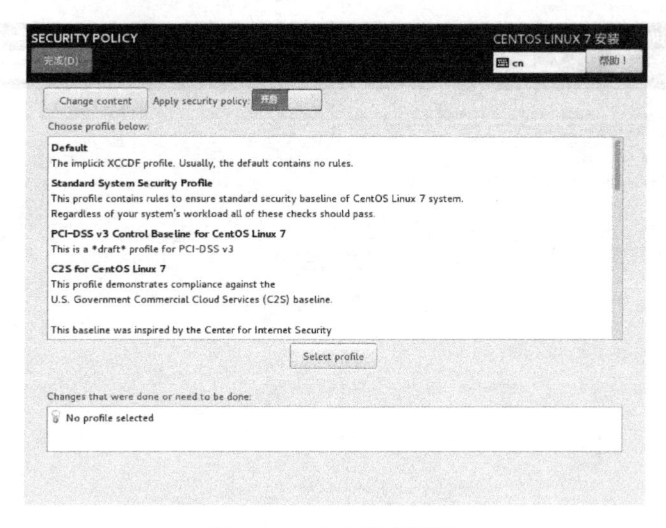

图 1-27　安全策略设置

3. 设置 root 密码，创建用户，安装完成后重启系统，进行安装后设置

(1) root 是 Linux 的最高权限管理账户，如图 1-28 所示。设置一个复杂的密码对系统安全有重要的作用。如果密码设置过于简单，会要求连续确认两次。良好的密码通常建议：长度不少于 12 位，至少包含大写字母、小写字母、数据、特殊字符四类字符中的三种，另外，内容是真正的随机，不能是某个日期或者有意义的单词等，这样，密码就很难强制破解了，可以保证账户安全。因为这样的密码难以记忆，又不允许记录在任何地方(以免泄密)，所以，有一种有趣的方法可以用来生成可靠的密码。首先选择一本书，然后按照某种规律选择一个位置，把从这个位置开始的每个单词的第 n 个字母连在一起，比如首字母，通常这样至少会保证大小写字母加上标点字符，长度能保证，密码组成随机变化，记住规律很容易，也可以记下来，密码忘记了可以去查，外人也非常难破解。root 密码一般一到两个星期就会更换，使用这种方法就可以产生和记忆大量的无规律密码了。

图 1-28　root 密码设置和创建用户

(2) 创建用户：因为 root 账户具备最高权限，使用 root 登录系统时，如果不小心误操作，可能引发严重后果。因此，不建议使用 root 账号直接登录和进行日常操作。当执行管理职能时，可临时切换到 root 账户，完成管理操作就立刻退出；或者直接使用 sudo 命令临时提升权限。因此，需要创建日常使用的普通用户账户，如图 1-29 所示。

图 1-29　设置 root 账号密码和新建用户

(3) 设置完成，等待安装完成，如图 1-30 所示。

(4) 安装完毕，重新启动系统，如图 1-31 所示。

(5) 同意许可协议，并进行网络和主机名设置，如图 1-32 所示。

(6) 安装完成，正常使用系统，如图 1-33 所示。

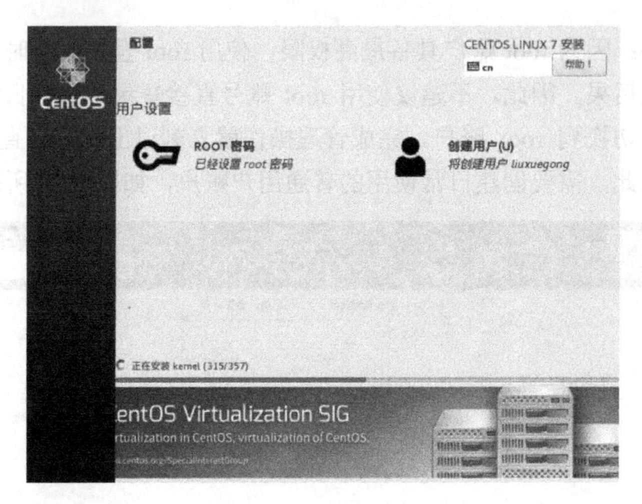

图 1-30　等待安装完成

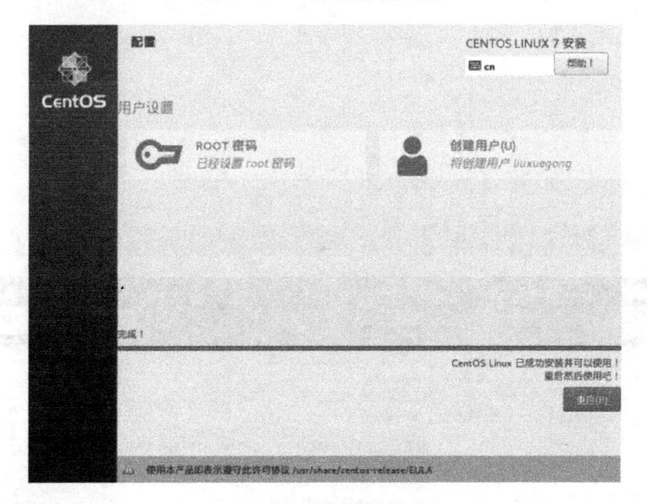

图 1-31　重新启动

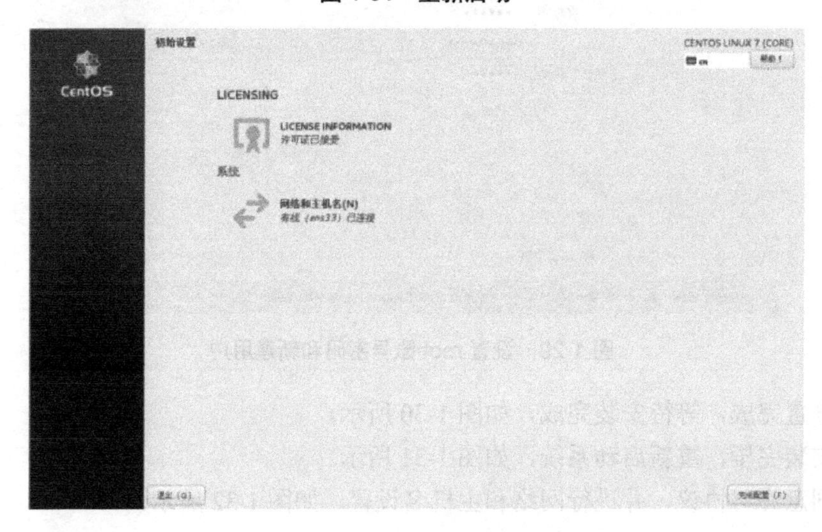

图 1-32　网络和主机名设置

图 1-33　安装完毕

任务三：使用命令行方式进行系统管理

本任务我们要关注三个问题。

(1) CentOS 7 的启动过程。了解服务器的启动过程、命令执行、关机和重启等基本的操作。

(2) CentOS 7 的文件系统。学习关于分区的知识和管理分区的技能。

(3) CentOS 7 的文件操作。在 Linux 下，一切皆文件，文件的操作是最基础的命令。

知识储备

1.8　系统使用初步

1.8.1　命令行界面与图形用户界面

命令行界面(Command Line Interface，CLI)是指主要以文本方式作为工作元素，并主要以键盘作为输入工具的工作方式。CLI 采用直接输入命令和参数的方式直接向计算机发送各种指令，来提高工作效率，如图 1-34 所示。

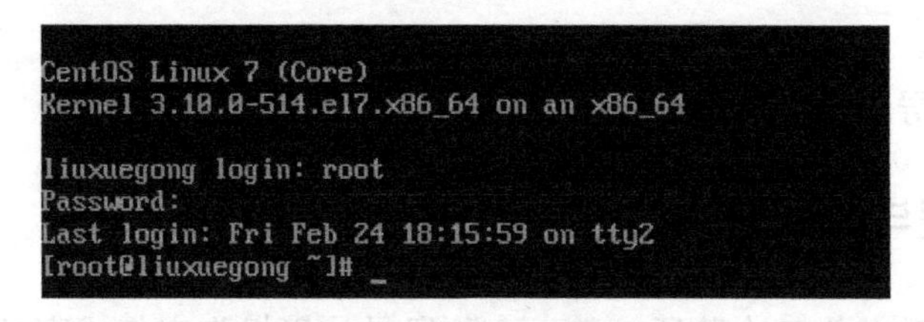

图 1-34　命令行界面 CLI

图形用户界面(Graphical User Interface，GUI)是以图形作为工作元素并以鼠标、键盘协同作为主要输入工具的工作方式。GUI 通常使用大量的图标来标识命令，并且通过组织按钮、工具栏、对话框等元素的方式来试图提高界面的直观性和易用性，如图 1-35 所示。

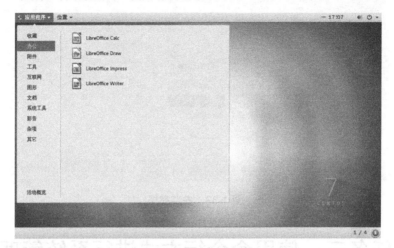

图 1-35 图形界面 GUI

在大多数情况下，GUI 比 CLI 更易于使用，而 CLI 则更高效。

有人把 GUI 模式称为所见即所得(What You See Is What You Get，WYSIWYG)，用户以自己所习惯的方式向系统传递指令，并可以立刻在屏幕上以最自然的方式看到执行结果，系统可以保证展示出来的东西与实际处理(如打印、渲染)后的结果基本保持一致。

CLI 软件的工作方式则被称为所想即所得(What You Think Is What You Get，WYTIWYG)，这种方式的特点在于，虽然没有直观地反映出执行结果，但却能保证执行结果可以和你的意图一致。因为用户的意图总是以命令加参数的方式精确地传递给系统。

对于 CLI 方式来说，你想做的任务，系统会一点不打折扣的完成。只要你明确知道要做什么，知道怎么下达命令给计算机，你就能达到目的。要做到这一点，意味着对系统逐步深入的学习和对命令编程知识的熟练掌握。

对比来看，GUI 界面则会显示功能图标，看着很清晰，操作也简单，对初学者很友好。作为代价，由于图形界面要使用很多的服务器资源，会对服务器性能造成负面影响。因为服务器的核心功能是为用户提供服务的，这些消耗通常会被认为是不必要的浪费，所以，很多服务器是不安装图形界面的。

此外，Linux 图形界面下的管理软件功能相比命令行管理要弱一些，很多配置只能在命令行模式下完成。

种种原因直接导致：Linux 服务器的管理工作以命令行界面为主。

1.8.2 启动过程与常用服务

计算机启动大致分为三个阶段，第一个阶段是计算机生产集成商的任务，他们负责硬件的检测与准备；第二个阶段是系统软件提供商的任务，他们负责加载操作系统；第三个阶段是操作系统执行用户相关的任务，负责为用户准备适合的工作环境并与用户交互。

启动时，信息飞速显示，难得看到详细内容。可以在启动完成后，输入 dmesg 命令来仔细查看启动日志，了解系统的启动过程。如果系统运行有问题，也可以通过启动日志查找启动时的故障信息。使用 more 分屏显示，这样显示满一屏幕后会暂停，看完后点击空格继续看下一页。中间的竖线也不要忘了。

例如，查看启动日志信息，如图 1-36 所示。

```
#dmesg|more
```

```
[    0.000000] Initializing cgroup subsys cpuset
[    0.000000] Initializing cgroup subsys cpu
[    0.000000] Initializing cgroup subsys cpuacct
[    0.000000] Linux version 3.10.0-514.el7.x86_64 (builder@kbuilder.d
8.5 20150623 (Red Hat 4.8.5-11) (GCC) ) #1 SMP Tue Nov 22 16:42:41 UTC
[    0.000000] Command line: BOOT_IMAGE=/vmlinuz-3.10.0-514.el7.x86_64
rashkernel=auto rd.lvm.lv=cl/root rd.lvm.lv=cl/swap rhgb quiet LANG=zh
[    0.000000] Disabled fast string operations
[    0.000000] e820: BIOS-provided physical RAM map:
[    0.000000] BIOS-e820: [mem 0x0000000000000000-0x000000000009ebff]
[    0.000000] BIOS-e820: [mem 0x000000000009ec00-0x000000000009ffff]
[    0.000000] BIOS-e820: [mem 0x00000000000dc000-0x00000000000fffff]
```

图 1-36　查看启动日志信息

第一个阶段：POST→Boot Sequence(BIOS)→BootLoader→加载操作系统

(1) POST(加电自检)检查硬件设备是否存在并良好运行。

用于实现 POST(Power On Self Test，加电自检)的代码在主板的 ROM(CMOS)芯片上；计算机按了开机键后，计算机系统接通电源，各部件开始准备工作。自检程序(POST)会检测各功能部件的状态，如果状态良好，就开始进行启动。

(2) BootLoader(引导加载器)和 Boot Sequence(启动顺序)。

BIOS(Basic Input and Output System)是基本输入输出系统，固化在主板的 ROM 芯片上。在 BIOS 信息中查找系统启动顺序，按顺序查找各引导设备，第一个有引导程序的设备即为本次启动要用到的设备。系统启动时可以看到提示，通常是按 F2 键、F11 键或者 Del 键进入 CMOS 设置，有的主板有快捷键，可以直接设置启动顺序。

如图 1-37 所示，第一项为 Removable Devices，指可移动设备，软盘启动时使用这一项；第二项为 Hard Drive，硬盘启动使用它；第三项为 CD-ROM Drive，光盘驱动器启动时使用它；第四项和第五项是 Network boot 网络启动项，可以通过网络启动。不同的主机设置会略有差别。

```
 Removable Devices
+Hard Drive
 CD-ROM Drive
 Network boot from Intel E1000
 Network boot from Intel E1000 #2
```

图 1-37　选择启动设备

启动时，按照指定顺序开始查找启动目标。本虚拟机开始安装系统时，没有软驱，所以第一项略过；第二项硬盘启动项，因为系统还没安装，硬盘无法启动，所以也略过；第三项时查找到光驱里有光盘，就会从光盘安装。等系统安装完成后，因为硬盘已经可以启动了，所以虽然光驱仍然能够启动，但是硬盘更优先。否则如果光盘启动在前的话，我们在拿走光盘前，会重复启动安装，而不会加载硬盘上的操作系统。

如果觉得启动顺序不能满足你的需要，可以调整启动顺序。

运行引导加载器程序，它会提供一个菜单，允许用户选择要启动的系统项，如图 1-38 所示。把用户选定的操作系统内核装载到内存的特定空间中，解压、展开，而后把系统控制权移交给内核程序。

```
CentOS Linux (3.10.0-514.el7.x86_64) 7 (Core)
CentOS Linux (0-rescue-39716a6971a5406ab630b0959789fc7e) 7 (Core)
```

图 1-38　GRUB 启动选择项

在现在的 Linux 发行版中，统一引导加载器(Grand Uniform Bootloader，GRUB)是最流行的 BootLoader。

第二个阶段：Kernel→rootfs→switchroot→systemd 进行用户配置

(3)　操作系统 Kernel(内核)加载，开始工作。

Kernel 自身初始化后，会探测可识别到的所有硬件设备；加载硬件驱动程序；根文件系统起初以只读方式挂载，当 Kernel 加载完成后，根文件系统正式以读写方式挂载，接下来会运行 systemd 加载系统服务和配置。

第三个阶段：systemd 选择 target，启动对应服务→启动终端→登录

(4)　systemd 管理用户服务进程。

systemd 使用 target 来进行用户配置。文本界面对应于 multi-user.target，图形界面对应于 graphical.target。系统默认启动的 target 是 default.target，位置在/etc/systemd/system/目录，它是一个符号连接，指向某一个 target。要修改默认运行级别，首先删除已经存在的符号连接“rm /etc/systemd/system/default.target”，然后修改默认级别，即把默认级别指向新的 target，例如转换为文本模式 systemctl enable multi-user.target，最后重新启动 reboot 即可。或者执行 systemctl set-default multi-user.target，效果相同。

例 1，把默认启动界面设置为 multi-user.target，如图 1-39 所示。

```
#ls -l /etc/systemd/system/default.target
#systemctl set-default multi-user.target
```

如果是用文本方式(multi-user.target)启动，但是也安装了图形环境，可以执行命令 startx 进入图形界面。

```
[root@liuxuegong ~]# ls /etc/systemd/system/
basic.target.wants                             default.target           sockets.
dbus-org.fedoraproject.FirewallD1.service      default.target.wants     sysinit.
dbus-org.freedesktop.NetworkManager.service    getty.target.wants       system-u
dbus-org.freedesktop.nm-dispatcher.service     multi-user.target.wants
[root@liuxuegong ~]# ls /etc/systemd/system/default.target -l
lrwxrwxrwx. 1 root root 37 Dec 28 19:57 /etc/systemd/system/default.target ->
lti-user.target
```

```
[root@liuxuegong ~]# systemctl set-default multi-user.target
Removed symlink /etc/systemd/system/default.target.
Created symlink from /etc/systemd/system/default.target to /usr/
```

图 1-39　默认启动模式设定

例 2，查看正在运行的 target，如图 1-40 所示。系统启动后，可以查看当前正在运行的 target，可以看到有 17 个 target 正在运行，其中包括 multi-user.target(多用户文本环境)。每个 target 包含一部分功能。

```
#systemctl list-units --type=target
```

```
[root@localhost /]# systemctl list-units --type=target
UNIT                   LOAD   ACTIVE SUB    DESCRIPTION
basic.target           loaded active active Basic System
bluetooth.target       loaded active active Bluetooth
cryptsetup.target      loaded active active Encrypted Volumes
getty.target           loaded active active Login Prompts
local-fs-pre.target    loaded active active Local File Systems (Pre)
local-fs.target        loaded active active Local File Systems
multi-user.target      loaded active active Multi-User System
network-online.target  loaded active active Network is Online
network.target         loaded active active Network
paths.target           loaded active active Paths
remote-fs.target       loaded active active Remote File Systems
slices.target          loaded active active Slices
sockets.target         loaded active active Sockets
sound.target           loaded active active Sound Card
swap.target            loaded active active Swap
sysinit.target         loaded active active System Initialization
timers.target          loaded active active Timers

LOAD   = Reflects whether the unit definition was properly loaded.
ACTIVE = The high-level unit activation state, i.e. generalization of SUB.
SUB    = The low-level unit activation state, values depend on unit type.

17 loaded units listed. Pass --all to see loaded but inactive units, too.
To show all installed unit files use 'systemctl list-unit-files'.
[root@localhost /]#
```

图 1-40　查看系统启动时哪些 target 在运行

在 CentOS 7 中，使用 systemctl 命令来控制服务：

```
# systemctl  start|stop|restart|status name[.service]
```

其中 start 表示启动服务，stop 表示关闭服务，restart 表示重新启动服务，status 表示显示服务状态信息；name 就是要管理的服务名称。

对于 target，我们可以进行相应的配置，启用或者关闭相应的服务。在企业场景中，最常用的启动服务如表 1-1 所示。

表 1-1　最常用的启动服务

服务名称	服务功能介绍
crond	该服务用于周期性地执行系统及用户配置的计划任务。有要周期性执行的任务计划需要开启时，此服务是生产场景必须用的一个软件。简单理解，这个服务就是在指定的时间完成指定的任务，如果你不想每天凌晨 3 点起来备份系统的话，那么就别忘了它
firewalld	防火墙，拦截外界非法信息，安全必备
NetworkManager	网络管理服务，配置网络必备
sshd	远程连接 Linux 服务器时需要用到这个服务程序，所以必须开启，否则你将无法远程连接到你的服务器。一定要记住，服务器绝大多数情况下，都放在互联网数据中心(Internet Data Center，IDC)机房。想要操作计算机，你就需要 sshd
rsyslog	rsyslog 是操作系统提供的一种日志服务，系统的守护程序通常会使用 rsyslog 将各种信息收集写入到系统日志文件中
sysstat	sysstat 是一个软件包，包含监测系统性能及效率的一组工具，这些工具对于 Linux 系统性能数据很有帮助，比如 CPU 使用率、硬盘和网络吞吐数据等，这些数据的分析，有利于判断系统运行是否正常，它是提高系统运行效率、安全运行服务的助手

例 3，管理 firewalld 服务：

```
#systemctl start firewalld.service
  启动 firewalld 服务
#systemctl stop firewalld.service
  停止 firewalld 服务
#systemctl restart firewalld.service
  重新启动 firewalld 服务
#systemctl status firewalld.service
  查看 firewalld 服务的状态
#systemctl enable firewalld.service
  把 firewalld 服务设置为开机自动启动
```

(5)　启动用户接口，接受用户操作。

接下来，根据启动设置的不同，multi-user.target 会启动命令行界面(CLI)，graphical.target 会启动图形界面(GUI)，让用户登录和使用系统。

一般情况下，Linux 会启动 tty1~tty7 共 7 个虚拟终端，其中 1~6 是命令行界面，7 是图形界面。终端切换使用 Ctrl+Alt+F1~F7 组合键即可(如果没有运行图形界面，那么可以使用 Alt+F1~F6 组合键切换)。VMware 虚拟机占用了 Ctrl+Alt 快捷键，所以需要为虚拟机重新设置相应的快捷键。在 VMware 菜单条中选择“编辑”→“首选项”，在弹出的对话框中选择“热键”，把淡蓝色选中的 Ctrl 键和 Alt 键修改成别的组合，比如 Ctrl 键和 Shift 键，然后单击“确定”按钮保存后退出，如图 1-41 所示。这样我们就可以使用 Ctrl+Alt+F1~F7 热键组合在 Linux 的多个虚拟终端间切换了。

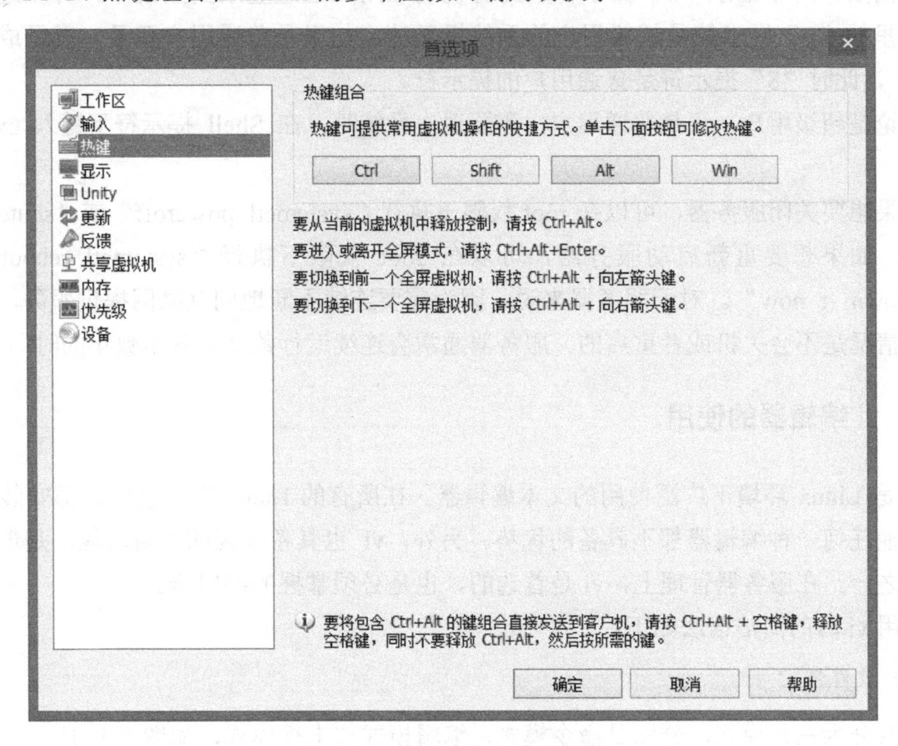

图 1-41 修改虚拟机热键设置

1.8.3 登录与退出系统

Linux 系统是多用户的操作系统，每次启动时都需要验证用户的身份，需要用户进行登录。

在安装过程中，我们设定了系统最高管理账号 root 的密码，所以我们可以使用 root 账号登录系统；我们也创建了至少一个普通用户账号，设定了用户名称和用户密码，我们也可以使用普通用户账号进行登录，如图 1-42 所示。

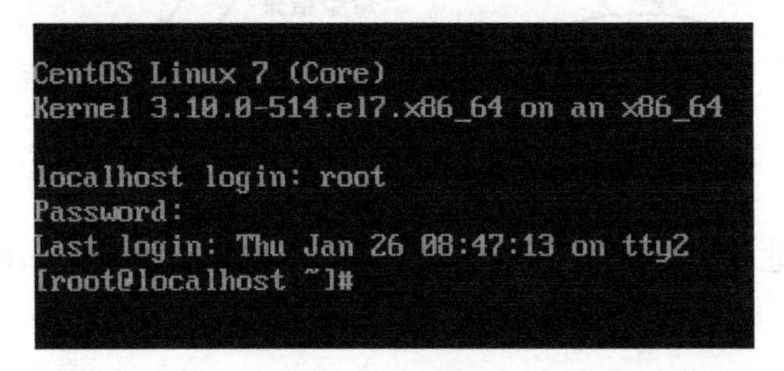

图 1-42 系统登录

系统启动成功后，屏幕显示提示信息“localhost login:”，这时输入超级用户名 root，然后按 Enter 键。接下来，用户会在屏幕上看到输入密码的提示“Password:”，此时输入密码，再按 Enter 键。输入密码时，密码不会在屏幕上显示出来。当用户正确地输入用户名和密码后，屏幕显示“#”提示符，此时说明该用户已经登录到系统中，可以进行操作了。这里的“#”提示符是超级用户的系统提示符。如果是普通用户登录，登录成功后显示“$”，此时“$”提示符是普通用户的提示符。

不论是超级用户，还是普通用户，需要退出系统时，在 Shell 提示符下键入 exit 命令即可。

如果想要关闭服务器，可以在 root 权限下执行“systemctl poweroff”或“shutdown -h now”；如果想要重新启动服务器，可以在 root 权限下执行“systemctl reboot”或者“shutdown -r now”。对于服务器来说，因为需要连续不断地向互联网提供服务，所以没有特殊情况是不会关机或者重启的。服务器通常会连续运行数个月甚至数年的时间。

1.8.4 vi 编辑器的使用

vi 是 Linux 环境下广泛使用的文本编辑器。在所有的 Linux 发行版中，都安装了 vi，这是其他任何一种编辑器都不具备的优势。另外，vi 也具备很强的编辑功能，是最流行的编辑器之一。在服务器管理上，vi 是首选的，也是必须掌握的编辑器。

使用 vi 时的简洁语法如下：

```
#vi 文件名
```

vi 共分为三种模式，分别是命令模式、编辑模式与末行模式，如图 1-43 所示。

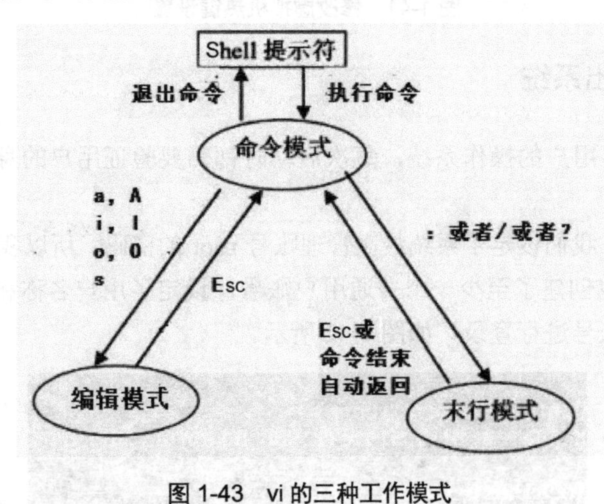

图 1-43 vi 的三种工作模式

打开文件直接进入命令模式，在命令模式下，可以使用如表 1-2 所示的按键进入文本编辑模式。

表 1-2　命令及功能介绍

命　令	功能介绍
a	在当前的光标后面添加文本
A	在当前光标所在行的行尾添加文本
i	在当前的光标前面添加文本
I	在当前光标所在行的行首添加文本
o	在当前光标所在行的下方添加一行，并且在新加行的行首添加文本

在编辑模式下，当用户希望回到命令模式的时候，只能在编辑模式下使用 Esc 键切换到命令模式。

在命令模式中，输入“ : / ? ”三个中的任何一个，就可以将光标移动到屏幕最底下那一行，通常我们把这种工作模式称为“末行模式”(Last Line Mode)，在末行模式中，可以提供搜索、读取文件、存盘、查找替换、离开 vi、显示行号等功能。

1. 删除功能

在 vi 的编辑模式下，用户可以使用 BackSpace(退格键)来删除光标前面的内容，还可以使用 delete 键来删除当前的字符。在 vi 的命令模式下，还提供了几个按键用来删除一个字符或进行整行删除，其热键及功能如表 1-3 所示。

表 1-3　vi 删除命令及功能

命　令	功　能
x	删除当前光标所在的字符
dw	删除光标所在单词字符至下一个单词开始的几个字符
d$或 Shift+d	删除从当前光标至行尾的所有字符
dd	删除光标所在的行

表中所述的组合键，如 dw 表示先按下 d 键，再按下 w 键。此外，用户还可以在使用删除的组合键的时候指定要删除的行及字符的数量。其用法如下。

(1)　3x：表示删除从当前光标所在位置开始，向后的 3 个字符。

(2)　4dd：表示删除从光标所在的行开始连续向后的 4 行。

vi 提供了以行号表示范围的删除方法，在命令模式下输入“:set number”或“:set nu”以显示行号，再按“开始行号，结束行号 d”语法输入删除命令，这样从开始行到结束行都将被删除。例如，要删除第 4 行到第 6 行的内容，可以使用：

```
:4,6 d<Enter>
```

命令输入结束后，vi 会在状态行中显示被删除的行数。

2. 撤消功能

对于一个编辑器来说，提供撤消功能是必要的。用户在命令模式下输入“:u”后按

Enter 键，就可以撤消上一次操作。

在 vi 中，撤消功能每一次撤消的是自上次存盘到现在输入的内容，因此撤消能够恢复到最原始的状态，但是此时用户不能使用“:q”命令来退出 vi，因为此时用户已经修改了缓冲区的内容。如果确实需要退出 vi 程序，可以使用在命令模式下的“:q!”。

3. 复制与粘贴功能

复制和粘贴是最常用到的功能，vi 在命令模式下也可以方便地实现，如表 1-4 所示。

表 1-4　vi 复制与粘贴命令

命　令	功　能
yw	将光标所在之处到字尾的字符复制到缓冲区中
yy	复制光标所在行到缓冲区
#yy	例如，6yy 表示拷贝从光标所在的该行“往下数”6 行文字
p	将缓冲区内的字符贴到光标所在位置。注意所有与“y”有关的复制命令都必须与“p”配合才能完成复制与粘贴功能

4. 查找与替换功能

在 vi 中同样提供了字符串查找功能，用户可以进行从当前光标的位置开始向前和向后的字符串查找操作，还可以重复上一次的查找，如表 1-5 所示。当 vi 查找到文本的头部或尾部的时候，继续循环查找，直到全部文本被查找一遍。被找到的字符串会以反白显示。在 vi 的查找中可以使用匹配查找，使用“.”代表一个任意字母。如使用“:/d.c”可以找到“dpc”字符串。另外，vi 的字符串查找是大小写敏感的，即“Dpc”和“dpc”不同。

表 1-5　vi 查找命令及功能

命　令	功　能
?字符串	从当前光标位置开始向后查找字符串
/字符串	从当前光标位置开始向前查找字符串
n	继续上一次查找
Shift+n	以相反的方向继续上一次查找

查找并替换：

```
:[替换范围]s/要替换的内容/替换成的内容/[c,e,g,i]
```

替换范围指定从第几行开始到第几行结束。例如，1,8 表示从第一行到第 8 行；1,$表示从第一行到最后一行，即整篇文章的范围，%也表示整篇文章。

```
c：替换前会进行询问
e：不显示错误
g：不询问，整行替换
i：不分大小写
```

例如：

```
:s/testword/sky1/
  替换当前行第一个 testword 为 sky1
:1,$s/testword/sky2/
  替换整篇文章第一个 testword 为 sky2
:%s/testword/sky3/g
  替换整篇文章所有 testword 为 sky3
```

5. 环境设置

在 vi 编辑器中有很多环境参数可以设置，通过环境参数的设置，可以增加 vi 的功能。这里仅介绍 vi 常用的参数，这些参数可以在 vi 的命令模式下使用，或者在 /etc/vim/vimrc 中设置，vi 启动时就会使用 vimrc 中的参数来初始化 vi 程序。

vi 程序的常用参数及设置方法如表 1-6 所示，其中，set 命令是用来设置这些参数的。

表 1-6　vi 环境设置命令

设置命令	设置效果
:set ai 或:set autoindent	自动缩进，每一行开头都与上一行的开头对齐
:set nu 或:set number	在编辑时显示行号
:set dir=./	将交换文件.swp 保存在当前目录
:set sw=4 或:set shiftwidth=4	设置缩进的字符数为 4
:syntax on	开启语法着色

 **注意：** 学习和使用 vi 就像弹钢琴，稍微学学，谁都可以弹出“两只老虎”的旋律，但是要弹出美妙的音乐，需要深入学习和不断地练习。这里介绍的是 vi 的常用操作，并不是全部，使用 vi 的技巧更需要自己不断探索和掌握。

任务实践

1.9　文件系统管理

1.9.1　Linux 磁盘分区和目录

Linux 的文件结构是单一的树状结构。我们使用中会把硬盘分成若干个部分，称为“分区”，在 Linux 环境下， 任何一个分区都必须挂载到这棵“树”的某个目录上。

目录是系统目录树上的某个位置，分区是物理上的某块空间，所有分区都必须挂载到目录树中的某个具体的目录上才能进行读写操作。

“/” (根目录)是 Linux 目录树的最上层唯一节点，整个文件系统所有的文件和目录，都是存储在它之下的某个节点。在安装系统时，我们会把创建的某一个磁盘分区挂载到根目录上。如果还有其他的分区，我们可以把它们挂载到文件系统的某一个目录下，例如“/boot”、“/mnt”或者任意一个子目录下，之后才能对分区上的文件进行正常的读写。

例 1，查看根目录下的子目录，如图 1-44 所示。

```
#ls /
```

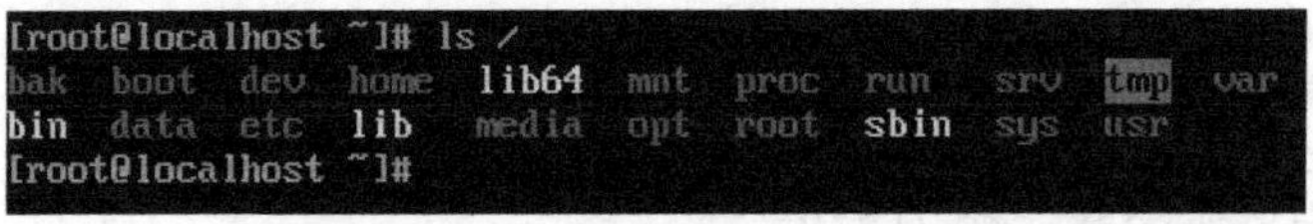

```
[root@localhost ~]# ls /
bak  boot  dev  home  lib64  mnt  proc  run  srv  tmp  var
bin  data  etc  lib   media  opt  root  sbin sys  usr
[root@localhost ~]#
```

图 1-44　根目录下的第一级子目录

为什么要把硬盘分区呢？把所有空间分成一个区，所有用户和应用可以共享资源，可以最有效地利用磁盘空间，似乎也是不错的方案。这样，我们可以把这个包含所有空间的分区直接设定为根目录，就可以正常使用了，这是最简单的方法。

在实际工作中，分区才是常态。把硬盘进行分区，可以提升系统性能和效率，获得更多好处。

(1) 分区后可以把不同的资料，分别放入不同分区中管理，这样，当磁盘出现局部故障时，其他分区不会受到影响；其次，太大的分区存储太多的信息，会直接导致搜索变慢，数据访问效率会降低；另外，“/home”(用户主目录)、“/var”(网站、FTP、E-mail等服务工作目录)、“/usr/local”(用户软件安装目录)等目录文件操作频发，容易产生磁盘碎片，通常应该单独分区。

(2) 对于服务器来说，稳定的要求超乎一切。如果服务器配置不当，某些用户或者服务可能会占据大量空间，严重时，有可能耗尽整个磁盘空间，最终导致服务器不稳定甚至死机。如果把用户主目录“/home”和服务所使用的目录“/var”单独分区，那么即使耗尽了用户所在分区的所有空间，也不会影响到根分区，进而影响整个系统的稳定。

我们可以使用命令查看分区和目录的使用情况。“fdisk -l”命令可以查看硬盘分区表，“df”命令可以查看各分区的使用情况，“du”命令可以查看目录下各文件占用空间的情况。如图 1-45 所示。

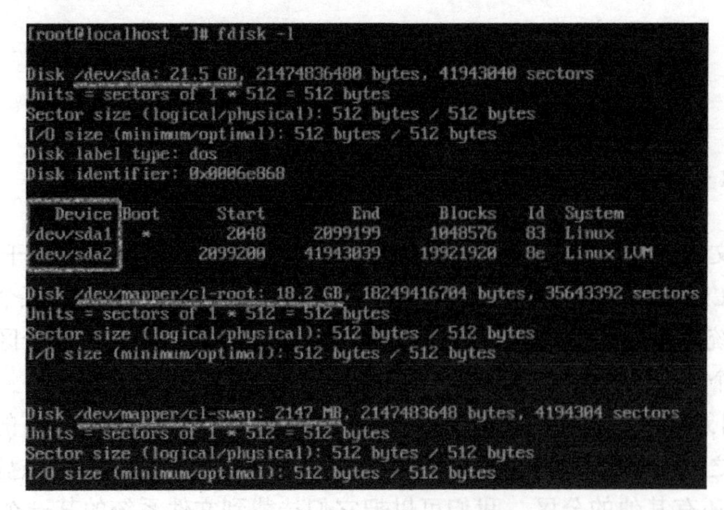
[root@localhost ~]# fdisk -l
Disk /dev/sda: 21.5 GB, 21474836480 bytes, 41943040 sectors
Units = sectors of 1 * 512 = 512 bytes
Sector size (logical/physical): 512 bytes / 512 bytes
I/O size (minimum/optimal): 512 bytes / 512 bytes
Disk label type: dos
Disk identifier: 0x0006e868
Device Boot Start End Blocks Id System
/dev/sda1 * 2048 2099199 1048576 83 Linux
/dev/sda2 2099200 41943039 19921920 8e Linux LVM
Disk /dev/mapper/cl-root: 18.2 GB, 18249416704 bytes, 35643392 sectors
Units = sectors of 1 * 512 = 512 bytes
Sector size (logical/physical): 512 bytes / 512 bytes
I/O size (minimum/optimal): 512 bytes / 512 bytes
Disk /dev/mapper/cl-swap: 2147 MB, 2147483648 bytes, 4194304 sectors
Units = sectors of 1 * 512 = 512 bytes
Sector size (logical/physical): 512 bytes / 512 bytes
I/O size (minimum/optimal): 512 bytes / 512 bytes

图 1-45　查看分区信息和挂载情况

例 2，查看磁盘的分区情况。

```
#fdisk -l
```

从图 1-45 可以看出，虚拟机有一块磁盘，设备名称是/dev/sda，共 21.5GB 存储空间；磁盘被分成两个分区，/dev/sda1 和/dev/sda2，sda1 分区是启动分区；sda2 使用卷管理，下面又分了两个卷，一个占 18.2GB，另一个 2GB(2147MB)。“fdisk -l”并不能看到这些分区的挂载位置，只能查看磁盘的分区情况。

例 3，查看磁盘的挂载情况，如图 1-46 所示。

```
#df
```

```
[root@localhost ~]# df
Filesystem           1K-blocks    Used Available Use% Mounted on
/dev/mapper/cl-root   17811456 3677088  14134368  21% /
devtmpfs                230944       0    230944   0% /dev
tmpfs                   241928       0    241928   0% /dev/shm
tmpfs                   241928    4696    237232   2% /run
tmpfs                   241928       0    241928   0% /sys/fs/cgroup
/dev/sda1              1038336  141664    896672  14% /boot
tmpfs                    48388       0     48388   0% /run/user/0
```

图 1-46　查看挂载分区的信息

如图 1-46 可以看出，18.2GB 的“cl-root”卷挂载在“/”，是根分区，/dev/sda1 挂载在“/boot”目录上，是启动分区，上一条 fdisk 命令查看到的 2GB 的“cl-swap”卷不需要挂载，是交换分区。图中还有一些 tmpfs 之类的，这些实际上是内存，系统运行时创建的虚拟分区。另外交换分区 swap 在这里并不显示。

例 4，查看/root 目录下所有文件所占用的空间，如图 1-47 所示。

```
#du -sh /root
```

```
[root@localhost ~]# du -sh /root
36K     /root
```

图 1-47　查看指定目录里的文件总大小

从图 1-47 可以看出，“/root”文件夹下的文件和子目录共占用 36KB 的存储空间。

1.9.2　使用 mount 命令挂载设备分区

当要使用某个设备时，例如要读取硬盘中的一个格式化好的分区、光盘或 U 盘等设备时，必须先把这些设备对应到某个目录上，而这个目录就称为“挂载点”(mount point)，这样才可以读取这些设备，而这些对应的动作就称为“挂载”。使用“mount”命令可以进行挂载操作。

所有的磁盘分区都必须被挂载上才能使用，那么我们机器上的硬盘分区是如何被自动挂载的呢？

系统在启动时，会查看“/etc/fstab”文件。每次启动它会根据 fstab 文件中的信息自动挂载文件系统。移动硬盘和 U 盘启动时一般不会连接在计算机上，所以通常不会设置为自动挂载，就需要使用 mount 命令来手动挂载了。

1. 挂载(mount)命令的使用方法

挂载(mount)命令的使用方法如下：

```
#mount [-t vfstype] [-o options] device dir
```

(1) -t vfstype：指定文件系统的类型。通常不必指定，mount 会自动选择正确的类型。常用文件类型如表 1-7 所示。

表 1-7 常见的文件系统类型

设备名称	设备类型
光盘或光盘镜像	iso9660
DOS FAT 16 文件系统	msdos
Windows 9x FAT 32 文件系统	vfat
Windows NT NTFS 文件系统	ntfs
Windows 文件共享	smbfs
Unix(Linux)文件共享	nfs

(2) -o options：主要用来描述设备或文件的挂接方式。常用的参数如表 1-8 所示。

表 1-8 mount 命令的挂载选项

选 项	功能介绍
loop	用来把一个文件当成硬盘分区挂接上系统
ro	采用只读方式挂接设备
rw	采用读写方式挂接设备
iocharset	指定访问文件系统所用字符集

(3) device：要挂载(mount)的设备。

(4) dir：设备在系统上的挂载目录(mount point)。

2. 挂载光盘

要挂载光盘，首先需要使用 mkdir 命令来创建要挂载的目录，然后使用 mount 命令进行挂载，光盘的默认设备名称是/dev/cdrom，光盘的文件类型是 iso9660。如果要挂载的是光盘的镜像文件，需要添加“-o loop”参数。

例如，挂载光盘：

```
#mkdir /mnt/cdrom1
  创建光盘的挂载目录
#mount -t iso9660 /dev/cdrom /mnt/cdrom1
  挂载光盘到/mnt/cdrom1，/dev/cdrom 是光盘驱动器的设备文件
#ls /mnt/cdrom1
```

```
  查看光盘下的内容
#mkdir /mnt/cdrom2
  创建光盘镜像的挂载目录
#mount -o loop -t iso9660 /pathtofile/you.iso /mnt/cdrom2
  挂载光盘镜像.iso 文件，要加上-o loop 进行挂载
#ls /mnt/cdrom2
  查看光盘镜像下的内容
```

3. 挂载 U 盘或者移动硬盘

对 Linux 系统而言，USB 接口的 U 盘和移动硬盘一样，是当作 SCSI 设备对待的。插入 U 盘或者接入移动硬盘之前，应先用“fdisk -l”或“more /proc/partitions”查看系统的硬盘和硬盘分区情况。SCSI 接口的硬盘，系统会标识为“sd”(SCSI Disk)，第一块硬盘用“a”表示，后面依次用 b、c、d 来表示。每块磁盘可以分成多个分区，序号依序是 1、2、3、4 等，1~4 是主分区，5 开始之后是逻辑分区。

例 1，使用“fdisk -l”查看未挂载 U 盘时的分区情况，如图 1-48 所示。

```
#fdisk -l
```

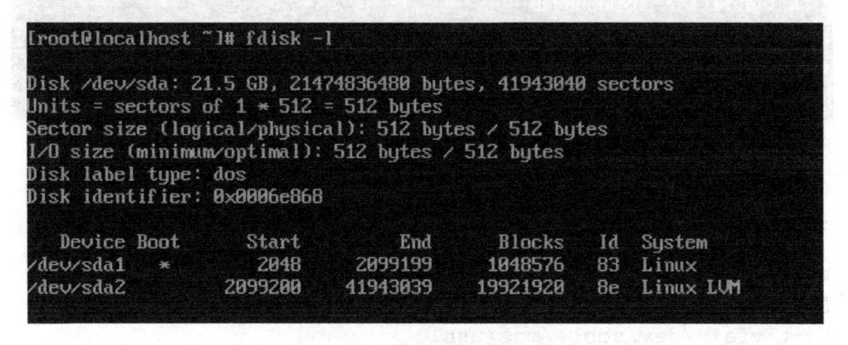
[root@localhost ~]# fdisk -l
Disk /dev/sda: 21.5 GB, 21474836480 bytes, 41943040 sectors
Units = sectors of 1 * 512 = 512 bytes
Sector size (logical/physical): 512 bytes / 512 bytes
I/O size (minimum/optimal): 512 bytes / 512 bytes
Disk label type: dos
Disk identifier: 0x0006e868
Device Boot Start End Blocks Id System
/dev/sda1 * 2048 2099199 1048576 83 Linux
/dev/sda2 2099200 41943039 19921920 8e Linux LVM

图 1-48　查看磁盘分区情况

如图 1-48 所示，虚拟机当前配置有一块硬盘，被识别为 sda。硬盘分成了两个区，sda1 和 sda2。

插入 U 盘(或移动硬盘)后，再用“fdisk -l”或“more /proc/partitions”查看系统的硬盘和硬盘分区情况。

因为当前工作环境是虚拟机，我们可能还需要设置一下虚拟机来连接 USB 设备。

选择菜单中“虚拟机”→“可移动设备”，找到你要挂载的 U 盘设备，选择“连接”，来连接 U 盘，如图 1-49 所示。

完成后，再查看一下硬盘信息。如图 1-50 所示，我们可以看到新增了一个磁盘/dev/sdb，上面有一个分区/dev/sdb1，类型是 W95 FAT32，这就是我们要挂载的 U 盘。

例 2，使用“fdisk -l”查看 U 盘或移动硬盘的设备名称，作为挂载参数：

```
#fdisk -l
```

创建挂载目录，并进行挂载，挂载文件系统类型为 vfat。如果要显示中文信息，可以

增加参数“-o iocharset=cp936”，设定字符集是简体中文。

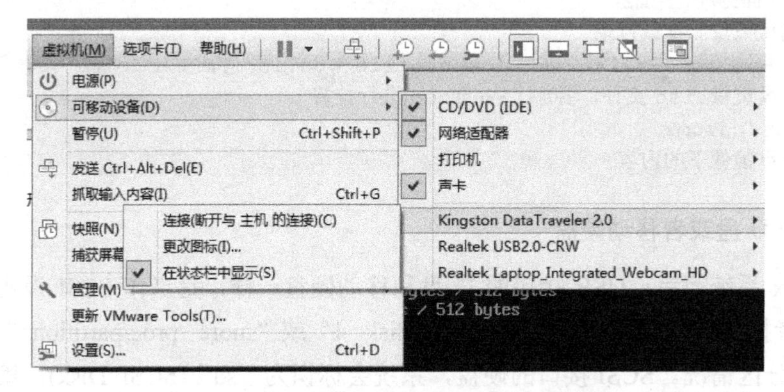

图 1-49　设置虚拟机连接 U 盘或者移动硬盘

```
Disk /dev/sdb: 15.5 GB, 15479597056 bytes, 30233588 sectors
Units = sectors of 1 * 512 = 512 bytes
Sector size (logical/physical): 512 bytes / 512 bytes
I/O size (minimum/optimal): 512 bytes / 512 bytes
Disk label type: dos
Disk identifier: 0x00000000

   Device Boot      Start         End      Blocks   Id  System
/dev/sdb1   *        2048    30232575    15115264    c  W95 FAT32 (LBA)
[root@localhost ~]# _
```

图 1-50　查看连接的 U 盘信息

例 3，挂载 U 盘或移动硬盘：

```
#mkdir -p /mnt/usb1
  创建挂载目录，-p 参数的作用是，如果目标目录的上级目录不存在，就一并创建
#mount -t vfat /dev/sdb1 /mnt/usb1
  挂载 U 盘，文件系统是 vfat(W95 FAT32)，/dev/sdb1 是刚才查到的设备名
#ls /mnt/usb1
  查看 U 盘上的信息
```

4. 使用 umount 卸载设备

挂载的设备不再使用时，可以把它卸载。卸载设备使用的命令是“umount 设备名|挂载位置”。对先前挂载的 U 盘设备，可执行以下任意一个命令进行卸载。

例如，卸载已挂载的设备：

```
#ls /mnt/usb1
  查看已挂载设备上的信息
#umount /dev/sdb1
  使用已挂载设备名进行卸载
#umount /mnt/usb1
  使用已挂载设备的挂载位置进行卸载，二者选一种
#ls /mnt/usb1
  再次查看挂载位置，应该是空目录了
```

1.9.3　文件类型

Linux 下面的文件类型有普通文件、目录文件、链接文件和特殊文件 4 种，可以通过“ls -l”、“file”、“stat”几个命令来查看文件的类型等相关信息。

使用“ls -l”可以用长格式显示文件信息，信息第一列由十个字符构成，第一个字符表示文件类型，“-”表示普通文件，“d”表示目录文件，“l”表示链接文件，其他是特殊文件。接下来九位分成三个部分，每部分 3 位，分别对应文件的“读/写/执行”三种权限，用 rwx 表示，对应位为“-”表示不具备对应权限。第一部分的三位设置的是文件的属主对文件具有的权限，第二部分的三位设置的是和属主同组用户对文件具有的权限，第三部分的三位设置的是其他用户对文件具有的权限。

例 1，查看 anaconda-ks.cfg 文件的权限信息，如图 1-51 所示。

```
#ls -l anaconda-ks.cfg
```

```
[root@localhost ~]# ls -l anaconda-ks.cfg
-rw-------. 1 root root 1431 Dec 28 19:58 anaconda-ks.cfg
```

图 1-51　查看文件属性

图 1-51 中的文件属性是“-|rw-|---|---”，第一位“-”表示文件是普通文件，之后的“rw-”表示文件属主具备的权限是读和写，不能执行，之后的“---”表示文件属主的同组用户对文件不具备读、写和执行权限，最后的三位“---”表示其他用户对文件不具备读、写和执行权限。第二列是文件的 inode 节点数，表示此文件有几个硬连接引用，“1”表示除了自己没有别的引用。第三列是文件属主的用户名 root，第四列是文件属主所属的组名称 root，第五列是文件大小 1431 字节，第六列是文件时间 Dec 28 19:58，表示 12 月 28 日 19 点 58 分，第七列是文件名称 anaconda-ks.cfg。

Linux 中的文件类型如表 1-9 所示。

表 1-9　文件的类型

文件类型	文件类型介绍
-：普通文件	包括纯文本文件和二进制文件
d：目录文件	目录，存储文件的容器
l：链接文件	指向同一个文件或目录的文件
其他：特殊文件	块设备(b)、字符设备(c)、命令管道文件(p)、socks 套接字文件(s)

Linux 中不同类型的文件默认显示颜色不同：普通文件显示为白色；目录文件显示为蓝色；可执行性文件显示为绿色；包文件显示为红色；链接文件显示为青蓝色；设备文件显示为黄色。

例 2，查看不同类型文件的颜色显示，如图 1-52 所示。

```
#ls -l
```

```
[root@localhost ~]# ls -l
total 152
lrwxrwxrwx  1 root root     15 Jan 26 11:49 aks.cfg -> anaconda-ks.cfg
-rw-------. 1 root root   1431 Dec 28 19:58 anaconda-ks.cfg
-rwxr-xr-x  1 root root      0 Feb  3 09:58 cmd
-rw-r--r--  1 root root 151123 Feb  3 09:57 lamp.zip
drwxr-xr-x  2 root root      6 Feb  3 09:55 testdir
[root@localhost ~]#
```

图 1-52　文件类型与默认颜色(一)

从图 1-52 可以看出，aks.cfg 属性位是“l”，是链接文件，显示的颜色是青蓝色；anaconda-ks.cfg 属性位是“-”，是普通文件，显示的颜色是白色；cmd 属性位是“-”，是普通文件，显示的颜色是绿色，文件权限位有“x”执行权限，说明是可执行文件；lamp.zip 的属性位也是“-”，是普通文件，显示的颜色是红色，是包文件；testdir 属性位是“d”，是目录文件，显示的颜色是蓝色。

设备文件存放在/dev 目录下，使用命令查看设备文件，如图 1-53 所示。

```
#ls -l /dev/log /dev/tty0 /dev/sda
#ls -l /run/dmeventd-server
```

```
[root@localhost ~]# ls -l /dev/log /dev/tty0 /dev/sda
srw-rw-rw- 1 root root    0 Feb  3 08:16 /dev/log
brw-rw---- 1 root disk 8, 0 Feb  3 09:19 /dev/sda
crw--w---- 1 root tty  4, 0 Feb  3 08:16 /dev/tty0
[root@localhost ~]# _
```

图 1-53　文件类型与默认颜色(二)

从图 1-53 中我们可以看出，属性位 s 是套接字设备文件，显示为粉色，网络通信使用；属性位 b 是块设备文件，显示为亮黄色，读写时进行块传输，速度快；属性位 c 是字符设备文件，显示也是亮黄色，读写时传输字符，例如键盘，是低速设备。属性位 p 是管道设备文件，显示为暗黄色，可把一个程序的输出传递给另一个程序作为输入，如图 1-54 所示。

```
[root@localhost ~]# ls -l /run/dmeventd-server
prw------- 1 root root 0 Feb  3 08:16 /run/dmeventd-server
```

图 1-54　文件类型与默认颜色(三)

Linux 下的文件类型识别并不依靠后缀名称来判别，通过“ls -l”我们可以得到文件的一些信息，要获取进一步信息，可以执行“file 文件名”。

例 3，查看文件的类型信息，如图 1-55 所示。

```
#file anaconda-ks.cfg
```

```
[root@localhost ~]# file anaconda-ks.cfg
anaconda-ks.cfg: ASCII text
```

图 1-55　使用 file 查看文件类型信息

图 1-55 表明，anaconda-ks.cfg 文件是由 ASCII 编码字符组成的普通文本文件。

要获得更进一步的文件信息，可执行“stat 文件名”命令，来获得文件的详细信息。例如，使用 stat 命令查看文件信息，如图 1-56 所示。

```
#stat anaconda-ks.cfg
```

```
[root@localhost ~]# stat anaconda-ks.cfg
  File: 'anaconda-ks.cfg'
  Size: 1431            Blocks: 8          IO Block: 4096   regular file
Device: fd00h/64768d    Inode: 33574979    Links: 1
Access: (0600/-rw-------)  Uid: (    0/    root)   Gid: (    0/    root)
Access: 2017-01-26 08:54:06.541463941 +0800
Modify: 2016-12-28 19:58:11.176987817 +0800
Change: 2016-12-28 19:58:11.176987817 +0800
 Birth: -
```

图 1-56　使用 stat 命令查看文件信息

1.9.4　查看帮助和文件查找

Linux 的所有源代码和知识都是开放的，海量的知识对学习的人来说，是幸福也是苦恼。在先前任务的学习中，我们学到了一些知识，也掌握了一些命令的用法。除了这些命令，还有很多的命令我们没有学到；即使是我们学到的命令，我们也只是知道了大概的功能，具体的功能选项和用法还没有学习。一般来说，学习每个命令都会有十多个甚至几十个参数功能需要进一步掌握，要记住这么多内容，对初学者来说，太困难了。

在 Linux 中，提供了丰富的文档和命令，帮助我们学习和使用。获得命令帮助可以使用“help 命令名”或者“命令名 --help”来获得功能和用法信息。如果想获取更详细的信息，可以使用“man 命令名”或者“info 命令名”。

使用 man 命令时，内容常常较多，需要使用翻页键进行翻页。b 键(back，向后)可以向前翻页，f 键(forward，向前)可以向后翻页，空格键也可以向后翻页，q 键(quit，退出)用于退出 man 软件。

例 1，查看帮助的方法：

```
#help cd
#man ls
#info find
#ls --help
```

Linux 系统中存在海量的文件，虽然这些文件按照功能存放在不同的目录，但寻找起来仍很不方便，下面介绍几个文件查找命令。

例 2，使用 which 查找可执行命令：

```
#which ls
```

通过命令行环境变量 PATH 所设置的路径，可以到该路径所包含的目录下去查找可执行文件。

例 3，使用 whereis 查找文件。

```
#whereis ls
```

该命令用于把相关字的文件和目录都列出来。Linux 会将文件都记录在一个文件数据库里面，该命令是从数据库去查询，所以速度比较快，Linux 每天会更新该数据库。

查找文件更常用的命令是 find，功能更为强大。

find 命令的使用语法是：

```
#find [path] [参数] [keyword]
```

该命令用于在指定的路径下查找文件。因为不是通过数据库来查询，所以速度会比较慢的。

例 4，从“/”开始搜索文件 file1，即搜索整个文件系统中的 file1 文件：

```
#find / -name file1
```

例 5，搜索属于用户 user1 的文件和目录：

```
#find / -user user1
```

例 6，在目录/home/user1 中搜索带有“.bin”结尾的文件，其中的*表示任意长度的任意字符：

```
#find /home/user1 -name *.bin
```

1.10 文件目录管理和权限管理

1.10.1 常见目录功能介绍

系统安装完成后，各种类型的文件分别存放在对应的目录下。在不同的 Linux 发行版中，目录结构基本是一致或者类似的。了解各目录的基本功能，是了解学习系统的开始。根目录(/)是整个文件系统的最上级节点，包含着大量的子目录，里面分别存放表 1-10 所示类型的内容。

表 1-10 Linux 目录功能的定义

目 录 名	功能描述
/usr	包含所有的命令和程序库、文档和其他文件及当前 Linux 发行版的主要应用程序
/var	包含正在操作的文件，还有记录文件、加密文件、临时文件等
/home	除了 root 用户外的所有用户的配置文件，个性化文件和主目录，即主目录
/proc	虚拟目录，该目录实际上指向内存而不是硬盘
/bin	系统执行文件(二进制文件)普通用户可以使用
/sbin	系统执行文件(二进制文件)不能被普通用户使用，通常由 root 用户使用
/etc	操作系统的配置文件
/root	root 用户的主目录
/dev	系统设备文件，Linux 的所有设备都是以文件的形式被处理，该目录不包含驱动程序

续表

目 录 名	功能描述
/lib	库文件存放目录
/boot	系统引导、启动文件，通常 grub(启动管理器)也在这里
/opt	可选应用程序目录
/tmp	临时文件专门存放目录，系统会自动清理
/lost+found	恢复文件(类似回收站)
/media	所有的磁盘(光盘)将以目录的形式挂载，光盘镜像也可以挂载
/cd-rom	挂载光盘的地方

/proc 目录并不存放在磁盘上，而是保留在内存中。系统的基本运行信息存放在这里，用户和程序可以通过这里获得运行所需的必要信息。这是系统运行时对用户和程序的接口。使用“cat file”等命令，可以查看相关的文件内容，如表 1-11 所示。

表 1-11　proc 目录下文件功能的定义

文 件 名	文件功能定义
/proc/cpuinfo	处理器的信息
/proc/devices	当前运行内核的所有设备清单
/proc/dma	当前正在使用中的 DMA 通道
/proc/filesystem	当前运行内核所配置的文件系统
/proc/interrupts	当前使用的中断和曾经有多少个中断
/proc/ioports	正在使用的 I/O 端口

```
#cat /proc/cpuinfo
#cat /proc/devices
#cat /proc/dma
#cat /proc/filesystem
#cat /proc/interrupts
#cat /proc/ioports
```

查看文件的命令很多，各有自己的功能特色。“cat file”可以查看文件的内容，将文件内容从第一行到最后一行连续输出到屏幕上。“tac file”的功能和“cat”命令相反，是从最后一行到第一行的方式查看。

当文件比较大的时候，系统自动翻屏显示，这样文件前面的内容就没办法看清楚，这个时候可以用 more 或者 less 命令。“more file”可以在显示满一页后自动停止，按任意键继续显示下一屏，直到显示完成，如果看到一半想退出，则敲入 q 即可退出。more 命令只能向后翻页显示，“less file”则向前向后都可以翻页。

如果只想读取文件的头几行或者文件的末尾几行，可以用“head -n file”(读取文件的前 n 行)或“#tail -n file”(读取文件末尾 n 行)。

wc 命令可以统计指定文件的行数、单词数和字符数：

```
#cat /proc/cpuinfo
#tac /proc/cpuinfo
#more /etc/passwd
#less /etc/passwd
#head -1 /etc/passwd
#tail -2 /etc/passwd
#wc -l /etc/passwd
```

1.10.2 目录和文件操作

文件系统是树形结构，最上层是根目录“/”，下方是各个子目录和文件，每个子目录下方又包含着子目录和文件，形成树形层次型的存储结构。对文件和目录的操作是必备的基础能力，文件目录基本操作命令如表 1-12 所示。

表 1-12 文件目录基本操作命令

命 令	功能描述
cd	改变工作目录(~：当前用户主目录；-：上一次的目录)
pwd	显示当前工作目录
mkdir	建立新目录
rmdir	删除空目录
ls	显示指定目录下的文件和子目录(-l 长列表显示，-a 显示所有文件)
cp	复制指定源文件或者目录到指定位置(-r 拷贝目录)
rm	删除文件或者目录(-r 删除目录)
mv	移动文件或者目录

cd(change directory，改变目录)命令用来切换到指定工作目录；pwd(print working directory，显示工作目录)可以显示当前所在位置，即工作目录；ls(list)命令显示指定目录下的文件和子目录列表。

例 1，执行下列命令，查看命令效果：

```
#cd /
#pwd
#ls
#cd /root
#pwd
#ls
```

每个用户都有自己的主目录，也叫“家”目录。超级用户 root 的主目录是“/root”，普通用户的家目录是“/home/用户名”。无论在文件系统的哪个位置，都可以通过“cd”或者“cd ~”回到主目录。在两个目录间快速切换可以使用“cd -”，另外，还有两个特殊含义的目录，“.”表示当前所在的目录，“..”表示当前目录的上一级目录。

例 2，学习 cd 命令的多种用法：

```
#cd
#pwd
#cd /
#pwd
#cd -
#pwd
#cd ..
#pwd
```

“mkdir 目录名”(make directory，创建目录)命令用来创建新目录；“rmdir 目录名”(remove directory，删除目录)可以删除空目录；如果待删除目录下有文件或者子目录，可先删空后再使用 rmdir 命令，或者直接使用“rm -r 目录名”进行删除。

例 3，目录操作：

```
#cd /root
#mkdir test1
#mkdir test2 test3
#ls
#rmdir test2
#ls
```

“cp 源文件 目标”(copy，复制)把源文件的副本复制到目标所指定的位置，如果目标是目录，就存放在目录下，文件名不变；如果目标路径包含文件名，则还需要把文件名修改为指定的文件名。“-r”参数可以对目录进行复制。

“mv 源文件 目标”(move，移动)把源文件移动到目标位置，如果目标路径包含文件名，则需要把文件名修改为指定文件名。“-r”参数可以对目录进行移动。文件移走后，源文件就不存在了。

“rm 文件名”可以删除指定文件，“rm -r 目录名”可以删除指定目录。

当文件复制时，或者文件移动时，目标位置如果有同名文件，则会被覆盖；使用删除命令删除文件时如果不小心，可能会误删文件。

所以，当执行这三个命令时，可以再增加“-i”参数，这样，在发生覆盖或者删除时，会提示用户确认，保证文件安全。

例 4，文件操作：

```
#cd /root
#mkdir test1
#cd /root/test1
#touch testfile1 testfile2
#ls
#cp testfile1 /root
#ls /root
#mv testfile2 /root/tfile2
#ls /root
#ls /root/test1
```

1.10.3 文件目录与权限

Linux 是多用户操作系统，每个用户都有自己的主目录。root 用户的主目录在“/root”，而其他用户的主目录在“/home/用户名”。在各自的主目录中，具备完全权限。其他用户的文件，默认不能够访问。如果用户需要让其他用户访问自己的文件，需要对文件目录进行合理的授权。如果授权不当，可能会导致安全问题。文件权限设置的命令如表 1-13 所示。

表 1-13 文件权限设置的相关命令

命 令	功能描述
ls -l	使用长列表方式显示目录下的文件和子目录
touch	创建新文件，更新文件状态属性
chmod	改变文件或目录权限属性
chown	改变文件或目录属主(所属用户)
chgrp	改变文件或目录所属工作组
umask	设定文件掩码，影响创建的新文件权限属性

1. 查看文件权限

在 Linux 下，查看文件目录的权限可以使用命令“ls -l”，“-l”表示使用长列表方式显示内容，此时，文件信息的第一列就是权限属性。“touch 文件名”表示当文件不存在时创建新文件，文件已存在时更新文件状态，如图 1-57 所示。

```
#touch file1
#ls -l file1
```

```
[root@localhost ~]# touch file1
[root@localhost ~]# ls -l file1
-rw-r--r-- 1 root root 0 Feb  3 10:42 file1
```

图 1-57 新建文件或者更新文件状态

从图 1-57 中可以看出，文件目录的权限属性可以通过三种角色分类设定来实现。

- 对文件目录属主自己(user)的访问控制。
- 对属主同组用户(group)的访问控制。
- 对其他用户(others)的访问控制。

具体的权限设定包括 r(read)读、w(write)写、x(execute)执行三种。

Linux 系统中的每个文件和目录都有属主和对应的访问权限设定，用它来确定谁可以通过何种方式对文件和目录进行访问和操作。

以文件为例，读权限表示允许读其内容；写权限表示允许对其做更改操作；可执行权限表示允许将该文件作为一个程序执行。文件被创建时，文件所有者自动拥有对该文件的

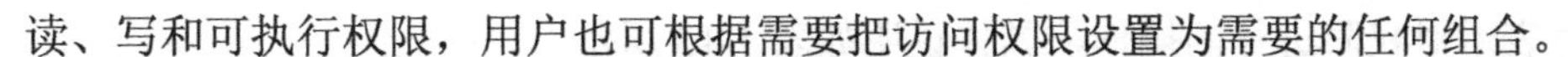

读、写和可执行权限，用户也可根据需要把访问权限设置为需要的任何组合。

三种不同类型的用户对文件或目录进行访问：文件所有者、同组用户、其他用户。相应地，每一文件或目录的访问权限都有三组，每组用三位表示，分别为：

- 文件属主的读、写和执行权限。
- 与属主同组的用户的读、写和执行权限。
- 系统中其他用户的读、写和执行权限。

当用“ls -l”命令显示文件或目录的详细信息时，最左边的一列为文件的访问权限，如图 1-58 所示。

```
[root@localhost ~]# touch file1
[root@localhost ~]# ls -l file1
-rw-r--r-- 1 root root 0 Feb  3 10:42 file1
```

图 1-58　查看文件权限设置

横线代表不具备相应权限，r 代表读权限，w 代表写权限，x 代表执行权限。

图例上“- rw- r-- r--”权限的属性中：

- “-”是文件的类别属性，表示是一个普通文件，如果是“r”，表示是目录。
- 接下来前三位是属主权限设置，“rw-”表示属主有读写权限，无执行权限。
- 中间三位是同组人员权限，“r--”表示只有读权限。
- 最后三位是其他用户的权限，“r--”表示其他用户也只有读权限。

2. 修改文件权限

chmod 命令用于改变文件或目录的访问权限。当需要更改权限设定时，用户可以利用 Linux 系统提供的 chmod 命令来重新设定；也可以利用 chown 命令来更改某个文件或目录的属主，之后属主可以自行设置权限；也利用 chgrp 命令来更改某个文件或目录的用户组来获得组的授权。

chmod 命令有两种用法：

- 包含字母和操作符表达式的文字设定法。
- 包含数字的数字设定法。

(1) 文字设定法：

```
#chmod [用户类别 ugoa] [+ | - | =] [权限 rwx 等] 文件名
```

用户类别可是表 1-14 中字母的任一个或者它们的组合。

表 1-14　四种用户类别

类　别	功能描述
u	表示“用户(user)”，即文件或目录的所有者
g	表示“同组(group)用户”，即与文件属主有相同组 ID 的所有用户
o	表示“其他(others)用户”
a	表示“所有(all)用户”。它是系统默认值

操作符号表示对权限进行的操作，具体说明如表 1-15 所示。

表 1-15　权限操作符

符　号	功能描述
+	添加某个权限
-	取消某个权限
=	赋予给定权限并取消其他所有权限(如果有的话)

设置 mode 所表示的权限可用权限字母的任意组合，最常用的权限字母就是“rwx”。在一个命令行中可给出多个权限方式，其间用逗号隔开。例如“chmod g+r,o+r example”可使同组和其他用户对文件 example 具有读权限。

(2)　数字设定法。

使用文字设定法，含义清晰直观，书写稍复杂，chmod 命令还支持另一种“数字设定法”。在每三位一组的权限设定中：“-”没有权限用 0 表示，“r”读权限用 4 表示，“w”写权限用 2 表示，“x”执行权限用 1 表示，然后将其相加。例如“rw-r--r--”对应的等价数字权限就是“644”。使用“chmod [数字权限] 文件名”也可以进行权限设定。

例 1，文件权限操作：

```
$chmod a+x sort
```

此命令设定文件 sort 的属性为(a：ALL；x：执行权限)。

- 文件属主(u)：增加执行权限。
- 与文件属主同组用户(g)：增加执行权限。
- 其他用户(o)：增加执行权限。

例 2，多权限修改操作：

```
$chmod ug+w,o-x text
```

即设定文件 text 的属性。

- 文件属主(u)：增加写权限。
- 与文件属主同组用户(g)：增加写权限。
- 其他用户(o)：删除执行权限。

例 3，用户类别的多种表示方法：

```
$ chmod a-x mm.txt
$ chmod -x mm.txt
$ chmod ugo-x mm.txt
```

以上这三个命令都是将文件 mm.txt 的执行权限删除，它设定的对象为所有使用者。

例 4，数字设定法权限操作：

```
$ chmod 644 mm.txt
$ ls -l
```

设定文件 mm.txt 的属性为“-rw-r--r--”。

- 文件属主(u)：root 拥有读、写权限(rw-：4+2+0=6)。
- 与文件属主同组人用户(g)：拥有读权限(r--：4+0+0=4)。
- 其他人(o)：拥有读权限(r--：4+0+0=4)。

3. 改变所属组

chgrp 命令功能是改变文件或目录所属的组。

语法：

```
chgrp [选项] group filename
```

命令中 group 可以是用户组 ID，用户组的组名，文件名是以空格分开的要改变属组的文件列表，支持通配符。

如果用户不是该文件的属主或超级用户，则不能改变该文件的组。

常用选项“-R”表示递归式地改变指定目录及其下的所有子目录和文件的属组。

例如，改变/opt/local /book/及其子目录下的所有文件的属组为 book：

```
$ chgrp -R book /opt/local /book
```

4. 改变文件属主和属组

chown 命令功能是更改某个文件或目录的属主和属组。例如 root 用户把自己的一个文件拷贝给用户，为了让用户能够存取这个文件，root 用户应该把这个文件的属主设为该用户，否则，用户将没有权限对文件实施各种操作。

语法：

```
chown [选项] 用户或组 文件
```

常用选项“-R”表示递归式地改变指定目录及其下面的所有子目录，以及文件的属主和属组。

例 1，把文件 shiyan.c 的所有者改为 wang：

```
$chown wang shiyan.c
```

例 2，把目录/his 及其下的所有文件和子目录的属主改成 wang，属组改成 users：

```
$chown -R wang.users /his
```

5. 设置文件掩码

umask 命令功能是设置文件掩码。

在 Linux 下，创建文件的默认权限是“666”，创建目录的权限是“777”，如果我们使用“umask 022”设置文件权限掩码，则当创建新文件时，初始权限将是 644(6-0，6-2，6-2)，即属主具有读、写权限(rw-)，同组用户和其他用户只具有读权限(r--)；如果是创建目录，那么，目录初始权限将是 755(7-0，7-2，7-2)，即属主具有读、写、执行权限(rwx，

7)，同组用户和其他用户具有读、执行权限(r-x，5)。

可以看出，umask 的功能就是当新建文件时，取消文件的指定权限。上面的例子中，新建用户的同组用户写权限(w=2)和其他用户的写权限(w=2)就被默认取消掉了。

例如：

```
#umask 022
#touch file1
#umask 222
#touch file2
#ls -l file*
```

关于文件和目录权限，有几点要注意的地方。

(1) 对于文件和文件夹来说，权限的具体含义不同。比如读权限 r：对于文件，是读取文件内容；对于目录，是查看目录下的文件等。

(2) 并不是给文件执行权限文件就能够执行了，正确的理解是，即使文件本身就是可执行的文件，没有执行权限也不能执行，赋予执行权限后，文件才能执行。

(3) 除了 rwx 权限外，还有个特殊的权限 s，可以让某些命令在执行时临时获取更高的权限来完成功能。当用户使用“ls -l”命令查看某些文件时(例如 passwd 命令)，如果看到 rws 这样的权限，就不会奇怪了。

1.10.4 使用软连接和硬连接

硬连接是给文件创建一个副本，同时建立两者之间的连接关系。修改其中一个，与其连接的文件同时被修改。为文件每增加一个硬连接，使用“ls -l 文件名”查看文件时，可以发现文件连接数会加 1。当删除硬连接文件时，文件连接数减 1，当减为零时，文件从磁盘上被删除。

软连接也叫符号连接，他只是对源文件在新的位置建立一个“快捷方式”，删除这个连接，不会影响到源文件；而当源文件删除时，符号连接因为指向的文件已不存在，会失去效果。对连接文件的使用、引用都会直接调用源文件。

创建连接使用命令 ln，常用参数如表 1-16 所示。

表 1-16 ln 命令的常用参数

选　项	功能描述
-b	删除，覆盖以前建立的链接
-d	允许超级用户制作目录的硬连接
-f	强制执行
-i	交互模式，文件存在则提示用户是否覆盖
-n	把符号连接视为一般目录
-s	软连接(符号连接)
-v	显示详细的处理过程

例 1，为/root 目录下的文件 anaconda-ks.cfg 创建软连接 aks.cfg，如图 1-59 所示。

```
#ls -l
#ln -s anaconda-ks.cfg aks.cfg
#ls -l
```

```
[root@localhost ~]# ls -l
total 4
-rw-------. 1 root root 1431 Dec 28 19:58 anaconda-ks.cfg
[root@localhost ~]# ln -s anaconda-ks.cfg aks.cfg
[root@localhost ~]# ls -l
total 4
lrwxrwxrwx  1 root root   15 Jan 26 11:49 aks.cfg -> anaconda-ks.cfg
-rw-------. 1 root root 1431 Dec 28 19:58 anaconda-ks.cfg
[root@localhost ~]#
```

图 1-59　创建软连接

从图 1-59 中可以看到，符号连接 aks.cfg 创建成功，连接文件类型为“l”，颜色显示为亮蓝色，连接指向文件 anaconda-ks.cfg。

例 2，为/root 目录下的文件 anaconda-ks.cfg 创建硬连接 aks2.cfg，如图 1-60 所示。

```
#ls -l
#ln anaconda-ks.cfg aks2.cfg
#ls -l
```

```
[root@localhost ~]# ls -l
total 4
lrwxrwxrwx  1 root root   15 Jan 26 11:49 aks.cfg -> anaconda-ks.cfg
-rw-------. 1 root root 1431 Dec 28 19:58 anaconda-ks.cfg
[root@localhost ~]# ln anaconda-ks.cfg aks2.cfg
[root@localhost ~]# ls -l
total 8
-rw-------. 2 root root 1431 Dec 28 19:58 aks2.cfg
lrwxrwxrwx  1 root root   15 Jan 26 11:49 aks.cfg -> anaconda-ks.cfg
-rw-------. 2 root root 1431 Dec 28 19:58 anaconda-ks.cfg
[root@localhost ~]# _
```

图 1-60　创建硬连接

从图可以看出，文件 anaconda-ks.cfg 初始连接数为 1，当使用 ln 建立硬连接后，原文件和硬连接文件 aks2.cfg 的连接数都变为 2，而软连接 aks.cfg 的连接数并不改变。2 是文件的节点数，当删除文件时，每删除一个，节点数减 1；当节点数减到 0 时，文件才真正从磁盘上删除。

另外，硬连接无论文件内容还是属性都是一体，软连接的权限默认都是 777 完全权限，当操作文件时，起作用的还是真实文件的权限。

任务四：系统基本配置管理

本任务要关注两个问题：CentOS 7 的用户管理和 CentOS 7 的网络管理。具体要求了解用户管理的机制和常用管理命令；了解网络管理的基础知识并掌握网络管理命令。

知识储备

1.11　用户账号管理

1.11.1　了解用户管理

Linux 是多用户操作系统，为每个用户创建自己的账号，是用户使用系统的前提，也是系统对用户进行管理的必需。对用户进行管理是系统的基础功能。

添加新用户时，实际上是修改了/etc/passwd、/etc/shadow 文件，在/home 下为用户创建主目录，并将/etc/skel(通用用户模板)目录内容复制过来。

```
#ls -l /etc/passwd /etc/shadow
#cat /etc/passwd
#cat /etc/shadow
```

1. 账号信息配置文件：/etc/passwd

Linux 使用/etc/passwd 文件记录用户账号信息，每个用户记录一行，每行由 7 个域组成，之间由冒号分隔。passwd 文件的属主是 root，默认权限设定是 644，即 root 有读写权限，其他用户只有读权限。因为普通用户可以读此文件，为了防止用户账号的密码被强制破解，所以密码字段的内容统一设置为“x”，真实密码信息都加密后保存在另一个账号文件/etc/shadow 中，并严格控制用户访问。

例如，查看/etc/passwd 文件第一行的内容，如图 1-61 所示。

```
#head -1 /etc/passwd
#ls -l /etc/passwd
```

```
[root@liuxuegong ~]# head -1 /etc/passwd
root:x:0:0:root:/root:/bin/bash
[root@liuxuegong ~]# ls -l /etc/passwd
-rw-r--r-- 1 root root 1348 Feb 13 11:22 /etc/passwd
[root@liuxuegong ~]#
```

图 1-61　passwd 文件格式和属性

passwd 文件用户账号字段如表 1-17 所示。

表 1-17　passwd 文件用户账号字段

root	x	0	0	root	/root	/bin/bash
用户名	密码	UID	GID	用户注释	用户主目录	登录 Shell

UID 是用户标识，从 0 开始编号，root 账号的 UID 就是 0。在 CentOS 7 系统下，创建普通用户账号时，UID 一般从编号 1000 开始，即第一个创建的普通用户 UID 是 1000，第二个用户 UID 是 1001，以此类推。

GID 是用户所属组的标识，通常创建账号时默认会创建与 UID 相同编号的组。

用户名应该唯一，如不唯一，则系统只认前面的一个；UID 则不必唯一。相同的 UID 具有完全相同的权限。创建用户时，UID 等于 0 即拥有 root 权限。

使用命令“ls -l”来查看 passwd 文件的属性信息，可以看到，除了属主 root 用户拥有读写权限，其他用户都只拥有读权限。

2. 账号密码信息文件：/etc/shadow

/etc/shadow 文件主要用于记录加密后的密码，并包含密码相关的安全策略设置。文件属主是 root 用户，默认访问权限是 400，即 root 用户具有读权限，其他用户无权限。

使用“head -1 /etc/shadow”来查看文件第一行的记录信息，可以看到，每行格式都是用“:”分隔开的 9 个字段，依序是“username: password: last:may: must: warn: expire: disable: reserved”。

例如，查看/etc/shadow 文件的第一行内容，如图 1-62 所示。

```
#head -1 /etc/shadow
#ls -l /etc/shadow
```

```
[root@liuxuegong ~]# head -1 /etc/shadow
root:$6$Ke92AODd9PCIZ3.v$jYYmYy1Or.SeN8WjeUtt6z5pBJZ
p5MboeRqJD.::0:99999:7:::
[root@liuxuegong ~]# ls -l /etc/shadow
---------- 1 root root 911 Feb 13 11:22 /etc/shadow
```

图 1-62　shadow 文件格式和属性

shadow 文件账号字段及相应功能的描述如表 1-18 所示。

表 1-18　shadow 文件账号字段

序 号	字段定义	功能描述
1	username	用户名
2	password	加密后的密码
3	lastdate	上次更改密码日期，从 1970-1-1 起计算的天数
4	maydate	从 maydate 开始，用户才可以更改密码
5	mustdate	到 mustdate 如果还没有修改密码，就强制要求修改
6	warndate	在 mustdate 前多少天提示用户更改密码
7	expiredate	在 mustdate 后多少天使用用户账号失效
8	disable	用来记录账号失效的天数
9	reserved	保留未使用

/etc/shadow 文件和/etc/passwd 文件一样，每个账号信息占据一行。

在 shadow 文件中，最重要的就是密码信息，从图 1-62 中可以看到，存储的是加密后的密码，即使被意外看到，也猜不出原始密码信息。为了防止密码被穷举破解，shadow 文件的权限设置很严格，从图 1-62 中可以看到，任何人都没有读写权限。这样，除了超级用户 root，任何账号都无法查看和更改文件信息。

3. 组账号配置文件：/etc/group 和/etc/gshadow

在创建用户的同时，也创建了一个同名组，新用户默认属于自己的组，这个组称为用户私有组，可以把其他用户加入这个私有组并享受该组成员的权利。/etc/passwd 文件中的 GID 表示的就是用户的默认组。

关于组的操作，实际上是在修改/etc/group 文件。/etc/group 文件记录组信息，每行记录一个组的信息，格式是“组名:密码:GID:成员列表(成员之间用逗号隔开)”。若需组密码，可执行命令 gpasswd，组密码存于/etc/gshadow。

```
#cat /etc/group
#cat /etc/gshadow
```

1.11.2 用户账号的基本操作

在 Linux 操作系统中，root 账号是唯一的超级账号，具备系统最高权限，要进行服务器管理，通常是在 root 账号下完成。为了防止在使用 root 账号时不小心破坏系统，通常建议在管理员不进行管理操作时，使用普通用户账号来进行操作。也就是说，对于管理员来说，大多数时间也是在使用普通用户账号的。

1. 使用 useradd/passwd 来创建用户账号并设置密码

创建新用户账号使用命令“useradd 用户名”，为用户设置登录密码或者修改登录密码使用“passwd 用户名”命令，新用户只有被赋予密码后才能使用。

例 1，创建新用户 newuser1，如图 1-63 所示。

```
#useradd newuser1
#passwd newuser1
#tail -1 /etc/passwd
#tail -1 /etc/shadow
```

```
[root@liuxuegong ~]# useradd newuser1
[root@liuxuegong ~]# passwd newuser1
Changing password for user newuser1.
New password:
BAD PASSWORD: The password is shorter than 7 characters
Retype new password:
passwd: all authentication tokens updated successfully.
[root@liuxuegong ~]# tail -1 /etc/passwd
newuser1:x:1003:1003::/home/newuser1:/bin/bash
[root@liuxuegong ~]# tail -1 /etc/shadow
newuser1:$6$IHWrMgbf$mV7A4C./pEpanJt6n/vdERdoTYbLKfA4rHz
fhsupw0:17251:0:99999:7:::
```

图 1-63　创建新用户

创建完成新账号后，可以查看 passwd 和 shadow 文件了解账号的信息。命令“tail -1”的作用是查看文件的最后一行内容。用户创建后，必须使用 passwd 命令设置密码才可以正常登录使用，如果密码设置过于简单，系统会提示信息，但仍然可以设置使用简单密码，再次输入确认即可。普通用户的家目录默认为/home/用户名，这也是普通用户和 root 超级用户间的又一点不同，root 的家目录是/root。

设置好密码后，执行 exit 命令退出当前用户登录，然后就可以使用新注册账号来验证登录。如图 1-64 所示。

注意： 普通用户登录后，提示符是“$”；如果是 root 账号登录的话，提示符是“#”。日常操作通常在普通用户模式下完成；进行管理操作时，通常需要在 root 超级模式下才可以完成。

```
#exit
```

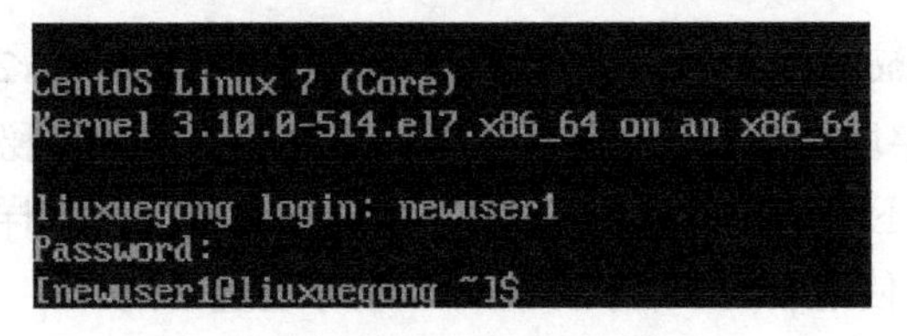

图 1-64 使用普通用户登录验证

useradd 命令在创建用户账号时，可使用如表 1-19 中所示的参数对用户设定进行精确的设置，对于没有设定的内容，系统会使用通用设定。

表 1-19 useradd 命令参数

选　项	功能描述
-u	设置用户的 UID
-g	设置用户的 GID
-d	设置用户的主目录
-G	使该用户成为其他组的成员
-s	用户的登录 Shell，默认为/bin/bash
-c	comment，用户注释
-p	同时设置密码，注意无空格

例 2，使用参数来定制账号属性，如图 1-65 所示。

```
#useradd -u 1005 newuser2
#tail -2 /etc/passwd
#tail -2 /etc/shadow
#passwd newuser2
```

在图 1-65 中，创建 newuser2 用户的时候，使用“-u 1005”设定了新用户的 UID 属性。创建完成后，查看账号文件/etc/passwd，可以看到刚才创建的 newuser1 的 UID 是 1003，那么接下来创建的用户 UID 默认应该是 1004，显示的则是我们设定的 1005，说明我们的设定成功了。

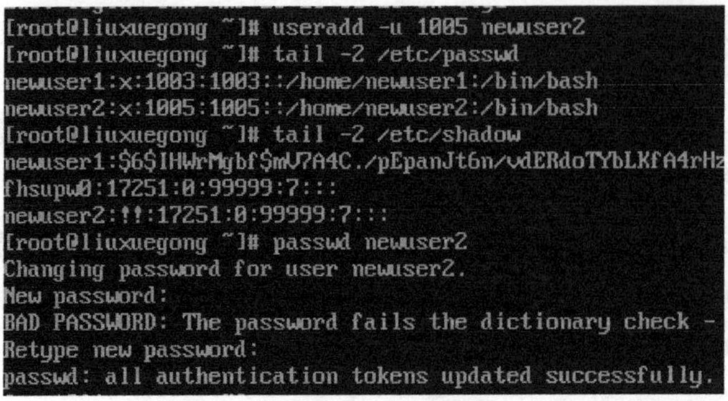

```
[root@liuxuegong ~]# useradd -u 1005 newuser2
[root@liuxuegong ~]# tail -2 /etc/passwd
newuser1:x:1003:1003::/home/newuser1:/bin/bash
newuser2:x:1005:1005::/home/newuser2:/bin/bash
[root@liuxuegong ~]# tail -2 /etc/shadow
newuser1:$6$IHWrMgbf$mU7A4C./pEpanJt6n/vdERdoTYbLKfA4rHz
fhsupW0:17251:0:99999:7:::
newuser2:!!:17251:0:99999:7:::
[root@liuxuegong ~]# passwd newuser2
Changing password for user newuser2.
New password:
BAD PASSWORD: The password fails the dictionary check -
Retype new password:
passwd: all authentication tokens updated successfully.
```

图 1-65　使用参数定制账号属性

在我们查看/etc/shadow 文件时，比较 newuser1 和 newuser2 用户信息，可以看到 newuser1 账号的密码字段是加密后的密码，而 newuser2 账号的秘密字段则是两个感叹号“!!”，这是因为我们还没有使用 passwd 命令为它设置密码，这样的账号是不能用来登录的。接下来我们别忘了使用 passwd 为 newuser2 账号设置密码。

2．使用 usermod 来修改用户账号属性

usermod 命令用于改变用户的账号设置，如 UID、GID、注释、主目录、Shell，其参数对应分别是 -u、-g、-c、-d、-s 等，功能选项类似于 useradd。

例 1，把用户 newuser1 的用户 id 改成 1030，如图 1-66 所示。

```
#usermod -u 1030 newuser1
#tail -2 /etc/passwd
```

```
passwd: all authentication tokens updated succes
[root@liuxuegong ~]# usermod -u 1030 newuser1
[root@liuxuegong ~]# tail -2 /etc/passwd
newuser1:x:1030:1003::/home/newuser1:/bin/bash
newuser2:x:1005:1005::/home/newuser2:/bin/bash
```

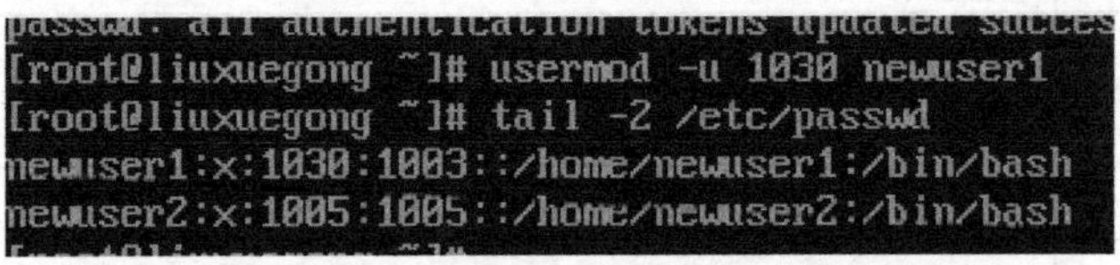

图 1-66　usermod 改变用户属性

如图 1-66 所示，通过 tail 命令查看 passwd 账号信息可以发现，newuser1 的用户 UID 属性被改成了 1030，但是 GID 没有变化，还是初始状态 1003。

有些时候需要暂停用户账号的使用，比如员工出差，此时，通过修改用户的登录 Shell 为 nologin 或 false，即可阻止使用此账号登录系统。

例 2，停用 newuser1 的账号，如图 1-67 所示。

```
#usermod -s /sbin/nologin newuser1
#tail -2 /etc/passwd
```

```
[root@liuxuegong ~]# usermod -s /sbin/nologin newuser1
[root@liuxuegong ~]# tail -2 /etc/passwd
newuser1:x:1030:1003::/home/newuser1:/sbin/nologin
newuser2:x:1005:1005::/home/newuser2:/bin/bash
```

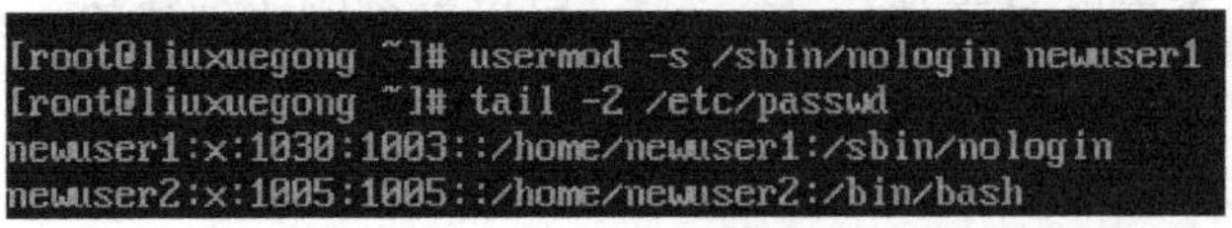

图 1-67　停用用户账号

如图 1-67 所示，使用-s 把用户 newuser1 的登录 Shell 改成了/sbin/nologin，即可使账号无法登录系统。查看/etc/passwd，可以看到，最后一个字段设定的登录 Shell 成功变成/sbin/nologin 了。当用户出差结束，可以重新解锁用户，执行：

```
#usermod -s /bin/bash newuser1
```

3. 使用 userdel 来删除用户账号

当需要删除用户账号时，使用“userdel -r 用户名”进行删除，“-r”表示删除用户账号的同时删除其主目录。

例如，删除 newuser1 账号并同时删除他的家目录，如图 1-68 所示。

```
#userdel -r newuser1
#tail -2 /etc/passwd
#ls /home
```

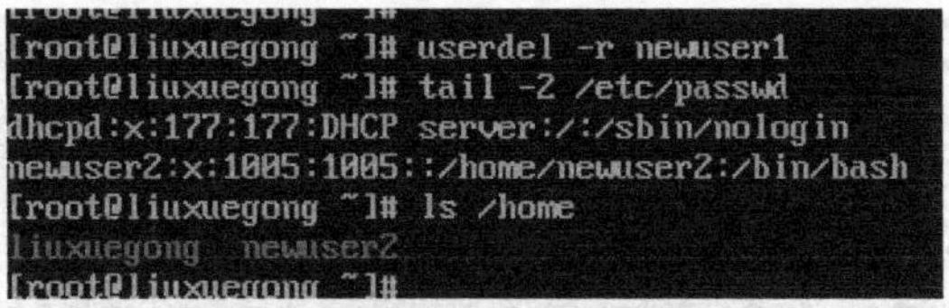

```
[root@liuxuegong ~]# userdel -r newuser1
[root@liuxuegong ~]# tail -2 /etc/passwd
dhcpd:x:177:177:DHCP server:/:/sbin/nologin
newuser2:x:1005:1005::/home/newuser2:/bin/bash
[root@liuxuegong ~]# ls /home
liuxuegong  newuser2
[root@liuxuegong ~]#
```

图 1-68　删除用户账号

如图 1-68 所示，执行命令后，在/etc/passwd 文件中，newuser1 用户账号已经不存在；查看/home 文件夹，newuser1 用户的家目录也已经被删除。如果不加“-r”参数，家目录是不会被删除的。

4. 组管理

创建新的用户组使用“groupadd 组名称”，“usermod -G 组名称 用户名”将一个已经存在的用户加入指定组。gpasswd 命令也可以进行组管理。

例如，组的操作，新建用户账号 newuser2，并加入新建的 newgroup1 组：

```
#useradd newuser2
#passwd newuser2
#groupadd newgroup1
#usermod -G newgroup1 newuser2
```

5. 使用“su - 用户名”来切换用户账号和环境

使用 exit 命令退出后再使用其他用户账号登录是在多个用户身份间切换的常见方法，除此之外，我们还可以使用 Ctrl+Alt+F1~F7 在多个虚拟终端切换后登录，或者直接使用“su”命令进行用户切换。

使用 su 命令可改变用户身份，不仅省却了注销和重新登录过程，而且进行服务器远程管理时，为了安全考虑，通常会禁止 root 账号远程登录系统，此时需使用普通用户远程登录，然后使用“su root”切换到 root 账号，就是最好的办法。

普通用户切换到 root 需要输入 root 密码，root 切换到普通用户不需要输入密码。切换到 root 账号后，可执行 exit 命令退出 root 账号，此时将返回原用户账号。

例 1，创建新用户 newuser3：

```
#useradd newuser3
#passwd newuser3
#exit
```

例 2，使用 newuser3 登录系统，执行以下命令。如图 1-69 所示。

```
$set | grep PATH
$su root
#set | grep PATH
#exit
$su - root
#set | grep PATH
```

```
[newuser3@liuxuegong ~]$ set |grep PATH
PATH=/usr/local/bin:/bin:/usr/bin:/usr/local/sbin
/bin
[newuser3@liuxuegong ~]$ su root
Password:
[root@liuxuegong newuser3]# set |grep PATH
PATH=/usr/local/bin:/bin:/usr/bin:/usr/local/sbin
/bin
[root@liuxuegong newuser3]# exit
exit
[newuser3@liuxuegong ~]$ su - root
Password:
Last login: Mon Mar 27 02:04:03 CST 2017 on tty1
[root@liuxuegong ~]# set |grep PATH
PATH=/usr/local/sbin:/usr/local/bin:/sbin:/bin:/u
_=PATH
```

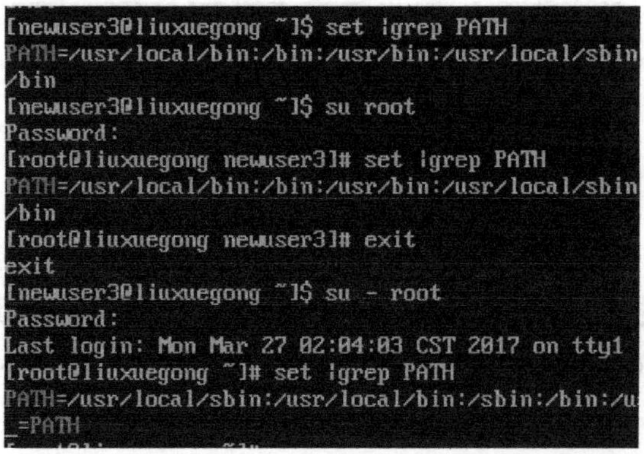

图 1-69　切换 root 用户环境

如图 1-69 所示，当使用 newuser3 登录系统后，查看系统环境变量中的路径，设置 PATH；接下来执行“su root”命令切换到 root 账号，此时提示信息变成“#”，说明已经处于超级用户 root 账号下了；再次查看环境变量中的 PATH 设置，发现和 newuser3 的环境设置完全相同。这说明虽然账号权限都改变了，但是用户环境还没有改变过来。

执行 exit 退出 root 账号，回归到 newuser3 账号后，再次执行“su - root”命令。注意：在命令中间，多了个“-”号。此时再次切换到 root 账号，查看环境设置中的 PATH 设置，发现与 newuser3 的设置内容已经不同了，这说明已经切换到了 root 账号自己的环境设置了。

如果没有切换用户环境，那么需要 root 权限执行的管理工具需要添加完整路径才可以正常运行。这是因为普通用户的命令查找路径设定和 root 管理员的设置不同，不包括管理员专用的管理命令所在目录，这样执行时，就找不到对应管理命令了。

注意： 从 root 账号切换到其他账号直接切换，而从普通账号切换到其他账号需要输入目标账号的密码认证身份才可以正常切换过来。

1.12 网络和主机名管理

服务器要向互联网用户提供服务，它的 IP 地址通常是固定的。服务器具体的配置信息要根据实际情况设定，这里假设要设定为如表 1-20 中所示的信息。

表 1-20 假定设置的服务器配置信息

IP 地址	192.168.125.200
子网掩码	255.255.255.0
默认网关	192.168.125.2
DNS 服务器 1	114.114.114.114
DNS 服务器 2	8.8.8.8

注意： 192.168.125.0 是 C 类保留网络地址，用于组建企业内部网，并不能够在公网使用。此处只作为练习示例使用。具体环境的网络配置信息需向网络管理人员或者老师获取。

1.12.1 了解 CentOS 7 的网络接口

计算机要联网，需要专门的联网设备，我们称为“网卡”。网卡的全称是网络接口卡(Network Interface Card，NIC)，通过网卡，我们就可以使用介质(双绞线、光纤等)把计算机与网络连接起来。

在网络设备生产商生产网卡时，会给每块网卡设置一个唯一的标识号码，这个号码长度是 48 位二进制，由“厂商标识+产品序号”组成。这个号码，我们称为物理地址或者硬件地址，学名叫作介质访问控制(Media Access Control，MAC)地址。这个地址是联网主机互相识别的主要依据。

当进行网络通信时，就像写信，要标明发送方和接收方的地址。MAC 地址主要用于局域网内部通信的标识；除了 MAC 地址之外，我们通常还需要配置 IP 地址，这个地址主要用于互联网通信，或者更准确地说，是跨网段的通信。

互联网是由很多或大或小的网络互联而成的，在每个网段内部通信时，MAC 地址是主要地址；在主机和外部网络通信时，IP 地址是主要地址。

CentOS 7 网络接口命名策略和先前的版本有所变化。在 CentOS 7 之前使用传统接口命名方法“eth”+[0 1 2 ...]，eth 表示以太网(ethernet)接口网卡，后面是网卡序号，例如 eth0 表示第一块网卡、eth1 表示第二块网卡。

传统命名方法优点是简单易记，但其缺点也很明显，它不能保证接口序号标识与网卡的物理位置一一对应。在我们添加、删除、更换网卡时，可能会出现接口序号标识改变的问题，比如原来是 eth0，更换一块网卡后变成 eth1。

在 CentOS 7 中，使用了新的命名方法，新方法的前两位代表接口类型，en 代表以太网， wl 代表 WLAN(无线局域网)，ww 代表 WWAN(无线广域网)。对于以太网网卡，接下来第三位，如果是板载设备，即主板集成网卡，用 o(onboard)表示；如果是插在主板上总线插槽卡，用 s(slot，插槽)表示；如果是外置网卡，用 p 表示；其他以太网网卡，用 x 表示。第四位开始，网卡位置类型不同，编码规则也不同。例如 ens33，en 表示以太网卡，s 表示是插在主板扩展插槽上的网卡，33 是网卡所在插槽的位置标识。

例如，使用命令查看本机网卡接口配置文件内容：

```
#ls /etc/sysconfig/network-scripts
#cat /etc/sysconfig/network-scripts/ifcfg-en###
```

任务实践

1.12.2 配置网络和主机名

CentOS 7 使用 NetworkManager 守护进程来管理网络，进行网络配置前，需要检查 NetworkManager 服务是否已经安装并正常运行，如果没有安装，使用“yum install NetworkManager”进行安装。

NetworkManager 服务的基本操作如表 1-21 所示。

表 1-21 NetworkManager 服务的管理命令

要完成的操作	命令实现
查看是否安装	#yum info NetworkManager
安装软件	#yum install NetworkManager
启动服务	#systemctl start NetworkManager.service
停止服务	#systemctl stop NetworkManager.service
重新启动服务	#systemctl restart NetworkManager.service
查看服务状态	#systemctl status NetworkManager.service
开机启动服务	#systemctl enable NetworkManager.service

1. 使用 nmtui 文本交互式工具进行网络配置

nmtui(NetworkManager Text User Interface)是基于命令行的网络配置工具，首先，检测 nmtui 是否安装，如果未安装，则使用命令“yum install NetworkManager-tui”进行安装。

例 1，检查并安装 nmtui：

```
#yum info NetworkManager-tui
#yum install NetworkManager-tui
```

(1) 执行 nmtui 命令，可以看到三个命令选项，如图 1-70 所示。

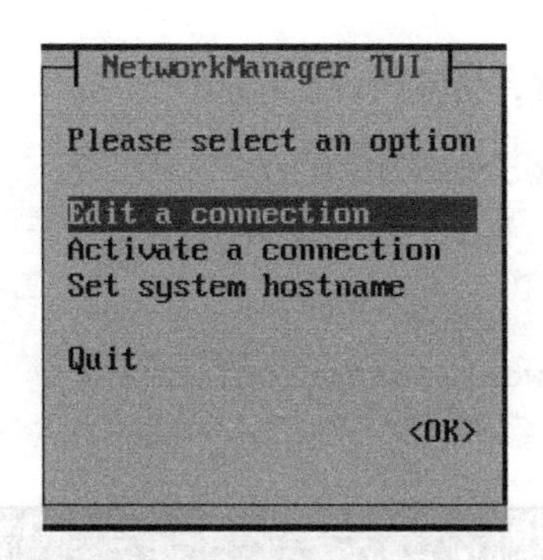

图 1-70　nmtui 界面

- Edit a connection(编辑连接)：进行网络配置。
- Activate a connection(激活连接)：把网络接口激活，让网络配置生效。
- Set system hostname(设定系统主机名)：设置计算机名称。

(2) 选择“编辑连接”，或者在命令行直接输入“#nmtui edit ens33”(把 ens33 改成先前你看到的本机网卡名)来直接编辑指定网卡，如图 1-71 所示。

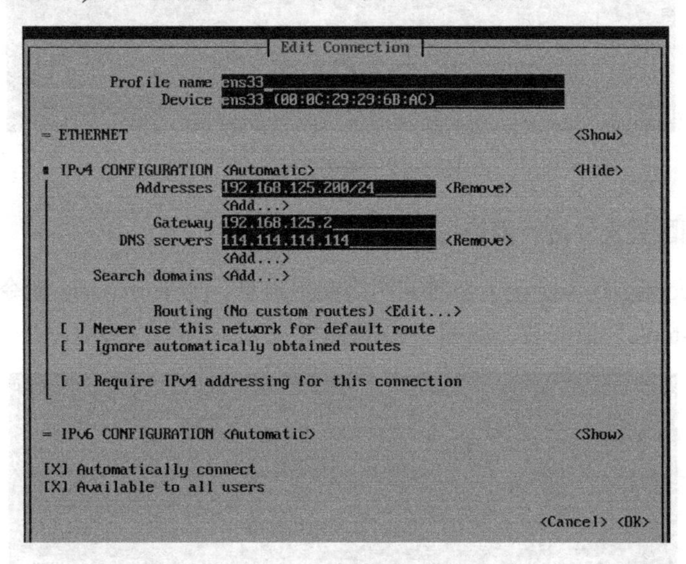

图 1-71　配置网络设置

(3) 配置完成后，选择“激活连接”或者在命令行直接输入命令“nmtui connect ens33”(改成你的网卡名)，激活你的网卡。

(4) 选择“设定系统主机名”来设置你的计算机名称。

计算机名称设定应符合“见文知意”的原则，简单的名称例如“Server+序号”，或者按照功能命名如“WebServer/TestServer”等。在企业环境中，通常有很多服务器，此时会制订合理的命名规范，然后按照规则设定服务器名称，以便实施统一化管理。

(5) 配置完成后需要通知 NetworkManager 服务来激活新的设置，执行命令“systemctl restart NetworkManager.service”，执行 ifconfig 查看网络更新后的情况，以验证配置是否生效。

例 2，按要求配置网络设置，如图 1-72 所示。

```
#ls /etc/sysconfig/network-scripts/
#nmtui edit ens33
#nmtui connect ens33
#ifconfig
#systemctl restart NetworkManager.service
#ifconfig
```

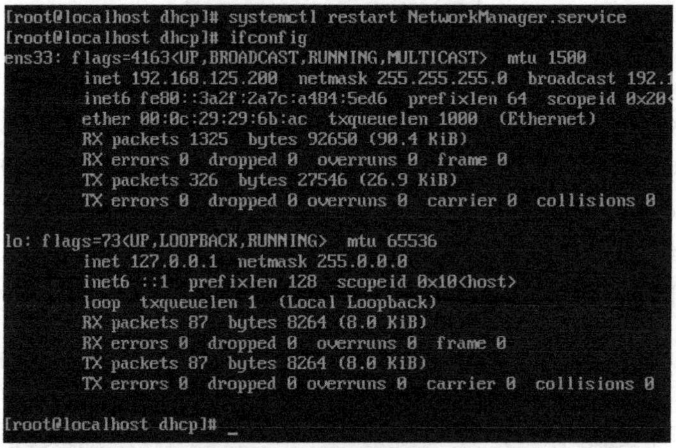

```
[root@localhost dhcp]# systemctl restart NetworkManager.service
[root@localhost dhcp]# ifconfig
ens33: flags=4163<UP,BROADCAST,RUNNING,MULTICAST>  mtu 1500
        inet 192.168.125.200  netmask 255.255.255.0  broadcast 192.1
        inet6 fe80::3a2f:2a7c:a484:5ed6  prefixlen 64  scopeid 0x20<
        ether 00:0c:29:29:6b:ac  txqueuelen 1000  (Ethernet)
        RX packets 1325  bytes 92650 (90.4 KiB)
        RX errors 0  dropped 0  overruns 0  frame 0
        TX packets 326  bytes 27546 (26.9 KiB)
        TX errors 0  dropped 0 overruns 0  carrier 0  collisions 0

lo: flags=73<UP,LOOPBACK,RUNNING>  mtu 65536
        inet 127.0.0.1  netmask 255.0.0.0
        inet6 ::1  prefixlen 128  scopeid 0x10<host>
        loop  txqueuelen 1  (Local Loopback)
        RX packets 87  bytes 8264 (8.0 KiB)
        RX errors 0  dropped 0  overruns 0  frame 0
        TX packets 87  bytes 8264 (8.0 KiB)
        TX errors 0  dropped 0 overruns 0  carrier 0  collisions 0

[root@localhost dhcp]# _
```

图 1-72　查看配置结果

2. 直接编辑配置文件进行网络配置

(1) 使用 ifconfig 命令检查了当前的网络配置信息。如果 ifconfig 命令未安装，可执行“yum install net-tools”来安装，如图 1-73 所示。

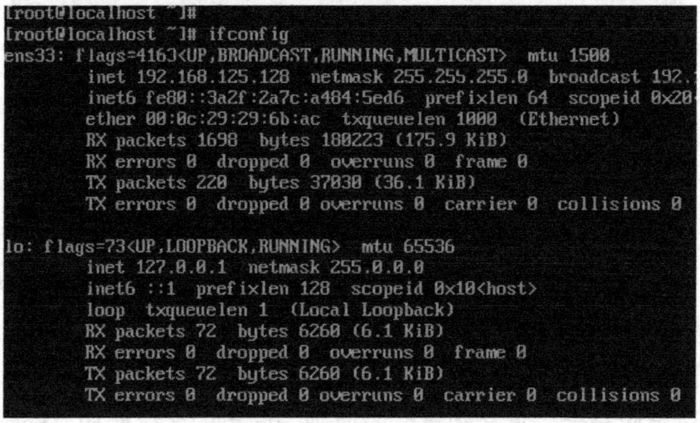

```
[root@localhost ~]#
[root@localhost ~]# ifconfig
ens33: flags=4163<UP,BROADCAST,RUNNING,MULTICAST>  mtu 1500
        inet 192.168.125.128  netmask 255.255.255.0  broadcast 192.
        inet6 fe80::3a2f:2a7c:a484:5ed6  prefixlen 64  scopeid 0x20
        ether 00:0c:29:29:6b:ac  txqueuelen 1000  (Ethernet)
        RX packets 1698  bytes 180223 (175.9 KiB)
        RX errors 0  dropped 0  overruns 0  frame 0
        TX packets 220  bytes 37030 (36.1 KiB)
        TX errors 0  dropped 0 overruns 0  carrier 0  collisions 0

lo: flags=73<UP,LOOPBACK,RUNNING>  mtu 65536
        inet 127.0.0.1  netmask 255.0.0.0
        inet6 ::1  prefixlen 128  scopeid 0x10<host>
        loop  txqueuelen 1  (Local Loopback)
        RX packets 72  bytes 6260 (6.1 KiB)
        RX errors 0  dropped 0  overruns 0  frame 0
        TX packets 72  bytes 6260 (6.1 KiB)
        TX errors 0  dropped 0 overruns 0  carrier 0  collisions 0
```

图 1-73　查看网络配置

(2) 执行 ifconfig 命令，可以看到显示有两个网络接口信息，第一个是 ens33，本机网卡；第二个是 lo，是网络测试的环回接口。如果本机有多块网卡，可能会看到更多信息。

(3) 使用 vi 编辑器直接编辑网卡配置文件，在/etc/sysconfig/network-scripts 目录下查找“ifcfg-”开头的文件，会找到一个文件 ifcfg-lo，这是网络环回测试(loop 测试)接口的配置文件，此文件不需要改动；另外的“ifcfg-#####”就是要找的配置文件，此文件 root 用户才有权限进行配置。使用 cat 命令查看文件内容，使用 vi 命令进行编辑和保存。

例 1，查看当前网络配置，如图 1-74 所示。

```
#cd /etc/sysconfig/network-scripts
#ls
#cat /etc/sysconfig/network-scripts/ifcfg-#####
```

```
[root@localhost network-scripts]# cat ifcfg-ens33
TYPE="Ethernet"
BOOTPROTO="dhcp"
DEFROUTE="yes"
PEERDNS="yes"
PEERROUTES="yes"
IPV4_FAILURE_FATAL="no"
IPV6INIT="yes"
IPV6_AUTOCONF="yes"
IPV6_DEFROUTE="yes"
IPV6_PEERDNS="yes"
IPV6_PEERROUTES="yes"
IPV6_FAILURE_FATAL="no"
IPV6_ADDR_GEN_MODE="stable-privacy"
NAME="ens33"
UUID="2fac15f5-fefa-4255-a087-e843b09f4e50"
DEVICE="ens33"
ONBOOT="yes"
[root@localhost network-scripts]# _
```

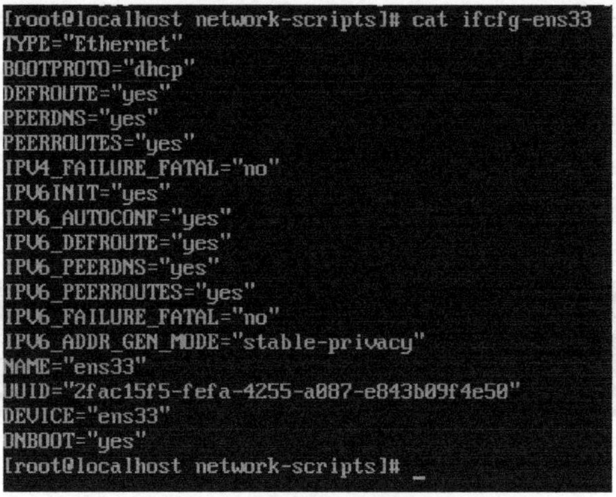

图 1-74　查看网卡配置文件

(4) 执行“vi/etc/sysconfig/network-scripts/ifcfg-#####”命令打开网卡配置文件，按 i 键从命令模式进入编辑模式，编辑文件中的指定设定信息，不要修改任何其他的内容，保留双引号，在双引号里面输入要配置的数据信息。配置文件中缺少的字段，手动添加，如表 1-22 所示。编辑完成，按 Esc 返回命令模式，输入“:wq”保存文件并退出 vi。

表 1-22　编辑网卡配置文件

要添加或修改的语句	语句功能描述
BOOTPROTO=“static”	static 表示静态配置 IP 地址，dhcp 表示动态获取
IPADDR=“10.64.125.100”	按要求配置 IP 地址
NETMASK=“255.255.255.0”	按要求配置子网掩码，这里也可以写成 PREFIX=“24”
GATEWAY=“10.64.125.254”	按要求配置默认网关
DNS1=“114.114.114.114”	按要求配置 DNS 服务器设置，相关设置也可以在 resolve.conf 文件进行设置
DNS2=“8.8.8.8”	

例 2，编辑网卡配置文件，查看并记录当前状态，与配置项对照。

```
#vi /etc/sysconfig/network-scripts/ifcfg-ens33
#ifconfig
```

(5) 网卡配置完成后，需要通知 NetworkManager 服务来激活新的设置，执行命令“systemctl restart NetworkManager.service”，再次执行 ifconfig 查看网络更新后的情况，验证配置是否生效。

例 3，重启网络管理服务，再查看，与配置项对照。

```
#systemctl restart NetworkManager.service
#ifconfig
```

(6) 要设置服务器的主机名称，首先，执行 hostname 查看当前服务器名称。要设置新的主机名称，如图 1-75 所示，我们需要编辑/etc/hostsname 文件并用指定的名称替换旧的主机名称。设置完主机名称后，执行 exit 注销，之后重新登录，或者把 NetworkManager 服务重新启动后，再次执行 hostname 命令验证主机名称是否修改成功。

```
#vi /etc/hostname
#hostname
#systemctl restart NetworkManager.service
#hostname
```

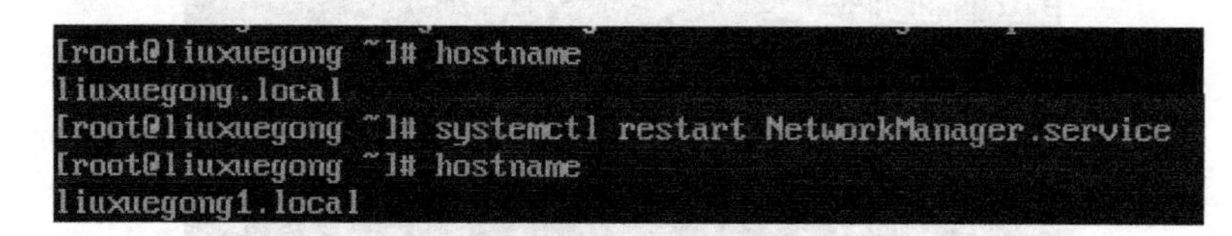

图 1-75　修改主机名

(7) 如图 1-75 所示，把/etc/hostname 文件中的主机名从 liuxuegong.local 修改成为 liuxuegong1.local 后，执行 hostname 命令查看主机名，发现并没有改变；重新启动 NetworkManager 服务后，再次查看主机名，发现改变生效了。

读者学到这里，会不会觉得有点困难呢？还是有些兴趣盎然？使用 nmtui 工具，我们可以较方便地配置网络；而直接修改配置，则需要对网络的运行和配置文件的设置有所了解，这无疑增加了大家的学习难度。

使用工具，入门快，我们当然要好好利用工具；但是也要记住，不是所有的环境下都有工具的，也不是所有的功能都可以使用工具来完成的。因此，可以使用但不能依赖。

直接编辑配置文件，意味着直接调整系统的运行。要记住，整个服务器系统的运行是一个超级庞大而且关联紧密的系统，你的每一点微小改动很可能像蝴蝶效应一样，引发雪崩式的效果。所以，这是一把利剑，效果显著的同时，也要小心伤到自己。

1.12.3　暂时关闭安全机制，简化练习环境

作为服务器，对安全的要求是很高的。我们知道，安全性提高了，那么系统限制随之而来，使用系统就会变得困难。这会增大我们学习的难度。

可能会影响到实验效果的主要是访问权限的设定、防火墙对网络通信的拦截以及 SELinux 安全策略对操作的审核。

在实验练习中，如果发现实验过程出现偏差，除了配置失误的原因外，还有可能是系统的安全机制造成的。

问题一：由于对操作目标权限不足，导致操作无法正常完成。

此时，可以根据需要赋予相关权限，或者简单地把权限提升到最高。当然，在实际工作场合，把权限提升到最高很可能导致安全隐患。

例 1，查看访问权限，并提高用户对目录和文件的访问权限：

```
#ls -l 文件或者目录名
#chmod 777 文件或目录名
```

问题二：到目标的网络是畅通的，但是某服务无法连接。

这通常是因为通信被防火墙拦截造成的，此时可以配置防火墙，打开指定的通信端口，允许信息通过；或者更简单的，是把防火墙服务 firewalld 暂时关闭掉。

例 2，暂时关闭防火墙：

```
#systemctl stop firewalld
```

问题三：权限也设了，防火墙也关闭了，还是操作不成功。

系统最底层还有一级安全机制，就是系统安全策略 SElinux 设置。调整 SElinux 设置比较复杂，建议暂时关闭 SElinux。

例 3，关闭 SElinux 安全策略：

```
#setenforce 0
```

1.13　常用的网络管理命令

1.13.1　使用 ip 命令管理网络

1. 安装 iproute 基本网络管理命令软件包

进行网络配置所使用的命令，基本都来自于两个包 net-tools 或者 iproute。net-tools 已经渐渐过时，不再维护升级，现在主要使用的是 iproute 包。在 CentOS 7 中，默认已经安装了 iproute 包，net-tools 包则不再默认安装了。

例如，检查 iproute 包是否安装，如果未安装，执行命令安装：

```
#yum info iproute
#yum install iproute
```

net-tools 包在 Linux 环境下使用了很长时间，如图 1-76 所示是 net-tools 包里面的命令和 iproute 包中的对应命令。

2. 设置和删除 IP 地址

例 1，要给你的机器设置一个 IP 地址，可以使用下列 ip 命令：

```
#ip addr show ens33
#ip addr add 192.168.125.200/24 dev ens33
```

net-tools	iproute
arp -na	ip neigh
ifconfig	ip link
ifconfig -a	ip addr show
ifconfig --help	ip help
ifconfig -s	ip -s link
ifconfig eth0 up	ip link set eth0 up
ipmaddr	ip maddr
iptunnel	ip tunnel
netstat	ss
netstat -i	ip -s link
netstat -g	ip maddr
netstat -l	ss -l
netstat -r	ip route
route add	ip route add
route del	ip route del
route -n	ip route show
vconfig	ip link

图 1-76　网络命令对照

dev(device，设备)参数指定要配置的网络设备的标识，另外，配置的 IP 地址要有一个后缀，比如/24，表示子网掩码位数是 24 位，即 255.255.255.0。

例 2，设置好 IP 地址后，查看是否已经生效，如图 1-77 所示。

```
#ip addr show ens33
```

```
[root@liuxuegong ~]# ip addr show ens33
2: ens33: <BROADCAST,MULTICAST,UP,LOWER_UP> mtu 1500 qdisc pfifo_fas
    link/ether 00:0c:29:29:6b:ac brd ff:ff:ff:ff:ff:ff
    inet 192.168.125.200/24 brd 192.168.125.255 scope global ens33
       valid_lft forever preferred_lft forever
    inet 192.168.125.128/24 brd 192.168.125.255 scope global seconda
       valid_lft 1515sec preferred_lft 1515sec
    inet6 fe80::3a2f:2a7c:a484:5ed6/64 scope link
       valid_lft forever preferred_lft forever
[root@liuxuegong ~]# _
```

图 1-77　设置 IP 地址

例 3，可以使用相同的方式来删除 IP 地址，只需用 del 代替 add：

```
#ip addr del 192.168.125.128/24 dev ens33
```

3. 更改默认路由

ip 命令的路由对象的参数还可以帮助你查看网络中的路由数据，并设置你的路由表。第一个条目是默认的路由条目，你可以改动它，指向你所在网络的默认网关。

例 1，查看路由表信息，如图 1-78 所示。

```
# ip route show
```

```
[root@liuxuegong ~]# ip route show
default via 192.168.125.2 dev ens33  proto static  metric 100
192.168.125.0/24 dev ens33  proto kernel  scope link  src 192.168.125.200
[root@liuxuegong ~]#
```

图 1-78　查看本地路由表信息

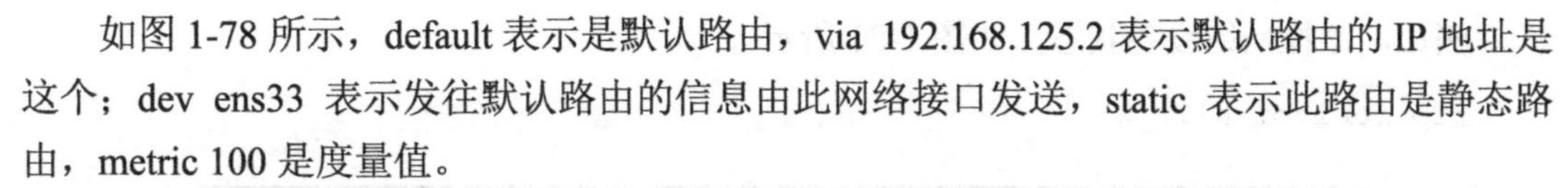

如图 1-78 所示，default 表示是默认路由，via 192.168.125.2 表示默认路由的 IP 地址是这个；dev ens33 表示发往默认路由的信息由此网络接口发送，static 表示此路由是静态路由，metric 100 是度量值。

例 2，更改默认路由：

```
#ip route add default via 192.168.125.2
```

4. 显示网络统计数据

使用 ip 命令还可以显示不同网络接口的统计数据。

当你需要获取一个特定网络接口的信息时，在网络接口名字后面添加选项“ls 接口”即可。link/ether 后跟的是设备的物理地址，RX 这一行是接收的信息统计，TX 这一行是发送的信息统计。

例如，查看网络接口信息，如图 1-79 所示。

```
#ip -s link
#ip -s link ls ens33
```

```
[root@liuxuegong ~]# ip -s link ls ens33
2: ens33: <BROADCAST,MULTICAST,UP,LOWER_UP> mtu 1500 qdis
0
    link/ether 00:0c:29:29:6b:ac brd ff:ff:ff:ff:ff:ff
    RX: bytes  packets  errors  dropped overrun mcast
    51198      774      0       0       0       0
    TX: bytes  packets  errors  dropped carrier collsns
    13108      149      0       0       0       0
```

图 1-79　查看网络接口统计信息

5. 查看 ARP 信息

地址解析协议(ARP)用于将一个 IP 地址转换成它对应的物理地址，也就是通常所说的 MAC 地址。使用 ip 命令的 neigh 或者 neighbour 选项，你可以查看接入你所在的局域网的设备的 MAC 地址。

例如，查看邻居信息，如图 1-80 所示。

```
#ip neighbour
```

```
[root@liuxuegong ~]# ip nei
192.168.125.2 dev ens33 lladdr 00:50:56:e1:85:02 STALE
192.168.125.254 dev ens33 lladdr 00:50:56:e3:db:df STALE
[root@liuxuegong ~]# _
```

图 1-80　查看邻居信息

6. 监控 netlink 消息

可以使用 ip 命令查看 netlink 消息。monitor 选项允许你查看网络设备的状态。比如，所在局域网的一台电脑，根据它的状态可以被分类成 REACHABLE 或者 STALE。使用下面的命令。

例如，监控网络设备状态，如图 1-81 所示。

```
#ip monitor all
```

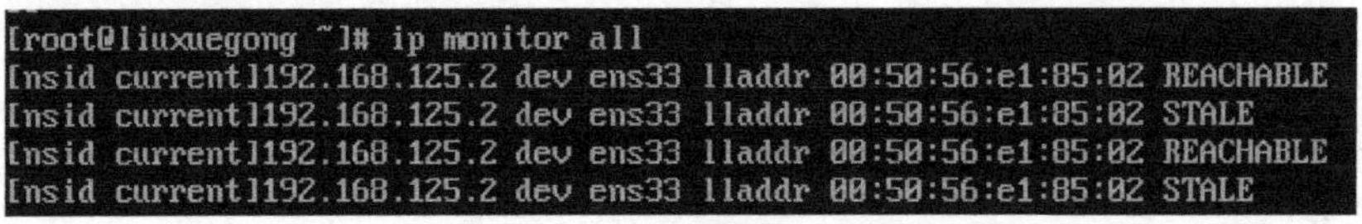

```
[root@liuxuegong ~]# ip monitor all
[nsid current]192.168.125.2 dev ens33 lladdr 00:50:56:e1:85:02 REACHABLE
[nsid current]192.168.125.2 dev ens33 lladdr 00:50:56:e1:85:02 STALE
[nsid current]192.168.125.2 dev ens33 lladdr 00:50:56:e1:85:02 REACHABLE
[nsid current]192.168.125.2 dev ens33 lladdr 00:50:56:e1:85:02 STALE
```

图 1-81　监控网络设备的状态

7. 激活和停止网络接口

例如，可以使用 ip 命令的 up 和 down 选项来激某个特定的接口：

```
#ip link set ens33 down
#ip link set ens33 up
```

8. 获取帮助

当你陷入困境，不知道某一个特定的选项怎么用的时候，你可以使用 help 选项。man 页面并不会提供许多关于如何使用 ip 选项的信息，因此这里就是获取帮助的地方。

例如，查看 ip 命令的 route 选项的相关信息，如图 1-82 所示。

```
#ip route help
```

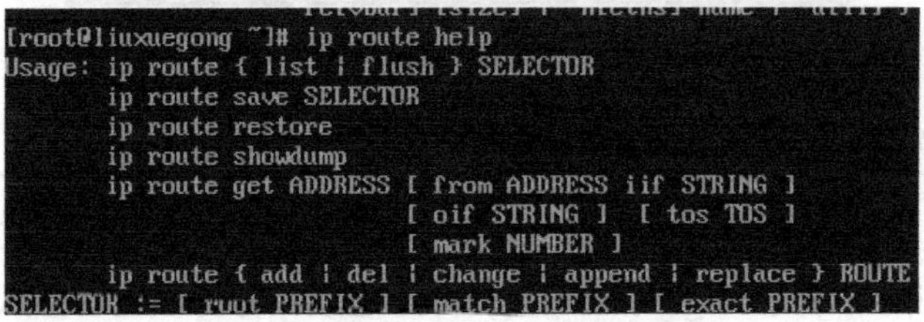

```
[root@liuxuegong ~]# ip route help
Usage: ip route { list | flush } SELECTOR
       ip route save SELECTOR
       ip route restore
       ip route showdump
       ip route get ADDRESS [ from ADDRESS iif STRING ]
                            [ oif STRING ]  [ tos TOS ]
                            [ mark NUMBER ]
       ip route { add | del | change | append | replace } ROUTE
SELECTOR := [ root PREFIX ] [ match PREFIX ] [ exact PREFIX ]
```

图 1-82　查看 IP 选项帮助信息

1.13.2　网络检测命令

1. 用 ping 命令检查网络是否通畅或网络连接速度

Linux 系统的 ping 命令是常用的网络命令，它通常用来测试与目标主机的连通性，我们经常会说“Ping 一下某机器，看是不是开着”，在不能打开网页时，会说“你先 Ping 网关地址试试”。它通过发送 ICMP 测试数据包到网络主机，并显示响应情况，这样我们就可以根据它输出的信息来确定目标主机是否可访问了。

有些服务器为了防止通过 ping 探测到，通过防火墙设置了禁止 ping 或者在内核参数中禁止 ping，这样就不能通过 ping 确定该主机是否还处于开启状态。

Linux 下的 ping 和 Windows 下的 ping 稍有区别，Linux 下 ping 不会自动终止，需要按 Ctrl+C 终止或者用参数-c 指定要求完成的测试次数。

(1) 命令格式：

```
ping  参数  主机名或 IP 地址
```

(2) 命令功能。

ping 命令用于确定网络和各外部主机的状态，跟踪和隔离硬件和软件问题，测试、评估和管理网络。

如果目标主机正在运行并连在网上，它就对测试信号进行响应。

ping 命令每秒发送一个数据包并且为每个接收到的响应打印一行输出。ping 命令计算信号往返时间和数据包丢失情况的统计信息，并且在完成之后显示一个简要总结。ping 命令在程序超时或当接收到回送信号时结束。

测试的目标可以是一个主机名，也可以是 IP 地址，当然，测试进行前，主机名也会自动转化成 IP 地址才可以进行测试。

(3) 命令参数。

ping 命令的各参数及其功能说明如表 1-23 所示。

表 1-23　ping 命令的参数

参数选项	功能说明
-f	极限检测。大量且快速地送网络封包给一台机器，看它的回应
-r	忽略普通的 Routing Table，直接将数据包送到远端主机上。通常是查看本机的网络接口是否有问题
-R	记录路由过程
-v	详细显示指令的执行过程
-c 数目	在发送指定数目的包后停止
-i 秒数	设定间隔几秒送一个网络封包给一台机器，预设值是一秒送一次
-p 范本	设置填满数据包的范本样式
-s 字节数	指定发送的数据字节数，预设值是 56，加上 8 字节的 ICMP 头，一共是 64ICMP 数据字节
-t 时间	设置存活数值 TTL 的大小

例 1，测试本机的网络功能是否正常：

```
#ping 127.0.0.1
```

例 2，测试本机 IP 地址(192.168.125.100)是否正常配置：

```
#ping 192.168.125.100
```

例 3，测试本地网关是否正常工作，如图 1-83 所示。

```
#ping 192.168.125.2
```

例 4，测试本地域名服务器是否正常工作：

```
#ping 114.114.114.114
```

```
rtt min/avg/max/mdev = 0.111/0.247/0.398/0.121 ms
[root@liuxuegong ~]# ping 192.168.125.2 -c 3
PING 192.168.125.2 (192.168.125.2) 56(84) bytes of data.
64 bytes from 192.168.125.2: icmp_seq=1 ttl=128 time=0.156 ms
64 bytes from 192.168.125.2: icmp_seq=2 ttl=128 time=0.169 ms
64 bytes from 192.168.125.2: icmp_seq=3 ttl=128 time=0.538 ms

--- 192.168.125.2 ping statistics ---
3 packets transmitted, 3 received, 0% packet loss, time 2001ms
rtt min/avg/max/mdev = 0.156/0.287/0.538/0.178 ms
```

图 1-83　ping 网络连通测试

2. 用 ss 命令显示网络连接、路由表或接口状态

ss 命令用于显示网络的通信状态。具体地说，可以通过 ss 命令查看本机和其他计算机的网络连接信息，包括本机使用的 IP 地址和端口地址，以及对方使用的 IP 地址和端口地址，是一个非常实用、快速、有效的跟踪 IP 连接的新工具。

例如，使用 time 命令对比 netstat 和 ss 的执行速度，统计服务器并发连接数：

```
#time netstat -ant | grep EST | wc -l
3100
real 0m12.960s
user 0m0.334s
sys 0m12.561s
```

3100 是最后的命令“wc -l”的输出信息，并发连接数共 3100 个，意味着有 3100 个连接正在跟本机通信。然后是命令使用的时间，共使用 13 秒完成查找统计。

又如：

```
# time ss -o state established | wc -l
3204
real 0m0.030s
user 0m0.005s
sys 0m0.026s
```

3204 是最后的命令“wc -l”的输出信息，当前连接本机的 TCP 连接数共 3204 个，命令执行共使用 0.03 秒完成查找统计。

从结果上看，ss 统计并发连接数效率远超 netstat，因此 ss 的使用越来越普遍。

为什么 ss 比 netstat 快？这是因为 netstat 是遍历/proc 下面每个 PID 目录，ss 直接读/proc/net 下面的统计信息，所以 ss 执行的时候，所消耗的资源以及消耗的时间都比 netstat 少很多。

3. 常用 ss 命令选项

常用 ss 命令选项及其功能描述如表 1-24 所示。

例 1，列出当前已经连接、关闭、等待的 TCP 连接：

```
#ss -s
```

例 2，列出当前监听端口：

```
#ss -l
```

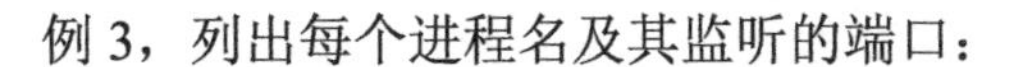

例 3，列出每个进程名及其监听的端口：

```
#ss -pl
```

例 4，列出所有的 TCP 端口，如图 1-84 所示。

```
#ss -t -a
```

例 5，列出所有 UDP 端口：

```
#ss -u -a
```

表 1-24　ss 命令的常用选项

命令选项	功能描述
ss -l	显示本地打开的所有端口
ss -pl	显示每个进程具体打开的端口
ss -t -a	显示打开的所有 TCP 端口
ss -u -a	显示打开的所有的 UDP 端口
ss -s	列出当前打开端口的详细信息

```
[root@liuxuegong ~]# ss -t -a
State      Recv-Q Send-Q   Local Address:Port
LISTEN     0      10          127.0.0.1:domain
LISTEN     0      128                 *:ssh
LISTEN     0      100         127.0.0.1:smtp
LISTEN     0      128         127.0.0.1:rndc
LISTEN     0      62                :::mysql
LISTEN     0      128               :::http
LISTEN     0      10             ::1:domain
LISTEN     0      128               :::ssh
LISTEN     0      100              ::1:smtp
LISTEN     0      128              ::1:rndc
[root@liuxuegong ~]# _
```

图 1-84　显示所有使用的 TCP 端口

4. 使用 traceroute 命令探测至目的地址的路由信息

通过 traceroute 命令，我们可以知道信息从你的计算机到互联网另一端的主机是走的什么路径。当然，每次数据包由某一同样的出发点(source)到达某一同样的目的地(destination)走的路径可能会不一样，但基本上来说，大部分时候所走的路由是相同的。

traceroute 程序的设计是利用 ICMP 及 IP header 的 TTL(Time To Live)字段。

首先，traceroute 送出一个 TTL 是 1 的 ICMP 数据包到目的地，当路径上的第一个路由器(router)收到这个包时，它将 TTL 减 1。此时，TTL 变为 0 了，所以该路由器会将此数据包丢掉，并送回一个 ICMP 消息，告知数据包被丢弃的情况，发送端收到这个消息后，便知道这个路由器存在于这个路径上。

接着 traceroute 再送出另一个 TTL 是 2 的数据包，发现第 2 个路由器。

traceroute 每次将送出的数据包的 TTL 加 1 来发现另一个路由器，这个重复的动作一直持续到某个数据包抵达目的地。当到达目的地后，该主机并不会送回报错消息，因为它已是目的地了。

Traceroute 会提取回复错误信息的设备的 IP 地址等信息。这样，traceroute 打印出一系列数据，包括所经过的路由设备的域名及 IP 地址，三个包每次来回所花时间。如图 1-85 所示。

```
#yum install traceroute
#traceroute www.csdn.net
```

```
[root@liuxuegong ~]# traceroute www.csdn.net
traceroute to www.csdn.net (111.63.135.8), 30 hops max, 60 byte packets
 1  localhost (192.168.125.2)  0.210 ms  0.104 ms  0.117 ms
 2  * * *
```

图 1-85 追踪路由路径

说明： 记录序列号从 1 开始，每个记录就是一跳 ，每跳表示到达一个网关，我们看到每行有三个时间，单位是 ms，其实就是-q 的默认参数。探测数据包向每个网关发送三个数据包后，网关响应后返回的时间；如果用 traceroute -q 4 www.sohu.com，表示向每个网关发送 4 个数据包。

有时我们 traceroute 一台主机时，会看到有一些行是以星号表示的。出现这样的情况，可能是防火墙拦截了 ICMP 的返回信息，所以我们得不到相关的数据包返回数据。

为什么要拦截 ICMP 信息呢？这是因为网络攻击经常会利用 ICMP 来搜集主机信息，或者进行 DOS 攻击。因为 ICMP 的消息自动回复特性，回复的信息就可以被攻击者采集和利用；如果同时有大量的 ICMP 测试包到达服务器，自动回复这些测试包会瞬间占据服务器大量资源，可能会导致服务器无法继续正常提供服务，严重时甚至会当机。

有时我们在某一网关处延时比较长，有可能是某台网关比较阻塞，也可能是物理设备本身的原因。当然，如果某台 DNS 出现问题时，不能解析主机名、域名时，也会有延时长的现象；您可以加-n 参数来避免 DNS 解析，以 IP 格式输出数据。

如果在某个路由设备上的时延突然增加很多，通常意味着这台路由设备工作异常。我们不能控制或者查看那台设备的具体配置信息，但是可以想办法绕开那台路由设备，比如使用代理。

1.13.3 文件传输和下载

1. 使用 scp 命令在主机之间复制文件

scp 就是“secure copy”的意思，是一个在 Linux 下用来进行远程拷贝文件的命令。secure 意味着会进行通信加密，保证传输数据安全。

有时，我们需要获得远程服务器上的某个文件，该服务器既没有配置 FTP 服务器，也没有做共享，无法通过常规途径获得文件时，只需要通过简单的 scp 命令便可达到目的。

例如，将本机文件复制到远程服务器上，如图 1-86 所示。

```
#scp /root/aks2.cfg root@192.168.125.129:/root
```

图 1-86　scp 从本地复制到远程服务器

命令说明：/root/aks2.cfg 是要复制的本地文件的绝对路径，aks2.cfg 是要复制到远程服务器上的本地文件。

在要复制的远程服务器上，要通过 root 用户(@之前是目标服务器上的用户名)进行登录，此用户需要在目标目录上具有写权限，不然无法复制成功。192.168.125.129 是远程服务器的 IP 地址，这里也可以使用域名或机器名。“:”后跟的是文件在远程服务器上的存放位置，这里是/root。

通过 root 用户登录远程服务器时，要输入 yes 表示同意建立 ssh 连接；然后按照提示输入 root 用户的密码，ssh 连接就建立成功了。接下来开始传输文件，显示百分比、实际时间和传送速度等信息。

命令执行完毕，可以登录远程服务器，查看文件是否复制到了指定位置。

例如，将远程服务器上的文件复制到本机，如图 1-87 所示。

```
#scp root@192.168.125.129:/root/a.cfg /root
#ls -l /root/a.cfg
```

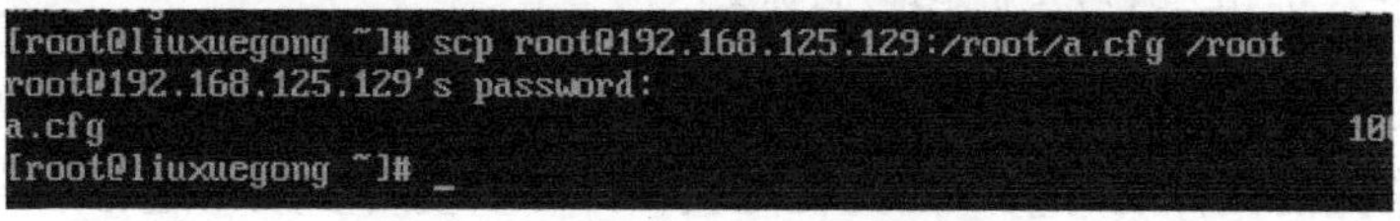

```
[root@liuxuegong ~]# scp root@192.168.125.129:/root/a.cfg /root
root@192.168.125.129's password:
a.cfg
[root@liuxuegong ~]# _
```

图 1-87　从远程服务器复制到本地

命令说明：命令各字段含义类似，root 是远程服务器上的具有权限的账号，@后是远程服务器的地址，“:”后是要复制的文件，最后的/root 是复制文件到本机的位置。

命令执行完毕，使用“ls -l”命令查看文件是否复制成功。

2. 使用 wget 命令下载网络文件

wget 是一个从网络上自动下载文件的自由工具。它支持 HTTP、HTTPS 和 FTP 协议，可以使用 HTTP 代理。

所谓的自动下载是指，wget 可以在用户退出系统之后在后台执行。这意味着你可以登录系统，启动一个 wget 下载任务，然后退出系统，wget 将在后台执行，直到任务完成。

wget 是在 Linux 下开发的开放源代码的软件，它支持断点续传功能；也同时支持 FTP 和 HTTP 下载方式；支持代理服务器；设置方便简单；程序小，而且完全免费。

wget 基本的语法是：

```
#wget 参数列表 URL
```

例 1，使用 wget 下载单个文件：

```
#wget http://linux.linuxidc.com/linuxconf/download.php?file=####
```

在下载的过程中会显示进度条，包含(下载完成百分比，已经下载的字节，当前下载速度，剩余下载时间)。

可以使用 wget -O 下载并以不同的文件名保存。wget 默认会以最后一个符合“/”的后面的字符来命名，对于动态链接的下载，通常文件名会不正确。即使下载的文件是 zip 格式，它仍然以 download.php?#####命名。为了解决这个问题，我们可以使用参数-O 来指定一个文件名：

```
#wget -O test1.zip 目标URL地址
```

当文件特别大或者网络特别慢的时候，往往一个文件还没有下载完，连接就已经被切断，此时就需要断点续传。

wget 的断点续传是自动的，只需要使用-c 参数。

例 2，使用“wget -c”断点续传：

```
#wget -c http://主机地址/目标文件
```

使用断点续传要求服务器支持断点续传。

-t 参数表示重试次数，例如需要重试 100 次，那么就写-t 100，如果设成-t 0，那么表示无穷次重试，直到连接成功。

```
#wget -c -t 0 http://主机地址/目标文件
```

-T 参数表示超时等待时间，例如-T 120，表示等待 120 秒连接不上就算超时。

当下载非常大的文件的时候，因为耗时较长，可以使用参数-b 进行后台下载。

例 3，使用 wget -b 在后台下载：

```
#wget -b http://主机地址/目标文件
```

当进程在后台运行时，前台还可以继续执行其他的命令。

当然，因为进程在后台执行，所以你看不到下载的进度，此时需要使用以下命令来察看下载进度：

```
#tail -f wget-log
```

如果不希望下载信息直接显示在终端，而是存放在一个日志文件，可以使用此命令。

例 4，使用 wget -o 把下载信息存入日志文件：

```
#wget -o download.log URL
```

如果有多个文件需要下载，那么可以生成一个文件，把每个文件的 URL 写一行，例如生成文件 download.txt，然后执行命令 wget -i 文件名下载。

例 5，批量下载：

```
#vi download.txt
```

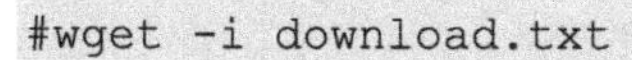

```
#wget -i download.txt
```

这样，就会把 download.txt 里面列出的每个 URL 都下载下来。

上机实训：Linux 系统的安装和基本配置

本实训步骤自行设计，抓图记录每个操作步骤，并对结果进行简要分析，对遇到的故障和解决方法进行记录并分享。

可参照教材完成实训步骤设计。

为每一实训任务单独编写实训报告并提交。

1. 实训任务列表

任务一：配置虚拟机。

任务二：在虚拟机上安装和使用 CentOS 7 Linux。

任务三：文件管理。

任务四：基本配置管理。

2. 实训步骤设计示例

任务一：配置虚拟机。

1)　创建和管理虚拟机

(1)　查看当前主机的设备信息。

①　CPU 信息：CPU 的型号、主频、几个核等。

②　内存信息：内存型号、大小等。

③　硬盘信息：硬盘型号、总大小、分区情况等。

④　显卡信息：显卡型号、显存大小等。

⑤　网卡信息：网卡型号、硬件地址等。

(2)　查看当前主机资源使用情况。

①　CPU 使用情况。

②　内存使用情况。

③　硬盘使用情况。

2)　确定可分配给虚拟机使用的资源

(1)　内存。

①　总内存大小。

②　空闲内存大小。

③　要为当前主机保留使用的大小。

④　可分配给虚拟机的内存上限。

(2)　磁盘总容量。

①　已使用容量。

② 空闲空间大小。

③ 可分配给虚拟机使用的容量空间上限。

(3) 当前主机的网络配置信息。

① 网络设备名称。

② 网络设备型号。

③ 网络设备 IP 地址。

④ 网络设备子网掩码。

⑤ 默认网关设置。

⑥ DNS 服务器设置。

3) 建立虚拟机创建计划

(1) 需要几个虚拟机。

(2) 虚拟机的资源设置。

(3) 虚拟机的网络规划。

4) 创建虚拟机(略)

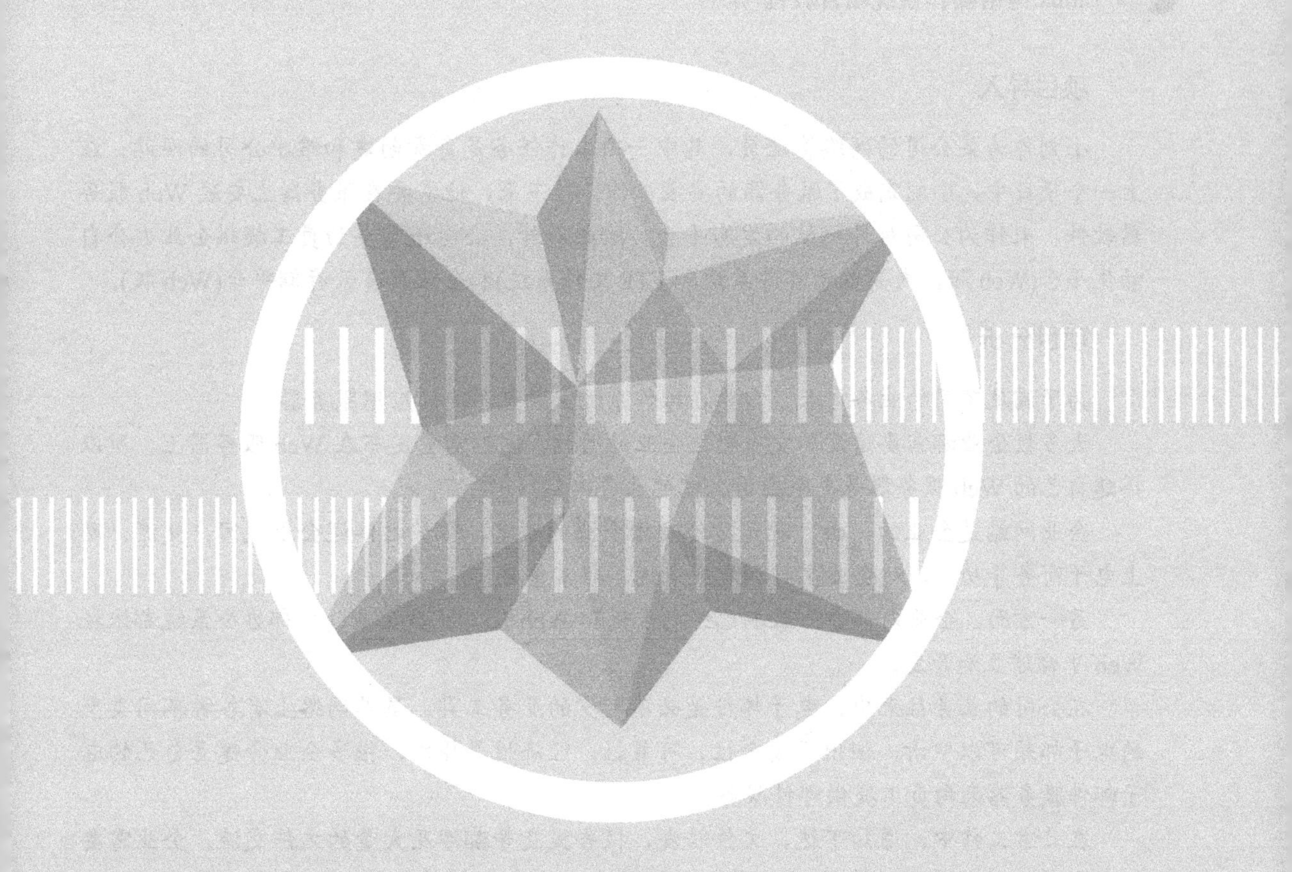

项目二

常用服务的配置和使用

项目导入

小刘作为某公司的网络管理员，其中一项工作任务是负责创建和维护公司的网站。在上一个项目中，小刘完成了服务器的安装工作。接下来，他需要在服务器上安装 Web 服务器软件，来作为公司对外网站的发布平台。除此而外，公司还需要为员工提供企业办公自动化平台(Web 版，内嵌电子邮件系统和 FTP 文件系统)和企业私有云存储平台(Web 版)。

项目分析

为了满足不同的业务需求，需要在操作系统上配置不同的应用服务器。

大多数企业都需要建设和发布管理企业的网站，网站需要发布在 Web 服务器上，所以搭建自己的 Web 服务器是每个公司必需的业务内容。

企业网站是企业的门面，既是对外宣传企业的必需，很多时候还会承载客户交流、网上电子商务等功能，对企业生存和发展来说，非常重要。

另一方面，企业内部办公基本已经电子化和 Web 化。多数企业的内部办公系统都依托 Web 平台建立和开发。

在公司的业务往来中，电子邮件是必不可少的业务工具。虽然网络上有各种不同类型的电子邮箱可以申请，但出于安全性、可靠性、经济性等原因，很多企业会建立自己的电子邮件服务器来向员工提供邮件服务。

在日常工作中，通知下达，文件转发，报告提交等都涉及大量的文件交流。企业需要提供文件交流共享平台来实现日常办公。很多办公商业软件可以满足企业的日常办公需求，即使如此，企业仍然有足够的理由建立自己的文件服务器，来作为必要的补充。

现代企业办公自动化平台基本上集成了各种必备的要素，采用模块化机制开发，把电子邮件、FTP 服务都容纳到自动化平台内部，无缝集成，构建了全 Web 化的统一平台。

就像眼睛满足视觉需要、鼻子满足嗅觉需要、耳朵满足听觉需要一样，各个器官各负其责，协同工作。对于企业来说，对外网站提供信息发布、客户交流、业务门户、企业形象等多种功能，是必需的要素存在；电子邮件作为稳妥可靠的交流手段，是企业主要的交流渠道之一；文件传输作为另一种常用服务，不可或缺，在多方面发挥作用。每个企业都需要这些服务来各负其责，协同工作，一个都不能少。另外，作为企业网络的基础服务，DHCP 服务和 DNS 服务通常也是需要提供的。

本项目首先简要介绍服务器的基本工作原理、常用服务及使用的端口地址，然后以 Apache 服务器为核心，对 LAMP 应用平台的安装、配置、使用进行介绍。

能力目标

掌握 DHCP 服务的配置和使用。

掌握 DNS 服务的配置和使用。

熟练掌握 Web 服务器的配置和使用。

知识目标

了解服务器的工作原理。

了解常见的网络服务和端口。

掌握服务器软件的安装和管理的方法。

能够根据需要对服务器进行合理的配置。

任务一：理解服务器和服务器软件

在这一部分，我们要关注三个问题：服务器是什么？为什么要使用服务器？怎样为服务器选择要提供的服务？

知识储备

2.1　了解服务器

服务器也是计算机，PC 是通用计算机，服务器是专用计算机。

服务器是提供服务的计算机，通常需要安装服务器专用的操作系统。

服务器采用 RASUM 设计标准：可靠性、可用性、可维护性、易用性、可管理性。

2.1.1　服务器是什么

要充分了解服务器的含义，我们需要从两个方面来进行解析。

从物理上看，服务器首先是一台计算机，由 CPU、内存、主板、硬盘等部件构成，就像我们熟悉的个人电脑(Personal Computer，PC)一样。与个人电脑的用途不同，服务器的设计目的是为海量用户提供全天候的网络服务，所以在稳定性、可靠性、安全性等方面有强大的优势，属于专用领域强化计算机，如图 2-1 所示。我们可以使用 PC 充当服务器，但是在专业领域，性能远远不如专业服务器优越。

图 2-1　普通 PC 计算机和服务器

从功能上看，服务器就是提供服务的计算机。与个人电脑的家用娱乐目的不同，服务器就像卖商品的商场，而个人计算机的角色类似购买商品的顾客。在服务器上运行的功能软件，就是提供各种不同类型商品(服务)的软件了。

对于普通计算机而言，没有安装操作系统的计算机被称为“裸机”，只能识别执行二进制机器指令。想象一下面对外星人的感觉，不下命令外星人(计算机)什么都不会做；要下命令，你就得学会外星语言。普通人无法操作这样的计算机。

但安装了操作系统之后，通过用户接口，人们就可以操作计算机了。用户接口就像翻译官，把你的命令告诉计算机，让计算机干活；活干完了，再向你汇报任务的完成情况。为了让计算机完成更多的工作，在操作系统之上，我们安装各种专业化的软件来完成需要的功能，比如我们熟悉的文字处理软件、浏览器软件、媒体播放软件、网络聊天软件等。

服务器的工作原理和普通计算机没什么不同。在网络应用架构中，服务器主要应用于数据库和 Web 服务，而 PC 主要应用于桌面计算和网络终端，设计根本出发点的差异决定了服务器应该具备比 PC 更可靠的持续运行能力、更强大的存储能力和网络通信能力、更快捷的故障恢复功能和更广阔的扩展空间，同时，对数据相当敏感的应用还要求服务器提供数据备份功能。而 PC 在设计上则更加重视人机接口的易用性、图像和 3D 处理能力及其他多媒体性能。

由于服务器的功能倾向与 PC 完全不同，所以，虽然拥有相同的工作原理，类似的技术，但是看起来和使用起来差异巨大。

在服务器上，通常需要安装服务器专用的操作系统，例如我们学习的 CentOS。

2.1.2 服务器的五大设计标准

服务器需要向互联网用户提供 7×24 小时不间断的服务，常常几个月甚至几年不关机或重新启动。作为计算机，服务器的性能参数与 PC 类似，但是由于功能角色定位不同，因此，衡量服务器所采用的标准与 PC 差别很大。对于服务器来说，通常采用 RASUM 设计标准。

- R：Reliability(可靠性)。
- A：Availability(可用性)。
- S：Serviceability(可维护性)。
- U：Usability 易用性。
- M：Manageability(可管理性)。

1. 可靠性

可靠性是指定时间内系统正常工作的概率。增强可靠性可以帮助避免、检测和修复硬件故障。一个可靠性高的系统在发生故障时不应该默默地继续工作并交付结果。相反，它应该能自动检测错误，更好的情况是能修复错误。例如，通过重试操作修复间歇性错误，或者，针对无法改正的错误，隔离故障并报告给其他恢复机制(切换至冗余硬件)。可靠性一般通过平均无故障时间(Mean Time Between Failure，MTBF)来衡量。

例如硬盘，假如 MTBF 高达 120 万小时，120 万小时约为 137 年，这并不能理解成该硬盘每只均能工作 137 年不出故障(这不可能)。而是指该硬盘的平均年故障率约为 0.7%(1/137)，一年内，平均 1000 只硬盘有 7 只会出故障。考虑到硬盘的销售量，每年的故障硬盘数量其实也不少。

要知道，电子产品的寿命一般都符合浴盆曲线，如图 2-2 所示。可分为三个阶段。

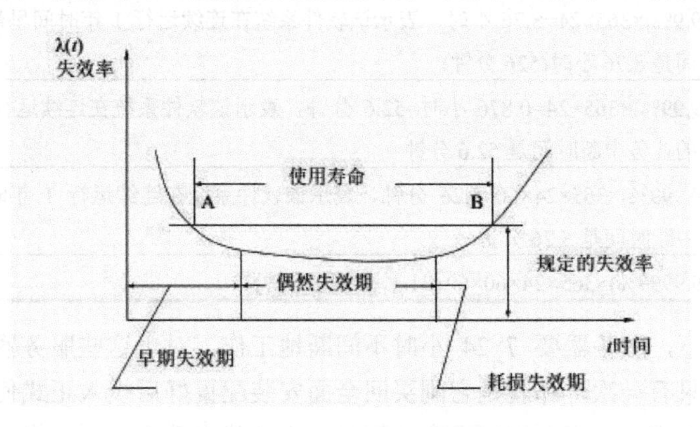

图 2-2　电子产品的浴盆曲线

(1) 早期失效期：由于设计、原材料、生产等可能出现的原因而导致一个较高失效率的阶段，也称失效率递减阶段。

(2) 偶然失效期：这一阶段产品失效率近似一个常数，只有随机失效(偶然失效)产生，MTBF 即要得到这一阶段(稳定期)的寿命。

(3) 耗损失效期：硬件故障期，产品这时已达到设计寿命，进入报废阶段。

MTBF 是用来度量偶然失效期的，所以，数据看起来比我们想象的高是很正常的。

2. 可用性

可用性是指系统的有效可用运行时间，代表系统的可用性程度。对于服务器而言，一个非常重要的方面就是它的“可用性”，即所选服务器能满足长期稳定工作的要求，不能经常出问题。

因为服务器所面对的是整个网络的用户，而不是单个用户，在大中型企业中，通常要求服务器是永不中断的。在一些特殊应用领域，即使没有用户使用，有些服务器也得不间断地工作，因为它必须持续地为用户提供连接服务，而不管是在上班，还是下班，也不管是工作日，还是休息、节假日。这就是要求服务器必须具备极高的稳定性的根本原因。

可用性的度量方式是工作时间比总时间，一般用百分比来表示，例如，我们常说的 99.999%(5 个 9)。

通过表 2-1 中的计算可以看出，一个 9 和两个 9 分别表示一年时间内业务可能中断的时间是 36.5 天、3.65 天，这种级别的可靠性，企业一般是无法接受的；而 6 个 9 则表示一年内业务中断时间最多是 31 秒，这个级别的可靠性并非实现不了，但是要做到从 5 个 9

到 6 个 9 的可靠性提升的话，需要付出非常大的成本，性价比不高，所以评价可用性都只谈 3~5 个 9。

表 2-1　可用性标准

1 个 9	(1−90%)×365=36.5 天
2 个 9	(1−99%)×365=3.65 天
3 个 9	(1−99.9%)×365×24=8.76 小时，表示该软件系统在连续运行 1 年时间里最多可能的业务中断时间是 8.76 小时(526 分钟)
4 个 9	(1−99.99%)×365×24=0.876 小时=52.6 分钟，表示该软件系统在连续运行 1 年时间里最多可能的业务中断时间是 52.6 分钟
5 个 9	(1−99.999%)×365×24×60=5.26 分钟，表示该软件系统在连续运行 1 年时间里最多可能的业务中断时间是 5.26 分钟
6 个 9	(1−99.9999%)×365×24×60×60=31 秒(0.526 分钟)

理想的情况下，服务器要 7×24 小时不间断地工作。对于这些服务器来说，也许真正工作开机的次数只有一次，那就是它刚买回全面安装配置好后投入正式使用的那一次，此后，它不间断地工作，一直到彻底报废。如果动不动就出毛病，则网络不可能保持长久正常运作。为了确保服务器具有高的可用性，除了要求各配件质量过关外，还可采取必要的技术和配置措施，如硬件冗余、热插拔、在线诊断等。

我们经常会听到高可用性的系统(3~5 个 9)，这样的系统不仅在一年中可能只有几分钟的停机时间。而且，高可用系统通常可以在发生故障后继续运行，其方式可能是禁用故障部分，虽然系统性能可能会有一定降低，但保证了整个系统的可用性。

冗余和热插拔对于高可用性系统基本是必备的技术。硬件冗余技术指对重要部件配置两个以上，这可以确保当一个设备故障时，还有其他设备能够继续提供服务，保证服务不间断；热插拔技术指在不断电关机的情况下，替换服务器支持热插拔的部件。以防止此冗余部件全部损坏，造成系统瘫痪。

在有些情况下，比如银行和证券的交易系统，系统的高可用性是相当有价值的。

3. 可维护性

可维护性(Serviceability)是指系统发生故障时，检查和维修的便利程度。服务器需要不间断地持续工作，但再好的产品都有可能出现故障，拿人们常说的一句话来说就是：不是不知道它可能坏，而是不知道它何时坏。服务器虽然在稳定性、可靠性方面比普通计算机好得多，也应有必要的避免出错的措施，以及时发现问题，而且出了故障也能及时得到维护。这不仅可减少服务器出错的机会，同时还可大大提高服务器维护的效率。

系统的修复时间越长，那么其可用性必然随之降低。可维护性包括系统出现故障时快速诊断故障的难易程度。早期的报错检查能有效减少或避免系统宕机时间。例如，一些企业级系统发生故障时，可在无须人工干预的情况下自动调用服务中心，让设备厂商知晓故障并进行诊断、分析和解决。

4. 易使用性

易使用性(Usability)是指人类对系统的易学和易用程度。易使用性设计的重点在于让系统或产品的设计能够符合使用者的习惯与需求。服务器的易使用性，主要体现在服务器是不是容易操作、用户导航系统是不是完善、机箱设计是不是人性化、有没有关键恢复功能、是否有操作系统备份，以及有没有足够的培训支持等方面。

对于服务器来说，它的用户主要是系统管理员。在服务器设计中，我们常见到的免工具拆卸设计；可以热插拔的电源模块、硬盘模块等；前端面板的可在绿色、琥珀色和红色之间变换的LED系统状态标识灯等，这些都是服务器在易用性方面的设计和实现。

服务器的功能相对于PC来说复杂许多，不仅指其硬件配置，更多的是指其软件系统配置。服务器要实现如此多的功能，没有全面的软件支持是无法想象的。但是软件系统一多，又可能造成服务器的使用性能下降，增大管理难度。

软件的易使用性也是非常重要的一个衡量标准，因为大多数软件都是人在使用。

易用性通常包含下列元素：可学习性(Learnability)、效率(Efficiency)、可记忆性(Memorability)、很少出现严重错误(Errors)和满意度(Satisfaction)。

5. 易管理性

易管理性(Manageability)是指系统在运行过程中是否便于管理的程度。良好的易管理性可以有效地减少系统的管理和维护成本。

事实上，高素质的管理者严重稀缺，很难获得。中小企业通常会考虑把管理任务外包给专业公司，因为很难招聘到合适的人才来管理自己的系统。为了降低管理难度，服务器的易管理性是很重要的。比如，服务器中通常所设计的可通过远程管理来实现服务器的远程管理，通过智能平台管理接口来实现远程对服务器的物理健康特征的监控，包括温度、电压、风扇工作状态、电源状态等。

服务器的易管理性还体现在服务器有没有智能管理系统，有没有自动报警功能，是不是有独立于系统的管理系统等方面。有了方便的工具，管理员才能轻松管理，高效工作。

2.2　服务器的简单分类

2.2.1　从外形上分类服务器

虽然服务器也是计算机，但看起来和我们熟悉的PC感觉差异还是很大的。从外形上分，服务器可以分为机架式服务器、刀片式服务器、塔式服务器、机柜式服务器等。

1. 机架式服务器

机架式服务器(如图2-3所示)安装在标准的19英寸机柜里面。机架式服务器的外形看起来扁而长，看起来类似交换机。

图2-3　机架式服务器

相比不少企业的自建机房，大型专业信息中心更加正规和专业化，会统一部署和管理大量的服务器资源。大型信息中心通常设有严密的保安措施、良好的温湿度控制系统、多重备份的供电系统，机房的总体造价十分昂贵。对于专用机房来说，如何在有限的空间内部署更多的服务器，直接关系到企业的服务成本。

对于专业机房，选择服务器时首先要考虑服务器的体积、功耗、发热量等物理参数，通常会选用机架式服务器。

机架式服务器也有多种规格，例如 1U(4.45cm 高)、2U、4U、6U、8U 等。通常 1U 的机架式服务器最节省空间，但性能和可扩展性较差，适合一些业务相对固定的使用领域。4U 以上的产品性能较高，可扩展性好，一般支持 4 个以上的高性能处理器和大量的标准热插拔部件，管理也十分方便，厂商通常会提供相应的管理和监控工具，适合大访问量的关键应用，但体积较大，空间利用率不高。

2. 刀片式服务器

刀片式服务器(如图 2-4 所示)是指在标准高度的机架式机箱内可插装多个卡式的服务器单元，实现高可用和高密度。每一块“刀片”实际上就是一块系统主板。它们可以通过“板载”硬盘启动自己的操作系统，类似于一个个独立的服务器，在这种模式下，每一块母板运行自己的系统，服务于指定的不同用户群，相互之间没有关联。

图 2-4　刀片式服务器

相比机架式服务器和机柜式服务器，单片母板的性能较低。不过，管理员可以使用系统软件，将这些母板集合成一个服务器集群。在集群模式下，所有的母板可以连接起来提供高速的网络环境，并同时共享资源，为相同的用户群服务。通过在集群中插入新的“刀片”，就可以提高整体性能。而由于每块“刀片”都是热插拔的，所以，系统可以轻松地进行替换，并且将维护时间减少到最小。

3. 塔式服务器

塔式服务器(如图 2-5 所示)应该是大家最容易理解的一种服务器结构类型，因为它的外形以及结构都跟我们平时使用的立式 PC 差不多，当然，由于服务器的主板扩展性较强、插槽也多出一些，所以个头比普通主板大一些，因此塔式服务器的主机机箱也比标准的 PC 机箱要大，一般都会预留足够的内部空间，以便日后进行硬盘和电源的冗余扩展。

由于塔式服务器的机箱比较大，服务器的配置也可以很高，冗余扩展更可以很齐备，所以它的应用范围非常广，应该说使用率最高的一种服务器就是塔式服务器。我们平时常说的通用服务器一般都是塔式服务器，它可以集多种常见的服务应

图 2-5　塔式服务器

用于一身，不管是速度应用还是存储应用，都可以使用塔式服务器来解决。

4. 机柜式服务器

在一些高档企业服务器中，由于内部结构复杂，内部设备较多，有的还具有许多不同的设备单元或几个服务器都放在一个机柜中，这种服务器就是机柜式服务器，如图 2-6 所示。机柜式通常由机架式、刀片式服务器再加上其他设备组合而成。

图 2-6　机柜式服务器

2.2.2　从应用规模分类

按应用规模分类，是服务器最为普遍的一种划分方法，它主要根据企业应用规模来进行服务器的划分。按这种划分方法，服务器可分为：入门级服务器、工作组级服务器、部门级服务器、企业级服务器。

1. 入门级服务器(应用规模≤20)

这类服务器是最基础的一类服务器，也是最低档的服务器。许多入门级服务器与 PC 的配置差不多，或者就是使用高性能的品牌 PC。这类服务器所包含的服务器特性并不是很多，通常只具备以下几方面的特性。

(1) 有一些基本硬件的冗余，如硬盘、电源、风扇等。

(2) 通常采用 SCSI 接口硬盘，也有采用 SATA 串行接口的。

(3) 部分部件支持热插拔，如硬盘和内存等。

(4) 通常只有一个 CPU。

(5) 内存容量最大支持 16GB。

图 2-7 是一家酒店的网络拓扑图，由于业务计算机数量只有几台，业务相对单一，应用规模也小，因此业务平台使用了入门级服务器(左上区域)，图示中心区域是酒店无线网络控制器，作为酒店网络的中心设备，向下通过交换机连接业务计算机以及无线接入设备，提供点餐、结算等服务。右上区域是网络接入，提供上网功能。

入门级服务器所连的终端比较有限(通常为 20 台左右)，在稳定性、可扩展性以及容错冗余性能方面较差，仅适用于没有大型数据库数据交换，日常工作网络流量不大，无需长期不间断开机的小型企业。

2. 工作组级服务器(应用规模≤50)

工作组级服务器的应用规模，通常是连接一个工作组(50 台左右)规模的用户。因为网络规模较小，服务器的稳定性要求也不算高，在其他性能方面的要求也相应要低一些。工作组服务器具有以下几方面的主要特点。

(1) 通常仅支持单或双 CPU 结构的应用服务器。

(2) 可支持大容量的 ECC 内存和增强服务器管理功能的 SM 总线。

(3) 功能较全面、可管理性强，且易于维护。

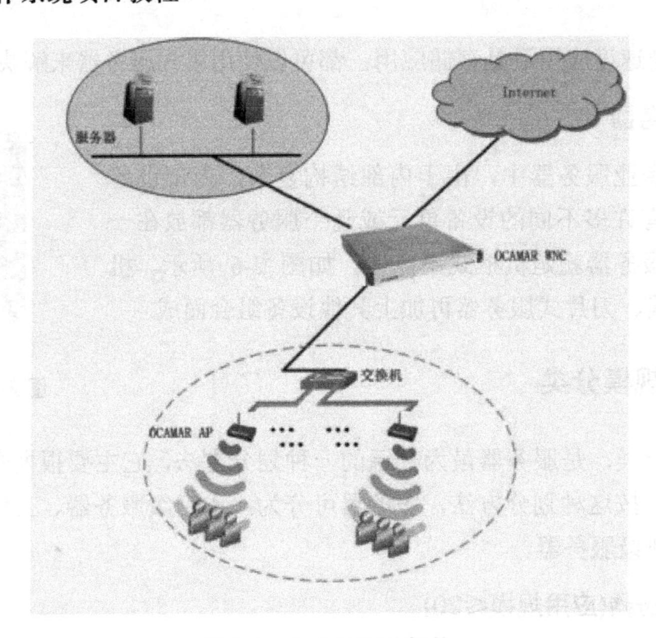

图 2-7　入门级网络拓扑

(4) 采用 Intel 服务器 CPU 和 Windows 网络操作系统，但也有一部分是采用 Linux 系列操作系统的。

(5) 可以满足中小型网络用户的数据处理、文件共享、Internet 接入及简单数据库应用的需求。

图 2-8 是一家企业的网络拓扑图，企业本身有几十台员工计算机，分属各个部门，图例右侧是工作电脑区域，由两台交换机进行联网；由于有多种业务需求，所以配置了多台工作组级服务器，图例的左上部分就是服务器区。左下连接互联网，提供上网功能。

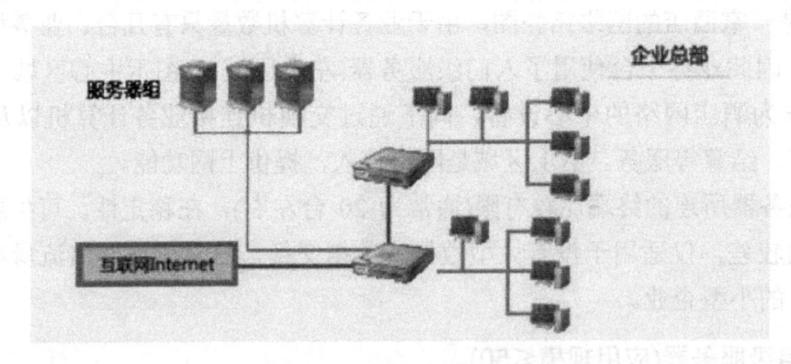

图 2-8　工作组级网络拓扑

工作组级服务器较入门级服务器来说性能有所提高，功能有所增强，有一定的可扩展性，但容错和冗余性能仍不完善，也不能满足大型数据库系统的应用，但价格也比前者贵许多，一般相当于 2~3 台高性能的 PC 品牌机总价。

3. 部门级服务器(应用规模≤100)

这类服务器是属于中档服务器之列，一般都是支持双 CPU 以上的对称处理器结构，具备比较完全的硬件配置，如磁盘阵列等。

部门级服务器的最大特点就是，除了具有工作组服务器的全部服务器特点外，还集成了大量的监测及管理电路，具有全面的服务器管理能力，可监测如温度、电压、风扇、机箱等状态参数，结合标准服务器管理软件，使管理人员及时了解服务器的工作状况。

同时，大多数部门级服务器具有优良的系统扩展性，可让用户在业务量迅速增大时能够及时在线升级系统，充分保护了用户的投资。它是企业网络中分散的各基层数据采集单位与最高层的数据中心保持顺利连通的必要环节，一般为中型企业的首选，也可用于金融、邮电等行业。

部门级服务器一般采用 IBM、SUN 和 HP 各自开发的 CPU 芯片，这类芯片一般是 RISC(精简指令计算机)结构，所采用的操作系统一般是 Unix 系列操作系统，Linux 也在部门级服务器中得到了广泛应用。

图 2-9 是一家中等规模的网络公司，有接近百台员工计算机，右下区域是公司的业务区，由于应用规模较大，计算机数量较多，所以网络拓扑由核心层和接入层构建了两级体系结构，实现网络连接与网络管理。右上区域是服务器区，公司的核心业务很重要，所以采用了部门级服务器，并构建了双机热备，以备万一服务器出现问题，不会导致业务中断出错，业务数据量非常大，所以选择了外置大存储设备。左上区域提供互联网接入。

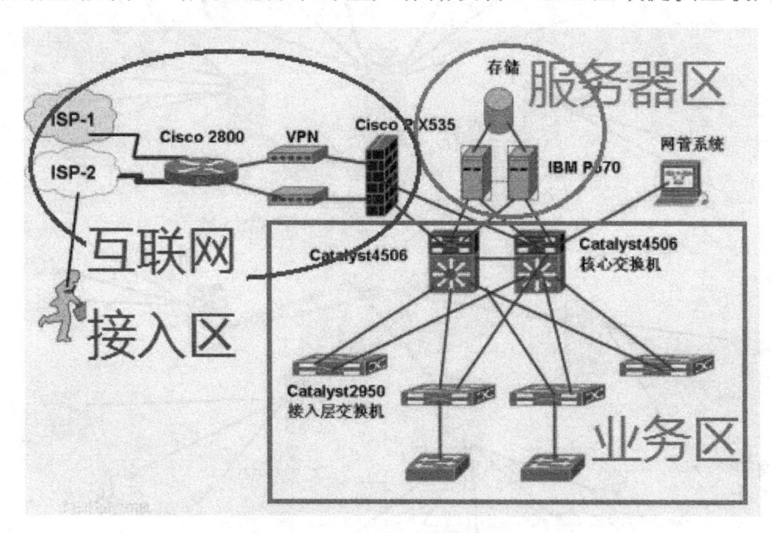

图 2-9　部门级网络拓扑

部门级服务器可连接 100 个左右的计算机用户、适用于对处理速度和系统可靠性高一些的中小型企业网络，其硬件配置相对较高，其可靠性比工作组级服务器要高一些，当然其价格也较高(通常为 5 台左右高性能 PC 机价格总和)。由于这类服务器需要安装比较多的部件，所以机箱通常较大，有的服务器会采用机柜式。

4. 企业级服务器(应用规模≤？)

企业级服务器属于高档服务器行列，一般，企业级服务器最起码是采用 4 个以上 CPU 的对称处理器结构，有的高达几十个。另外，一般还具有独立的双 PCI 通道和内存扩展板设计，具有高内存带宽、大容量热插拔硬盘和热插拔电源、超强的数据处理能力和群集性能等。

企业级服务器的机箱就更大了，一般为机柜式的，有的还由几个机柜来组成，像大型机一样。企业级服务器产品除了具有部门级服务器全部服务器特性外，最大的特点就是它还具有高度的容错能力、优良的扩展性能、故障预报警功能、在线诊断和 RAM、PCI、CPU 等具有热插拔性能。有的企业级服务器还引入了大型计算机的许多优良特性。这类服务器所采用的芯片也都是几大服务器开发、生产厂商自己开发的独有 CPU 芯片，所采用的操作系统一般也是 Unix(Solaris)或 Linux。

图 2-10 是一家大学的网络拓扑图。可以看出，学校采用了核心层→汇聚层→接入层的三级网络体系结构，用户计算机数量几千台，应用规模非常大，而且大学业务需求多种多样，需要大量的服务器，处理多种类别、海量的数据和业务，所以，应该选择企业级服务器支撑重要的业务，还有大量的中低端服务器作为补充。此图并没有标注服务器区域和互联网接入区域，但看了前面的几张简图后，我们也可以类比感受。

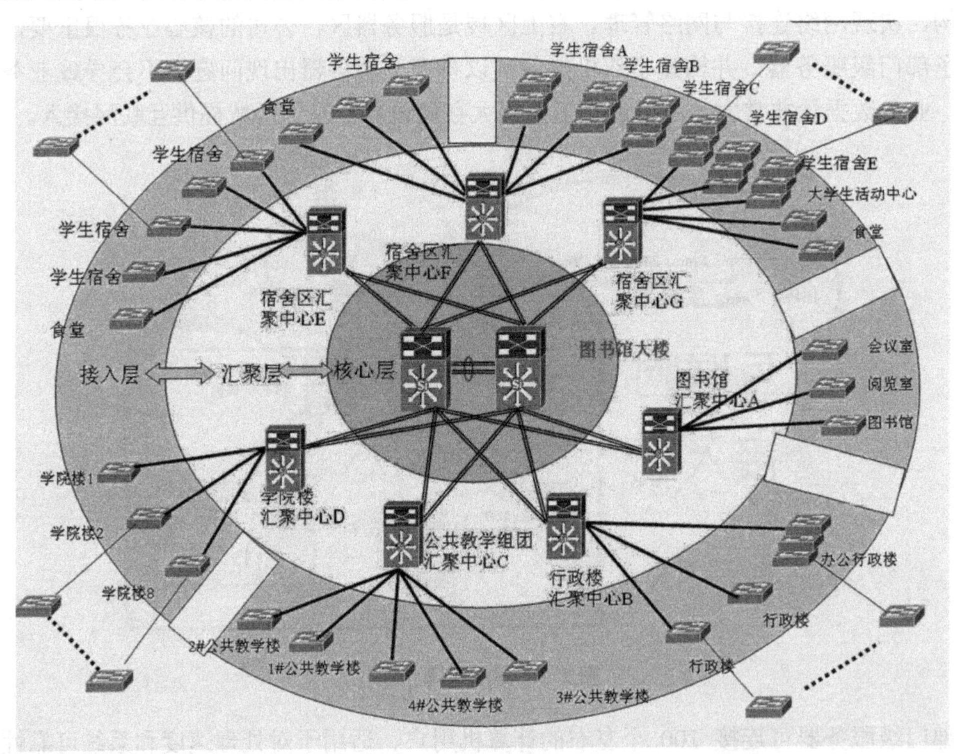

图 2-10　企业级网络拓扑

企业级服务器适合运行于需要处理大量数据、高处理速度和对可靠性要求极高的金融、证券、交通、邮电、通信或大型企业。企业级服务器用于应用规模在数百台以上、对处理速度和数据安全要求非常高的大型网络。企业级服务器的硬件配置最高，系统可靠性也最强。

2.3　常见服务与对应端口

要提供什么样的服务，就需要什么功能的服务器软件。

DHCP(动态主机分配协议)服务自动管理 IP 地址的分配和回收。

域名服务(Domain Name Service，DNS)把 IP 地址和域名关联起来，我们才可以正常使用域名访问服务器。

Web 服务就是平常说的网站服务。FTP 服务用于 Internet 上的文件的双向传输。电子邮件服务可以收发电子邮件。每个服务都有约定的端口。

服务器上运行着很多种服务，这些系统如果和谐共存，协同工作呢？

类比现实，似乎也不难理解。如果我们去商场转转，想买日常用品，就去超市区；想买衣物，就去衣物区；想吃饭，就去餐厅。我们所需要的，就是方便的指示牌，告诉我们要去的地方在哪里。

端口地址就是服务在服务器中的标识，有了它，我们就能找到服务，享受服务了。服务的端口地址是有默认约定的，虽然我们可以进行改动，但是改了，用户就可能找不到这个服务，因为他不知道改成了哪个端口，这可能会造成一些麻烦。

2.3.1　基础服务

1. IP 地址和域名

服务器的设计目的就是为了向互联网用户提供服务，要提供什么样的服务，就需要什么功能的服务器软件。要接入网络，首先必须拥有合法的 IP 地址，这样网络用户才可以从网络找到服务器。

IP 地址用来作为网络节点(用户 PC、服务器以及所有的联网设备)的唯一标识，就像公民身份证一样。它是计算机或者其他网络设备在网络上的根本性的基础标识。

IP 地址是 32 位二进制数字，使用时用点分十进制来表示，用 3 个小数点把 32 位二进制数分割成 4 部分，每部分 8 位，然后把 8 位二进制数用十进制表示。这样，我们看到的 IP 地址就是由三个小数点分成的四个数字，每个数字最小是 0，最大是 255。

例如点分十进制的 IP 地址 114.114.114.114。0 是 8 位二进制数 00000000 的十进制表示，也是 8 位二进制数的最小值；255 是 8 位二进制数 11111111 的十进制表示，也是 8 位二进制数的最大值。

32 位 IP 地址由两部分构成，网络地址和主机地址。网络地址部分是标识属于哪一个网络，主机地址部分是标识网络中的哪一台主机。

就像身份证号和人名的关系，IP 地址是一串数字，记忆起来很不友好。因此，服务器也会起个名字，见文知意，比较友好，也容易记忆。在互联网中，这个名字被称为“域名”(Domain Name)，域名也由两部分构成，主机名+所属域。所属域标识属于哪一个组织部门，主机名标识哪一台服务器，例如 www.sohu.com，其中 sohu.com 是所属域，www 是服务器的标识名称。

2. DHCP 与 DNS

用户的 IP 地址通常是动态获取的，每次上网都在变，但是服务器的 IP 是固定不变的。当用户知道服务器的 IP 后，就可以通过网络来访问服务器了，就如同拿着地址来找人一样。

互联网中有百万以上的服务器，有十亿以上的计算机，每个设备都需要一个 IP。

对于每个企业部门，少则几十台主机，多则几百几千，ISP 进行商业接入，客户主机数量更是以万计数，对这么多 IP 进行人工管理，效率是很低的，这时候我们需要一个服务来自动管理 IP 地址的分配和回收，这就是 DHCP(动态主机分配协议)服务。

通过 DHCP 服务，每台主机联网时，从 DHCP 服务器申请一个 IP 设置使用；使用完毕后，IP 设置可以回收，再提供给其他用户使用。只需要配置好 DHCP 服务，就再也不用操心 IP 设置的问题了。

访问服务器需要的是 IP 地址，用户平常使用的是域名，所以需要一种服务把 IP 地址和域名关联起来，这就是域名服务(Domain Name Service)。通过域名服务，我们才可以正常使用域名访问服务器。每次访问服务器时，DNS 服务会帮助我们把域名解析成为 IP 地址，然后用 IP 地址去访问服务器。

2.3.2 常用服务

1. Web 服务

Web 服务就是平常我们说的网站服务，是最为流行的网络服务，为我们提供网站发布运行的基础平台。我们制作的网站页面就像店铺里面的商品，把它们放到店铺里，就可以进行销售了。Web 服务就像是店铺，用户可以自由访问里面的网页。

Web 服务是“客户机/服务器”工作模式，用户使用浏览器作为客户端来访问服务器上的网站，这种模式也常常称为“浏览器/服务器”工作模式。

要提供 Web 服务，需要安装 Web 服务器软件。Linux 环境下最流行的 Web 服务器软件是 Apache Web Server。

2. FTP 服务

文件传输协议(File Transfer Protocol，FTP)用于 Internet 上的文件的双向传输。支持 FTP 协议的服务器就是 FTP 服务器。

与大多数 Internet 服务一样，FTP 服务也是一个客户机/服务器系统。用户通过一个支持 FTP 协议的客户机程序，连接到在远程主机上的 FTP 服务器程序。用户通过客户机程序向服务器程序发出命令，服务器程序执行用户所发出的命令，并将执行的结果返回到客户机。比如说，用户发出一条命令，要求服务器向用户传送某一个文件的一份拷贝，服务器会响应这条命令，将指定文件送到用户的机器上。客户机程序代表用户接收到这个文件，将其存放在用户目录中。

3. 电子邮件服务

电子邮件在 Internet 上发送和接收的原理可以很形象地用我们日常生活中邮寄信件或包裹来形容：当我们要寄一个包裹时，我们首先要找到任何一个有这项业务的邮局或者快递公司，在填写完收件人姓名、地址等之后，邮件就寄出了，等到了收件人所在地的邮局或者快递公司，收件人就可以在任何自己适合的时间接收信件或包裹。同样地，当我们发送电子邮件时，这封邮件是由发信人的邮件服务器发出，并根据收信人的地址判断对方的邮件接收服务器，而将这封信发送到该服务器上，收信人要收取邮件时，可以随时访问自己邮件服务器上的信箱即可。

2.3.3 服务与端口地址

在服务器上运行着多种服务，这些服务同时运行，各负其责，协作完成系统功能。当一个请求信息发送到服务器时，怎样识别信息是送给哪一个服务的呢？

服务器就像一座办公楼，里面有很多的房间可以进入，每个房间都有自己的编号。不同的服务也会有自己的编号，称为“端口地址”。网络服务运行时会绑定端口，当用户发送信息时，标明是发送给哪个端口，系统会自动转送给对应的服务。

控制信息发送和接收的有两种传输协议：传输控制协议(Transmission Control Protocol，TCP)和用户数据报协议(User Datagram Protocol，UDP)，相应地，端口也有两种，TCP 端口和 UDP 端口，每种端口都在 0~65535 之间编号。

TCP 端口，就是使用传输控制协议进行传输时使用的端口地址，需要在客户端和服务器之间建立可信任连接，这样可以提供可靠的数据传输。常见的包括 FTP 服务的 21 端口，Telnet 服务的 23 端口，SMTP 服务的 25 端口，以及 HTTP 服务的 80 端口等。可以看出，远距离、大量数据传输、传输质量难以保证的情况适合使用 TCP 协议传输。TCP 协议多用于互联网传输，因为距离远，传输质量不可控，大量数据传输出错几率高。

UDP 端口，就是用户数据报协议端口，不需要在客户端和服务器之间建立连接，传输可靠性得不到保障，但是传输开销较小。常见的有 DNS 服务的 53 端口，SNMP(简单网络管理协议)服务的 161 端口等。UDP 协议多用于局域网内，因为网络传输质量好，不易出错，此时 UDP 的简单和低开销可以提高传输效率和性能。

常见的服务和端口如表 2-2 所示。

表 2-2　常见服务和端口

TCP 端口	服　务	说　明
20	FTP-DATA	文件传输协议 - 数据(File Transfer Protocol-Data)
21	FTP	文件传输协议 - 控制(FTP-Control)
22	SSH	SSH 远程登录协议(SSH Remote Login Control)
23	TELNET	Telnet 远程登录

续表

TCP 端口	服 务	说 明
25	SMTP	简单邮件传输协议(Simple Mail Transfer Protocol)
80	WWW	Web 服务器(World Wide Web)
110	POP3	E-mail 邮局协议版本 3(Post Office Protocol ver 3)
UDP 端口	**服 务**	**说 明**
53	DNS	域名服务(Domain Name System)
68	DHCP	动态主机配置协议
69	TFTP	简单文件传输协议
161	SNMP	简单网络管理协议

任务实践

2.4 软件管理工具 yum 的使用

2.4.1 yum 简介

在 Linux 环境下，有海量的软件支持。基本上，这个世界上曾存在过的各种功能的软件，只要还没过时，都可以在 Linux 下找到。为了管理海量的软件，Linux 形成了一个系列的文件管理方法。

把相关功能的文件聚合成组，打包成一个软件包；相关软件包聚合在一起，就形成了一个完整的功能软件；把相关的功能软件聚合在一起，就形成了一个功能软件集合，把很多功能软件集合都放在一起，就形成了一个软件仓库。

一个软件按照功能划分，通常会分成若干个软件包，当安装一个软件包时，需要把它所有依赖的软件包先进行安装，否则自己无法运行。之后才可以安装自己。有时候，依赖的软件包又会需要其他的支撑包；有时候，要安装的软件包运行所需要的软件包不存在；有时候，库文件版本不对也无法安装运行。

很长时间以来，依赖和软件版本把 Linux 用户折磨得焦头烂额，幸好，现在有了很好的解决方案。

现代 Linux 的软件管理的理念是使用一个中心仓库(repository)来管理一部分甚至一个完整发行版(distribution)的应用程序间的相互关系，根据分析出来的软件依赖关系进行相关的升级、安装、删除等操作，减少 Linux 用户一直头痛的依赖(dependencies)的问题。

yum 是现在 Linux 下最流行的软件管理工具之一，也是 CentOS 7 的默认软件包管理器。yum 可以自动化地升级、安装和移除 rpm 包，收集 rpm 包的相关信息，检查依赖性并自动提示用户解决，这就解决了系统软件管理中遇到的大问题。

常用的 yum 操作命令如表 2-3 所示。

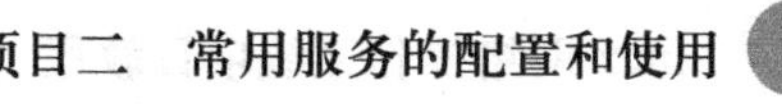

表 2-3　yum 的常用命令

命令选项	功能描述
yum search 关键字	能够在已启用的软件包仓库中，对所有软件包的名称、描述和概述进行搜索
yum list	列出要查找的包，没有指定参数时列出所有包
yum grouplist	列出所有软件包组
yum repolist	列出所有启用的软件仓库的 ID，名称及其包含的软件包的数量
yum info 软件包	命令可查看一个或多个软件包的信息
yum provides 要查的命令	查看命令所在的软件包
yum group remove 程序组	卸载程序组
yum list installed	列出所有已安装的软件包
yum localinstall ~	从硬盘安装 rpm 包并使用 yum 解决依赖

例 1，查找 net-tools 包：

```
#yum search net-tools
#yum list |grep net-tools
```

例 2，查找 nmap 命令所在的包：

```
#yum provides nmap
```

例 3，查看 net-tools 包的信息：

```
#yum info net-tools
```

例 4，安装 net-tools 包：

```
#yum install net-tools
```

例 5，卸载 net-tools 包：

```
#yum remove net-tools
```

2.4.2　yum 配置

yum 可以检测软件间的依赖性。发布的软件放到 yum 服务器，通过分析这些软件的依赖关系，将每个软件相关性记录成列表。当客户端有软件安装请求时，yum 客户端在 yum 服务器上下载记录列表，然后通过列表信息与本机已安装软件数据对比，明确软件的依赖关系，从而能够判断出哪些软件需要安装。

列表信息保存在 yum 客户端的/var/cache/yum 中，每次 yum 启动都会通过校验码与 yum 服务器同步更新列表信息。

使用 yum 需要有 yum 软件仓库(yum repositories)，用来存放软件列表信息和软件包。yum 仓库可以是 HTTP 站点、FTP 站点、本地站点。

yum 仓库的路径格式如表 2-4 所示。

表 2-4　yum repo 的路径

HTTP 站点	ftp://主机地址或域名/PATH/TO/REPO
FTP 站点	http://主机地址或域名/PATH/TO/REPO
本地站点	file:///PATH/TO/REPO　(注意是三个/)

yum 的全局配置文件是/etc/yum.conf，存放对所有仓库都适用的配置信息。

通常，我们会为每一个软件仓库或者相关的几个仓库单独设置一个配置文件，名称为“****.repo”，放置在/etc/yum.repos.d/目录下。

要设置仓库文件，需要指定几项关键属性，如表 2-5 所示。

表 2-5　repo 文件的设置

属 性 名	功能描述
[base]	用于区别各个不同的 repository，唯一性
name=	对 repository 的描述
mirrorlist=	指定一个镜像服务器的地址列表
enabled=1	表示这个 repo 中定义的源是启用的，0 为禁用
gpgcheck=1	启用 gpg 的校验，确定 rpm 包的来源安全和完整性，0 为禁止
gpgkey=文件	定义用于校验的 gpg 密钥
cost=	cost 为开销，默认是 1000，开销越大，使用优先级越低

使用 cat 命令查看已有的 repo 文件：

```
#cat CentOS-Base.repo
```

repo 文件的格式如图 2-11 所示。

```
[base]
name=CentOS-$releasever - Base
mirrorlist=http://mirrorlist.centos.org/?release=$relea
#baseurl=http://mirror.centos.org/centos/$releasever/os
gpgcheck=1
gpgkey=file:///etc/pki/rpm-gpg/RPM-GPG-KEY-CentOS-7
```

图 2-11　repo 文件的格式

2.4.3　使用光盘作为本地库

我们使用 yum 管理自己的软件系统，当 CentOS 7 安装好后，如果使用原始仓库的话，因为仓库在国外，速度会比较慢，所以通常需要添加国内 yum 仓库，也可以直接使用安装盘建立本地仓库。

为了方便安装软件，可以用安装光盘，来建立本地仓库。建立此仓库的目的一是本地安装远远快于网络安装，目的二是解决软件包安装时的依赖问题。

首先，需要把光盘挂载至某目录下，或者把光盘文件复制到磁盘某目录下，这样就省去挂载的步骤了。

接下来修改配置，添加新仓库的定义文件，在文件中使用 file:///path/to/mount 指明访问路径即可。新仓库设定完成后，检查是否配置成功。如果成功的话，接下就可以来安装一个软件包，测试新的软件仓库是否正常工作了。

(1) 挂载光盘。

把光驱挂载到指定目录，如果目录还不存在，可以使用 mkdir 命令创建。光盘必须已经插入光驱，在虚拟机里，ISO 文件应该已经挂载的虚拟光驱里。

```
#mkdir /mnt/localiso
#mount -r /dev/cdrom /mnt/localiso/
#ls /mnt/localiso
```

这样配置每次重新启动都要重新挂载，建议在/etc/fstab 文件中添加一行挂载内容，这样，每次启动，系统会自动挂载光盘。或者把光盘复制到硬盘上也可以。

(2) 定义仓库。

yum 的总配置文件是/etc/yum.conf，可以新建一个配置文件放在/etc/yum.repos.d/目录下，此目录下的仓库定义会自动识别加载。

```
#cd /etc/yum.repos.d/
#vim /etc/yum.repos.d/centos7-ISO.repo
```

把以下内容输入文件：

```
[centos7-ISO]
name=centos-local-iso
baseurl=file:///mnt/localiso
enabled=1
gpgcheck=0
cost=100
```

[centos7-ISO]是仓库的名称，要保证唯一；name 设置描述信息；baseurl 设定仓库存放的位置；enable 设置为 1，启用此 repo 仓库；gpgcheck 设置为 0，不进行 gpg 校验，省事；cost 设置为 100，这样可以优先使用此仓库。

(3) 查看可用 repository，检查是否配置成功。

执行命令查看配置好已启用的仓库，如图 2-12 所示。

```
#yum repolist enabled
```

图 2-12　查看已启用的 repo 仓库

可以看到 Centos7-ISO 名称前面有感叹号，说明 centos7-ISO 仓库启用成功。

(4) 使用 yum 命令测试软件安装。

执行命令：

```
#yum list
#yum install net-tools
```

如果软件包能快速安装成功，那么本地 yum 就可以用了。

任务二：配置 DNS 和 DHCP 服务器

在这一部分内容中，我们要关注三个问题：DNS 服务器和 DHCP 服务器是什么？为什么要使用 DNS 和 DHCP 服务器？怎样配置和管理 DNS 和 DHCP 服务器？

知识储备

2.5 DNS 服务器和 DHCP 服务器

DHCP 服务和 DNS 都是网络的基础服务，掌握了这些服务，就可以解决对应的具体问题。灵活使用掌握的技术，可以高效地完成管理任务。

2.5.1 IP 地址和子网掩码

IP 地址是 32 位二进制数据，通常以十进制表示，并以“.”分隔。IP 的点分十进制表示法如图 2-13 所示。IP 地址是一种逻辑地址，用来标识网络中的一个个主机，IP 有唯一性，即每台机器的 IP 在全世界是唯一的。

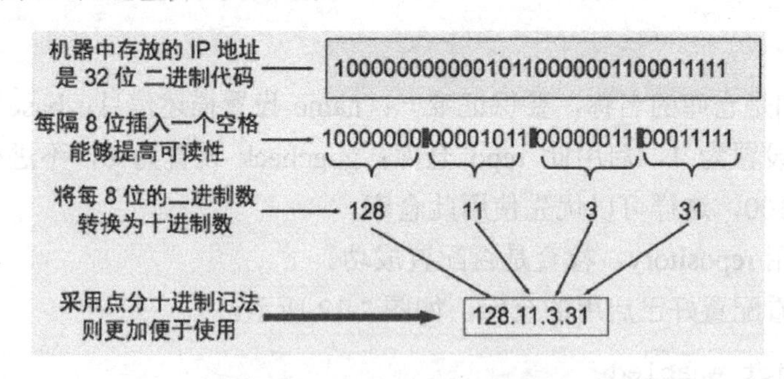

图 2-13　点分十进制表示法

互联网是由许多小型网络构成的，每个网络上都有许多主机，这样便构成了一个有层次的结构。IP 地址在设计时就考虑到地址分配的层次特点，将每个 IP 地址都分割成网络地址和主机地址两部分，以便于 IP 地址的寻址操作。

IP 地址的网络地址和主机地址各是多少位呢？如果不指定，就不知道哪些位是网络地址、哪些是主机地址，这就需要通过子网掩码来实现。

什么是子网掩码？子网掩码不能单独存在，它必须结合 IP 地址一起使用。子网掩码只有一个作用，就是将某个 IP 地址划分成网络地址和主机地址两部分。子网掩码的设定必须遵循一定的规则。与 IP 地址相对应，网络位用二进制数字 1 表示；主机位用二进制数字 0 表示。IP 地址和子网掩码如表 2-6 所示。

表 2-6　IP 地址和子网掩码

	字节一	字节二	字节三	字节四
子网掩码	11111111	11111111	11111111	00000000
IP 地址	11000000	10101000	00000001	00000001
点分十进制	192	168	1	1
地址划分	网络地址			主机地址

书写 IP 设置信息时，IP 地址和子网掩码通常一起书写。

例如：192.168.125.1/255.255.255.0 或者 192.168.125.1/24。

这两种写法意思是一样的，前面是 IP 地址，后面的 255.255.255.0，转成二进制，255 就是二进制的 11111111(八个 1)，三个 255 就意味着前面 8×3=24 位都是 1，而子网掩码位为 1 表示 IP 地址的对应位是网络地址位，剩下的 32−24=8 位就是主机地址了。第二种写法看起来比较友好，“/24”表示前 24 位是网络地址，后面的是主机地址。

2.5.2　默认网关

网关是一个网络通向其他网络的出口地址。两个网络即使连接在同一台交换机上，也不能直接通信，必须通过网关转发。

有了 IP 地址和子网掩码，我们就可以计算出来网络地址。比如 192.168.125.1/24，前面三个字节段是网络地址位，把主机地址位置为全 0 后，得到网络地址 192.168.125.0/24，这就是我们需要的网络地址。

当 A 主机向 B 主机发送信息时，A 主机会计算自己的网络地址和对方的网络地址是否在同一个网络，如果网络地址相同，那么就直接发送；如果网络地址不同，那么就发送到网关，由网关通过路由机制转发到目的主机。默认网关如图 2-14 所示。因此，只有设置好网关的 IP 地址，才能实现不同网络之间的相互通信。

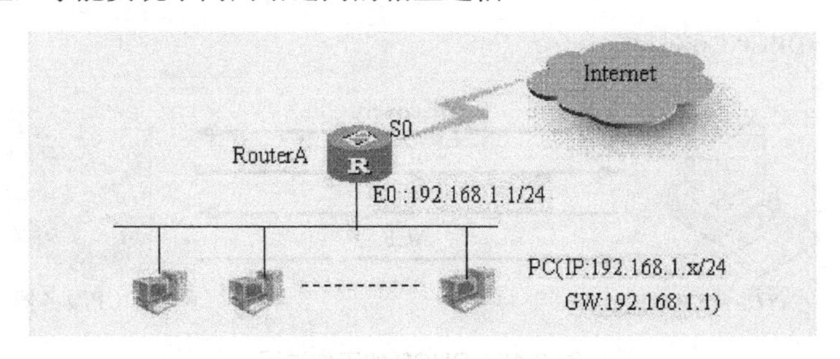

图 2-14　默认网关

如图 2-14 所示，路由器 RouterA 是整个局域网连接互联网的出口，任何一台计算机要上网，首先需要经过 RouterA，所以，RouterA 就是整个局域网的网关，RouterA 的 IP 地址就是整个局域网的网关地址。

如果出口只有一个，那么它肯定就是默认网关。有时候，一个网络有可能不止一个网络出口，比如移动和联通两条线路同时接入，此时，默认网关指的是当主机发送数据时，如果系统设置中没有明确指定送去哪里，那么就会把数据包发给我们设定为默认的网关，由这个网关来处理数据包。例如所属网络有中国移动 ISP 接入和中国联通网络 ISP 接入两个出口，网管可能设置一部分信息从移动出口转发，另一部分从联通出口转发，至于没说明的部分，就送给设定的默认网关来转发。

2.5.3 DHCP 动态主机配置协议

动态主机配置协议(Dynamic Host Configuration Protocol，DHCP)是 TCP/IP 协议中的一种，主要是用来给网络客户机分配动态的 IP 地址。这些被分配的 IP 地址都是 DHCP 服务器预先配置好的一个由多个地址组成的地址集，并且它们一般是一段连续的地址。

使用 DHCP 时，必须在网络上有一台 DHCP 服务器，而其他机器作为 DHCP 客户端从服务器获得 IP 地址信息。当 DHCP 客户端程序发出一个信息，要求一个动态的 IP 地址时，DHCP 服务器会根据目前已经配置的地址，提供一个可供使用的 IP 地址设置信息给客户端。通常这些信息包括 IP 地址、子网掩码、默认网关、本地 DNS 服务器地址等。

DHCP 使服务器能够动态地为网络中的其他服务器提供 IP 地址，通过使用 DHCP，就可以不再给网络中除服务器外的任何服务器设置和维护静态 IP 地址。大大简化配置客户机的 TCP/IP 的管理维护工作，尤其是当某些 TCP/IP 参数改变时，如网络的大规模重建而引起的 IP 地址和子网掩码的更改。

DHCP 服务的基本思路就是为了排除手工配置可能出现的差错，由服务器自动进行 IP 地址和其他网络配置信息的分配。每一台客户机启动时，都需要向网络中发出 DHCP Discovery 广播，来寻找 DHCP 服务器；当服务器收到信息后，会从自己的地址池中取出来一个可用的 IP 地址回送给客户端，这就是 DHCP offer 信息；客户机收到 IP 地址后，向服务器提交申请 DHCP request，要求获得这个 IP 地址的使用权；服务器审核请求，把 IP 等信息送给客户机，这就是 DHCP ACK 信息。整个 DHCP 工作过程如图 2-15 所示。

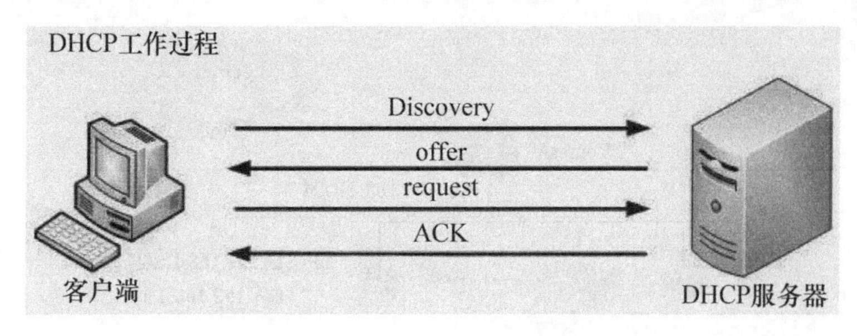

图 2-15　DHCP 的工作过程

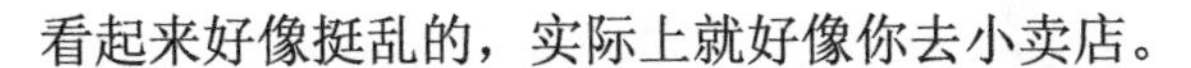

看起来好像挺乱的，实际上就好像你去小卖店。

你喊一声：“有人在吗”？　　　　　　　　<-------> DHCP Discovery

店主出来说：你看这个东西不错，要不？　　<-------> DHCP offer

你看看说：挺好，就它吧！给你钱。　　　　<-------> DHCP request

店主说：刚刚好，给你。　　　　　　　　　<-------> DHCP ACK

要注意的是，你得到的不是 IP 地址等的终身使用权，而是一个租约。在租约到期前，你要续租，否则一旦到期，你就不能够使用这个 IP 地址了。客户机会在到期前自动续租，成功了租约更新，继续使用；如果失败了，会过一段时间自动申请；如果直到租期到了，却还没续租成功，就只能放弃使用这个 IP 地址了。

DHCP 基本上是必配的基础服务，它可以大大简化配置客户机 IP 地址设置的工作量，并减少 IP 地址冲突的可能性，此外，如果网络配置需要大范围的修改，也不需要一个个主机地去改了，只需要重新配置一下服务器，就可以完成这个任务。

2.5.4　DNS 域名服务

域名服务(Domain Name Service，DNS)的作用是域名解析，可以把域名解析成为 IP 地址，也可以反向解析。这样，我们在访问网站时，可以不需要输入难记的 IP 地址，相对来说，有意义的名字更为容易记忆和使用。

就像每个人都有身份证号，也有名字。我们会用身份证号码来称呼记忆别人吗？是不是使用名字更适合我们呢？

使用 DHCP 服务器，是为了让主机向所在网络的 DHCP 服务器申请从指定的 IP 范围内自动获取 IP 地址设置。而使用 DNS 服务器，是为了能够更友好地访问主机。

互联网是由许许多多的局域网互联而成的世界范围的网络。这些网络属于不同的公司或者其他组织部门，由各组织部门自行管理。各组织部门向互联网管理机构申请 IP 地址和域名后，配置 DHCP 服务器或者手动来分配 IP 地址，配置 DNS 服务器为每台服务器甚至普通主机进行域名解析。

IP 地址有 32 位，理论上说，可以提供 2^{32}(约 43 亿)个 IP 地址。如果每个主机都有个名字，那么也就有几十亿的名字要管理，想起来就觉得好累，是不是？

就像中国有十几亿人，那么按照地域，分成若干个省级单位；每个省级单位下面再分成若干个地区；每个地区下面再分成县。按照这样的模式，最底层的部门，例如居民委员会，来具体管理所在区域的人口，其他的各级分别管理自己直属的下级并接受上级的管理，最高级由中央政府总管全局。

互联网并不按照国家地区来管理网络，但是也采用类似的管理思路。如图 2-16 所示，最上层称为根域，是大总管，就像中央政府；下面分为若干分支，称为顶级域；然后各域下面再进行细分。每一级也是逐层管理的关系。

当你邮寄信件填写地址时，你会写类似“河北省廊坊市固安县***街***号某某人收”这样的地址。在互联网中，地址也是这样的，不过要倒过来写。

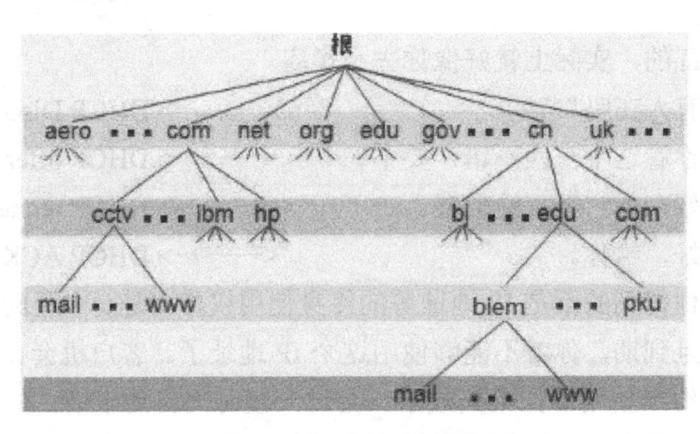

图 2-16 DNS 域名空间

比如北京经济管理职业学院，隶属 cn(中国)顶级域下面的 edu 域(教育类别)，自己名称的缩写是 biem，所以域名就是“biem.edu.cn. ”。最后那个点后面空着，表示根域。因为根域逻辑上只有一个，所以通常书写的时候省略掉，就是“biem.edu.cn”。如果学校有一台主机名称为 www，那么这个主机的完整域名就是 www.biem.edu.cn。

按照这样的规划，根域域名服务器负责管理所有顶级域(例如 cn 等)的查询，cn 顶级域负责管理所属下一级域(例如 edu.cn)的查询，edu.cn 域负责管理所属下一级域(例如 biem.edu.cn)的查询，而 biem.edu.cn 内部的主机，就由北京经济管理职业学院自己的域名服务器来负责。

```
       管理        管理        管理
根域 <== cn 域 <== edu 域 <== biem 域
```

比如学校里有一台主机名称叫 www，则域名 www.biem.edu.cn 通常就由 biem.edu.cn 域的 DNS 服务器来负责解析。

现在让换个角度，当要访问一个域名时，比如 www.sina.com.cn，DNS 系统是如何工作的呢？

用户自己的主机或者说网络也会属于一个域。在网络设置中，我们会指定至少一个域名服务器，通常是自身所在域的域名服务器，称为本地 DNS 服务器。这样的服务器离我们近，速度快。有时候，我们会想换其他的 DNS 服务器，比如使用美国的某一个开放的 DNS 服务器，那样，每次解析都要到美国打一个来回，会不会有点累？

配置好域名服务器后，当主机需要解析域名时，就会向指定的域名服务器提交域名的解析请求，由它来为我们解析成 IP 地址。

域名服务器接收请求后，首先会检查目标是否归属自己负责的区域，如果是，那么就把结果送给客户机。如果不是本区域的目标，它会查找本地缓存中先前的解析记录，如果有对应纪录，就把结果返回；如果还没有，那么它就要去找负责该域名解析的那个域名服务器。

怎么找呢？所有的域名服务器都存放着根域的地址，它会先询问根域服务器，从根域那里查找到对应顶级域服务器的 IP，再依次向下查询，直到找到目标域的域名服务器。然后向它查询，再把结果返回给客户机，完成任务。

客户机得到目标 IP 地址，就可以使用 IP 地址来访问目标主机了。

DNS 解析过程可以参考图 2-17 中的例子。

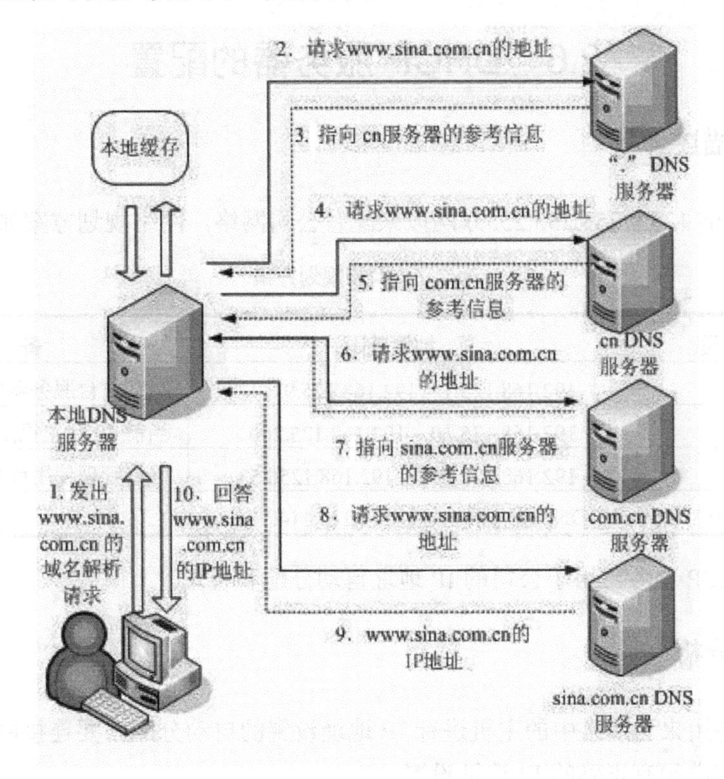

图 2-17　DNS 解析过程

IP 地址是互联网的核心地址，而域名，是为了让我们更友好地使用网络提供的一种便捷服务。用户很少会记忆对人类来说不算友好的服务器的 IP 地址，这也是域名服务如此普遍的原因。

DNS 服务器的类型分为 Master(主 DNS 服务器)、Slave(辅助 DNS 服务器)、Cache-only(缓存 DNS 服务器)三种。

Master 类型的 DNS 服务器要负责对所属区域进行解析，所以本身含有存放所属区域主机信息的区域文件(zone file)，当接收到查询请求时，对所属区域记录进行解析。

Slave 类型的服务器是 Master 类型服务器的镜像，它的区域文件的内容与主 DNS 服务器的信息完全一致。配置辅助 DNS 服务器的目的是为了防止主服务器发生故障，导致 DNS 服务不可用。一般来说，可靠的网络，至少要有两部主机提供 DNS 服务。

Cache-only 类型的 DNS 服务器没有自己的区域文件，它的功能仅仅是将查询请求转发给其他的 DNS 服务器进行查询，并将得到的结果反馈给请求计算机，同时在本地缓存中存放一份，以备后用。当有一个用户查询过后，再次查询时，就可以从缓存服务器直接解析，会大大提升解析的速度。

任务实践

2.6 DHCP 服务器的配置

2.6.1 任务描述

使用 192.168.125.0/255.255.255.0 网段来配置公司网络，网络规划方案如表 2-7 所示。

表 2-7 网络规划方案

部门分类	地址范围	备 注
服务器组	192.168.125.1 ~ 192.168.125.9	当前 3 台服务器(静态 IP)
员工主机组	192.168.125.10 ~ 192.168.125.200	当前 40 台主机(DHCP)
管理与特殊组	192.168.125.201 ~ 192.168.125.253	网络管理使用或其他应用
默认网关：192.168.125.254；DNS 服务器地址：114.114.114.114		

请配置 DHCP 服务，用于公司的 IP 地址自动分配和管理。

2.6.2 任务分析

DHCP 服务用来为网络中的主机进行 IP 地址设置的自动分配。要连接网络进行网络通信，每台电脑就必须有正确的 IP 地址设置。

通常，IP 地址规划在网络建设前就设定好了，每一台主机都有预设的配置，这些配置通常包括 IP 地址/子网掩码、默认网关、DNS 服务器的 IP 等。

对于普通用户来说，很可能并不能正确理解这些设置的具体作用，如果用户配置出错，出现网络故障的话，就要网管去处理。当用户数多了，会花费网管很多时间。事实上，对于网络管理人员来说，重复性手动处理在一定程度上都是不称职的表现。

通过配置 DHCP 服务，会大大减轻 IP 地址管理的工作量。此时，网管不需要为每一台主机手动配置网络，也不需要对出错的网络进行修正，更不需要对每个用户进行知识科普和培训，唯一要做的，就是安装并配置好一个 DHCP 服务器。

在本任务中，使用的网段 192.168.125.0/24 共包含 1~254 共 254 个可分配 IP 地址，0 作为网络标识，255 作为广播地址，是网络的默认约定，不参与主机地址分配。当前有三台服务器，地址分别分配为 1、2、3，后面几个保留给未来使用；当前主机数 40 台，考虑到未来还可能增加，所以也要进行合理的预留，这里把从 10 到 200 共 191 个 IP 地址分配给此部分，足够满足可预计的未来需求；从 201 到 253，留给网管分配使用；254 分配给网关使用。

你也可以自己按照企业需求进行灵活的规划，再按照规划来布置和实施。

2.6.3　配置步骤

注意： DHCP配置文件是/etc/dhcp/dhcpd.conf。

全局配置包含授权、租约设置等。

DHCP配置要设置地址范围、子网掩码、默认网关、DNS服务器等。

保留地址配置需要获得对方主机网卡的MAC地址才可以配置。

DHCP服务的作用是自动分配IP地址设置，具体来说，包括IP地址、子网掩码、默认网关、DNS服务器地址等信息。要正确分配，首先当然需要设置好这些内容。

配置之前，需要检查服务器的IP地址。通常，服务器都要配置为静态IP。另外，一个DHCP服务器可以同时进行多个网段的IP地址分配，具体分配哪个网段，要看接受的请求来自于哪个网卡，它的网络地址是什么，服务器才会分配对应网段的地址。如果地址池里没有对应的网段，DHCP服务器就无法正常工作。所以，设置静态IP，而且配置的网段应该和网卡的IP地址在一个网段。

配置前要考虑的另一个问题是网络地址的规划。要按照规划来进行配置，不要随意化地更改，以免造成混乱。

还有一个要做的准备工作，就是关闭VMware软件本身自带的DHCP服务，以免对实验结果造成影响。

在服务列表中，找到VMware DHCP Service服务，把它关闭掉。

1. 安装DHCP服务

检查DHCP服务是否已经安装，使用yum info dhcp命令，如图2-18所示。如果尚未安装，使用yum install dhcp命令安装DHCP服务器软件。

```
#yum info dhcp
#yum install dhcp
```

安装完成后，就可以开始配置DHCP服务了。

图2-18　服务列表中的VMware DHCP Service

2. 配置之前要做的工作

DHCP 服务的配置文件是/etc/dhcp/dhcpd.conf。安装好 DHCP 软件后，就需要设置配置文件 dhcpd.conf 来进行 IP 地址管理。

(1) 先查看一下文件的初始内容，如图 2-19 所示。

```
#cat /etc/dhcp/dhcpd.conf
```

```
[root@localhost ~]# cat /etc/dhcp/dhcpd.conf
#
# DHCP Server Configuration file.
#   see /usr/share/doc/dhcp*/dhcpd.conf.example
#   see dhcpd.conf(5) man page
```

图 2-19　DHCP 的初始配置文件

可以看出，刚安装时，配置文件内没有配置内容，只有提示信息，告诉我们要配置 DHCP 服务器，可以查看范例文件 dhcpd.conf.example 或者执行命令“man 5 dhcpd.conf”查看帮助文档。

(2) 复制配置模板文件。

建议执行下面的命令，把样例文件复制过来，覆盖空配置文件：

```
#cp /usr/share/doc/dhcp*/dhcpd.conf.example /etc/dhcp/dhcpd.conf
```

把范例文件复制过来后，再进行修改。当然也可以直接在源文件上输入配置内容。

(3) 备份原始的配置文件。

在开始配置前，记住备份原来的配置文件，这样，当系统因为新配置出问题时，可以恢复成原来的状态，这是很重要的一步。备份文件的位置，一般是放在配置文件的原目录，使用 cp 文件复制命令复制一份，取名通常是在源文件名称后加个后缀，以见名知意。例如，取名为 dhcpd.conf.1 或者 dhcpd.conf.bak。对于服务器来说，服务的配置文件非常重要，配置完成后，一般也需要复制到管理计算机上进行保存，当系统出现重大故障时，用以复原服务配置。

```
#cd /etc/dhcp/
#cp dhcpd.conf dhcpd.conf.bak
```

3. 进行 DHCP 配置

执行命令编辑配置文件/etc/dhcp/dhcpd.conf：

```
#vi /etc/dhcp/dhcpd.conf
```

(1) 设定全局配置项：

```
authoritative;
default-lease-time 7200;
max-lease-time 72000;
option domain-name "test1.com";
option domain-name-servers 114.114.114.114;
```

说明： authoritative 用来说明本 DHCP 服务器是所服务网络的官方(合法授权)DHCP 服务器。

default-lease-time 设置默认租约有效期，以秒为单位。如果客户端在请求 IP 地址时并未要求租约有效期，DHCP 服务器就会将租约有效期设置为这个值。比如设置为 2 小时，换算成秒就是 2(小时)×60(分钟/小时)×60(秒/分钟)=7200(秒)。

max-lease-time，单位为秒，是设置客户端可请求的最大租约有效期。

option domain-name，设置域名。

option domain-name-servers，设置域名服务器。

上面的配置项设定了合法授权；默认租约时间为 2 小时；最大租约时间为 20 小时；当前所属域是 test1.com；域名服务器设置为 114.114.114.114。

(2) 配置地址池：

```
subnet 192.168.125.0 netmask 255.255.255.0 {
  range 192.168.125.10 192.168.125.200;
  option routers 192.168.125.254;
}
```

说明： subnet 语句指定子网和子网掩码。

range 语句指定可动态分配的 IP 的 IP 地址范围。

option routers 语句指定网关地址。

上面的配置在地址池里加入一个网段(subnet，子网的意思)的 IP 地址进行分配，此网段的网络地址是 192.168.125.0，子网掩码是 255.255.255.0(等价于/24)，也就是说，前面 24 位是网络地址标识，后面还剩下的 8 位(32-24)是主机地址标识。这样的网段最多可以包含 256 个 IP 地址(8 位二进制最多能表示 2^8=256 个数)，其中，0 作为网络地址，255 作为广播地址，不分配给主机使用，最多可以分配给 254 台主机使用。

接下来设置地址范围和功能选项，因为 0 和 255 已有用途，真正能用的 IP 地址是 1~254。在实际场合，规划 IP 地址时，一些地址会固定分配给某些主机，不参与 DHCP 的分配和管理。例子里，10 之前的地址分配给服务器使用，200 以后的 IP 分配给特殊用户。当然，实际上应该没有这么多服务器，这是做的预留。真正用来分配使用的是从 10 到 200，共 191 个地址。再通过 option routers 来指定网关地址，这样，当用户申请时，网络配置四要素就齐备了。

例如某一台用户计算机向 DHCP 服务器提出申请，最终会得到如表 2-8 所示的设置。

主机申请得到这样的 IP 设置后，会按照指定信息配置本地网络，然后就可以正常使用网络功能了。

(3) 设定排除地址。

在刚才的例子中，我们已经排除了 IP 区域：192.168.125.1~9 和 192.168.125.201~254

没有分配，剩下待分配的区域 IP 地址段是连续的，如果规划中，待分配地址段不连续，应该如何处理呢？

表 2-8　从 DHCP 服务器获得的 IP 设置信息

设置项	IP	说　明
IP 地址	192.168.125.10	从地址池里取出第一个未使用的 IP 地址
子网掩码	255.255.255.0	subnet 语句中的 netmask 指定的掩码
默认网关	192.168.125.1	option routers 语句设定
DNS 服务器	114.114.114.114	全局配置中的 domain-name-servers 语句设定

假如我们把要排除的服务器 IP 地址段从 1~9 改设成 100~109，那么 range 语句应该如何调整呢？此时，我们把原来的设定语句修改成两段(1~99，110~200)就可以了。

网络 IP 地址方案在网络规划阶段就制定完成，按照方案实施配置即可。在制作地址方案时，会为未来的可能改变预留出一些区段，这些预留 IP 可以根据需要灵活使用。

```
#range 192.168.125.10 192.168.125.200;
range 192.168.125.1 192.168.125.99;
range 192.168.125.110192.168.125.200;
```

(4)　为一些用户设定保留地址。

在管理网络时，总有些人是特殊的。例如工作性质需要特殊权限的同事，例如老总和上级，例如一些总给你制造麻烦的人等。

如果使用前面的自由分配方法，我们并不知道这些用户会得到哪一个 IP 地址。不能识别用户的 IP 地址所对应的身份，就不能根据 IP 地址给予专门的对待，不能给特权用户想要的特权，也不能限制或者提防麻烦的制造者了。

IP 地址对于主机，就像身份证和个人的关系一样，是最根本、最重要的标识。对特殊用户，可以让他们每次申请时得到固定不变的 IP，这样就可以有针对性地进行管理了。

要进行这样的设置，你需要获得对方主机网卡的 MAC 地址。在对方计算机上执行：

```
#ifconfig (如果是 Windows，执行 ipconfig 命令)
```

把网卡的 MAC 地址记下来。如果是局域网内部的麻烦制造者的话，在日志文件或者网络工具里可以直接提取对方的 MAC 地址。如果对方已获得一个 IP，可以执行以下命令获得对方物理地址：

```
#ping 对方 IP
#arp -a
```

得到对方主机的 MAC 地址后，在配置文件上添加如下设置：

```
host pc1 {
  hardware ethernet 00:50:79:66:11:01;
  fixed-address 192.168.125.100;
}
```

说明： 使用 host 语句可以给指定 MAC 地址的主机分配固定的 IP 地址，host 后面接的名称(pc1)是可以自由设置的，只要该名称在本配置文件中是唯一的就可以。
hardware ethernet 设置要分配 IP 地址的计算机网卡的物理地址。
fixed-address 设置要分配给这台计算机的 IP 地址。

物理地址是网络设备生产商生产设备时存放在硬件中的标识，是全球唯一的地址，可以用来标识计算机。物理地址共 48 位二进制，为了表示方便，转换成 16 进制数(每 4 位二进制数可以转换成 1 位 16 进制数)来表示，共 48/4=12 位。

本例中为物理地址是 00:50:79:66:11:01 的计算机设定固定 IP 地址 192.168.125.100。这样，当这台主机申请 IP 时，可以保证每次都能获得这个固定的 IP 地址。当设置为固定地址后，即使这台计算机没有申请，此固定 IP 地址也不会分配给别的计算机。

4. 启动 dhcpd 服务

使用 systemctl 命令，start 启用服务，status 查看服务状态：

```
#systemctl start dhcpd.service
#systemctl status dhcpd.service
```

如果服务已经启动，那么使用 restart 参数重新启动服务器：

```
#systemctl restart dhcpd.service
```

如果服务未成功启动，可以查看/var/log/messages 日志文件的内容：

```
#cat /var/log/messages | grep dhcp
```

命令中，“|”表示管道的意思，一头进入一头流出。此命令的意思是把 cat 命令的显示结果通过管道发送给 grep 命令作为输入，grep dhcp 会从输出信息中把接收到的消息中包含 dhcp 的行筛选显示出来，别的无关内容就不显示了，这样看起来会重点突出。

默认 DHCP 的日志都会记录在/var/log/messages 文件中。如果要查看已分配的 IP，可以查看文件/var/lib/dhcpd/dhcpd.leases(DHCP 租约)，里面会记录分配的 IP：

```
#cat /var/lib/dhcpd/dhcpd.leases
```

要了解配置文件的更详细配置信息，可查看 man 文档：

```
#man 5 dhcpd.conf
#man 5 dhcp-options
```

5. 设置 DHCP 服务开机启动

要设置 dhcpd 服务开机启动，使用命令：

```
#systemctl enable dhcpd.service
```

如果要检查服务是否的确已设置为开机启动，可使用命令：

```
#systemctl list-unit-files
```

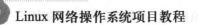

如果要取消服务开机启动，可使用命令：

```
#systemctl disable dhcpd.service
```

6. 检查测试

在另一台虚拟机上配置 DHCP 客户端，把 IP 设置成为动态获取。之后执行 ifconfig (Linux)或者 ipconfig(Windows)查看是否申请到了正确的 IP 设置。

```
#ifconfig
```

7. 查看 DHCP 租约信息

当用户租用到 IP 后，查看日志中的 DHCP 记录：

```
#tail /var/log/messages
```

查看 DHCP 租约记录，如图 2-20 所示。

```
#tail /var/lib/dhcpd/dhcpd/leases
```

```
# The format of this file is documented
# This lease file was written by isc-dhc

lease 192.168.125.129 {
  starts 1 2017/03/27 11:58:48;
  ends 1 2017/03/27 12:08:48;
  tstp 1 2017/03/27 12:08:48;
  cltt 1 2017/03/27 11:58:48;
  binding state free;
  hardware ethernet 00:0c:29:f9:35:e1;
}
```

图 2-20　leases 文件中的租约信息

注意： 如果客户机得到的 IP 地址不是我们希望得到的 IP 设置，说明网络中有别的 DHCP 服务器正在工作。此时，可以查看宿主计算机的服务设置，找到类似包含“dhcp”的服务，把它关掉再重新获取。VMware 虚拟机软件默认会启动 DHCP 服务，如果无法获得希望得到的 IP 设置，通常是因为此服务未关闭。

2.7　DNS 服务器的配置

2.7.1　任务描述

按照公司的网络规划设计，要在公司内部的一个服务器上安装 DNS 服务，此 DNS 服务器除了负责本公司内部的名称解析任务，公司用户对外界的域名解析请求也要进行代理和缓存。

公司部分配置信息如表 2-9 所示。

表 2-9　配置信息

IP	主机名称	说　明
192.168.125.1	ns.biem.local www.biem.local ftp.biem.local mail.biem.local	ns.biem.local 为 biem.local 域的主 DNS 服务器，其他的 3 个名称为主机别名
202.99.166.4		查询转发给此外部 DNS 服务器
192.168.125.20	win1.biem.local	某台 Windows 主机的 IP 地址与主机名
192.168.125.25	linux1.biem.local	某台 Linux 主机的 IP 地址与主机名

2.7.2　任务分析

当 DNS 服务器接收到解析请求时，首先判断请求目标是否是本地区域的信息请求，如果是本地区域，就直接进行解析；如果不是本地区域，接下来会查看本地缓存里是否有请求查询的目标，如果有，说明先前完成过类似查询，就可以把先前的查询结果直接返回给用户完成任务；如果缓存中也没有目标记录，那么接下来如果设置了转发服务器的话，会把请求转发给目标服务器进行查询；如果没有设置转发服务器，那么就联系根域服务器进行迭代查询。

因此，DNS 服务器的查询顺序是：

本地区域查询 → 缓存查询 → 对外查询(转发服务器或者迭代查询)

本任务中，DNS 服务器要承担 biem.local 本地域的查询，对于对外界的查询，会转发给外部 DNS 服务器，请求代为解析。对于解析结果，会返回用户并保存在缓存中。所以，DNS 服务器要完成此三项配置：

(1) 配置本地区域 biem.local。

(2) 配置转发服务器选项。

(3) 缓存默认开启，不需进一步配置。

2.7.3　步骤说明

DNS 服务由 BIND 提供，启动后服务名为 named，主要配置文件为/etc/named.conf。为安全考虑，BIND 采用 chroot 机制，服务名为 named-chroot，根目录已经被变更到/var/named/chroot。

chroot 技术俗称“监牢”，是指通过 chroot 机制来更改某个进程所能看到的根目录，即将某进程限制在指定目录中，保证该进程只能对该目录及其子目录的文件进行操作，从而保证整个服务器的安全。

作为 DNS 服务器，向海量用户提供域名解析服务，知名度高，必然会成为攻击的常见目标。要提供友好的开放服务，也意味着降低了自身的安全防御能力。使用 chroot“监牢”技术之后，攻击者通过 DNS 侵入服务器后只能看到监牢内部的文件，服务器的其他部分对攻击者来说不可见、不存在，这样就保证了服务器自身的安全。

使用 chroot 技术后，DNS 服务器的主要配置文件包括：

```
/var/named/chroot/etc/named.conf
  DNS 主配置文件，主要规范主机的设定，zone file 的名称，权限的设定等
/var/named/chroot/etc/sysconfig/named
  存放附加的一些参数配置，如 chroot 的位置等
/var/named/chroot/var/named/
  区域文件(zone file)预设放置的目录
/var/named/chroot/var/run/named/named.pid
  DNS 服务进程的 pid-file
```

每个区域文件(zone file)对应一个域的域名解析信息，在 DNS 的主配置文件 named.conf 中，记录了每一个区域文件的名称。

一个典型的 DNS 服务器一般包含以下 zone file：

```
hint (root) (默认自带)
localhost 正向解析 (默认自带)
localhost 反向解析 (默认自带)
```

此外，还可能配置一个或多个域的正向解析区域及反向解析区域。

因此，我们的主要工作任务就是在主配置文件 named.conf 进行整体设置，并设定 biem.local 域的正向和反向区域的区域文件，然后配置相应区域文件。

1. 在 chroot 环境下安装 BIND 软件

使用“yum info bind”检查 DNS 服务是否已经安装，要安装 BIND 软件，并让它运行在 chroot 环境下，只须安装 bind-chroot 软件，其他软件(包括 BIND 软件本身)也会自动进行安装，也即只须执行命令：

```
#yum install bind-chroot
```

如图 2-21 所示，除了 bind-chroot 软件包外，yum 检查依赖后发现还需要安装 bind 包和 bind-libs 包，除此之外，还有两个依赖包需要更新升级。

```
================================================================
Package                Arch          Version
================================================================
Installing:
 bind-chroot           x86_64        32:9.9.4-38.el7_3.1
Installing for dependencies:
 bind                  x86_64        32:9.9.4-38.el7_3.1
 bind-libs             x86_64        32:9.9.4-38.el7_3.1
Updating for dependencies:
 bind-libs-lite        x86_64        32:9.9.4-38.el7_3.1
 bind-license          noarch        32:9.9.4-38.el7_3.1

Transaction Summary
================================================================
Install  1 Package  (+2 Dependent packages)
Upgrade             ( 2 Dependent packages)

Total download size: 3.7 M
Is this ok [y/d/N]: _
```

图 2-21 安装 DNS 服务器 bind

域名服务的名字叫 named-chroot，安装完成后，启动 named-chroot 服务，并将它设置为开机启动：

```
#systemctl start named-chroot
#systemctl enable named-chroot
```

上述命令执行完后，如果没什么出现问题，可使用下述命令来验证 named-chroot 服务的状态：

```
#systemctl status named-chroot
```

从图 2-22 中可以看到，当前 DNS 服务器的工作状态是 active(running)，表示系统正常运行中。

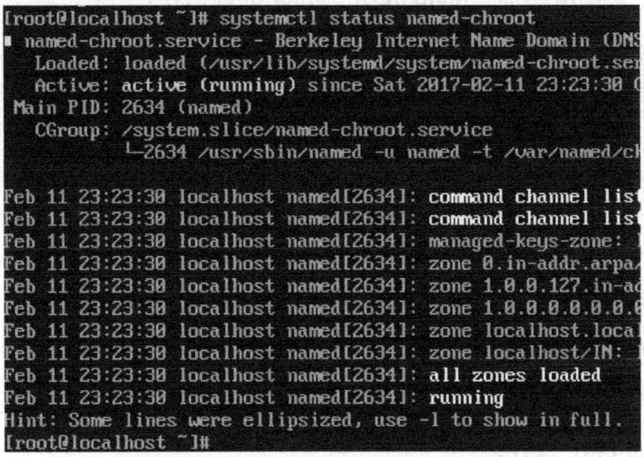

```
[root@localhost ~]# systemctl status named-chroot
● named-chroot.service - Berkeley Internet Name Domain (DNS
   Loaded: loaded (/usr/lib/systemd/system/named-chroot.ser
   Active: active (running) since Sat 2017-02-11 23:23:30 C
 Main PID: 2634 (named)
   CGroup: /system.slice/named-chroot.service
           └─2634 /usr/sbin/named -u named -t /var/named/ch

Feb 11 23:23:30 localhost named[2634]: command channel list
Feb 11 23:23:30 localhost named[2634]: command channel list
Feb 11 23:23:30 localhost named[2634]: managed-keys-zone: 
Feb 11 23:23:30 localhost named[2634]: zone 0.in-addr.arpa/
Feb 11 23:23:30 localhost named[2634]: zone 1.0.0.127.in-ad
Feb 11 23:23:30 localhost named[2634]: zone 1.0.0.0.0.0.0.0
Feb 11 23:23:30 localhost named[2634]: zone localhost.local
Feb 11 23:23:30 localhost named[2634]: zone localhost/IN: 
Feb 11 23:23:30 localhost named[2634]: all zones loaded
Feb 11 23:23:30 localhost named[2634]: running
Hint: Some lines were ellipsized, use -l to show in full.
[root@localhost ~]#
```

图 2-22　查看 DNS 服务器的工作状态

2. 复制配置文件并保存原配置文件

(1) 复制主配置文件：

```
#cp /usr/shared/doc/bind*/sample/etc/* /var/named/chroot/etc
```

(2) 复制区域文件(zone file)：

```
#cp -r /usr/shared/doc/bind*/sample/var/named/*
/var/named/chroot/var/named
```

(3) 在修改配置文件/etc/named.conf 前，先对其备份：

```
#cd /var/named/chroot/etc
#cp -a named.conf named.conf.bak
```

3. 配置 DNS 服务器

(1) 配置主配置文件/var/named/chroot/etc/named.conf。

① 配置服务监听设置：

```
#vi /var/named/chroot/etc/named.conf
```

修改以下内容：

```
options {
listen-on port 53  { any; };
allow-query  { any; };
}
```

说明： 修改 127.0.0.1 为 any，接收来自任意目标的查询请求，如果只接受企业内网的查询请求，可以把内网的网络地址写在这里；allow-query 也要设置为 any；其他部分保持默认。

② 配置本地正向区域 biem.local，并指定 zone 文件名称。

在 named.conf 文件中添加“biem.local”zone 设置语句：

```
zone "biem.local" IN {
      type master;
      file "biem.local.zone";
      allow-query { any; };
};
```

说明： `zone "biem.local" IN { }`

用来进行区域定义，是设定域 biem.local 的语句。

`type master;`

指明本服务器是这个域的主 DNS 服务器；区域类型有 master、slave、cache-only 三种。

`file "biem.local.zone";`

指定这个域的配置文件为/var/named/chroot/var/named/biem.local.zone。域内的解析记录信息将在此文件中设置。

`allow-query { any; };`

允许来自任意 IP 对这个域的解析请求。通常，开放的 DNS 服务器是向所有人提供服务的，但有的服务器会指定服务人群，比如只对企业内部用户提供服务，这是可以设置允许查询(allow-query)的用户范围。

③ 配置反向区域 125.168.192.in-addr.arpa，指定 zone 文件名称。

在 named.conf 文件中添加“125.168.192.in-addr.arpa”zone 设置语句：

```
zone "125.168.192.in-addr.arpa" IN {
       type master;
       file "192.168.125.zone";
};
```

说明： `zone "125.168.192.in-addr.arpa" IN { }`

用来进行区域定义，反向区域名称是网络地址的反向书写。本地网络地址是 192.168.125.0/24，把网络地址反过来写就是 125.168.192。在后面再加上反向域名后缀“.in-addr.arpa”。

type master;

指明本服务器是这个域的主 DNS 服务器；反向区域类型一样也有 master、slave、cache-only 三种。

file "192.168.125.zone";

指定这个域的配置文件为/var/named/chroot/var/named/192.168.125.zone。域内的解析记录信息将在此文件中设置。

④　转发服务器设置(202.99.166.4)：/var/named/chroot/etc/named.conf

```
forward first;
forwarders {
          202.99.166.4;
    };
```

说明： forward first;

设定 DNS 服务器的工作模式，在自己管理的区域和缓存区查找不到解析记录后，优先向转发服务器查询，而不是尝试自己向根 DNS 服务器进行反复查询。

forwarders { 202.99.166.4;};

设定转发服务器的位置。与上一句配合使用。

配置转发优先，当接收到查询请求时，会先转发到 forwarders 指定的 DNS，查不到再执行递归。当然，在转发之前，还会先查本地缓存。这将设置本服务器成为代理服务器，若不打算配置为代理服务器，此设置可不配。

(2)　编写设置正向解析区域 biem.local 的区域配置文件。

先前在主配置文件 named.conf 中定义了一个正向解析的域 biem.local，指定了此区域的配置文件是 biem.local.zone；所以也要设定这个域的配置文件 biem.local.zone。在工作目录/var/named/chroot/var/named 下创建这个配置文件，并将它的内容修改成如下所示：

```
#vi /var/named/chroot/var/named/biem.local.zone
```

①　区域设置：

```
$ORIGIN biem.local.
$TTL 86400
@     IN  SOA   ns.biem.local.  admin.biem.local (
                  2017020101
                  21600
                  3600
                  604800
                  86400 )
```

说明： zone 的配置文件中，是以分号来作为批注语句标识符的，即注释标记。

修改这个配置文件时，要注意，名称最后面没有加句点的是主机名，最后面加了句点的是全称域名(Fully Qualified Domain Name，FQDN)。

$ORIGIN 后面填域名。下面的@符号会引用这里填写的值。如果不填，则会引用主配置文件中 zone 语句后面的值。

$TTL 表示生存时间(Time To Live)值，表示当其他 DNS 查询到本 zone 的 DNS 记录时，这个记录能在它的 DNS 缓存中存在多久，单位为秒。24 小时×60 分钟/小时×60 秒/分钟=86400 秒，就是说，设置的生存时间是 24 小时。

起始授权(Start of Authority，SOA)，表明此 DNS 名称服务器是为该 DNS 域中的数据的信息的最佳来源。后面的两个参数分别是主 DNS 服务器主机名和管理者邮箱。因为@符号有特殊含义，所以写成这样。

括号内的第一个参数是序号，代表本配置文档的新旧，序号越大，表示越新。每次修改本文档后，都要将这个值改大。

第二个参数是刷新频率，表示 slave 隔多久会跟 master 比对一次配置档案，单位为秒。21600 秒就是 6 个小时。如果比对发现主服务器比自己的序号新，那么就进行区域更新。

第三个参数是失败重新尝试时间，单位为秒。3600 秒是一个小时。此设置表示刷新如果失败，一小时后重试。

第四个参数是失效时间，单位为秒。604800 秒等于 7 天，此设置表示，当主服务器不工作 7 天后，它也将停止服务。如果主服务器升级或者搬迁或者故障，一般也用不了这么长时间。

第五个参数表示其他 DNS 服务器能缓存否定回答的时间，单位为秒。否定回答指的是查询记录在区域文件中不存在。

② 添加解析记录：

```
@     IN  NS        ns.biem.local.
@     IN  MX  10    mail.biem.local.
ns      IN  A        192.168.125.1
mail    IN  CNAME      ns.biem.local.
www   IN  CNAME     ns.biem.local.
ftp     IN  CNAME      ns.biem.local.
win1    IN  A          192.168.125.20
linux1   IN  A          192.168.125.25
```

说明： 类型 NS 定义指定域的 DNS 服务器主机名(如 ns.biem.local)，不管是主 DNS 还是从 DNS。

类型 A 定义指定主机(如 ns)的 IP 地址。如果是使用的是 IPv6 地址，则需使用类型 AAAA。

类型 MX 定义指定域的邮件服务器主机名(如 mail.biem.local)。MX 后面的数字为优先级，越小越优先。同样的优先级值则可以在多台邮件服务器之间进行负载分担。

类型 CNAME 用于定义别名。通常用于同一台主机提供多个服务的情况。当要解析 WWW、FTP、Mail 三种 IP 时，会解析成主机 ns.biem.local 的 IP。

可以直接设定某一台主机(如 forum.biem.local)的 IP。同一台主机(如 travel.biem.local)也可以设定多个 IP。

(3) 编写设置反向解析区域 125.168.192.in-addr.arpa 的区域配置文件。

先前在主配置文件 named.conf 中，定义了一个反向解析的域 125.168.192.in-addr.arpa，指定了此区域的配置文件是 192.168.125.zone，所以也要设定这个域的配置文件 192.168.125.zone。

在工作目录/var/named/chroot/var/named 下创建这个配置文件，并将它的内容修改成如下所示：

```
#vi /var/named/chroot/var/named/biem.local.zone
```

① 区域设置：

```
$ORIGIN 125.168.192.in-addr.arpa
$TTL 86400
@      IN  SOA   ns.biem.local.  admin.biem.local (
                      2017020101
                      21600
                      3600
                      604800
                      86400 )
```

配置说明略，此部分功能与正向区域一样。

② 添加解析记录：

```
125.168.192.in-addr.arpa.    IN   NS    biem.local.
1.125.168.192.in-addr.arpa.   IN   PTR   ns.biem.local.
20.125.168.192.in-addr.arpa.  IN   PTR   win1.biem.local.
25.125.168.192.in-addr.arpa.  IN   PTR   linux1.biem.local.
```

说明： 类型 NS 定义指定网络地址对应的域名(如 biem.local.)。

类型 PTR 定义指定 IP 地址指向的主机域名。

4. 重新启动 named 服务，让配置生效

执行以下命令：

```
#systemctl restart named-chroot
#systemctl info named-chroot
```

如果服务无法正常启动，通常是配置过程中出现了语法错误，请自行检查，或者执行命令查看具体错误信息：

```
#journalctl -xe
```

5. 配置客户端，测试 named 服务

(1) Linux 客户端配置。

在要配置的 CentOS 7 客户计算机上，编辑/etc/sysconfig/network-scripts/ifcfg-#####网络配置文件，修改 DNS 服务器设置，把 DNS 服务器设置设定为安装了 DNS 服务的服务器 IP 地址：

```
#vi /etc/sysconfig/network-scripts/ifcfg-#####
DNS1=192.168.125.1
```

保存并退出后，重启 NetworkManager 服务：

```
#systemctl restart NetworkManager.service
```

如果当前操作系统不是 CentOS 7 操作系统，可以修改/etc/resolv.conf，把配置的 DNS 服务器 IP 地址添加到文件中：

```
nameserver 192.168.125.1
```

设置完成后，客户机进行域名解析时，就会到我们配置的服务器上进行解析了。

继续之前，测试一下网络连通性：

```
#ping -c 3 192.168.125.1
```

如果网络畅通，就可以进行域名解析测试了。

(2) Windows 客户端设置。

在网络设置中把 TCP/IPv4 设置中的 DNS 服务器地址设定为 192.168.125.1，如图 2-23 所示。

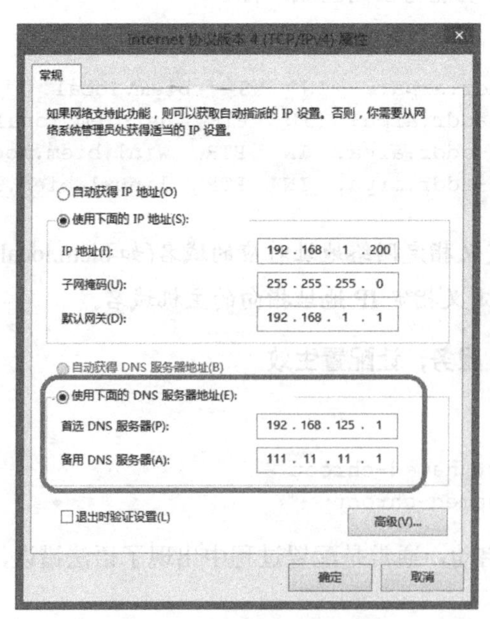

图 2-23　Windows 网络配置

把 Windows 计算机的 DNS 服务器指向刚配置好的服务器，然后在命令行执行命令，测试网络连通性：

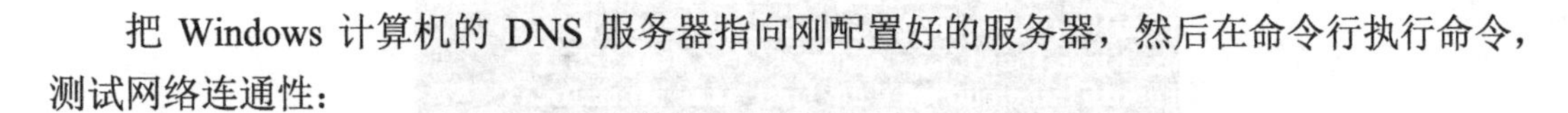

```
Ping 192.168.125.1
```

(3) 进行 DNS 解析，测试服务器功能。

测试 DNS 服务器，需要 bind-utils 包里面自带的命令，如果没有安装，就安装一下 bind-utils 包，如图 2-24 所示。

```
#yum install bind-utils
#rpm -ql bind-utils
```

```
[root@liuxuegong1 ~]# rpm -ql bind-utils
/etc/trusted-key.key
/usr/bin/dig
/usr/bin/host
/usr/bin/nslookup
/usr/bin/nsupdate
/usr/share/man/man1/dig.1.gz
/usr/share/man/man1/host.1.gz
/usr/share/man/man1/nslookup.1.gz
/usr/share/man/man1/nsupdate.1.gz
[root@liuxuegong1 ~]#
```

图 2-24　bind-utils 包的信息

可以看出，工具包中包含了三个测试 DNS 服务的命令，dig/host/nslookup，功能类似，我们可以任选一个，这里使用 host 作为示例。

在 Windows 环境下，可以使用“nslookup 域名或者 IP 地址”进行解析。

host 命令不仅能够用来查询域名，而且可以得到其他更多相关的信息。

例如，host 命令的用法：

```
#host www.biem.local
  查询域名 www.biem.local 对应的 IP 地址(正向查询)
#host 192.168.125.1
  查询 IP 地址对应的域名(反向查询)
#host -t mx biem.local
  查询 biem.local 的 MX 记录，以及处理 Mail 的 Host 的名字
#host -l biem.local
  查询所有注册在 biem.local 下的域名
#host -a biem.local
  查询这个主机的所有域名信息
```

在客户计算机上运行如下命令，测试 DNS 解析是否能正常运行，如图 2-25 所示。

```
#host ns.biem.local
#host www.biem.local
#host ftp.biem.local
#host mail.biem.local
#host win1.biem.local
#host linux1.biem.local
```

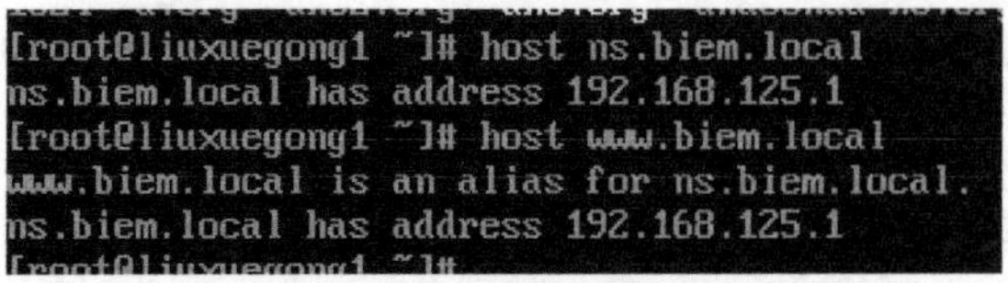

```
[root@liuxuegong1 ~]# host ns.biem.local
ns.biem.local has address 192.168.125.1
[root@liuxuegong1 ~]# host www.biem.local
www.biem.local is an alias for ns.biem.local.
ns.biem.local has address 192.168.125.1
[root@liuxuegong1 ~]#
```

图 2-25 查询域名，测试 DNS 服务器

接下来测试反向区域 192.168.125.zone，执行命令“host IP 地址”进行反向解析：

```
#host 192.168.125.1
#host 192.168.125.20
#host 192.168.125.25
```

任务三：配置 Web 服务器

在这一部分中，我们要关注三个问题：Web 服务器是什么？为什么要使用 Web 服务器？怎样配置和管理 Web 服务器？

知识储备

2.8 Web 服务器是什么/为什么要使用 Web 服务器

Web 服务就是平常我们说的网站服务，是最为流行的网络服务，为人们提供网站发布运行的基础平台。

Web 服务器软件就是提供网页(Web)服务的软件。我们制作的网站页面就像店铺里面的商品，把它们放到店铺里，就可以进行销售了。通常说的 Web 服务器，就像现实中的“商铺店面+进货仓储+运营销售+商品”一样，大致相当于“服务器硬件+服务器操作系统+Web 服务器软件+网站软件”的集成产物，而 Web 服务器软件是这块拼图中的关键一环。

从功能上看，Web 服务器软件类似于商家与顾客的关系，服务器是商家，是提供服务的角色，而网站的访问者则是顾客，是请求服务、接受服务、购买服务的角色。在一台服务器上，可能提供多种网络服务，就像大商场里的很多柜台店面一样，为了区分这些服务，就像为每个公民颁发身份证标识一样，计算机也为每个服务提供不同的标识，称为“端口地址”，选择范围从 0 到 65535。对于常用服务，规定了默认的端口地址，Web 服务的端口地址编号默认是 80。当“网络邮包”投递到达时，只要查看端口地址，就知道是哪个服务的“邮包”了。

“端口地址”用来标识服务器上的服务，类似地，用来标识每个联网主机的是“IP 地址”。每个服务器都至少具有一个 IP 地址，来作为自己在互联网上的唯一标识。通过 IP 地址+端口地址，我们就可以定位和访问指定服务器上的 Web 服务器了。用户的 IP 地址通

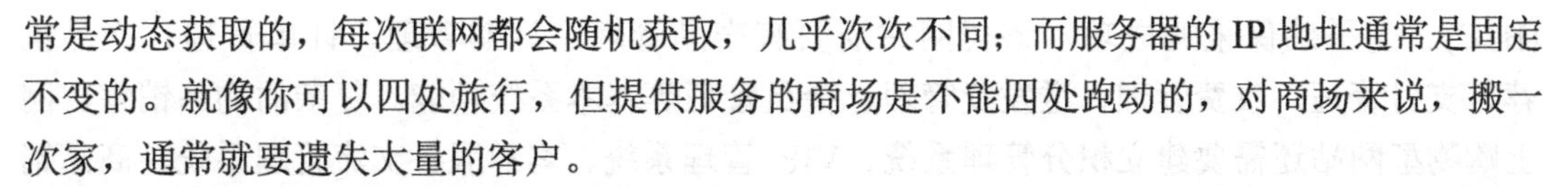

常是动态获取的，每次联网都会随机获取，几乎次次不同；而服务器的 IP 地址通常是固定不变的。就像你可以四处旅行，但提供服务的商场是不能四处跑动的，对商场来说，搬一次家，通常就要遗失大量的客户。

当我们访问一个 Web 服务器时，就像到达了一个商场；当访问网站时，就像是到达了商场里卖不同类型商品的店铺；当打开一个页面时，就如同购买了一件商品。所以，当打开一个网页的时候，已经无意中提供了三个要素：服务器标识、服务标识、网页标识。当在浏览器地址栏输入地址时，URL 地址包含了这些要素。浏览器会向服务器发送电子邮包，在邮包上标记了收件人信息和发件人信息。当邮包到达服务器的时候，意味着用户的“购买”请求到达了商场；通过服务标识，这个“购买”的请求会转送到对应的商铺；通过网页标识，商铺会对对应的网页(商品)进行处理，然后发货给请求的用户。用户接收到网页后，显示在浏览器中，我们就看到了网页的内容。

目前，互联网网站的数量超过百万。按照网站主体性质的不同，可以分为政府网站、企业网站、商业网站、教育科研机构网站、个人网站等。各种主体需求不同，网站也就有不同的功能差别。可以说，在这样的信息社会，任何企业、组织、团体甚至个人都有必要建立各自的 Web 站点。

1. 产品查询展示型网站

本类网站核心目的是推广产品(服务)，是企业的产品“展示框”。利用网络的多媒体技术、数据库存储查询技术、三维展示技术，配合有效的图片和文字说明，将企业的产品(服务)充分展现给新老客户，使客户能全方位地了解公司产品。与产品印刷资料相比，网站可以营造更加直观的氛围和产品的感染力，促使商家及消费者对产品产生采购欲望，从而促进企业销售。

2. 品牌宣传型网站

本类网站非常强调创意设计，但不同于一般的平面广告设计。网站利用多媒体交互技术，动态网页技术，配合广告设计，将企业品牌在互联网上发挥得淋漓尽致。本类型网站着重展示企业 CI、传播品牌文化、提高品牌知名度。对于产品品牌众多的企业，可以单独建立各个品牌的独立网站，以使市场营销策略与网站宣传统一。

3. 企业电子商务网站

通过互联网让企业对外工作，提供远程、及时、准确的服务，是本类网站的核心目标。本网站可实现渠道分销、终端客户销售、合作伙伴管理、网上采购、实时在线服务、物流管理、售后服务管理等，它将更进一步优化企业现有的服务体系，实现公司对分公司、经销商、售后服务商、消费者的有效管理，加速企业的信息流、资金流、物流的运转效率，降低企业经营成本，为企业创造额外收益，降低企业的经营成本。

4. 网上购物型网站

通俗的说，就是实现网上买卖商品，购买的对象可以是企业(B2B)，也可以是消费者

(B2C)。为了确保采购成功，该类网站需要有产品管理、订购管理、订单管理、产品推荐、支付管理、收费管理、送发货管理、会员管理等基本系统功能。复杂的物品销售、网上购物型网站还需要建立积分管理系统、VIP 管理系统、客户服务交流管理系统，商品销售分析系统以及与内部进销存(MIS、ERP)打交道的数据导入导出系统等。本类型网站可以开辟新的营销渠道，扩大市场，同时，还可以接触最直接的消费者，获得第一手的产品市场反馈，有利于市场决策。

5. 企业门户综合信息网站

本类网站是所有各企业类型网站的综合，是企业面向新老客户、业界人士及全社会的窗口，是目前最普遍的形式之一。该类网站将企业的日常涉外工作上网，其中包括营销、技术支持、售后服务、物料采购、社会公共关系处理等。该类网站涵盖的工作类型多，信息量大，访问群体广，信息更新需要多个部门共同完成。企业综合门户信息网站有利于社会对企业的全面了解，但不利于突出特定的工作需要，也不利于展现重点。

6. 沟通交流平台

这种系统利用互联网，将分布在全国的生产、销售、服务和供应等环节联系在一起，改变过去利用电话、传真、信件等传统沟通方式，可以对不同部门、不同工作性质的用户建立无限多个个性化的网站；提供内部信息发布、管理、分类、共享等功能，汇总各种生产、销售、财务等数据；提供内部邮件、文件传递、语音、视频等多种通信交流手段。

7. 政府门户信息网站

利用政务网(或称政府专网)和内部办公网络而建立的内部门户信息网，是为了方便办公区域以外的相关部门(或上、下级机构)互通信息、统一数据处理、共享文件资料而建立的。主要包括如下功能：提供多数据源的接口，实现业务系统的数据整合；统一用户管理，提供方便有效的访问权限和管理权限体系；可以方便地建立二级子网站和部门网站；实现复杂的信息发布管理流程。

2.9 Web 服务器的选择

世界上 Web 服务器排在前三位的是 Apache、Nginx、Microsoft IIS。这里主要关注的是 Apache 和 Nginx。图 2-26 是 Netcraft 的统计报告，在全世界活动站点的占比中，Apache 八千多万的使用量遥遥领先，接近半数；Nginx 的三千多万用户也具有极大影响。

Apache 是世界排名第一的 Web 服务器软件。它可以运行在几乎所有广泛使用的计算机平台上，由于其跨平台和安全性被广泛使用，是最流行的 Web 服务器端软件之一。

Apache 起初由美国伊利诺伊大学香槟分校的国家超级电脑应用中心(NCSA)开发。此后，Apache 被开放源代码团体的成员不断地发展和加强。Apache 取自 a patchy server 的读音，意思是充满补丁的服务器，因为它是自由软件，所以不断有人来为它开发新的功能、新的特性、修改原来的缺陷。Apache 服务器拥有牢靠可信的美誉，几乎所有最热门和访问量最大的网站都使用 Apache 服务器。

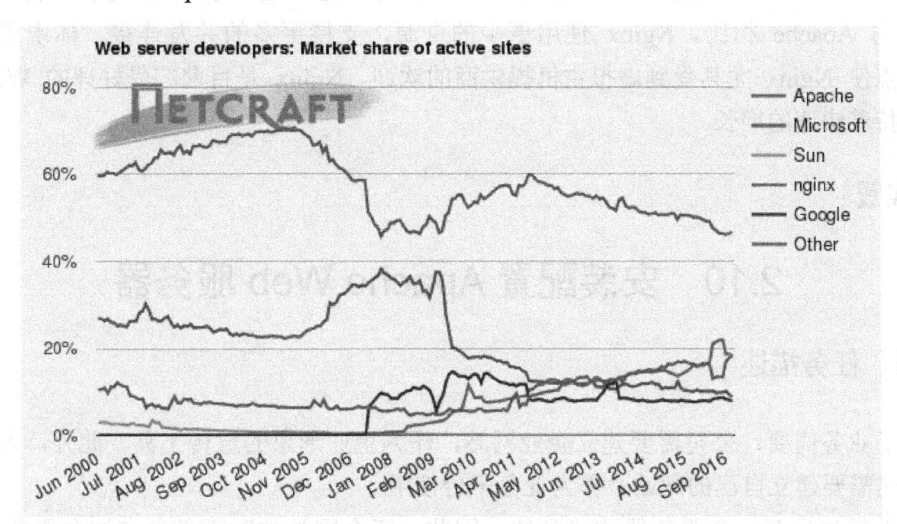

Developer	October 2016	Percent	November 2016	Percent	Change
Apache	82,052,688	46.30%	80,012,251	46.67%	0.37
nginx	32,968,259	18.60%	31,239,615	18.22%	-0.38
Microsoft	16,434,903	9.27%	15,257,724	8.90%	-0.37
Google	14,396,867	8.12%	13,607,864	7.94%	-0.19

图 2-26　Netcraft 对网络服务器的调查数据

Nginx(engine x)是一款轻量级的 Web 服务器，其特点是占有内存少，并发能力强。国内也有很多使用 Nginx 的网站用户。

国内各大网站所使用的 Web 服务器如表 2-10 所示，多数是基于或者直接使用 Apache 与 Nginx。

表 2-10　国内各大网站使用的服务器

网　站	URL	Server
百度	http://www.baidu.com	BWS、Apache
新浪	http://www.sina.com.cn	Apache、MediaV、Nginx
搜狐	http://www.sohu.com	Apache、SWS、Nginx
网易	http://www.163.com	Nginx、Apache
淘宝	http://www.taobao.com	Tengine、Apache、Nginx
京东	http://www.360buy.com	JDWS、Apache
土豆	http://www.tudou.com	TWS 0.3、Nginx
迅雷	http://www.xunlei.com	Nginx

Apache 具备成熟的技术，出色的性能，完备的功能，最好的支持，适合任何环境下的需要。与 Apache 相比，Nginx 使用更少的资源，支持更多的并发连接，体现更高的效率，这点使 Nginx 尤其受到虚拟主机提供商的欢迎。Nginx 是目前广受好评的 Web 服务器，保持着快速的增长。

任务实践

2.10 安装配置 Apache Web 服务器

2.10.1 任务描述

为了业务需要，公司需要建立企业网站，作为企业形象的宣传工具。此外，人事部和市场部也需要建立自己的网站，作为业务平台使用。

由于暂时只有一个服务器购买到位，因此，三个网站暂时都部署在这台服务器上(IP 地址：192.168.125.1)，如表 2-11 所示。

表 2-11 服务器部署信息

服务器名称	服务器信息	部署服务器域名
企业 Web 站点	公司业务门户站点	www.test1.com
人事部 Web 站点	人事部站点，企业内部专用	hr.test1.com
市场部 Web 站点	市场部站点，企业内部专用	mk.test1.com

假定公司域名是 test1.com，企业所属网段是 192.168.125.0/24。

2.10.2 任务分析

为了节省费用和提高服务器的利用效率，可以在一台机器上建立出多台“主机”。每个主机都能对外提供 Web 服务，在外界看来是些不同的网站，但对服务器而言，看似不同的网站，其实都是运行于同一台主机之上的不同的虚拟主机而已。

如何配置虚拟主机呢？Apache 的虚拟主机功能是非常强大的，而且配置很简单。主要分为基于 IP、基于端口和基于域名的虚拟主机。

如果拥有很多 IP 地址，那么就可以为每个虚拟主机都分配一个不同的 IP 地址，这样，每个网站都可以使用默认的端口 80。

如果只有少量公网 IP 地址，那么就可以使用不同的端口作为标识，让不同的端口访问不同的虚拟主机。

如果所属 DNS 域名服务器配置好了，也可以使用域名来区分不同的站点，来实施基于域名的虚拟主机。

2.10.3　配置步骤说明

安装前，为了防止防火墙和其他安全设置影响实验，执行以下命令。

(1)　如果开启了 iptables 防火墙，可以用 systemctl stop iptables 关闭。

(2)　如果开启了 firewalld 防火墙，可以用 systemctl stop firewalld 关闭。

(3)　如果开启了 SELinux 功能，可以用 setenforce 0 临时关闭 SELinux。

```
#systemctl stop iptables
#systemctl stop firewalld
#setenforce 0
```

1. Apache Web 服务器的安装和测试

(1)　安装 Web 服务器。

Apache Web 服务器的服务名和软件包名称是 httpd。首先，检查此软件是否安装，如果没有安装，则需要先安装此软件，如图 2-27 所示。

```
#yum info httpd
#yum install httpd
```

```
================================================
 Package                          Arch
================================================
Installing:
 httpd                            x86_64
Installing for dependencies:
 apr                              x86_64
 apr-util                         x86_64
 httpd-tools                      x86_64
 mailcap                          noarch
```

图 2-27　安装 Web 服务器

httpd 还需要 4 个辅助包，分别是 apr、apr-util、httpd-tools、mailcap，要一并安装。

(2)　启动 Apache 服务，并设置为系统启动时自动启动：

```
# systemctl start httpd.service
# systemctl enable httpd.service
```

(3)　测试 Apache 服务器。

新建一个网页文件 index.html，存放到/var/www/html 目录下，内容任意。

用 lynx 命令行浏览器工具，来测试 Apache Web 服务器。如果尚未安装 lynx，可使用 yum 安装。

```
#echo "hello">/var/www/html/index.html
#yum info lynx
#yum install lynx
# lynx 127.0.0.1
```

如果能看到默认 Web 页，如图 2-28 所示，则说明 Web 服务安装成功，可正常运行。

```
hello
```

图 2-28 测试 httpd 服务

2. 默认网站的基本设置

Apache 网页服务器的主配置文件是/etc/httpd/conf/httpd.conf，这个文件包含下面三个部分。

- 全局环境设置：控制整个 Apache 服务器行为的部分(即全局环境变量)。
- 主服务器配置：定义主要或者默认服务参数的指令，也为所有虚拟主机提供默认的设置参数。
- 虚拟主机设置：虚拟主机的设置参数。

其中，一行写不下使用“\”表示换行，除了选项的参数值外，所有选项指令不区分大小写，“#”表示注释。

(1) 备份原配置文件，再进行修改：

```
#cd /etc/httpd/conf
#cp httpd.conf httpd.conf.bak
#vi httpd.conf
```

```
DocumentRoot "/var/www/html"
DirectoryIndex index.html index.htm
Listen 80
AddDefaultCharset GB2312
<Directory "/var/www/html">
   AllowOverride none
   Require all granted
</Directory>
```

说明： DocumentRoot 语句用来定义主目录，默认值是/var/www/html。也就是说，要发布自己的站点，可以把站点文件复制到/var/www/html 目录下；或者改变主目录的设置，修改到你的网站目录。

DirectoryIndex 语句用来设置默认文档，当我们访问网站时，通常并不写明具体访问哪一个网页文件。在浏览器中，输入 Web 站点的 IP 地址或域名，显示出来的就是网站默认 Web 页面。此语句一般会设置多个网页名称，当用户访问时，会按照设定顺序进行查找，第一个被找到的页面就作为默认文档交给用户访问。

Listen 语句用来配置 Apache 监听的 IP 地址和端口号，如果不设定基于 IP 地址的虚拟主机，IP 地址通常省略，端口号默认是 80。

AddDefaultCharset 用来设置默认字符集，GB2312 是简体中文，可避免出现中文乱码。

Directory 语句用来定义目录的访问限制。上例的这个设置是针对系统的根目录进行的，使用 AllowOverride None 表示不允许这个目录下的访问控制文件.htaccess 来改变这里进行的配置，这个设置可以提升网站效率。

Require 语句用来根据客户的来源控制访问，all granted 表示允许所有的客户机访问这个目录，而不进行任何限制。

(2) 单独创建虚拟主机的配置文件。

创建虚拟主机时，可以直接修改/etc/httpd/conf/httpd.conf 文件。但是由于主配置文件比较长，也比较重要，因此，建议单独建立一个文件来配置虚拟主机。为了把配置文件包含到主文件中，要在主配置文件中添加一句 Include 语句：

```
# cd /etc/httpd/
# mkdir vhost-conf.d
# echo "Include vhost-conf.d/*.conf">> conf/httpd.conf
# vi vhost-conf.d/test1.conf
```

这样，在 vhost-conf.d 目录下创建的后缀名为“.conf”的文件内容将自动包含到主配置文件 http.conf 里面。

注意，添加 Include 语句使用的是两个“>”号，表示附加，文件本身内容不改变；如果写成一个“>”号，意思就变了，表示把目标文件清空，然后写入内容。

(3) 创建模拟测试用的 Web 站点。

创建三个网站的目录结构及测试用页面文件：

```
# cd /var/www/html
# mkdir main
# echo "site1-main site">main/ index.html
# mkdir hr
# echo "site2-human resource dep"> hr/index.html
# mkdir mk
# echo "site3-market dep">mk/index.html
```

在主目录下创建公司网站的模拟测试网页，在 hr 目录下创建人事部网站的模拟测试网页，在 mk 目录下创建市场部网站的模拟测试网页，文件名都叫 index.html，是每个站点的默认首页。

接下来，使用三种不同的方法来配置人事部和市场部的虚拟主机。

3. 使用不同的域名来配置虚拟主机

配置基于域名的虚拟主机，需要域名服务器来负责解析域名，服务器端和客户端的具体配置可以参考 DNS 服务器配置。本例中采用适用于少量名称解析的 hosts 文件来进行简单的解析，需要修改客户端的 hosts 文件设置。

使用 vi 编辑虚拟机配置文件 test1.conf，创建基于域名的虚拟主机。假设公司网站域名为 www.test1.com；人事部网站的域名为 hr.test1.com；市场部的域名为 mk.test1.com。

```
#vi /etc/httpd/vhost-conf.d/test1.conf
```

(1) 配置人事部网站的虚拟主机：

```
<VirtualHost *:80>
DocumentRoot /var/www/html/hr
ServerName  hr.test1.com
<Directory /var/www/html/hr>
   Require ip 192.168.125.0/24
</Directory>
</VirtualHost>
```

使用 DocumentRoot 设置人事部网站的主目录是/var/www/html/hr；ServerName 设置网站的域名为 hr.test1.com；在 Directory 目录访问设置中，Require 语句设置本网站只允许来自于 192.168.125.0/24 网段的主机才可以访问，这是公司内部网所使用的网段，即设置只允许企业内部访问。

(2) 配置市场部网站的虚拟主机：

```
<VirtualHost *:80>
DocumentRoot /var/www/html/mk
ServerName  mk.test1.com
<Directory /var/www/html/mk>
   Require ip 192.168.125.0/24
</Directory>
</VirtualHost>
```

市场部的设置类似于人事部，只是主目录和域名略有差异。

(3) 配置公司网站的虚拟主机：

```
<VirtualHost *:80>
DocumentRoot /var/www/html/main
ServerName  www.test1.com
<Directory /var/www/html/main>
   Require all granted
</Directory>
</VirtualHost>
```

公司网站的设置也很相似，除了主目录和域名略有差别外，向所有访问者开放授权，而不是只允许公司的用户访问。

(4) 重启 Apache，如果出错，可以查看错误信息进行排错：

```
#systemctl restart httpd
#systemctl status httpd
```

(5) 设置客户端域名解析。

如果域名服务器配置好了，可以在 test1.com 域中添加 www、hr、mk 三条记录，指向主机 192.168.125.1，并设置客户端网络设置中的 DNS 服务器设置指向配好的 DNS 服务器。具体方法参考 DNS 服务器配置步骤。

也可以使用简单一些的方法，在客户机的 hosts 文件中设置解析记录，在 Linux 环境下，是/etc/hosts 文件，在 Windows 客户机上，是 C:\Windows\system32\drivers\etc\hosts 文件，在文件中添加 IP 与域名的对应记录。

```
#vi /etc/hosts
```

```
192.168.125.1  www.test1.com
192.168.125.1  hr.test1.com
192.168.125.1  mk.test1.com
```

(6) 测试虚拟主机。

记录添加完成后，执行 ping 命令测试名称解析和网络连通性：

```
#ping www.test1.com -c2
#ping hr.test1.com -c2
#ping mk.test1.com -c2
```

如果能正常解析连通，接下来使用 lynx 来访问测试三个网站：

```
#lynx www.test1.com
#lynx hr.test1.com
#lynx mk.test1.com
```

4. 使用不同的端口地址来配置虚拟主机

在同一台服务器上配置多个虚拟主机，最简单的方法就是使用不同的端口地址来建立基于端口的虚拟主机。

使用基于端口的虚拟主机的弊端，主要就是当用户访问的时候必须输入端口地址，但是服务器又缺乏方法可以通知用户站点所使用的端口，结果就使外界用户难以访问。

需要向外界提供访问的公司站点，分配的端口是 Web 服务的默认端口 8082，也可以仍然使用 80，对外界用户来说不存在访问障碍；人事部站点和市场部站点由企业内部人员访问，可以使用 1024 之后的端口(1024 之前的端口保留给系统使用)，本例中可以任选两个端口作为各自站点的端口，8080 端口作为人事部站点使用，8081 端口作为市场部站点使用。内部员工也不存在通知上的困难，而且一定程度上，也有防止非法用户访问的作用。

因此，针对此配置任务，使用基于端口的虚拟主机方案也可以较好地解决。

(1) 配置 http.conf，增加 8080、8081、8082 端口的监听：

```
#vi /etc/httpd/conf/httpd.conf
```

```
Listen 192.168.125.1:8080
Listen 192.168.125.1:8081
Listen 192.168.125.1:8082
```

也可以不添加 IP 地址限制，直接 Listen 端口号，访问测试时效果会略有差异。

(2) 编辑虚拟机配置文件 test2.conf：

```
# vi /etc/httpd/vhost-conf.d/test2.conf
```

在虚拟主机配置文件中添加内容。

添加人事部虚拟主机配置：

```
<VirtualHost 192.168.125.1:8080>
```

```
  ServerName hr.test1.com
  DocumentRoot /var/www/html/hr
<Directory /var/www/html/hr>
   Require ip 192.168.125.0/24
</Directory>
</VirtualHost>
```

添加市场部虚拟主机配置：

```
<VirtualHost 192.168.125.1:8081>
  ServerName mk.test1.com
  DocumentRoot /var/www/html/mk
<Directory /var/www/html/mk>
  Require ip 192.168.125.0/24
</Directory>
</VirtualHost>
```

添加企业网站虚拟主机配置：

```
<VirtualHost 192.168.125.1:8082>
  ServerName www.test1.com
  DocumentRoot /var/www/html/main
<Directory /var/www/html/main>
   Require all granted
</Directory>
</VirtualHost>
```

(3) 重启 Apache，如果出错，可以查看错误信息进行排错：

```
#systemctl restart httpd
#systemctl status httpd
#journalctl -xe
```

如果之前 SELinux 没有关闭，此时 httpd 服务会无法启动。执行以下命令，暂时关闭 SELinux 后再重新启动 Apache 服务器。

```
#setenforce 0
#systemctl restart httpd
```

(4) 测试虚拟主机。

记录添加完成后，执行 ping 命令测试名称解析和网络连通性：

```
#ping 192.168.125.1 -c 2
```

如果能正常解析连通，接下来使用 lynx 来访问测试三个网站：

```
#lynx 192.168.125.1:8080
#lynx 192.168.125.1:8081
#lynx 192.168.125.1:8081
```

5. 使用不同的 IP 地址来配置虚拟主机

任务需要部署三个 Web 网站在同一台服务器上，需要配置虚拟主机。

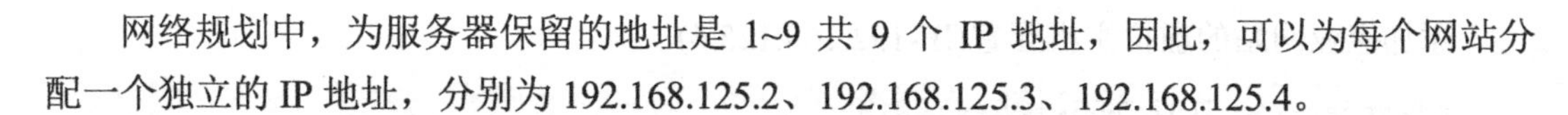

网络规划中，为服务器保留的地址是 1~9 共 9 个 IP 地址，因此，可以为每个网站分配一个独立的 IP 地址，分别为 192.168.125.2、192.168.125.3、192.168.125.4。

注意： 本范例主机的网卡设备名称是 ens33，如果你的虚拟机网卡设备名称不同的话，要把 ens33 替换成你自己的设备名称。

(1) 为虚拟机添加多个 IP 地址，如图 2-29 所示。

```
#ifconfig ens33:1 192.168.125.2 up
#ifconfig ens33:2 192.168.125.3 up
#ifconfig ens33:3 192.168.125.4 up
#ifconfig
```

```
ens33:1: flags=4163<UP,BROADCAST,RUNNING,MULTICAST
        inet 192.168.125.2  netmask 255.255.255.0
        ether 00:0c:29:f9:35:e1  txqueuelen 1000

ens33:2: flags=4163<UP,BROADCAST,RUNNING,MULTICAST
        inet 192.168.125.3  netmask 255.255.255.0
        ether 00:0c:29:f9:35:e1  txqueuelen 1000

ens33:3: flags=4163<UP,BROADCAST,RUNNING,MULTICAST
        inet 192.168.125.4  netmask 255.255.255.0
        ether 00:0c:29:f9:35:e1  txqueuelen 1000
```

图 2-29　为虚拟机设置多个 IP 地址

因为此虚拟机只有一块网卡，命令中的 ens33:1 是为 ens33 设备添加的虚拟网卡，从而给服务器绑定了多个 IP 地址。有了多个 IP 地址后，接下来就可以把多个网站绑定到不同的 IP 上，实现基于 IP 地址的虚拟主机设置。如果为虚拟机添加多块网卡，就可以为每块网卡设置不同的 IP 地址，效果类似。

(2) 编辑虚拟机配置文件 test3.conf：

```
# vi /etc/httpd/vhost-conf.d/test3.conf
```

添加人事部的虚拟主机配置(IP-192.168.125.2)：

```
<VirtualHost 192.168.125.2:80>
DocumentRoot  /var/www/html/hr
<Directory  /var/www/html/hr>
   Require ip 192.168.125.0/24
</Directory>
</VirtualHost>
```

添加市场部的虚拟主机配置(IP-192.168.125.3)：

```
<VirtualHost 192.168.125.3:80>
DocumentRoot  /var/www/html/mk
<Directory  /var/www/html/mk>
   Require ip 192.168.125.0/24
</Directory>
</VirtualHost>
```

添加企业网站的虚拟主机配置(IP-192.168.125.4)：

```
<VirtualHost 192.168.125.4:80>
DocumentRoot  /var/www/html/main
<Directory  /var/www/html/main>
   Require all granted
</Directory>
</VirtualHost>
```

(3) 重启 Apache，如果出错，可以查看错误信息进行排错：

```
#systemctl restart httpd
#systemctl status httpd
#journalctl -xe
```

(4) 测试虚拟主机。

记录添加完成后，在客户端执行 ping 命令，测试名称解析和网络连通性：

```
#ping 192.168.125.2 -c2
#ping 192.168.125.3 -c2
#ping 192.168.125.4 -c2
```

如果能正常解析连通，接下来使用 lynx 来访问测试三个网站：

```
#lynx 192.168.125.2
#lynx 192.168.125.3
#lynx 192.168.125.4
```

任务四：搭建 LAMP 应用环境

在这一部分，我们要关注三个问题：LAMP 是什么？为什么要使用 LAMP？怎样配置 LAMP？

知识储备

2.11 网站技术与平台搭建

2.11.1 网络应用程序如何工作

网络应用程序有两种工作模式：C/S 模式(Client/Server)和 B/S(Browser/Server)模式。

C/S 模式是客户端/服务器模式，例如手机淘宝、滴滴打车等应用，这类应用程序一般是专门设计的应用程序，独立运行。

Client/Server 工作模式如图 2-30 所示。

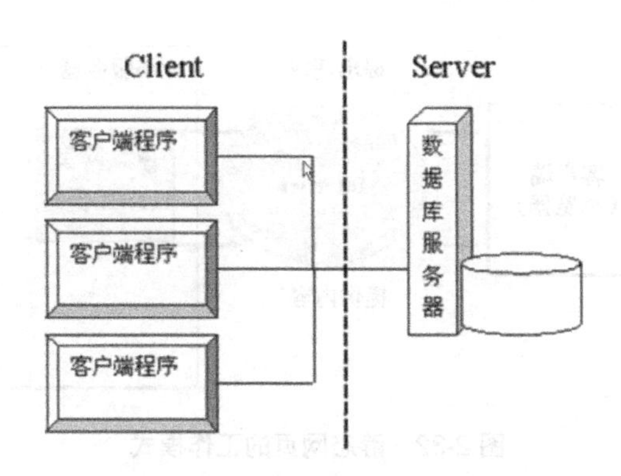

图 2-30　Client/Server 工作模式

B/S 模式是浏览器/服务器模式，是 C/S 模式的特例。区别在于，C/S 模式下，客户端和服务器端都要开发专门的程序，通过网络通信协同工作；而 B/S 模式下，客户端不需要开发应用，所有的功能都在服务器开发，部署在 Web 网站上面，在客户端使用浏览器来运行访问。Browser/Server 工作模式如图 2-31 所示。

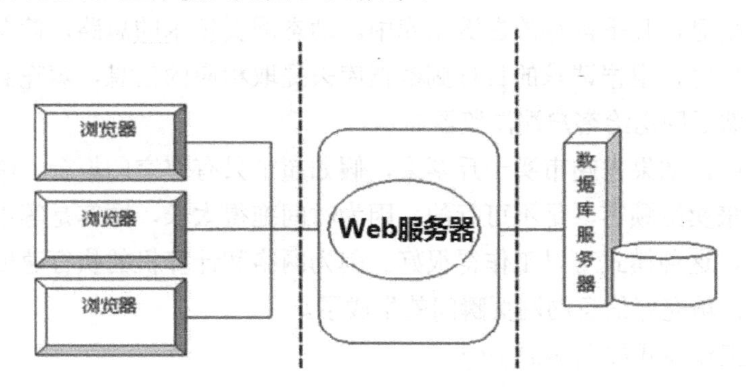

图 2-31　Browser/Server 工作模式

对比两种技术，B/S 架构具备较多的优点：开发成本低；管理和维护相对简单；产品升级便利，不需要升级客户端；用户使用方便，容易上手；出现故障的概率较小等。

当然，B/S 架构也存在不少问题，例如使用开放标准，通过 Web 进行访问安全性不足；浏览器无法按意愿进行调整修改；浏览器产品种类过多，在应用开发时兼容性问题较为突出。

应用开发 Web 化是大趋势，所以 C/S 架构应用的开发，服务端也会尽量基于 Web 网站，工作模式与 B/S 架构通常也非常相似。

2.11.2　动态网页技术

B/S 模式下，当访问服务器上的 Web 应用工作时，会通过 HTTP 协议向某一个在服务端存在的文件发送请求，Web 服务器会找到被请求的文件，并将其送回给客户端浏览器。此时，回送的网页内容是固定的，如果要改变提供的信息，就需要重新设计页面。这些内容固定的网页，通常称为静态网页。静态网页的工作模式如图 2-32 所示。

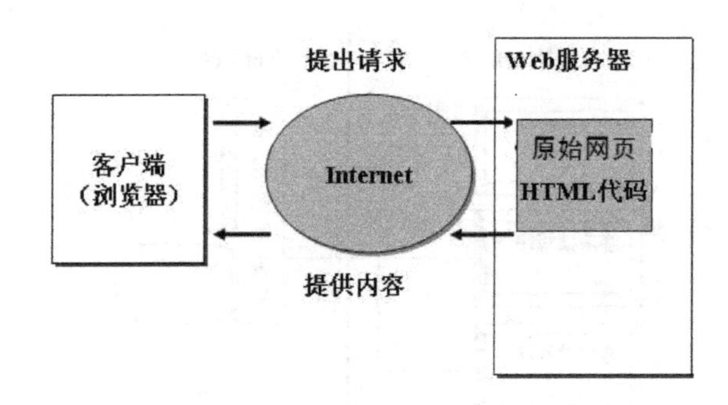

图 2-32　静态网页的工作模式

想象一下，在新闻类站点，那些海量的随时更新的新闻；想象一下，淘宝网上，那无限变动的商品；想象一下，无数人随时交流的信息。

难道需要为每一个信息都设计一个网页吗？信息的产生如此之快，数量又如此之大，根本来不及完成相应网页设计。

为了解决这个问题，动态网页技术也就诞生了。

互联网上的信息，几乎都存放在数据库中。动态网页技术的思路，简单说，就是搭好框架，当用户访问时，根据请求的目标到数据库去提取相应的信息，填充到空的框架中，形成动态网页，然后回送给客户端浏览器显示。

在现实生活中，如果去超市买十斤苹果，假如超市只有空空的柜台，临时去进货十斤苹果，然后摆出来卖给顾客，是不可行的，因为时间拖得太长，顾客是等不了这么久的；但在网络环境下，这种模式可以工作得很好。因为网络和计算机的执行速度很快，快到我们刚刚提出请求，填充好信息的网页瞬间就生成了。

动态网页的工作模式如图 2-33 所示。

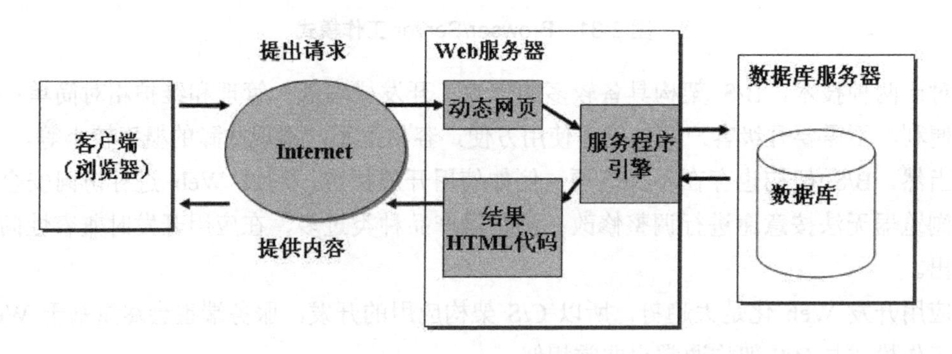

图 2-33　动态网页的工作模式

动态网页一般是以 asp、jsp、php、aspx 等作为后缀名，而静态网页一般是 html、htm 等结尾。

动态网站可以实现交互功能，如用户注册、信息发布、产品展示、订单管理等。

当客户端提交请求时，动态网页会开始执行，访问数据库，提取数据，生成网页，然后把生成的填充了最新数据的网页回送给客户端。

动态网页中包含有服务器端脚本，所以页面文件名常常会依据所使用的技术定后缀，如 aspx、jsp、php 等。通过所使用的后缀名，可以大致了解服务器使用的技术，但不能以页面文件的后缀作为判断网站的动态和静态的唯一标准。

有些网站使用 URL 静态化技术，把动态网页填充好数据，生成静态页面存放好，供用户访问。使用这种技术，在访问时因为不需要访问数据库，所以与静态网页一样快，同时，又能够根据不断变化的数据库的信息快速生成和更新。

还有些网站使用了映射(Mapping)技术，不管网站本身使用哪种技术建设，都可以对名称进行映射，此时，后缀名称可以随意定义，指向任何目标，此时，后缀也就不具备标识的意义了。

由于需要访问数据库提取数据，因此，动态网站的访问速度会大大减慢，幸好，由于网络和服务器性能的极大提升，速度总地来说，还是可以接受的。

2.11.3　LAMP 简介

PHP 与 MySQL 数据库是绝佳的组合，而 Apache 服务器内置支持 PHP，所以在 Linux 平台下，最流行的建立动态网站的平台就是 LAMP，即 Linux+Apache+MySQL+PHP，Linux 作为系统平台，Apache Web Server 作为 Web 应用平台，MySQL 作为数据库支撑，PHP 作为编程环境的一体化应用平台。LAMP 的组成如图 2-34 所示。

图 2-34　LAMP 的组成

PHP(Personal Home Page)是 Linux 平台下最流行的动态网页技术，现在已经正式更名为“PHP: Hypertext Preprocessor”。PHP 于 1994 年由 Rasmus Lerdorf 创建，最开始是作者为了维护个人网页而制作的一个简单的用 Perl 语言编写的程序。后来又用 C 语言重新编写，包括数据库访问功能。

MySQL 是最流行的关系型数据库管理系统之一，在 Web 应用方面，MySQL 是最好的关系数据库管理系统(Relational Database Management System，RDBMS)应用软件。

如图 2-35 所示，MySQL 在 DB-engines 2017 年 3 月发布的数据库排名中位列第二。

Rank			DBMS
Mar 2017	Feb 2017	Mar 2016	
1.	1.	1.	Oracle
2.	2.	2.	MySQL
3.	3.	3.	Microsoft SQL Server

图 2-35　DB-engines 2017 年 3 月发布的数据库排名

在甲骨文公司(Oracle)收购了 MySQL 后，有认为 MySQL 有闭源的潜在风险，因此开源社区采用分支的方式开发了 MariaDB。MariaDB 是目前最受关注的 MySQL 数据库衍生版，也被视为开源数据库 MySQL 的替代品。

MariaDB 和 MySQL 的 Logo 如图 2-36 所示。

图 2-36　MariaDB 和 MySQL 的 Logo

MariaDB 的目的是完全兼容 MySQL，包括 API 和命令行，使之能轻松成为 MySQL 的代替品。MariaDB 由 MySQL 的创始人 Michael Widenius 主导开发，其命名来自他的女儿 Maria 的名字。

LAMP 是企业中最常用的服务，是非常稳定的网站架构平台。有时候，企业会使用 Nginx Web Server 代替 Apache，简称 LNMP；现在企业会更多地使用 MariaDB 来作为数据库支撑，它和 MySQL 一脉相承，配置基本一样。对 P 的解读，有时候不仅指 PHP，还包括脚本语言 Perl 和 Python。

任务实践

2.12　搭建简易 LAMP 环境

安装前，为了防止防火墙和其他安全设置影响实验，执行以下命令。

(1) 如果开启了 iptables 防火墙，可以用 systemctl stop iptables 关闭。

(2) 如果开启了 firewalld 防火墙，可以用 systemctl stop firewalld 关闭。

(3) 如果开启了 SELinux 功能，可以用 setenforce 0 临时关闭 SELinux。

(4) 如果不确定是否开启，就把三条命令都执行一遍。

```
#systemctl stop iptables
#systemctl stop firewalld
#setenforce 0
```

2.12.1　安装 Apache

Apache 是世界排名第一的 Web 服务器软件。它可以运行在几乎所有广泛使用的计算机平台上，由于其跨平台和安全性被广泛使用，是最流行的 Web 服务器端软件之一。

Apache 服务器安装后，基本上不加设置就可以正常运行。

(1)　安装 Apache 服务：

```
#yum -y install httpd
```

(2)　开启 Apache 服务：

```
#systemctl start httpd.service
```

(3)　设置 Apache 服务开机启动：

```
#systemctl enable httpd.service
```

(4)　验证 Apache 服务是否安装成功：

```
#echo "TestSite">/var/www/html/index.html
#lynx 127.0.0.1
```

2.12.2　安装 PHP

1. PHP 简介

PHP 是 Linux 平台下最流行的动态网页技术，拥有广泛的用户基础，是现在主流的建站选择。选择 PHP 的原因很多，以下是其中的一些理由。

(1)　良好的安全性。

PHP 是开源软件，所有 PHP 的源代码每个人都可以看得到，代码在许多工程师手中进行了检测，同时它与 Apache 编译在一起的方式也可以让它具有灵活的安全设定，PHP 具有公认的安全性能。开源造就了强大、稳定、成熟的系统。

(2)　执行速度快、效率高。

PHP 是一种强大的 CGI 脚本语言，性能稳定快速，占用系统资源少，代码执行速度快。PHP 消耗相当少的系统资源。

(3)　降低网站开发成本。

PHP 不受平台束缚，可以在 Unix、Linux 等众多不同的操作系统中架设基于 PHP 的 Web 服务器。采用 Linux+Apache+PHP+MySQL 这种开源免费的框架结构，可以为网站经营者节省很大一笔开支。

(4)　版本更新速度快。

与数年才更新一次的 ASP 相比，PHP 的更新速度要快得多，几乎每年更新一次。

(5)　应用范围广。

目前在互联网有很多网站的开发都是通过 PHP 语言来完成的，例如搜狐、网易和百度等，在这些知名网站的创作开发中，都应用到了 PHP 语言。

2. 部署和测试 PHP 环境

作为 LAMP 架构的组成部分，PHP 负责提供网站的服务器端应用环境。

(1) 安装 PHP 和相关辅助包，如图 2-37 所示。

```
#yum -y install php
```

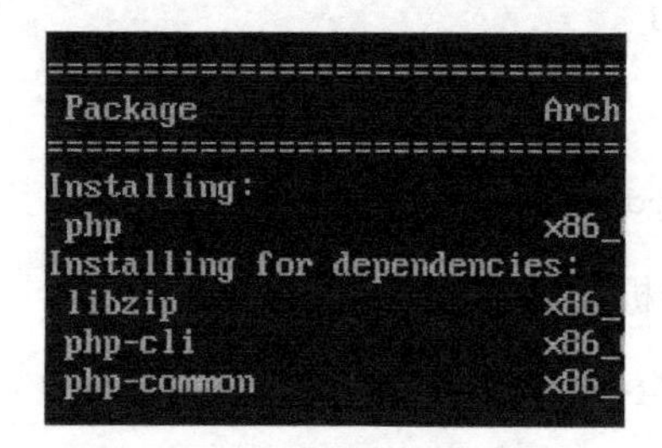

图 2-37 安装 PHP

(2) 重启 Apache 服务，让 PHP 生效：

```
#systemctl restart httpd.service
```

Apache 服务默认支持 PHP，可以不做任何配置，就直接运行 PHP 程序。

(3) 写一个 PHP 测试文件：

```
#vi /var/www/html/info.php
```

内容是：

```
<?php phpinfo(); ?>
```

(4) 测试 PHP 功能，如图 2-38 所示。

```
#lynx 127.0.0.1/info.php
```

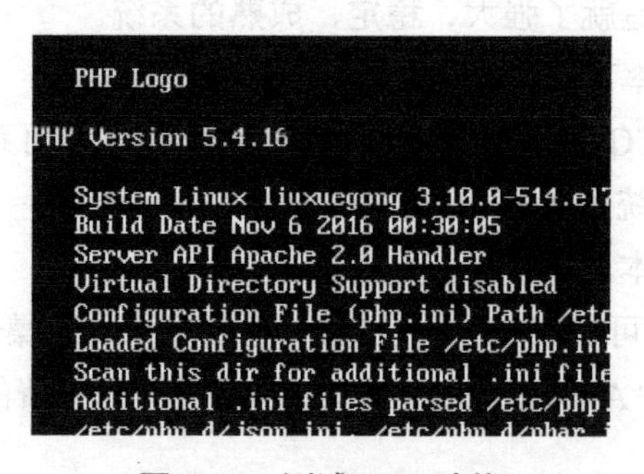

图 2-38 测试 PHP 功能

phpinfo()会输出 PHP 的一些信息，只要看到这些信息，就意味着 PHP 正常工作了。

如果修改 httpd.conf 中默认文档的设置，把 info.php 加入并放在排列顺序的最前面的话，在网址 URL 中就可以不用输入文件名了。

2.12.3 安装 MariaDB 数据库服务器

(1) 安装 MariaDB：

```
#yum -y install mariadb-server mariadb
```

(2) 开启 MySQL/MariaDB 服务：

```
#systemctl start mariadb.service
```

(3) 设置开机启动 MySQL/MariaDB 服务：

```
#systemctl enable mariadb.service
```

(4) 设置数据库的安全设定项：

```
#mysql_secure_installation
```

然后会出现一些信息，以下是几个交互项的提示。

提示输入项一：输入 MariaDB 数据库的 root 管理员密码，安装后 root 密码初始为空，所以直接回车就好。

提示输入项二：是否设置 root 的密码，通常都会设置，建议选择 y。

接下来输入两次你设置的 root 密码，完成密码设置。

提示输入项三：删除匿名用户，建议选择 y。

提示输入项四：一般 root 用户应该只允许本地登录管理，问是否禁止 root 用户通过网络远程登录，建议选择 y。

提示输入项五：是否删除测试数据库 test 和相应的权限设定，建议选择 y。

提示输入项六：完成删除后，是否更新数据库权限信息。选择 y。

如果你有“英语恐惧症”，可以在提示出来的时候，一直按 Enter 选择默认就好了，让你设置密码的时候，就输入想要的密码。当配置结束的时候，可以通过输入“mysql -u root -p”的方式，验证一下设置的 root 密码是否有效，如图 2-39 所示。

```
#mysql -u root -p
```

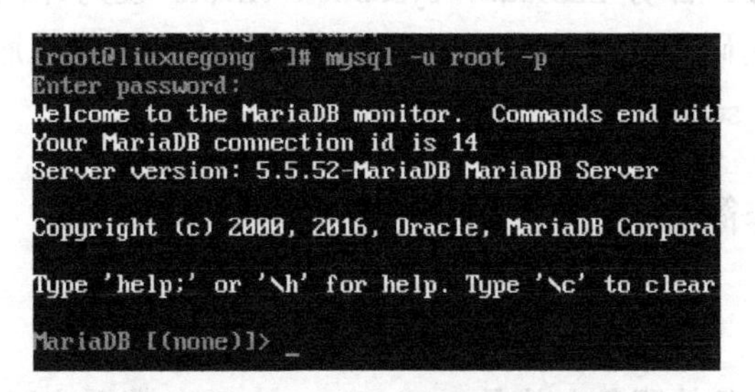

图 2-39　使用 root 用户连接数据库

输入刚才设置的密码，就可以看到数据库操作交互界面了。在此界面下，可以对 MariaDB 数据库进行各种操作。

2.12.4　安装 LAMP 环境的其他操作

(1) 将 PHP 和 MySQL 关联起来：

```
#yum info php-mysql
#yum -y install php-mysql
```

想要让 PHP 应用访问 MySQL 数据库或 MariaDB 数据库，须安装 php-mysql 软件包。

(2) 安装常用的 PHP 模块。

① 安装：

```
#yum -y install php-gd php-ldap php-odbc php-pear php-xml php-xmlrpc
php-mbstring php-snmp php-soap curl curl-devel
```

为了扩展和增强 PHP 的功能，需要安装常见的 PHP 功能插件。

② 重启 Apache 服务：

```
#systemctl restart httpd.service
```

③ 再次在浏览器中运行 info.php，你会看到安装的模块的信息：

```
#lynx 127.0.0.1/info.php
```

2.13 MariaDB 数据库的配置和使用

如果数据库尚未安装，使用 yum 进行安装：

```
#yum info mariadb
#yum install mariadb mariadb-server
#systemctl start mariadb
#systemctl enable mariadb
#mysql_secure_installation
#mysql -u root -p
```

yum info 查看软件包信息，如果没安装，使用 yum install 命令安装 MariaDB 数据库软件，之后 systemctl start 启动 mariadb，systemctl enable 设为开机自启动，mysql_secure_installation 设置 root 密码，然后使用 mysql 客户端程序测试登录服务器，mysql 执行时要输入的密码就是 mysql_secure_installation 刚刚设置的。

2.13.1 数据库操作简介

1. 登录数据库

MariaDB 数据库服务的服务名就是 mariadb，MySQL 数据库服务名是 mysqld。检查服务是否正常运行，如图 2-40 所示。

```
#yum info mariadb
#systemctl start mariadb
#systemctl status mariadb
```

```
[root@liuxuegong ~]# systemctl status mariadb
● mariadb.service - MariaDB database server
   Loaded: loaded (/usr/lib/systemd/system/mar
   Active: active (running) since Mon 2017-04-
  Process: 3386 ExecStartPost=/usr/libexec/mar
```

图 2-40 查看 MariaDB 的服务状态

如果数据库服务正常运行，要访问管理服务器，需要先进行登录，验证用户身份。

一个 Web 网站可以建立很多虚拟主机，一个数据库服务器也可以建立很多数据库。这些数据库可能属于不同的用户，为了安全起见，需要验证用户身份，并对数据库进行合理授权。

登录数据库服务的客户端程序是 mysql，命令语法如下：

```
#mysql -h 主机地址 -u 用户名 -p 用户密码 -P 端口 -D 数据库 -e "SQL 内容"
```

-h：主机地址，指定要访问的数据库服务器的域名或者 IP 地址。

-u：用户名，指定使用什么用户进行登录。

-p：用户密码，指定用户的登录密码，通常留空不写，执行时再手动输入，这样就更加安全一点。

-P：端口，指定要访问的数据库服务的端口号，默认是 3306 号端口。

-D：数据库，指定目标数据库。

-e：SQL 语句，指定要执行的 SQL 命令。

例如，使用 root 用户访问 MariaDB 数据库，如图 2-41 所示。

```
#mysql -u root -p
```

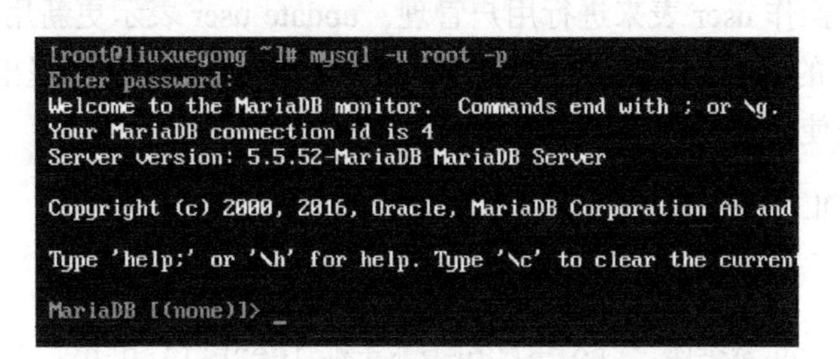

图 2-41　登录 MariaDB 数据库服务器进行管理操作

刚安装时没有设置 root 密码的话，直接按 Enter 键即可。

此步骤后面的数据库操作都要提前执行，不再重复，在需要的地方自动添加。

注意：　① 执行数据库操作命令时，需要首先登录数据库服务器。

② 数据库交互模式下，每条语句结尾加“;”号。

2. 修改密码

命令格式：

```
#mysqladmin -u 用户名 -p 旧密码 password 新密码
```

mysqladmin 是管理 MySQL 的工具，-u 指定用户名称，-p 指定用户密码，password 后跟新密码。

例如，设置初始密码：

```
#mysqladmin -u root password lxg123456
#mysql -u root -plxg123456
```

使用 mysqladmin 设置密码时，因为开始时 root 没有密码，所以-p 旧密码一项就可以省略了。

设置好密码，使用 MySQL 登录服务器。注意：-u 与用户名中间有空格，-p 与密码间没有空格。

例 1，将 root 的密码改为 lxg654321：

```
#mysqladmin -u root -plxg123456 password lxg654321
#mysql -u root -plxg654321
```

例 2，修改 root 密码为 lxg123 的另一种方法：

```
#mysql -u root -p
MariaDB>use mysql;
MariaDB [mysql]>update user set password=password("lxg123") where
user='root';
MariaDB [mysql]>exit;
#mysql -u root -p
```

首先输入 root 用户的密码进行数据库服务器登录，登录成功后，提示符变为 MariaDB>，开始进入数据库交互模式。MariaDB 的用户信息存放在 MySQL 数据库的 user 表里面，可以直接操作 user 表来进行用户管理。update user 表示更新用户信息(user)表，后面表示把 root 用户的密码改为 lxg123。设置完成后，执行 exit 命令退出交互模式，回到命令行界面。接下来使用修改后的密码进行数据库服务器登录。

3. 添加 MySQL 用户

命令格式：

```
grant select on 数据库.* to 用户名@登录主机 identified by \"密码\"
```

例如，增加一个用户 us1，密码为 lxg123，让他可以在任何主机上登录，并对所有数据库有查询、插入、修改、删除的权限。

用户信息存放在 MySQL 数据库的 user 表里，键入命令：

```
MariaDB>use mysql;
MariaDB [mysql]>insert into user(user,password) values("us1","lxg123");
MariaDB [mysql]>grant select,insert,update,delete on *.* to us1@'%'
identified by "test1";
MariaDB [mysql]>show grants for us1;
```

use mysql 打开 MySQL 数据库，可以对数据库进行操作。

Insert into user 表示向 user 表添加新记录，user 字段的值设为 us1，password 字段的值设为 lxg123。

四大数据库操作包括新增记录 insert、删除记录 delete、修改记录 update、查询记录 select。要对服务器上某一数据库进行操作，需要根据用户身份进行对应权限的授权。

grant 是授权命令。

select,insert,update,delete on *.*表示对服务器上的任意数据库要授予的操作权限。

to us1@‘%’表示授权对象是 us1 用户在任意主机上的登录，%是通配符，代表任意字符串。

identified by “test1”设置此用户的密码是 test1。

如果想为 us1 授予 db1 数据库的权限，但不设置密码，命令如下：

```
MariaDB [mysql]>grant select,insert,update,delete on db1.* to
us1@localhost identified by "";
MariaDB [mysql]>show grants for us1;
```

如果 db1 没创建的话，需要先创建 db1 数据库再授权。

4. 创建数据库

要授予数据库的访问权限，需要先创建数据库。刚才要授予 db1 数据库的权限，但是数据库 db1 还没有创建。

例 1，创建数据库 db1：

```
MariaDB>create database db1;
```

例 2，选择数据库(打开数据库)：

```
MariaDB>use db1;
MariaDB [db1]>
```

新建数据库和打开数据库如图 2-42 所示。

```
MariaDB [mysql]> create database db1;
Query OK, 1 row affected (0.31 sec)

MariaDB [mysql]> use db1;
Database changed
MariaDB [db1]> _
```

图 2-42　新建数据库和打开数据库

注意： use db1 数据库执行后，提示符变成了“MariaDB [db1]>”，表示当前打开操作的数据库是 db1 了。接下来，就可以对 db1 数据库执行增删改查操作了。

5. 备份/恢复数据库

例 1，把数据库 db1 备份到 backupdb1.sql，如图 2-43 所示。

```
#mysqldump -u root -plxg123 db1>/root/backupdb1.sql
#cat /root/backupdb1.sql
```

```
[root@liuxuegong ~]# mysqldump -u root -plxg123 db1>/root/backu
[root@liuxuegong ~]# cat /root/backupdb1.sql
-- MySQL dump 10.14  Distrib 5.5.52-MariaDB, for Linux (x86_64)
--
-- Host: localhost    Database: db1
-- ------------------------------------------------------
-- Server version       5.5.52-MariaDB
```

图 2-43　使用 mysqldump 备份数据库 db1

例 2，把 backupdb1.sql 中的信息恢复到数据库 db1，如图 2-44 所示。

如果目标数据库 db1 还不存在，就执行命令创建 db1 数据库：

```
#mysqladmin -u root -plxg123 create "db1"
```

在目标数据库服务器上执行 create db1 创建 db1 数据库后，把信息导入数据库：

```
#mysqldump -u root -plxg123 db1 </root/backupdb1.sql
```

```
[root@liuxuegong ~]# mysqldump -u root -plxg123 db1</root/backu
-- MySQL dump 10.14  Distrib 5.5.52-MariaDB, for Linux (x86_64)
--
-- Host: localhost    Database: db1
-- ------------------------------------------------------
-- Server version       5.5.52-MariaDB
```

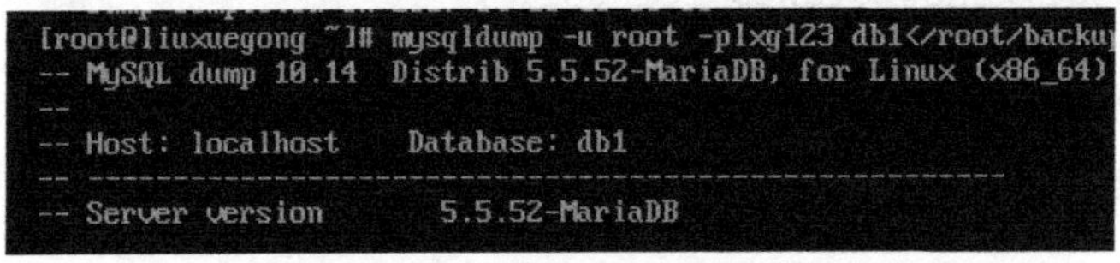

图 2-44　使用 mysqldump 恢复数据库 db1

命令执行时，要把源数据库服务器和目标数据库服务器替换为你当前配置的主机名或者 IP 地址。

备份时，>是输出重定向，把要备份的信息输出到备份文件中；恢复时，<是输入重定向，把备份文件的信息作为输入，存到指定数据库中。

例 3，在本地主机上备份和恢复 db1 数据库。

备份时添加--databases 选项，可以自动在备份文件中添加 sql 建库语句，这样，恢复时就不需要手动建立数据库 db1 了，如图 2-45 所示。

```
#mysqldump -u root -p --databases db1 >/root/backupdb11.sql
#cat /root/backupdb11.sql
```

```
--
-- Current Database: `db1`
--

CREATE DATABASE /*!32312 IF NOT EXISTS*/ `db1`

USE `db1`;
```

图 2-45　备份数据库时生成 SQL 命令

当恢复数据时，目标数据库服务器里没有 db1 数据库也不需要再创建：

```
#mysqldump -u root -plxg123 db1 < /root/backupdb11.sql
#ls -l /root/backupdb*.sql
```

恢复数据时，因为备份文件中有建立 db1 数据库的 SQL 命令，会自动执行命令创建并打开 db1 数据库，把数据导入到数据库中，此时无法导入其他名字的数据库，除非你去修改备份文件中自动生成的 SQL 命令。

例如，在本地主机上备份和恢复所有数据库，如图 2-46 所示。

```
#mysqldump -u root -plxg123 --all-databases >/root/backupdb111.sql
#mysqldump -u root -plxg123 </root/backupdb111.sql
#ls -l /root/back*
```

```
[root@liuxuegong ~]# ls -l /root/back*
-rw-r--r--. 1 root root 514975 Apr 10 11:03 /root/backupdb111.sql
-rw-r--r--. 1 root root   1396 Apr 10 11:03 /root/backupdb11.sql
-rw-r--r--. 1 root root   1260 Apr 10 10:36 /root/backupdb1.sql
[root@liuxuegong ~]#
```

图 2-46　不同备份选项下的备份文件大小

从三个备份文件大小可以看出，db1 的备份文件没有生成 SQL 语句，共 1260 字节；使用了--databases 选项后的文件 backupdb11 生成了 SQL 语句，增大了 136 字节；而使用--all-databases 选项备份所有数据库的 backupdb111 则体积达 500KB 以上。

6. 导入数据库文件的命令

部署数据库服务器时，通常会在源主机上把数据库的结构建库语句生成后保存为 SQL 文件，然后在要部署的目标服务器上直接执行此 SQL 脚本，即可快速生成目标数据库。要执行此脚本快速建库，可执行以下指令：

```
MariaDB>source mysql.sql;
```

例如使用 use db2 打开数据库，使用 source 命令执行 SQL 脚本生成数据库。由于当前数据库里面没有表，也没有数据记录，所以看不到明显效果。但是在实际部署的数据库中，通常包括几十个表和海量数据，此时就可以明显提升效率、降低工作量了。

2.13.2　MySQL 的常用命令

MySQL 操作数据库要使用大量的命令，这里列举最常用的操作命令，如表 2-12 所示，试运行并分析命令效果。

表 2-12　MySQL 的常用命令

MySQL 的常用功能	命令语法
列出数据库	show databases;
选择数据库	use databaseName;
列出表格	show tables;
显示表格列的属性	show columns from tableName;
建立数据库	create database name; 或 source fileName;
删除数据库	drop database name;
进行授权	grant select on db1.* to us1@‘%’ identified by “1”;
删除授权	revoke all privileges on *.* from us1@“%” delete from user where user=“us1” and host=“%”; flush privileges;
显示版本和当前日期	select version(),current_date;
查询时间	select now();
查询当前用户	select user();

续表

MySQL 的常用功能	命令语法
查询数据库版本	select version();
查询当前使用的数据库	select database();
查询表的字段信息	desc 表名称;

注意：命令中可以使用匹配字符，可以用通配符_代表任何一个字符，%代表任何字符串。

2.13.3 对数据库进行管理

对数据库的基本管理包括创建新表，对表中记录进行增删改查操作，删除表等。

例如，在数据库 db1 中创建表 students，如图 2-47 所示。

```
use db1;
create table students
(
id int not null auto_increment,
name varchar(20) not null default 'student',
description varchar(20),
primary key ('id')
);
```

```
MariaDB [(none)]> use db1;
Database changed
MariaDB [db1]> create table students
    -> (
    -> id int not null auto_increment,
    -> name varchar(20) not null default 'student',
    -> description varchar(20),
    -> primary key(id)
    -> );
Query OK, 0 rows affected (0.05 sec)

MariaDB [db1]>
```

图 2-47　在 db1 数据库中新建表 students

命令说明：

create table 是创建表的命令，students 是表名称，后面括号里面是表结构定义，字段间用逗号分隔，括号结束时，后面要加分号。

id、name、description 是字段名称。

id 字段设定中，int 设定字段为整数类型；not null 设定非空，意思是必须赋值；auto_increment 设定自动递增，这种类型字段系统将自动加 1 赋值。

name 字段设定中，varchar(20)设定字符串类型，长度为 20；not null 设定非空，default ‘student’指定当没有赋值时，此字段默认值是 student。总的意思是这个字段可以存放 20 字符长度的字符串，必须赋值，如果没有赋值的话，就设定值为默认值‘student’。

description 字段设定字符串类型，长度为 20。

primary key 设定表的主键是 id 字段。

注意： 完成相应操作需要权限，如果没有足够权限，就需要进行授权后再执行。

例如，向表 students 新增记录，如图 2-48 所示。

```
insert into students(name,description) values('liuxuegong','teacher');
insert into students(name,description) values('zhangsan','monitor');
insert into students(name,description) values('lisi','student');
```

```
MariaDB [db1]> insert into students(name,de
Query OK, 1 row affected (0.05 sec)

MariaDB [db1]> insert into students(name,de
Query OK, 1 row affected (0.00 sec)

MariaDB [db1]> insert into students(name,de
Query OK, 1 row affected (0.07 sec)
```

图 2-48　向 students 表中添加三条记录

命令说明：

使用 insert into students 命令向表 students 中添加三条记录。

如果是添加所有字段的值，表名称后不需要跟字段名称列表。如果添加部分字段的值(所有必填字段必须赋值)，表名称后面必须附带要添加字段列表。

values 后面跟的是各字段的值，如果表名称后有字段列表，值的顺序要与列表顺序一样，这样才可以对应赋值。如果表名称后面没有附带字段列表，则按照表的字段定义顺序一一对应。

auto_increment 类型字段由系统自动赋值。

下面的操作示例，都是从表 students 进行查询。

(1)　显示 students 表的所有信息，如图 2-49 所示。

```
select * from students;
```

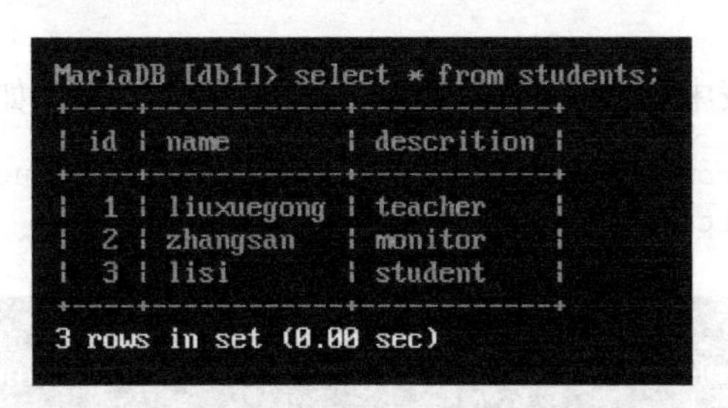
MariaDB [db1]> select * from students;

id	name	descrition
1	liuxuegong	teacher
2	zhangsan	monitor
3	lisi	student

3 rows in set (0.00 sec)

图 2-49　查看 students 表的所有信息

命令说明：

select 是查询命令，后面跟查询的字段列表，*代表所有字段。

from 后跟要查询的表名称。

此命令表示查询 students 表中所有字段的信息，没有额外声明，返回对象就是查询得到的所有记录。如果只要第一条结果，可以在 select 后面加上“top 1”。

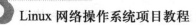

(2) 显示 students 表中的所有人的序号和姓名，如图 2-50 所示。

```
select id,name from students;
```

```
MariaDB [db1]> select id,name from students;
+----+-------------+
| id | name        |
+----+-------------+
|  1 | liuxuegong  |
|  2 | zhangsan    |
|  3 | lisi        |
+----+-------------+
3 rows in set (0.00 sec)
```

图 2-50 查看 students 表中所有人的 id 和 name 属性

命令说明：

select 后面跟查询的字段列表，各查询字段用逗号分隔。

from 后跟要查询的表名称。

(3) 显示 students 表中的所有的学生序号和姓名，如图 2-51 所示。

```
select id,name from students where description='student';
```

```
MariaDB [db1]> select id,name from students where description='student';
+----+------+
| id | name |
+----+------+
|  3 | lisi |
+----+------+
1 row in set (0.00 sec)
```

图 2-51 查看 students 表中的学生信息

命令说明：

where 后面跟查询的筛选条件，此处设定的是满足条件 description 字段的值是‘student’的记录。

(4) 显示 students 表中的所有的学生和班长的序号和姓名，如图 2-52 所示。

```
select id,name from students where description='student' or
description='monitor';
```

```
MariaDB [db1]> select id,name from students
    -> where description='student' or description='oitor'
    -> ;
+----+-----------+
| id | name      |
+----+-----------+
|  2 | zhangsan  |
|  3 | lisi      |
+----+-----------+
2 rows in set (0.02 sec)
```

图 2-52 查看 students 表中学生和班长的记录信息

命令说明：

where 后跟两个筛选条件，中间用 or 连接，表示或者的意思，两个条件满足任意一条即可，如果使用 and，则表示两个条件要同时满足。

例 1，从表 students 删除 lisi 的记录，如图 2-53 所示。

```
select * from students where name='lisi';
delete from students where name='lisi';
select * from students where name='lisi';
```

```
MariaDB [db1]> select * from students where name='lisi';
+----+------+-----------+
| id | name | descrition |
+----+------+-----------+
|  3 | lisi | student   |
+----+------+-----------+
1 row in set (0.00 sec)

MariaDB [db1]> delete from students where name='lisi';
Query OK, 1 row affected (0.07 sec)

MariaDB [db1]> select * from students where name='lisi';
Empty set (0.00 sec)
```

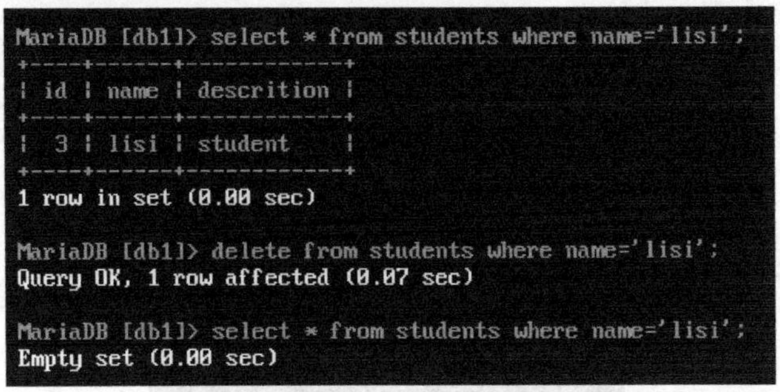

图 2-53　删除 students 表中 lisi 的记录

命令说明：

delete 是删除命令。

如果不设定 where 条件，那么将删除表中的所有记录。

执行 select 命令是为了查看删除的效果对照，删除后，可以看到，查询结果变成了 Empty，说明 lisi 记录已经被删除了。

例 2，将张三的 description 字段修改为'Banzhang'，如图 2-54 所示。

```
select * from students where name='zhangsan';
update students set description='Banzhang' where name='zhangsan';
select * from students where name='zhangsan';
```

```
MariaDB [db1]> select * from students where name='zhangsan';
+----+----------+-----------+
| id | name     | descrition |
+----+----------+-----------+
|  2 | zhangsan | monitor   |
+----+----------+-----------+
1 row in set (0.00 sec)

MariaDB [db1]> update students set descrition='Banzhang' where
Query OK, 1 row affected (0.05 sec)
Rows matched: 1  Changed: 1  Warnings: 0

MariaDB [db1]> select * from students where name='zhangsan';
+----+----------+-----------+
| id | name     | descrition |
+----+----------+-----------+
|  2 | zhangsan | Banzhang  |
+----+----------+-----------+
1 row in set (0.00 sec)
```

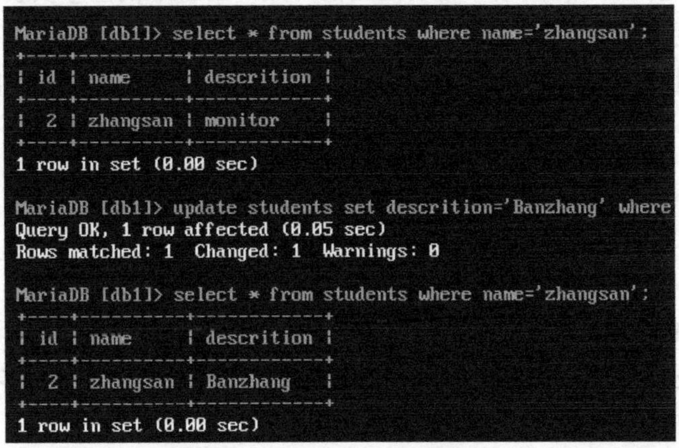

图 2-54　修改 students 表中 zhangsan 记录的 description 字段的值

命令说明：

update 是修改更新命令，后面跟表名称 students。

set 后面跟字段名=值，如果修改多个字段，用逗号分隔。

where 设定过滤筛选的条件。

select 查询是为了显示修改效果。

例 3，删除表 students，如图 2-55 所示。

```
show tables;
drop table students;
show tables;
```

```
MariaDB [db1]> show tables;
+----------------+
| Tables_in_db1 |
+----------------+
| students       |
+----------------+
1 row in set (0.00 sec)

MariaDB [db1]> drop table students;
Query OK, 0 rows affected (0.05 sec)

MariaDB [db1]> show tables;
Empty set (0.00 sec)
```

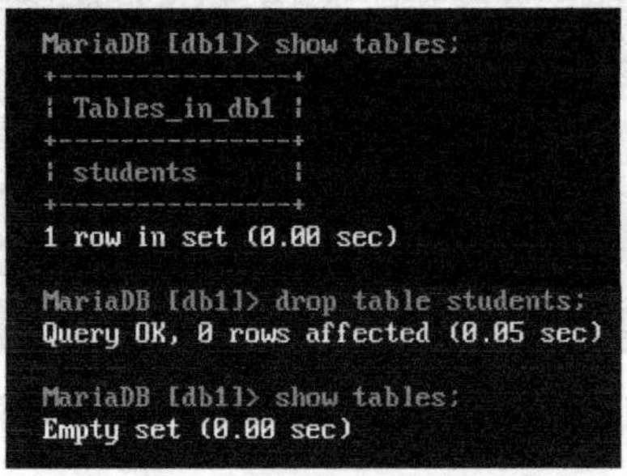

图 2-55　删除 students 表

命令说明：

drop table 是删除表的命令。show tables 是查看所有表，用来显示命令效果。

删除后再查看表，可以看到结果是 Empty，表示当前数据库已经没有表了，即唯一的表 students 已经被删除。

2.14　一键安装 LAMP

安装 LAMP 是在 Linux 环境下部署应用的开始，LAMP 的基本安装虽然并不困难，但是对于刚接触使用 Linux 的人来说，还是需要一个接受和学习的过程的。为了让不熟练的用户也可以方便地使用 LAMP 平台建设自己的应用，可以使用一键安装的方式部署 LAMP 环境。

2.14.1　LAMP 一键安装包简介

LAMP 非常普及，部署 LAMP 的一键安装包也有很多种流传。这里选择的是 teddysum 的 LAMP 一键安装脚本。该一键安装脚本的软件版本更新及时，支持 PHP 及数据库自选安装。支持 PHP 和数据库程序自助升级。安装方便，支持众多 PHP 插件，是构建性能优良 LAMP 环境的好选择。

在实际工作中，可以根据自己的建站要求，在脚本执行时选择合适的软件版本安装。

当然，也可以选择其他的一键部署工具。

1. 系统需求

内存要求不少于 512MB；硬盘至少有 2GB 以上的剩余空间；服务器必须配置好 yum 软件源和可连接外部互联网；必须具有系统 root 权限；建议使用干净系统做全新安装。

2. 组件支持

支持 PHP 自带的几乎所有组件。支持 MySQL、MariaDB、Percona 数据库。

支持可选安装组件 Redis、XCache、Swoole、Memcached、ImageMagick、Graphics Magick、ZendGuardLoaderionCube PHP Loader。

3. 部分特性

自助升级 Apache、PHP、phpMyAdmin、MySQL/MariaDB/Percona 至最新版本。

使用 lamp 命令在命令行下新增虚拟主机，操作简便。

支持一键卸载。

2.14.2　使用一键安装包进行 LAMP 安装

注意： 不要在已经配置好 LAMP 环境的计算机上再进行此脚本的安装，以免造成混乱。建议在纯净 CentOS 7 最小化安装环境下安装。

在企业环境下，安装前，需要安装 wget、screen、unzip 工具，创建 screen 会话。这样，在远程登录服务器安装 LAMP 环境时，即使连接中断，也不影响安装过程。如果是本地直接登录服务器安装，就不需要 screen 了。

```
#yum -y install wget screen unzip
```

(1) 下载、解压、赋予执行权限：

```
#cd /root
#wget -O lamp.zip https://github.com/teddysun/lamp/archive/master.zip
#unzip lamp.zip
#cd lamp-master/
#chmod +x *.sh
```

使用 wget 命令下载 LAMP 的一键安装包 master.zip，使用 unzip 对 zip 文件解压缩，进入解压后的文件夹 lamp-master，把目录下的所有.sh 脚本文件赋予执行 x 权限。

(2) 安装 LAMP 一键安装包：

```
#screen -S lamp
#./lamp.sh
```

由于 LAMP 安装需要花费一定时间，如果步骤中某个命令执行了很长时间，就可能导致连接超时，从而中断对远程服务器的连接控制，使得安装无法继续进行。在通过网络远程连接服务器时，使用 screen 会话可以保证即使连接会话中断，安装仍然可以继续进行。如果是在虚拟机上直接执行安装命令，就不用执行 screen 命令了。

2.14.3 LAMP 一键安装使用说明

(1) LAMP 默认安装设置。

使用一键安装软件包安装 LAMP 环境，会为每个组件进行配置，通过学习各服务的配置方法，可以有效增强对 LAMP 环境的掌握，也是学习 LAMP 的好方法。

根据用户选择，LAMP 环境各组件将自动安装，表 2-13 是各功能组件的安装位置。

表 2-13 LAMP 安装组件目录

安装的功能组件	所在目录
默认的网站根目录	/data/www/default
MySQL 安装目录	/usr/local/mysql
MySQL 数据库目录	/usr/local/mysql/data
MariaDB 安装目录	/usr/local/mariadb
MariaDB 数据库目录	/usr/local/mariadb/data
Percona 安装目录	/usr/local/percona
Percona 数据库目录	/usr/local/percona/data
PHP 安装目录	/usr/local/php
Apache 安装目录	/usr/local/apache

(2) 各模块的配置文件所在位置如表 2-14 所示。

表 2-14 LAMP 各功能模块配置文件的位置

功能模块	配置文件位置
Apache 日志目录	/usr/local/apache/logs
Apache SSL 配置文件	/usr/local/apache/conf/extra/httpd-ssl.conf
新建站点配置文件	/usr/local/apache/conf/vhost/domain.conf
PHP 配置文件	/usr/local/php/etc/php.ini
PHP 所有扩展配置文件目录	/usr/local/php/php.d/
MySQL/MariaDB 配置文件	/etc/my.cnf

(3) 管理虚拟主机。

① 创建虚拟主机：

```
#lamp add 虚拟主机名称
```

② 删除虚拟主机：

```
#lamp del 虚拟主机名称
```

③ 列出虚拟主机：

```
#lamp list 虚拟主机名称
```

(4) 软件升级。

① 交互选择升级对象：

```
#./upgrade.sh
```

② 升级 Apache：

```
#./upgrade.sh apache
```

③ 升级数据库 MySQL/MariaDB/Percona：

```
#./upgrade.sh db
```

④ 升级 PHP：

```
#./upgrade.sh php
```

⑤ 升级 phpMyAdmin：

```
#./upgrade.sh phpmyadmin
```

(5) 卸载 LAMP：

```
./uninstall.sh
```

2.14.4 执行一键安装可能产生的问题

(1) 安装完网站程序，升级或安装插件等报错，如何更改网站目录权限？

以 root 登录后，运行：

```
#chown -R apache:apache /data/www/域名/
```

(2) 安装时因内存不足报错，不能完成安装怎么办？

当 RAM + Swap 的容量小于 480MB 时，直接退出脚本运行；480~600MB 时，新增 PHP 编译选项--disable-fileinfo。

小于 512MB 的虚拟机建议开启 Swap，加大内存容量上限。

(3) 将 MySQL 数据库换成 MariaDB 数据库，应该怎样做？

备份所有数据库，执行命令：

```
#/usr/local/mysql/bin/mysqldump -u root -p密码 --all-databases >
/root/mysql.dump
```

卸载 LAMP，使用命令：

```
#lamp uninstall
```

重新安装 LAMP，选择 MariaDB。

安装完成后，恢复数据库内容，使用如下命令：

```
#/usr/local/mariadb/bin/mysql -u root -p < /root/mysql.dump
```

卸载 LAMP 时，是不会删除/data/www/default 的，也就是说不会删除网站数据。但数据库会被删掉，因此需要备份。

注意：考虑到程序兼容性问题，建议不要进行这类操作，换数据库一定要谨慎。应该事先就规划好用哪种数据库，选定后不要轻易更改。如果一定要换的话，一定要先掌握好备份和恢复数据库的相关技巧。

(4) 如何更改网站的默认目录？

修改配置文件/usr/local/apache/conf/extra/httpd-vhosts.conf 里的 DocmentRoot 目录以及下面的 Directory，再重启 Apache 即可。

(5) 如何卸载 phpMyAdmin？

phpMyAdmin 如果不需要的话，直接删除其目录就 OK 了。

默认安装位置是/data/www/default/phpmyadmin/。

(6) CentOS 7 下安装完成后为什么打不开网站？

安装 LAMP 完成后，无法用 IP 访问网站。查看进程，发现 httpd 和 mysqld 也启动了，ping 也没问题，但就是无法访问。

通常是因为防火墙拦截请求的缘故，可以暂时关闭防火墙再试一下：

```
#systemctl stop firewalld.service
```

上机实训：常用服务的配置和使用

本实训步骤自行设计，抓图记录每个操作步骤，并对结果进行简要分析，对遇到的故障和解决方法进行记录并分享。

可参照教材完成实训步骤设计。

为每一实训任务单独编写实训报告并提交。

1. 实训任务列表

任务一：使用安装光盘创建 yum 本地仓库。

任务二：DHCP 服务器的配置与管理。

任务三：DNS 服务器的配置与管理。

任务四：Web 服务器的配置与管理。

任务五：搭建 LAMP 环境。

任务六：数据库的基本操作。

任务七：使用一键安装脚本搭建 LAMP 环境。

2. 实训步骤(略)

项目三

服务器的日常管理和运维

项目导入

公司网络和业务正常运行后，日常还会有各种大小问题出现，这就需要维护人员去解决，有时候解决这些问题耗时太多，甚至影响到对服务器的日常管理任务。这就需要维护人员好好思考，怎样提升工作效率，怎样优先保证服务器的管理和维护任务不受影响。作为网络管理者，要做好每天的日常工作，就必须掌握一些技巧，才能做到事半功倍。

项目分析

一个好的网络管理者，要时刻掌握系统的运行状况，需要定时采集系统的种种运行数据；为每个可能的问题采取应对策略，需要对系统的薄弱环节进行探查和分析，做到心里有数；要对可能出问题的重要目标设定预警，有可疑情况或者可能发生故障要提前通知管理员，及早关注和防范，并及时处理问题；要设置好远程管理功能，这样才能随时地在任何地方对系统中的问题进行处理；当故障已经出现的时候，如果能尽快恢复系统和数据，那么很可能不仅不会受处分，反而会因为精彩的表现为自己获得加分，当然，要做到这点，事前备份一定要搞好。

本项目介绍对服务器系统进行日常管理的方方面面的方法和技巧，通过本项目的学习，能够掌握服务器的监控技巧、查看日志的技巧、远程管理的技巧和备份的技巧。

能力目标

熟练掌握服务器监控技巧。
掌握查看相关日志的技巧。
熟练掌握远程管理的技巧。
熟练掌握备份的技巧。

知识目标

了解进行系统监控的意义，监控的主要目标。
了解不同日志文件中存放的各种信息内容和格式。
了解远程管理的概念和相关知识。
了解备份的概念和相关知识。

任务一：服务器的日常管理

在这一部分中，我们要关注三个问题：日常管理管什么？为什么说日常管理很重要？如何进行日常管理？

知识储备

3.1 服务器的日常管理管什么

服务器上运行着各种服务和应用，是互联网业务的核心。要保证服务器能够几个月甚至几年、几十年持续不间断地运行，对管理提出了很高的要求。服务器管理涉及到的内容和知识繁多，这里，选取了最为基础、重要和常用的技术。

按照管理目标分类，服务器的管理可以分为对服务器硬件的管理、对服务器软件的管理和对数据安全与保密的管理。按照管理的行为特性和时间分类，可以分为事前准备、应急响应和事后处理。

3.1.1 对服务器硬件的日常管理和维护

对于服务器来说，绝大多数的管理工作都处于事前准备阶段。当故障发生时，损失已经注定，之后的应急响应和事后处理都是为了减少和弥补损失。所以，未雨绸缪对服务器来说十分重要。

服务器硬件由 CPU、内存、存储设备、网络设备、电源和其他设备构成。CPU 的主频和数量决定了服务器的处理能力；内存是系统运行时的直接存储设备，容量大小和速度直接决定了能承担的业务应用规模和所服务的用户数量；存储设备则是海量数据的真正存储位置，当需要调取数据时，从存储设备传递到内存，是业务的基础和支撑；网络设备也很重要，用户通信都是来自网络，所有的交互数据都通过网络设备来进行转发和传递；电源也不能忽视，对于电子设备来说，电源是最基础的要求，保证持续稳定地供电是服务器能正常工作的直接基础。

业务应用规模和用户数量的估算，从基础上决定了服务器的最低配置要求，在此基础上，按照业务的需求特性，可以对服务器的性能进行强化。增加 CPU 的数量可以提供处理能力；提高内存可以负载更复杂的应用和更多的用户；更大的存储设备能存放更多的数据等。为了保证服务器硬件出现故障时仍可继续工作，服务器通常还会强化两个重要的特性：冗余和热插拔。

冗余机制通过增加额外设备来保证的，当设备故障时，还有至少一个冗余的设备还可以继续工作，保证业务不中断；热插拔技术可以实现当设备有故障时，在服务器不断电重启的情况下，可带电卸下故障设备，然后更换上新设备。对于可靠性要求较高的服务器，CPU、内存、存储器、网卡、电源等，都应该考虑实现冗余和热插拔。

一台按需定制、设计良好的服务器，可以从根本上解决多数的硬件问题，大大提升系统的稳定性和可靠性。能够按需设计或者购买服务器是服务器管理事前准备的重要内容。

对服务器的配置部署要有计划地进行，最好能够在正式部署前在虚拟机或者服务器上进行测试，以提早发现问题；部署完成后要进行充分的测试，对应用、平台、系统的各方面进行配置和优化，并强化安全设置。

当服务器投入正式运行后，为了防止故障发生，需要对系统运行进行定时监测，对CPU、内存、网络等各重要部件随时检查工作状态，并经常性地进行统计分析，一旦确定存在事故隐患，例如 CPU 繁忙、内存不足、网络阻塞等，即应该立刻分析原因，提前处理，这是服务器管理的重中之重。

为了提高故障应急响应能力，为系统制订合理的备份与恢复策略，对系统的重要文件和数据进行备份，这样，当事故发生时，可以较快地恢复系统运行。

为了防止外界入侵，保护系统和数据安全，对服务器定期实施安全检测也十分重要。

另外，除了考虑服务器本身之外，要保证服务器能正常提供服务，还需要考虑对网络设备的日常管理和维护、对通信线路的日常管理和维护等。因为缺了这些，服务器就无法与用户连通，提供服务就更无从谈起了。

3.1.2 对服务器软件的日常管理和维护

软件的管理和维护包括：操作系统的日常管理和维护、各种服务器软件的日常管理与维护，应用软件的管理和维护。

在网络操作系统配置完成并投入正常运行后，为了确保网络操作系统工作正常，网络管理员首先应该能够熟练地利用系统提供的各种管理工具软件，实时监督系统的运转情况，及时发现故障征兆，并进行处理。

在网络运行过程中，网络管理员应随时掌握网络系统配置情况及配置参数变更情况，对配置参数进行备份。网络管理员还应该做到随着系统环境的变化、业务发展需要和用户需求，动态调整系统配置参数，优化系统性能。

网络正常运行中，为确保网络工作正常，应利用系统提供的各种管理工具软件，实时监督系统的运转情况，根据需求的改变，动态调整系统配置参数，优化系统性能；确保各种系统软件服务运行的良好性，出现故障时，应将故障造成的损失和影响控制在最小的范围内。

为了保证系统安全，还应进一步制订并执行计算机安全管理制度，遵守保密制度，严守商业机密；在网络病毒的防护上，对网络内的每一台计算机采取防病毒措施，及时下载更新最新的病毒库，有效地查杀已知的各种病毒，防止服务器受病毒的侵害。另外，应注意普及常见病毒和网络攻击的防护常识。

网络管理员应为关键的网络操作系统服务器建立热备份系统，做好防灾准备。

每日定时对共享服务器、数据库服务器进行日常维护，监控外部访问和内部访问情况，实时监控整个局域网的运转和网络通信流量情况；对计算机系统或网络出现的异常现象及时进行进程分析、处理，并采取积极应对措施；针对一些未能及时解决的问题或重要的问题做记录，并分析、解决。

3.1.3　对应用与数据的管理和维护

服务器上运行的应用类型有很多种，每种应用都有自己的特色和特殊要求。

例如网站，按照网站主体性质的不同，可以分为政府网站、企业网站、商业网站、教育科研机构网站、个人网站等。不同类型的网站，差别很明显。

政府网站，通常是作为政府的门面，不会提供很多的功能，也没有大量的敏感数据，但是对安全和审核有很高的要求，一旦被黑客攻击，页面发生改动，影响就会很坏。另外，对可用性要求较高，要求提供稳定可靠的发布服务，性价比不敏感。

企业网站，作为企业的信息发布平台，数据量通常也不大，一般也不会有很多敏感的信息，但是如果被攻击，企业形象也会受到伤害，所以，通常也会有一定的安全要求。

商业网站，涉及到金钱的流动，所以对安全的要求极高。由于用户数量多，数据流量大，对可用性、数据安全、操作审核、性能、带宽都有很高的要求。

教育科研机构网站，数据量不算多，对安全保密要求不敏感，性能要求也不突出。

个人网站对性价比非常注重，其他则根据网站需求，通常够用即可。

一般来说，政府、教育科研机构对价格相对不敏感，因为业务量不大，所以对性能要求不算突出，但是，通常在可用性和安全性会有一定的要求。所以在软件选择上，会倾向于选择有良好声誉和售后服务的公司，对新技术和新软件一般不会考虑采用。

企业网站、商业网站、个人网站通常对价格敏感，但是互相之间差异明显。普通的企业网站对性能不敏感，安全要求一般，所以会倾向于价格适中的商业软件；商业网站对新技术敏感性最高，会不惜高价格获得最佳的服务；个人网站则倾向于用较低的价格获得较多的服务，所以免费和低价优惠的业务会受到青睐。

可以看出来，不同的应用类型，对应用安全和数据安全要求差异很大，因而，对应的软件选择和管理策略也会存在差异。

应用管理的主要任务有安装、配置、升级、安装补丁、备份还原、安全检测等。

应用上线运行前，要进行多方面的测试，提前发现和处理遇到的问题；投入正式运行后，每次升级操作都应该在测试机上操作无误后再正式实施；要定期进行安全扫描，以发现安全隐患；对业务数据要制订合理的备份计划，并严格执行。

对于业务功能应用软件本身，有软件安装盘，通常不需要额外备份。一般需要重点备份的内容主要是系统业务数据，要坚持每一个月内不定期地做数据库的完整备份。

所有应用的核心是数据，对数据实施保护和管理，是最基础也是最重要的管理手段。

任务实践

3.2　服务器日常管理的具体工作

作为网络管理者，根据网络部署情况和业务需求差异，工作任务内容差异也许很大。

但总地来说，包含以下几方面的内容。

如果是自建机房，需要每天检查机房的供电、通风、温度、湿度、防火等措施，维护良好的工作环境；保持机房整洁有序，按时记录网络机房运行日志，制订网络机房管理制度并监督执行。保证系统物理安全是最为基础的要求。

使用工具实时监控服务器和网络的运转及网络通信流量情况，了解在线用户的情况，对系统、服务、应用的运行状态和流量情况做到心中有数，发现故障征兆要及时分析处理；随着系统环境的变化、业务发展需要和用户需求，动态调整系统配置参数，优化系统性能。针对主干设备的配置情况及配置参数变更情况，需备份各个设备的配置文件。

查看日志，检查系统防火墙和入侵检测系统的相关信息，使用网络安全漏洞扫描系统，对系统进行检查，并对关键的网络服务器采取容灾的技术手段。

对于实时工作级别要求不高的系统和数据，按最低限度，网络管理员也应该进行定期的手工操作备份；对于关键业务服务系统和实时性要求高的数据和信息，网络管理员应该建立存储备份系统，进行集中式的备份管理。备份完成后，将备份数据随时保存在安全地点是非常重要的。

对系统进行更改或升级前，需在同样配置的测试系统验证正确后，再在正式运行系统上操作，对重要的业务服务器，做好冗余或者热备。一旦系统或者业务出现问题，才可以快速恢复，或者使用冗余热备等技术来解决问题。

网络技术高速发展，每时每刻都可能有新技术和新发现。对网络管理者来说，养成每天查询最新资讯，对新技术进行不断学习，是极其重要的。如果刚刚公布一个新的 bug，你没能立刻看到并修复自己的系统，那么，服务器就很可能成为网络攻击的目标。

3.2.1 影响服务器性能的几大因素

1. CPU(中央处理器)

CPU 是操作系统稳定运行的根本，CPU 的速度与性能在很大程度上决定了系统整体的性能，CPU 数量越多、主频越高，服务器性能也就相对越好。

为了提升性能，服务器通常会配置多 CPU。为了发挥多 CPU 的强大处理能力，操作系统也必须支持 SMP 功能才行。如果服务器配备两个 CPU，每个 CPU 都是双核的处理器，那么逻辑 CPU 的个数就是 4 个。在支持 SMP 的操作系统上，可以发挥接近 4 个 CPU 之和的处理能力。

当然，安装的 CPU 数量越多，获得的性能方面的提高就越少。Linux 内核会把多核的处理器当作多个单独的 CPU 来识别，例如两个 4 核的 CPU，会被当作 8 个单核 CPU。但是，从性能角度来讲，两个 4 核的 CPU 与 8 个单核的 CPU 并不完全等价，前者的整体性能要比后者低大概 1/4。

可能出现 CPU 瓶颈的应用有邮件服务器、动态 Web 服务器等，对于这类应用，要把 CPU 的配置和性能放在主要位置。

2. 内存

内存的大小是影响 Linux 性能的一个重要的因素，内存太小，系统进程将被阻塞，应用也将变得缓慢，甚至失去响应；内存太大，导致资源浪费。Linux 系统采用了物理内存和虚拟内存两种方式，虚拟内存虽然可以缓解物理内存的不足，但是，占用过多的虚拟内存，应用程序的性能将明显下降，要保证应用程序的高性能运行，物理内存一定要足够大；但是，过大的物理内存，会造成内存资源浪费。

可能出现内存性能瓶颈的应用有打印服务器、数据库服务器、静态 Web 服务器等，对于这类应用，要把内存大小放在主要位置。

3. 磁盘 I/O 性能

磁盘的 I/O 性能直接影响应用程序的性能，在一个有频繁读写的应用中，如果磁盘 I/O 性能得不到满足，就会导致应用停滞。

好在现今的磁盘都采用了很多方法来提高 I/O 性能，比如常见的磁盘独立磁盘冗余阵列(Redundant Array of Independent Disk，RAID)技术。

RAID，简称磁盘阵列，通过将多块独立的磁盘(物理硬盘)按不同方式组合起来，形成一个磁盘组(逻辑硬盘)，从而提供比单个硬盘更高的 I/O 性能和数据冗余。

通过 RAID 技术组成的磁盘组，I/O 性能比单个硬盘要高很多，同时，在数据的安全性上也有很大的提升。

4. 网络带宽

Linux 下的各种应用，一般都是基于网络的，因此，网络带宽也是影响性能的一个重要因素。低速的、不稳定的网络将导致网络应用程序的访问阻塞，而稳定、高速的网络带宽，可以保证应用程序在网络上畅通无阻地运行。

3.2.2　查看服务器运行情况

服务器每天 7×24 小时不间断的运行，但是管理员还得吃饭睡觉，不可能一直在服务器边监控系统的运行。如果下班后出了问题怎么办？

通常，管理员会设置报警机制，当系统出现某些敏感问题时，可以立刻发送报警信息，以便即时处理。第二天上班后，只要没有收到报警信息，管理员就能确定，那些敏感的问题没有发生。但是，这并不意味着在此期间，服务器就平安无事。

服务器可能出现工作异常，也可能发生了网络攻击，网络可能出现了过载，部分应用可能出现了功能异常。只是没有触发管理员设置的报警条件而已。所以，每天管理员上班后，第一件事就是检查服务器的工作状况，包括当前的，及先前人不在时的情况。

1. 查看 CPU 的负载情况

计算机的核心部件就是 CPU，它的作用就是执行程序指令。所有的一切操作，无论是服务器本身，或还是用户跟服务器的交互，归根到底，都要 CPU 来处理完成。通常，应用功能越强大，对 CPU 的要求就越高；访问的用户数越多，CPU 就越繁忙。当 CPU 负荷不了服务和用户时，就会出现各种问题，严重时，甚至会出现错误、死机等情况。

因此，要保证服务器稳定运行，就必须对 CPU 的运行状况时刻进行关注。要查看 CPU 当前的负载情况，可以使用 uptime 或者 w 命令。结果中的 load average 后面的三个数字显示了系统最近 1 分钟、5 分钟、15 分钟的系统平均负载情况。

uptime 和 w 命令都可以查看 CPU 的使用情况，与 uptime 相比，w 命令还可以查询当前登录系统的用户信息，以及这些用户目前正在做什么操作。

如图 3-1 所示，执行 w 命令的当前时间是上午 7 时 52 分 48 秒，服务器已经运行 0 分钟(min)，当前有 1 个 user(用户)登录，CPU 的最近负载情况(1 分钟/5 分钟/15 分钟)。USER(用户)名为 root 的用户在名为 tty1 的 TTY(终端)上登录；登录时间是上午 7 时 52 分；FROM(从哪里登录)为空，说明是本地登录；到目前为止，IDLE(空闲时间)的时间为 0.00s，这意味着用户正在操作；JCPU 指的是与该 tty 终端连接的所有进程占用的时间；PCPU 指的是当前进程所占用的时间；WHAT 对应的 w 就是当前正在执行的命令进程。

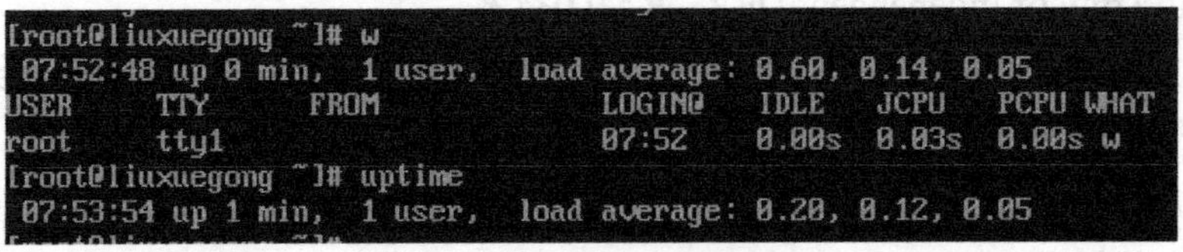

```
[root@liuxuegong ~]# w
 07:52:48 up 0 min,  1 user,  load average: 0.60, 0.14, 0.05
USER     TTY      FROM             LOGIN@   IDLE   JCPU   PCPU WHAT
root     tty1                      07:52    0.00s  0.03s  0.00s w
[root@liuxuegong ~]# uptime
 07:53:54 up 1 min,  1 user,  load average: 0.20, 0.12, 0.05
```

图 3-1　查看 CPU 负载

uptime 命令则只显示服务器当前的运行信息。格式与 w 命令类似。

CPU 负载情况查看的是 load average 这个输出值，这三个值的大小一般不能大于系统逻辑 CPU 的个数，例如，系统有两个逻辑 CPU，如果 load average 的三个值长期大于 2，说明 CPU 负载可能过大；如果 load average 的输出值小于 CPU 的个数，则表示 CPU 还有空闲。从图 3-1 中可以看出，当前，CPU 是比较空闲的。

从经验上看，服务器的 CPU 使用率在低于 80%时，是健康的，超过了就要多关注和分析原因。偶尔 CPU 负载过高不用特别紧张，但长时间处于高负荷就一定要提高警惕。

例如，使用 w 和 uptime 查看 CPU 的使用情况：

```
#w
#uptime
```

2. 查看内存的负载情况

free 命令可以查看当前内存使用情况，total 表示总内存大小，used 表示已用内存大小；free 表示空闲内存大小；shared 表示进程共享的内存大小；buff/cache 表示缓冲和缓存使用的内存大小；available 表示还可以使用的内存大小。图 3-2 中，可以看到可用内存远远大于空闲内存，这是因为 buff/cache 类型的内存是随时都可回收的，也视为可用内存。

```
[root@liuxuegong ~]# free -h
              total        used        free      shared  buff/cache   available
Mem:           472M        188M         57M        4.7M        226M        241M
Swap:          2.0G          0B        2.0G
```

图 3-2　使用 free 命令查看内存的负载

-h 选项能够以友好的方式显示信息；如果要持续一段时间连续查看内存信息，可以用“-s N”(second)选项指定间隔时间，单位是秒；用“-c N”(count)选项指定循环次数。

例如，使用 free 命令查看内存使用情况：

```
#free
#free -h
#free -h -s 1 -c 3
```

vmstat(Virtual Memory Status)是一个查看虚拟内存使用状况的工具，使用 vmstat 命令可以得到关于进程、内存、交换区、输入输出、系统及 CPU 活动的信息。

一般 vmstat 工具的使用是通过两个数字参数来完成的，第一个参数是获取的时间间隔数，单位是秒，第二个参数是获取的次数，例如，“vmstat 1 10”表示每隔 1 秒共显示 10 次，如图 3-3 所示。在生产环境中，我们通常会在一个时间段里一直监控，把参数获取次数去掉即可，此时会一直运行，直到我们按 Ctrl+C 键后结束。

```
[root@liuxuegong ~]# vmstat 1 10
procs -----------memory---------- ---swap-- -----io---- -system-- ------cpu-----
 r  b   swpd   free   buff  cache   si   so    bi    bo   in   cs us sy id wa st
 1  0      0  58976    948 230484    0    0   292    17   99  238  1  1 97  1  0
 0  0      0  58976    948 230476    0    0     0     0   67  132  0  1 99  0  0
 0  0      0  58976    948 230476    0    0     0     0   63  117  0  0 100  0  0
 0  0      0  58976    948 230476    0    0     0     0   73  138  0  0 100  0  0
 0  0      0  58976    948 230476    0    0     0     1   78  144  0  0 100  0  0
 0  0      0  58976    948 230476    0    0     0     0   65  129  0  1 99  0  0
 0  0      0  58976    948 230476    0    0     0     0   61  120  0  0 100  0  0
 0  0      0  58976    948 230476    0    0     0     0   63  124  0  0 100  0  0
 0  0      0  58976    948 230476    0    0     0     0   64  123  0  1 99  0  0
 0  0      0  58976    948 230476    0    0     0     0   70  128  0  0 100  0  0
```

图 3-3　使用 vmstat 命令查看内存的负载

下面为各参数的含义。

(1) procs(进程)。

① r：运行队列中的进程数量。

② b：等待 IO 的进程数量。

(2) Memory(内存)。

① swpd：使用虚拟内存的大小。

② free：可用内存的大小。

③ buff：用作缓冲的内存大小。

④ cache：用作缓存的内存大小。

(3) Swap(交换区)。

① si：每秒从交换区写到内存的大小。

② so：每秒写入交换区的内存大小。

(4) IO(输入输出)。

① bi：每秒读取的块数。

② bo：每秒写入的块数(b 表示 block，块)。

(5) System(系统)。

in：每秒中断数，包括时钟中断；cs：每秒上下文切换数。

(6) CPU。

① us：用户进程执行时间(user time)。

② sy：系统进程执行时间(system time)。

③ id：空闲时间(包括 IO 等待时间)。

④ wa：等待 IO 时间。

3. 查看进程运行情况

应用程序执行时被称为进程，根据进程当前所处的状态，可以分为 5 种。

(1) 运行(R，正在运行或在运行队列中等待)。

(2) 中断(S，休眠中，受阻，在等待某个条件的形成或接收到信号)。

(3) 不可中断(D，收到信号不唤醒和不可运行，进程必须等待，直到有中断发生)。

(4) 僵死(Z，进程已终止，但仍没有释放资源)。

(5) 停止(T，进程收到停止信号后停止运行)。

top 命令用来实时查询系统信息。如图 3-4 所示，第一行是 CPU 信息，格式类似于 uptime 命令。第二行是进程信息，一共 103 个进程，1 个在运行，102 个处于睡眠状态，stopped 是停止状态的进程，zombie 是僵尸进程。第三行是 CPU 的详细信息，提示类似于 vmstat。第四行和第五行是物理内存和虚拟内存的信息。再下方是当前运行进程的动态信息。按 H 键查看帮助，按 Q 键退出。

```
#top
```

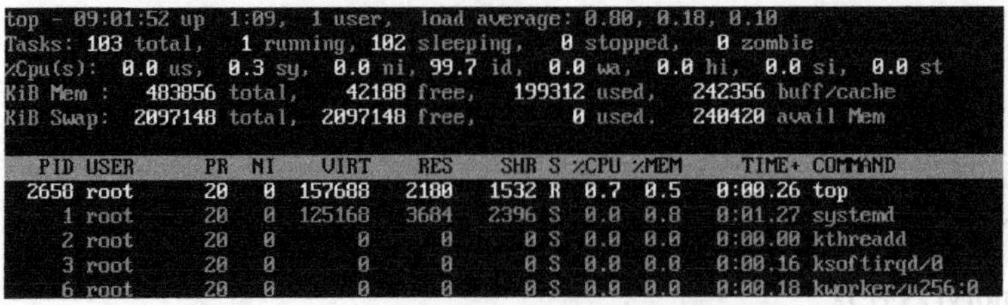

```
top - 09:01:52 up  1:09,  1 user,  load average: 0.80, 0.18, 0.10
Tasks: 103 total,   1 running, 102 sleeping,   0 stopped,   0 zombie
%Cpu(s):  0.0 us,  0.3 sy,  0.0 ni, 99.7 id,  0.0 wa,  0.0 hi,  0.0 si,  0.0 st
KiB Mem :   483856 total,    42188 free,   199312 used,   242356 buff/cache
KiB Swap:  2097148 total,  2097148 free,        0 used.   240420 avail Mem

  PID USER      PR  NI    VIRT    RES    SHR S %CPU %MEM     TIME+ COMMAND
 2658 root      20   0  157688   2180   1532 R  0.7  0.5   0:00.26 top
    1 root      20   0  125168   3684   2396 S  0.0  0.8   0:01.27 systemd
    2 root      20   0       0      0      0 S  0.0  0.0   0:00.00 kthreadd
    3 root      20   0       0      0      0 S  0.0  0.0   0:00.16 ksoftirqd/0
    6 root      20   0       0      0      0 S  0.0  0.0   0:00.18 kworker/u256:0
```

图 3-4 使用 top 命令监控系统的状态

top 命令字段的说明如表 3-1 所示。

表 3-1 top 命令字段的说明

字 段 名	字段说明
PID	进程 id
USER	进程拥有者

续表

字 段 名	字段说明
PR	进程优先级
NI	负值表示高优先级，正值表示低优先级
VIRT	进程使用的虚拟内存总量
RES	进程使用的、未被换出的物理内存大小
SHR	共享内存大小
S	进程状态，S，sleeping，休眠进程；Ss，表示主进程；“+”表示在前台的进程；R，running
%CPU	占用的 CPU 使用率
%MEM	占用的记忆体使用率
TIME	执行的时间
COMMAND	所执行的指令

也可以使用 ps 命令来查看进程信息，如图 3-5 所示。

例如，显示所有(包含其他使用者)的进程：

```
#ps -aux
```

```
USER       PID %CPU %MEM    VSZ   RSS TTY      STAT START   TIME COMMAND
root         1  0.0  0.7 125240  3740 ?        Ss   07:52   0:01 /usr/lib/systemd
d-root --system --deserialize 21
root         2  0.0  0.0      0     0 ?        S    07:52   0:00 [kthreadd]
root         3  0.0  0.0      0     0 ?        S    07:52   0:00 [ksoftirqd/0]
root         7  0.0  0.0      0     0 ?        S    07:52   0:00 [migration/0]
```

图 3-5　使用 ps 命令查看进程信息

ps 命令字段的说明如表 3-2 所示。

表 3-2　ps 命令字段的说明

字 段 名	字段说明
USER	进程拥有者
PID	进程 id
%CPU	占用的 CPU 使用率
%MEM	占用的记忆体使用率
VSZ	占用的虚拟内存大小
RSS	占用的内存大小
TTY	终端的次要装置号码(minor device number of tty)
STAT	该行程的状态
START	进程开始时间
TIME	执行的时间
COMMAND	所执行的指令

4. 查看用户使用系统的情况

last 命令用来查看登录 Linux 的历史信息，如图 3-6 所示，从左至右依次为账户名称、登录终端、登录客户端 IP、登录日期及时长。如果有异常的用户登录，那么就有必要仔细查看和关注，很可能是非法用户在入侵系统。

```
#last
#last|head
```

```
[root@liuxuegong ~]# last
root     tty1                          Thu Feb 16 07:52   still logged in
reboot   system boot  3.10.0-514.el7.x Thu Feb 16 07:52 - 09:57  (02:05)
root     tty1                          Mon Feb 13 16:41 - 19:00  (02:19)
reboot   system boot  3.10.0-514.el7.x Mon Feb 13 16:38 - 19:00  (02:22)
root     tty1                          Mon Feb 13 10:54 - 12:36  (01:42)
reboot   system boot  3.10.0-514.el7.x Mon Feb 13 10:54 - 12:37  (01:43)
```

图 3-6 使用 last 命令查看登录信息

5. 查看主机端口开放和连接情况

端口地址对应的是网络服务，检查服务器是否开放了新的端口。如果有新的端口打开了，那么可能是未知服务在运行。使用 ss 命令检查端口绑定的服务，如表 3-3 所示。如果是攻击者攻击服务器后留下的后门，那么就要马上处理。

表 3-3 ss 命令的常用功能选项说明

命　令	功能说明
ss -l	显示本地打开的所有端口
ss -pl	显示每个进程具体打开的 socket
ss -t -a	显示所有 tcp socket
ss -u -a	显示所有的 UDP socket
ss -o state established '(dport =:http or sport=:http)'	显示所有已建立的 HTTP 连接(dport，目标端口地址；sport，源端口地址)
ss -s	列出当前 socket 的详细信息
ss -n	显示端口号而不是名称

例如，查看网络端口的状态：

```
#ss -s
#ss -ln
#ss -an
```

6. 查看网络流量信息

使用 ip 命令是最简单的查询网络流量信息的方法。ip 命令的语法是：

```
#ip [OPTIONS] OBJECT { COMMAND | help }
```

其中，OBJECT 和 COMMAND 可以简写到一个字母。

ip 命令的语法说明如表 3-4 所示。

表 3-4　ip 命令的语法说明

ip help	查看帮助信息	可简写为 ip h
ip <OBJECT> help 例：ip addr help	查看针对该 OBJECT 的帮助	可简写为 ip a h
ip addr	查看网络接口地址	可简写为 ip a
ip -s link	查看网络连接统计信息	

例如，查看流量信息，如图 3-7 所示。

```
#ip -s link
```

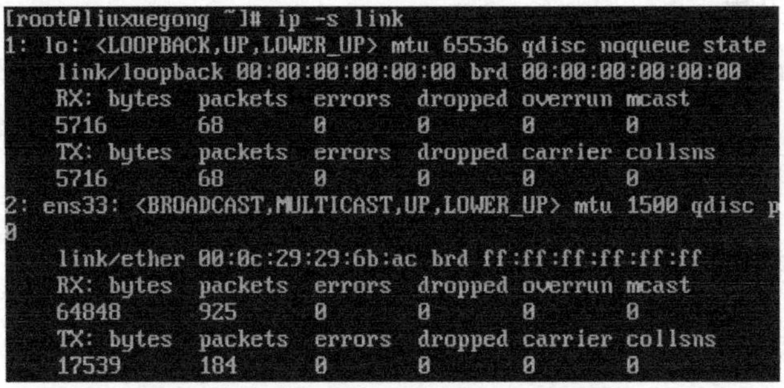

```
[root@liuxuegong ~]# ip -s link
1: lo: <LOOPBACK,UP,LOWER_UP> mtu 65536 qdisc noqueue state
    link/loopback 00:00:00:00:00:00 brd 00:00:00:00:00:00
    RX: bytes  packets  errors  dropped overrun mcast
    5716       68       0       0       0       0
    TX: bytes  packets  errors  dropped carrier collsns
    5716       68       0       0       0       0
2: ens33: <BROADCAST,MULTICAST,UP,LOWER_UP> mtu 1500 qdisc p
0
    link/ether 00:0c:29:29:6b:ac brd ff:ff:ff:ff:ff:ff
    RX: bytes  packets  errors  dropped overrun mcast
    64848      925      0       0       0       0
    TX: bytes  packets  errors  dropped carrier collsns
    17539      184      0       0       0       0
```

图 3-7　使用 ip 命令查看流量信息

使用 sysstat 性能监控工具来监控网卡流量。

sysstat 是一个非常方便的工具，它带有众多的系统资源监控工具，用于监控系统的性能和使用情况。表 3-5 是包含在 sysstat 包中的工具。

表 3-5　sysstat 监控工具

命　令	命令功能说明
iostat	输出 CPU 的统计信息和所有 I/O 设备的输入输出(I/O)统计信息
mpstat	关于 CPU 的详细信息(单独输出或者分组输出)
pidstat	关于运行中的进程/任务、CPU、内存等的统计信息
sar	保存并输出不同系统资源(CPU、内存、IO、网络、内核等)的详细信息
sadc	系统活动数据收集器，用于收集 sar 工具的后端数据
sa1	系统收集并存储 sadc 数据文件的二进制数据，与 sadc 配合使用
sa2	配合 sar 工具使用，产生每日的摘要报告
sadf	用于以不同的数据格式(CVS 或者 XML)来格式化 sar 工具的输出
Sysstat	sysstat 工具的 man 帮助页面
nfsiostat	NFS(Network File System)的 I/O 统计信息
cifsiostat	CIFS(Common Internet File System)的统计信息

要使用 sysstat 工具集，首先需要安装 sysstat：

```
#yum install sysstat
```

sysstat 包含命令和功能众多，涵盖了监控系统数据的各个方面，可以选取一个命令作为示例，其他的大家可以自行查询资料进行练习。

sar 命令用来获得整个系统性能的报告，通常系统运行异常时，有助于定位系统性能的瓶颈，并且有助于找出这些性能问题的解决方法。

Linux 内核维护着一些内部计数器，这些计数器包含了所有的请求及其完成时间和 I/O 块数等信息，sar 命令从所有的这些信息中计算出请求的利用率和比例，以便能够找出瓶颈所在。

sar 命令主要的用途是生成某段时间内所有活动的报告，因此，必需确保 sar 命令在适当的时间进行数据采集。

例如，使用 sar 查看网卡流量信息(-n DEV：查看网卡流量)，如图 3-8 所示。

```
#sar -n DEV 1 3
  查看网卡的流量(间隔 1 秒，共 3 次)
#sar -n DEV -o net_info 1 3
  把流量信息写到文件 net_info 里
#sar -n DEV -f net_info
  查看 net_info 文件里记录的网卡的流量信息
```

```
/var/log/sa/sa16
[root@liuxuegong ~]# sar -n DEV 1 3
Linux 3.10.0-514.el7.x86_64 (liuxuegong.local)  02/16/2017      _x86_64_        (1 CPU)

09:49:16 AM     IFACE   rxpck/s   txpck/s    rxkB/s    txkB/s   rxcmp/s   txcmp/s  rxmcst/s
09:49:17 AM        lo      0.00      0.00      0.00      0.00      0.00      0.00      0.00
09:49:17 AM     ens33      0.00      1.00      0.00      0.09      0.00      0.00      0.00

09:49:17 AM     IFACE   rxpck/s   txpck/s    rxkB/s    txkB/s   rxcmp/s   txcmp/s  rxmcst/s
09:49:18 AM        lo      0.00      0.00      0.00      0.00      0.00      0.00      0.00
09:49:18 AM     ens33      0.00      0.00      0.00      0.00      0.00      0.00      0.00

09:49:18 AM     IFACE   rxpck/s   txpck/s    rxkB/s    txkB/s   rxcmp/s   txcmp/s  rxmcst/s
09:49:19 AM        lo      0.00      0.00      0.00      0.00      0.00      0.00      0.00
09:49:19 AM     ens33      0.00      0.00      0.00      0.00      0.00      0.00      0.00

Average:        IFACE   rxpck/s   txpck/s    rxkB/s    txkB/s   rxcmp/s   txcmp/s  rxmcst/s
Average:           lo      0.00      0.00      0.00      0.00      0.00      0.00      0.00
Average:        ens33      0.00      0.33      0.00      0.03      0.00      0.00      0.00
[root@liuxuegong ~]# _
```

图 3-8　使用 sar 命令查看网卡的流量

sar 命令各字段功能说明如表 3-6 所示。

7. 使用 nmap 检测网络

nmap 提供了四项基本功能(主机发现、端口扫描、服务与版本侦测、OS 侦测)及丰富的脚本库。nmap 是不局限于仅仅收集信息和枚举，同时可以用来作为一个漏洞探测器或安全扫描器。

表 3-6 sar 命令各字段功能的说明

字 段 名	功能说明
IFACE	LAN 接口，网络设备的名称
rxpck/s	每秒钟接收的数据包
txpck/s	每秒钟发送的数据包
rxkB/s	每秒钟接收的千字节数
txkB/s	每秒钟发送的千字节数
rxcmp/s	每秒钟接收的压缩数据包
txcmp/s	每秒钟发送的压缩数据包
rxmcst/s	每秒钟接收的多播数据包

nmap 的使用语法：

```
#nmap [选项] 目标
```

nmap 的常用选项说明如表 3-7 所示。

表 3-7 nmap 的常用选项说明

选 项	功能说明
-sP	判断当前网络哪些主机在线
-vv	显示详细的扫描过程
-sS	使用 SYN 半开式扫描，这种扫描方式使得扫描结果更加正确
-O	大写 O 代表 OS，判断主机操作系统
-T4	对每台主机的扫描时间不超过 5 分钟，并且对每次探测回应的等待时间不超过 1.5 秒
-sV	探测端口的服务类型/具体版本等信息
-p 端口号	对某个端口的服务版本进行详细探测

例 1，nmap 扫描目标设置：

```
#nmap 192.168.125.2
  扫描单一的一个主机 192.168.125.2
#nmap 192.168.125.1/24
  扫描整个子网
#nmap 192.168.125.2 192.168.125.5
  扫描多个目标
#nmap 192.168.125.1-100
  扫描范围内的目标(IP 地址为 192.168.125.1-192.168.125.100 内的所有主机)
#nmap -iL target.txt
  把 IP 地址列表保存为一个文件，扫描这个文件内的所有主机
#nmap -sL 192.168.125.1/24
  扫描所有主机的列表
#nmap 192.168.125.1/24 -exclude 192.168.125.1
  扫描除某一个 IP 外的所有子网主机
#nmap 192.168.125.1/24 -exclude file xxx.txt
```

```
扫描除文件中的 IP 外的子网主机(xxx.txt 中的 IP 将会从被扫描的主机中排除)
#nmap -p80,21,23 192.168.125.1
扫描特定主机上的 80,21,23 端口
```

例 2，nmap 的常用扫描选项：

```
#nmap -T4 -A targetip
 全面扫描
#nmap -T4 -sn targetip
 主机发现
#nmap-T4 targetip
 端口扫描
#nmap -T4 -sV targetip
 服务扫描
#nmap -T4 -O targetip
 操作系统扫描
```

3.2.3 查看服务器的日志信息

日志是设备对于每天发生的事件的文件记录。服务器、网络设备、安全设备每天都在产生大量的日志，这些日志记录了设备的运行情况、用户对设备的访问操作和通过设备流转的数据的简要信息，根据这些日志能够监控网络运行，发现异常事件，还可以总结设备运行规律，进行优化设计。

日志对于管理员了解系统运行和安全来说，非常重要。它记录了系统发生的各种各样的事情，你可以通过它来检查某些错误发生的信息记录，或者受到攻击时攻击者留下的痕迹。日志主要的功能有：审计和监测。可以实时监测系统状态，监测和追踪侵入者等。

每个企业部门基本都会安装网站等服务，要养成习惯，每天查看网站等应用的日志，了解网站的运行情况。

每天最少检查一次安全日志，重点关注内容包括 ID 事件、更改审计策略事件等。

如果发现连续的登录失败，可能攻击者试图使用未知用户名或带有错误密码的已知用户名进行登录。如果发生登录账号在登录尝试时被锁定。此事件表明有人发动密码攻击但未成功，因而导致账户锁定。频繁的用户创建、删除等操作，可能是攻击者试图通过禁用或删除发动攻击时使用的账户来掩盖他们的踪迹。如果更改了审计策略，此事件可能表明一个攻击者企图通过修改审计策略来掩盖他们的踪迹。

systemd-journald 是一个收集并存储各类日志数据的系统服务。它创建并维护一个带有索引的、结构化的日志数据库， 并可以收集来自各种不同渠道的日志，例如内核日志、系统日志、审计记录等。

查看 journald 记录的日志信息的语法为：

```
#journalctl [OPTIONS][MATCHES]
```

journalctl 命令的选项说明如表 3-8 所示。

表 3-8　journalctl 命令的选项说明

选　项	功能说明
-a, --all	完整显示所有字段内容
-f, --follow	只显示最新的日志项，并且不断显示新生成的日志项
-k, --dmesg	仅显示内核日志
--system	仅显示系统服务与内核的日志
-u, --unit=UNIT|PATTERN	仅显示属于特定单元的日志。也就是单元名称正好等于 UNIT 或者符合 PATTERN 模式的单元
-h, --help	显示简短的帮助信息并退出

“-a”功能选项显示所有字段内容，使用“-a”时，显示的内容更丰富；“-f”功能选项会不断显示最新生成的日志内容，当你调试或者更改服务配置时，可以即时查看生成的最新消息；“-k”功能选项可以查看内核日志，内核是操作系统的核心部分，如果系统内核启动时出现问题，会造成很大影响；“--system”不仅显示内核日志，还会显示系统服务日志信息，内容更多、更完备；“-u”功能选项可以查看指定 unit(单元)的信息，如果要查看某个服务的信息，用它再合适不过了；如果前面的功能选项不能满足需要，可以进一步查看命令帮助信息，使用“-h”或者“--help”。

例如，使用 journalctl 命令查看日志信息：

```
#journalctl
  不带任何选项与参数，表示显示全部日志
#journalctl _SYSTEMD_UNIT=avahi-daemon.service
  指定一个匹配条件，显示所有符合该匹配条件的日志
#journalctl /usr/bin/dbus-daemon
  显示所有 D-Bus 进程产生的日志
#journalctl -k -b -1
  显示上一次启动所产生的所有内核日志
#journalctl -f -u apache
  持续显示 apache.service 服务不断生成的日志
```

3.3　使用定时任务功能来完成日常工作

3.3.1　定时任务介绍

在上班的时候，我们可以亲手完成工作任务。但是，有些任务会有些麻烦。比如数据备份，如果上班时间进行备份，会占用服务器的资源，导致应用性能下降或者增加出错几率；对服务器运行状况的周期性采集，会覆盖更长的时间，而且会很繁琐。

通常，对服务器数据的备份，会安排在凌晨 4 点前后，此时，用户基本都处于睡眠中，对应用服务器的压力很小。另外，根据数据量的多少，备份时间可能从几分钟到几小时不等，要根据时间做好安排。应该没有人会喜欢熟睡时被闹钟叫醒，然后备份完继续睡

觉的感觉吧？周期性的采集任务也是挑战，每隔 10 分钟，手动采集一次的话，这一天，估计就什么别的任务都做不了了。

事实上，对于像这样下班时间要完成的任务和日常性周期性的任务，有一个服务可以完美地满足需求，那就是定时任务服务(cron 服务)。简单地说，就是事先设定好在什么时间，做什么事情。这样，时间到了后，设定的任务就会自动运行，不再需要管理员手动完成了。

cron 是一个常驻服务，它提供定时器的功能，让用户在特定的时间可以执行预设的指令或程序。只要用户会编辑定时器的配置文件，就可以使用定时器的功能。

如果 cron 服务还没有安装，需要先进行安装：

```
#yum install cronie
#yum install crontabs
```

其中，cronie 软件包是 cron 的主程序；crontabs 软件包是用来安装、卸装或列举用来驱动 cron 守护进程的任务的程序。

crontab 命令用来设置定时任务，每一项任务，需要指定什么时间、谁、做什么。

crontab 命令的功能选项说明如表 3-9 所示。

表 3-9　crontab 命令的功能选项说明

选　项	功能说明
-e	编辑该用户的定时器设置
-l	列出该用户的定时器设置
-r	删除该用户的定时器设置
-u<用户名称>	指定要设定定时器的用户名称

3.3.2　创建定时任务

1. 使用 crontab -e 命令编辑定时任务

执行命令 crontab -e，然后可编辑文件设置定时任务，可以通过标准格式进行输入设置。每个任务的基本格式如表 3-10 所示。

表 3-10　任务的基本格式

*	*	*	*	*	command
分	时	日	月	周	命令

第 1 列表示分钟 0~59，每分钟用*或者*/1 表示。

第 2 列表示小时 0~23(0 表示 0 点)。

第 3 列表示日期 1~31。

第 4 列表示月份 1~12。

第 5 列表示星期 0~6(0 表示星期天)。

第 6 列是要运行的命令。

例如，使用“crontab -e”编辑计划任务：

```
0 * * * *  date >> /root/mydatetest
  每小时执行一次任务，输出日期到/root/mydatetest 文件中
* * * * *  date >> /root/mydatetest
  每分钟执行一次任务，输出日期到/root/mydatetest 文件中
```

执行命令“crontab -l”可以显示当前定时任务，如果想要清除设定的定时任务，可以执行“crontab -r”进行清除：

```
#crontab -l
#crontab -r
```

2. crontab 的时间设置

crontab 计划任务的设置非常灵活，在设置时间时，除了使用数字，还可以使用几个特殊的符号，就是“*”、“/”和“-”、“,”。

“*”代表所有的取值范围内的数字，“/”代表“每”的意思，“*/5”表示每 5 个单位，“-”代表从某个数字到某个数字，“,”分开几个离散的数值。

下面是一些实际的例子：

```
30 21 * * * apache restart
  每晚的 21:30 重启 Apache
45 4 1,10,22 * * apache restart
  每月 1、10、22 日的 4:45 重启 Apache
10 1 * * 6,0 apache restart
  每周六、周日(0)的 1:10 重启 Apache
0,30 18-23 * * * apache restart
  每天 18:00 至 23:00 之间每隔 30 分钟重启 Apache
0 23 * * 6 apache restart
  每星期六的 11:00pm 重启 Apache
* 23-7/1 * * * apache restart
  晚上 11 点到早上 7 点之间，每隔一小时重启 Apache
* */1 * * * apache restart
  每一小时重启 Apache
0 11 4 * mon-wed apache restart
  每月的 4 号与每周一到周三的 11 点重启 Apache
0 4 1 jan * apache restart
  1 月 1 号的 4 点重启 Apache
*/30 * * * * /usr/sbin/ntpdate 210.72.145.44
  每半小时同步一下时间
```

3. 其他定时任务调度

cron 默认配置了调度任务，分别为 hourly、daily、weekly、monthly，默认配置文件为/etc/anacrontab。要定期执行某些脚本，将需要执行的脚本放到相应的目录下即可，目录分

别为/etc/cron.hourly、/etc/cron.daily、/etc/cron.weekly、/etc/cron.monthly。对于一次性运行的任务，可以使用 at 命令来完成。

3.3.3 编写 Shell 任务脚本并定时运行

有时要执行的计划任务很复杂，此时可以编写 Shell 脚本，把要完成的复杂任务编写在脚本里。脚本文件可以添加.sh 后缀名，这样可以一目了然。当然，添加.sh 后缀本身并不说明任何问题，也不意味着这样的文件可以执行。

要让脚本文件执行，需要赋予它执行权限。

例 1，使用定时脚本任务来执行复杂任务：

```
#vi task1.sh
  建立 task1.sh 脚本文件
#chmod 744 task1.sh
  设置文件权限为 744，这样文件权限为 rwxr--r--，文件属主具有执行权限就可以执行了
#crontab -e
0 4 * * * /root/task1.sh
  执行“crontab -e”进行设置，在指定的时刻凌晨 4 点 0 分执行指定的脚本 task1.sh
```

例 2，每过十分钟查看服务器利用率：

```
#vi serveruse.sh
#cat serveruse.sh

#!/bin/bash
date;
echo "uptime:"
uptime
echo "Currently connected:"
w
echo "--------------------"
echo "Last logins:"
last -a |head -3
echo "--------------------"
echo "Utilization and most expensive processes:"
top -b |head -3
echo
top -b |head -10 |tail -4
echo "--------------------"
echo "Open TCP ports:"
nmap -p- -T4 127.0.0.1
echo "--------------------"
echo "Current connections:"
ss -s
echo "--------------------"
echo "processes:"
ps auxf --width=200
echo "--------------------"
```

```
echo "vmstat:"
vmstat 1 5

#chmod 755 serveruse.sh
#crontab -e
*/10 * * * * /root/serveruse.sh>>/root/serveruse.log
```

每十分钟执行命令 serveruse.sh，把输出结果存储到 serveruse.log。

3.4　服务器的故障管理

3.4.1　故障必然发生

对网络系统进行管理，时不时会发生各种类型的网络故障。对网络故障的应对，也不外乎事前检测和预警、现场快速恢复和事后总结防范等。

故障是必然会发生的，所以，遇到故障时不必惊慌，要静下心来，仔细分析，确认故障类型和故障部位，制订修复计划，然后讨论实施，还要记录好故障日志。切忌遇事慌乱、盲目猜测、无计划、不记录日志的检测和修复行为。有些时候，这样的行为可能造成更大的破坏。

常见网络故障包括主机故障、网络设备故障、通信线路故障、软件系统故障、网络拥塞与拒绝服务等。

例如，用户遇到网站无法正常访问的故障，分析故障的起因如下。

(1) 可能来自主机故障，如计算机网卡工作异常或损坏，使得信息无法正常收发。

(2) 可能来自网络设备故障，例如本地网关设备工作异常，使得网络内部与外界的网络通信中断。

(3) 可能来自通信线路故障，例如线缆接触不良，导致丢包或者大量的传输错误，使得通信无法正常进行。

(4) 可能来自软件系统的故障，例如浏览器软件被非法修改导致功能异常，使得浏览出现问题。

(5) 可能来自网络拥塞和拒绝服务等意外情况，此时，你的本地网络没有任何问题，但是，到达目标网址的通信路径上的某个转发设备繁忙或者就是目标网站服务器自身出现了问题，使得用户的 Web 请求无法及时得到响应。

(6) 可能的种种原因，增加了故障排除的难度。因此，分析故障起因时，要充分考虑系统性因素，全面考虑各种可能，才可以尽快地发现问题和制订解决方案。

3.4.2　网络故障的检测与处理

无论管理者做了多少努力，故障的发生几率也不会是 0。在问题发生前，可以做多方面的努力，力求降低故障的发生几率。“善战者无赫赫之功”用在此处，便是再合适不过了。

当网络刚刚组建时，设备本身的物理故障很少发生，软件产生的问题比较突出；当系统运行一年以后，各种小故障就开始出现；运行几年的系统，各类故障会频发，这是电子设备固有的问题，除非升级系统、更换部件，不然无可避免。

因此，故障未发生前的日常检测、发生后对网络故障进行信息收集和排查时，对老设备和出过问题的设备要给予更多关注，因为它出问题的几率更大。

一旦故障发生，处理流程和思路一般如下。

首先要对故障进行分离和检测，确认故障发生的部位、现象、影响范围、可能的后果等，并记录下相关信息。

针对收集的故障信息进行分析，对可能的故障起因进行列举，然后逐一检测，记录检测结果。

分析故障的产生原因，并制订对应的处理方案，讨论通过后确认实施。

实施方案，并进行故障测试与分析，验证故障是否已经解除，影响范围是否全部恢复正常。

故障排除后，记录完整故障排查日志，并进行总结。

记录日志就像医院记录病人的病例一样，可以进行经验总结、反思和提高；也可以在下一次故障到来时，更好地辅助诊断故障。虽然看起来，会增加部分工作量，但是，从总体工作流程上看，可以有效地增加系统的工作效率。

例如：查找和排除故障的范例。

员工小王早上 9 点提交故障检修请求，称无法访问企业网站，要求管理员给予处理。接到申请后，管理员开始启动故障处理流程。

(1) 首先对故障进行分离和检测，确认故障发生的部位、现象、影响范围、可能的后果等，并记录下相关的信息。

收集故障的有关信息如下。

① 小王的计算机无法访问企业网站。

② 小王同事小李的计算机可以正常访问企业网站。

③ 小王的计算机与同事小李的计算机不在同一个网段(VLAN)。

④ 在同一网段的其他计算机都无法正常访问。

从故障信息中可以分析得知，此故障范围在小王所属的网段，故障现象是无法访问企业 Web 服务器。

(2) 针对收集的故障信息进行分析，对可能的故障起因进行列举，然后逐一检测，记录检测的结果。

可能造成一台计算机无法浏览 Web 服务器的原因主要如下。

① 该计算机的网络通信协议工作异常。

② 该计算机的 IP 地址与掩码设置出错。

③ 该计算机的网关设置出错。

④ 该计算机的 DNS 设置出错。

⑤　该计算机系统的浏览器有问题。

⑥　提供域名解析的 DNS 服务器有故障。

⑦　企业 Web 服务器工作不正常。

⑧　内网路由设置中存在问题。

⑨　其他原因导致该计算机请求无法到达服务器。

分析故障起因时，需要借助管理员的经验来一一列举，但是，这样很可能存在遗漏和忽视。通常，企业应该建立故障处理手册，规范常见故障的处理流程。如果已经制订了处理手册，就可以查阅手册进行处理。

(3)　综合考虑各种可能的原因后，开始逐项检测排查。

①　测试该计算机的 TCP/IP 协议：

```
#ping 127.0.0.1 -c 3
```

127.0.0.1 是本机环回地址，发往此地址的信息会自动回送给发送者，通常用来测试本机网络功能是否正常工作。如果测试信息不能正常返回，需要重新安装网络协议。

②　测试该计算机的 IP 地址与掩码设置，如图 3-9 所示。

```
#ifconfig
```

```
[root@liuxuegong ~]# ifconfig
ens33: flags=4163<UP,BROADCAST,RUNNING
        inet 192.168.125.131  netmask
        inet6 fe80::4058:6b5a:49d5:626
        ether 00:0c:29:f9:35:e1  txque
        RX packets 219591  bytes 30129
        RX errors 0  dropped 0  overru
        TX packets 36518  bytes 224887
        TX errors 0  dropped 0 overrun
```

图 3-9　查看本机 IP 地址信息

使用 ifconfig 或者 ip addr 命令可以查看本机 IP 地址，接下来使用 Ping 命令进行连通性测试：

```
#ping 192.168.125.131 -c 3
```

192.168.125.131 是小王计算机的 IP 地址，如果此测试信息不能正常返回，说明此网络接口不能正常工作，可能是配置错误，也可能是网卡本身出了问题，或者线缆出了问题。需要进一步排查。如果正常返回，继续检测下一项。

③　测试该计算机的网关设置，如图 3-10 所示。

```
#ip route
```

```
[root@liuxuegong ~]# ip route
default via 192.168.125.2 dev ens33
192.168.122.0/24 dev virbr0  proto k
192.168.125.0/24 dev ens33  proto ke
192.168.125.0/24 dev ens33  proto ke
[root@liuxuegong ~]# _
```

图 3-10　查看默认网关

ip route 命令可以查看本机路由表，default 开头的一行就是本机的默认网关，via 后面的 IP 地址就是设定的默认网关 IP 地址。接下来，使用 ping 测试到网关的网络是否畅通：

```
#ping 192.168.125.2 -c 3
```

192.168.125.2 是小王所在网段的网关地址，如果此测试信息不能正常返回，说明网关地址不可用，可能是网线出了问题，或者网关设备出了问题。

此故障中，小王所在网段都无法上网，可见，此网段的网关设备很有可能出了问题。

④ 测试该计算机的 DNS 设置。

网络设置中的 DNS 服务器设定项存放在/etc/resolv.conf 文件中，可以使用 cat 命令查看此文件中的 DNS 设置，如图 3-11 所示。

```
#cat /etc/resolv.conf
```

```
[root@liuxuegong ~]# cat /etc/resolv.conf
# Generated by NetworkManager
search localdomain
nameserver 192.168.125.2
```

图 3-11 查看 DNS 服务器设置

可以看到此时 DNS 服务器设置的 IP 地址是 192.168.125.2，先测试一下到 DNS 服务器的网络是否畅通：

```
#ping 192.168.125.2 -c 3
```

192.168.125.2 是本地域名服务器的 IP 地址，如果此测试信息不能正常返回，说明本地域名服务器不可用，可能是网络不通，或者域名服务器出错。如果能够正常返回，继续测试 DNS 服务器是否能正常实现域名解析功能：

```
#host www.sohu.com
```

如果域名能够成功解析，则继续检测其他内容；如果不能正常解析，则需要进一步对 DNS 服务器进行测试，以确认是否存在故障。

⑤ 测试 DNS 服务器：

```
#vi /etc/hosts
```

如果域名不能解析成功，可能是域名服务器解析出错，导致不能正常访问 Web 服务器。可在本机 hosts 文件中添加解析记录，尝试本地解析，如果故障解除，就说明本机功能正常，故障很可能是 DNS 服务器错误，接下来应该去检测 DNS 服务器状态与配置。

在本例中，同事小李可以正常访问，说明 DNS 基本正常工作，可能导致此问题出现的原因，可能是设置了访问限制等原因，需要仔细检查和测试服务配置。

小王先前可以正常访问，今天突然出现异常，如果是 DNS 配置问题，那么就需要查看操作日志，是否其他管理员更改了设置；再查看服务器日志，看看是否有相关的非法更改信息；另外，可能还需要进行一下入侵检测，查看是否发生了网络入侵。

⑥ 测试该计算机系统的浏览器。

换一个浏览器进行浏览或者把当前浏览器卸载并重新安装后，再次测试。

如果故障消失，建议进行病毒和木马检测，因为通常浏览器故障是因为遭到病毒和木马的非法修改导致的。

⑦ 测试企业 Web 服务器。

小王网段不能访问 Web 服务器，小李网段可以，说明 Web 服务器基本正常，可能 Web 服务器配置了访问限制，需要检查 Web 服务器配置，并审查日志，防止非法入侵。

⑧ 测试内网路由设置：

```
#ping 目标网站 IP 地址或者域名
#traceroute 目标网站 IP 地址或者域名
```

如果 ping 目标网站不能正常返回测试信息，则网络可能不通。此时，可以执行 traceroute 命令进行路由测试，确认是哪一个路由设备传输出错，然后检查此设备。

此案例中，目标是企业内部网站，路由设备由企业管理，管理员可以检查设备配置，进行修正；如果目标是外界 Web 站点，那么问题路由设备可能是公网的设备，我们无权查看和修改，此时就需要与对方客服沟通协调了。

⑨ 其他原因的检测。

如果网络是畅通的，服务配置和日志信息都是正常的，那么就要考虑其他因素了。例如，路由器的过滤策略，服务器的安全权限限制，防火墙的限制，流量控制的限制等。

如果仍然没有发现故障的原因，则应该怀疑病毒、木马和黑客入侵。查杀病毒、查杀木马、进行入侵检测。

如果还是不能发现问题，可考虑把相关主机和服务重新启动，或进行交叉测试等。

(4) 分析故障的产生原因，并制订对应的处理方案，讨论通过后确认实施。

确认故障的起因，接下来需要制订对应的处理方案。如果是系统错误，直接修正就可以了；有时候，故障是因为其他系统管理的需要调整设置后才殃及池鱼。由于先前不完善的方案导致意外问题的发生，如果再随手处理，很可能会引发更多的问题。所以，需要仔细考虑，制订处理方案，并认真讨论和研究。确认无误后再进行实施。

(5) 实施方案，并进行故障测试与分析，验证故障是否解除，影响范围是否全部恢复正常。

方案实施后，不仅要排查故障主机是否恢复了正常工作，还要扩大测试范围，以防此故障解决后再引发其他问题的产生。

(6) 故障排除后，记录完整故障排查日志，并进行总结。

记录日志不仅是规范化工作流程的考虑，更可以有效提升工作效率。适时总结加深，不仅对员工是一种升华和提高，更有助于日后工作的开展。此外，还可以作为对员工进行奖惩的依据。

任务二：服务器的远程管理

在这一部分中，我们要关注三个问题：远程管理管什么？为什么说远程管理很重要？如何进行远程管理？

知识储备

3.5 远程管理是什么/为什么要使用远程管理

我们使用的个人计算机，就放置在手边，想用的时候开机就能使用，但是服务器就不同了。服务器一般都是放置在专业机房或者数据中心中，我们管理服务器时，通常是无法直接接触到服务器硬件的。如果要对服务器进行操作，绝大多数情况下，只能通过远程管理的方式来对服务器进行控制。

远程管理，简单地说，就是通过网络远程连接服务器，对服务器进行管理，如图 3-12 所示。为了实现远程连接，在服务器上要配置远程登录服务器，提供相应的网络接口和接入身份审核；在本地计算机上运行专门的客户端软件，连接服务器，进行身份验证后，就可以接入服务器，就像操作本地计算机一样对远程服务器实施管理操作了。

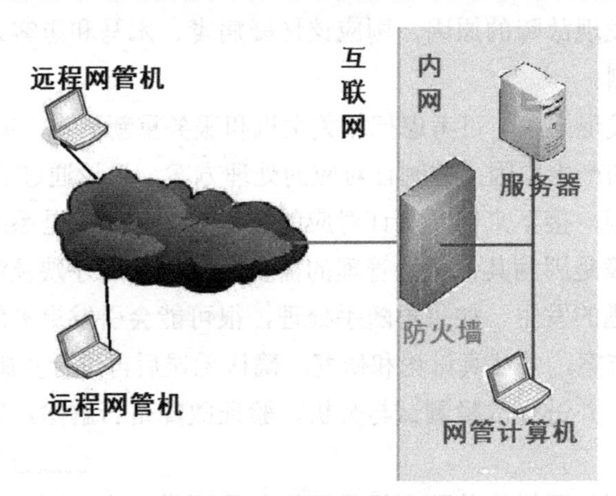

图 3-12 远程登录管理

目前，常见的远程管理控制方式主要有以下几种。

1. 远程桌面协议(Remote Desktop Protocol，RDP)协议

使用 RDP 协议，可以连接远程服务器，并直接操作。远程桌面，简单地说，就是把服务器的桌面显示在眼前，而把自己的输入远程输送到服务器上，就如同跨越网络直接操作本地主机一样方便。Windows 主要采用这种网络管理方式。

2. Telnet

命令行接口(Command Line Interface，CLI)界面下的远程管理工具，因为其历史非常悠久，几乎所有的操作系统都有该工具。但是 Telnet 在传送数据时是通过明文传输的，没有加密，这样会造成很大的安全隐患，所以现在基本不会使用 Telnet 来进行远程管理了。

3. 安全命令行界面(Secure Shell，SSH)协议

CLI 界面下的远程管理工具，几乎所有的操作系统都有，与 Telnet 相比，SSH 在进行数据传送时会对数据进行加密，所以 SSH 是比较安全的协议。几乎所有种类的 Unix 和 Linux 操作系统都采用 SSH 来进行远程管理。

4. 远程帧缓冲(Remote FrameBuffer，RFB)协议

图形化远程管理协议(Virtual Network Computing，VNC)就是基于该协议的，SSH 在 Unix 和 Linux 系统环境下是 CLI 界面常用的远程管理方式，VNC 则是类 Unix 系统下常用的图形化远程管理工具。

对于 Linux 服务器来说，图形环境不是必装的，事实上，对于多数服务器，并不会安装图形环境。另外，即使安装了图形环境，SSH 管理仍是必装必用的服务。因此，我们有必要熟练掌握 SSH 的配置和使用，并对 VNC 远程管理有一定的了解。

任务实践

3.6 使用 SSH 进行远程管理

SSH(Secure Shell)协议是 Linux、Unix、Mac 及其他网络设备最常用的基于命令行模式的远程管理协议，SSH 在对数据进行传送过程中，会使用非对称的加密算法来对数据进行加密，以此来保证远程管理数据的安全。

SSH2 是目前广泛使用的 SSH 版本，SSH 协议是 TCP 协议，其占用的端口号是 22。

绝大多数 Linux 版本默认使用的 SSH 是 openssh，通过“ssh -V”命令可以查看 SSH 的信息，如图 3-13 所示。

```
#ssh -V
```

```
[root@liuxuegong1 ~]# ssh -V
OpenSSH_6.6.1p1, OpenSSL 1.0.1e-fips 11 Feb 2013
```

图 3-13　查看 SSH 信息

SSH 分为服务器端和客户端，对于服务器端，SSH 是默认开机启动的，服务名是 sshd，作为常驻服务存在，可以通过“systemctl status sshd.service”命令来查看，如图 3-14 所示。

```
#systemctl status sshd.service
```

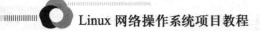

```
[root@liuxuegong1 ~]# systemctl status sshd.service
● sshd.service - OpenSSH server daemon
   Loaded: loaded (/usr/lib/systemd/system/sshd.servic
   Active: active (running) since Sat 2017-04-08 09:02
```

图 3-14　查看 sshd 服务信息

sshd 服务的配置文件是/etc/ssh/sshd_config：

```
#vi /etc/ssh/sshd_config
```

如果要修改 SSH 服务端口，找到“#port 22”，把“#”号去掉，然后把 22 替换成要改的端口，再重启 SSH 服务即可。

```
#systemctl restart sshd.service
```

在 Linux 客户端计算机中，可以通过 ssh 命令登录其他主机，如果计算机是使用 Windows 操作系统的，是没有默认安装 SSH 客户端的，需要安装第三方工具来进行 SSH 远程登录管理，例如 putty、xshell、secureCRT 等。

使用“ssh 用户名@主机名或 IP 地址”命令来进行登录，@之前是我们在远程服务器上登录使用的用户名，@后面跟的是远程服务器的域名或 IP 地址。

例 1，远程登录服务器 192.168.125.200，如图 3-15 所示。

```
#ssh root@192.168.125.200
```

```
Host key verification failed.
[root@liuxuegong ~]# ssh root@192.168.125.200
The authenticity of host '192.168.125.200 (192.168.125.20
ECDSA key fingerprint is 17:a7:fc:bb:d5:51:68:4e:97:10:9a
Are you sure you want to continue connecting (yes/no)? _
```

图 3-15　SSH 远程登录

当输入该命令以后，会收到一条提示，询问是否生成一个密钥？密钥的作用是对传输的信息进行加密和解密。SSH 使用的加密方式是非对称加密，在传输的两边使用不同的密钥，本机保存的是私钥，别人是不知道的，远程主机上保存的是公钥，两个钥匙一对，但是内容完全不同，而且互相是不能猜测和破解的。当客户端发送信息时，用私钥加密，送到对方服务器时，可以使用公钥来解开；服务器回发消息时，用公钥加密，到达时，我们使用私钥解开。

因为 SSH 信息传输是需要加密的，所以我们输入“yes”，此时就会给该远程登录客户端生成一个加密的密钥。接下来的信息是一个警告信息，客户端计算机将永久地把目标服务器 192.168.125.200 加入已知主机列表，接下来输入目标服务器上的用户密码，如图 3-16 所示，进行登录操作，验证身份。

```
Are you sure you want to continue connecting (yes/no)? yes
Warning: Permanently added '192.168.125.200' (ECDSA) to the
root@192.168.125.200's password:
```

图 3-16　SSH 登录用户身份验证

创建的密钥信息是保存在用户家目录下的.ssh/目录中，文件名是 known_hosts，可以看一下里面的内容，如图 3-17 所示。

```
#cat ~/.ssh/known_hosts
```

```
[root@liuxuegong ~]# cat .ssh/known_hosts
192.168.125.200 ecdsa-sha2-nistp256 AAAAE2VjZ
vkIl8odCdtoqQUNFvwgc7RBGSxUlbwqpm6BlAjHIL7DAL
[root@liuxuegong ~]# ifconfig ens33
ens33: flags=4163<UP,BROADCAST,RUNNING,MULTIC
        inet 192.168.125.131  netmask 255.255
```

图 3-17　SSH 存放在客户端的密钥信息

~表示用户的家目录，对于 root 用户，家目录就是/root。名称用“.”开头的是隐藏文件或者隐藏目录，如果要查看隐藏文件或者目录，可以使用“ls -la”命令以长格式查看所有文件。可以看到，文件中存放着加密后的密钥。

```
#ls -la ~/.*
```

使用哪个用户名登录，就会在该用户家目录下生成一个密钥。这个密钥和远程服务器上的密钥是一对，当传输信息时，双方可以使用此密钥自动加密和解密。

有时候，我们登录远程主机只是为了执行某条命令，此时，可直接在后面跟命令名字，即可在登录后自动执行，然后退出远程登录。

例 2：

```
#ssh root@192.168.125.200 ls
```

这样，登录远程主机，然后执行完 ls 命令，就返回了，如图 3-18 所示。

```
[root@liuxuegong ~]# ssh root@192.168.125.200 ls
root@192.168.125.200's password:
a.cfg
aks2.cfg
aks.cfg
anaconda-ks.cfg
dhcpd.conf
info.txt
[root@liuxuegong ~]#
```

图 3-18　在远程主机上执行命令

常用的 SSH 命令还有 scp。scp 命令是用以在两台计算机之间进行快速的、加密的数据传输，命令的语法格式为“scp 源文件 目标地址”。

例 3，我们要将当前目录下的 test1.txt 文件复制到 192.168.125.1 这台主机的/root 目录下，可以使用如下命令：

```
#scp test1.txt root@192.168.125.1:/root/
```

这样，文件就会复制到 192.168.125.1 这台主机的 root 目录下了，还可以为该命令加一些参数，例如“-R”，递归，复制目录的时候使用“-p”，传输时保留文件权限和时间戳；“-C”，传输时进行数据压缩等。

如果客户端计算机操作系统是 Windows 操作系统，远程 SSH 登录可以使用 putty、

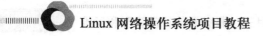

xshell、secureCRT 等工具，复制文件可以使用 winscp 工具。

3.7 使用 VNC 进行图形化远程管理

VNC 跟 SSH 一样，也分为客户端与服务器端，我们在需要被远程访问的服务器上安装 VNC 的服务器端，在其他计算机上安装 VNC 的客户端程序与其进行连接。

3.7.1 安装图形桌面环境

如果当前安装的 CentOS 7 版本没有安装桌面环境，需要先安装桌面(比如 GNOME 或者 KDE)。图形桌面需要安装很多的包，通常我们使用程序组安装方式(groupinstall)。

例 1，查看可用程序组列表。

```
#yum grouplist
```

使用 yum 安装软件，可以使用 install 选项直接安装软件包，或者使用 groupinstall 安装程序组。安装前，查看一下要安装的程序组里都包含哪些包，如图 3-19 所示。

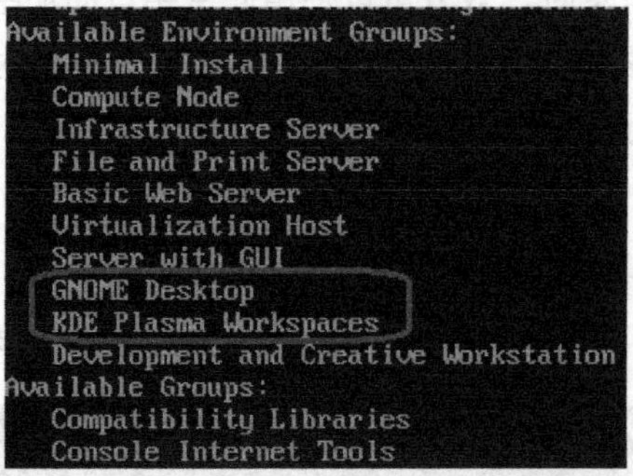

```
Available Environment Groups:
   Minimal Install
   Compute Node
   Infrastructure Server
   File and Print Server
   Basic Web Server
   Virtualization Host
   Server with GUI
   GNOME Desktop
   KDE Plasma Workspaces
   Development and Creative Workstation
Available Groups:
   Compatibility Libraries
   Console Internet Tools
```

图 3-19 查看可用程序组

例 2，查看 GNOME Desktop 程序组信息，如图 3-20 所示。

```
#yum groupinfo "GNOME Desktop" | more
```

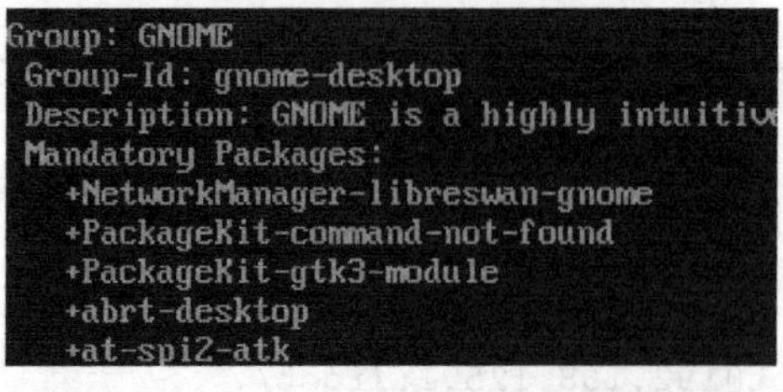

```
Group: GNOME
 Group-Id: gnome-desktop
 Description: GNOME is a highly intuitiv
 Mandatory Packages:
   +NetworkManager-libreswan-gnome
   +PackageKit-command-not-found
   +PackageKit-gtk3-module
   +abrt-desktop
   +at-spi2-atk
```

图 3-20 查看 GNOME 组中包含的软件包

由于程序组中包含了很多软件包，所以可以使用“|more”进行分页显示，当安装时，这些软件包将一一安装。

例 3，使用程序组安装方式安装 GNOME 桌面环境，如图 3-21 所示。

```
#yum groupinstall "GNOME Desktop"
```

```
[root@liuxuegong1 ~]# yum groupinstall GNOME
Loaded plugins: fastestmirror
There is no installed groups file.
Maybe run: yum groups mark convert (see man y
centos7-ISO
Loading mirror speeds from cached hostfile
 * base: mirrors.btte.net
 * extras: mirrors.sohu.com
 * updates: mirrors.tuna.tsinghua.edu.cn
updates/7/x86_64/primary_db
Warning: group Desktop does not exist.
Resolving Dependencies
--> Running transaction check
---> Package NetworkManager-libreswan-gnome.x
--> Processing Dependency: NetworkManager-lib
r-libreswan-gnome-1.2.4-1.el7.x86_64
--> Processing Dependency: libnma.so.0(libnma
```

图 3-21　安装 GNOME 桌面

使用 groupinstall 选项安装 GNOME 桌面，yum 首先对列表中的软件包进行依赖检查，把依赖包也加入安装列表中，然后依次安装。在安装完成之后重启服务器，就可以使用图形桌面了。

安装桌面后，可以把桌面方式作为默认登录方式，也可以仍然使用文本方式进行登录，使用 startx 命令切换到图形桌面环境下。

由于图形桌面会使用很多服务器资源，所以没有必要的情况下，通常不安装桌面环境。当然，如果有的服务需要图形桌面(例如 Oracle 数据库)的话，就只能安装了。就算安装了图形桌面，Linux 和 Windows 服务器也存在明显的差别。

Windows 服务器的图形桌面是集成在系统内核中的，不能分离，这不仅会占用服务器资源，而且会造成内核不够稳定，这也是 Windows 服务器的一大弱势。Linux 的图形环境就像一个普通的应用程序一样，可装可不装，装了也可以不运行。

与 Windows 相比，在服务器领域，Linux 占据明显的优势。不过，单从服务器装机数来看，由于 Windows 服务器的友好性，Windows 服务器的装机数比 Linux 高很多，但是从运行状态的服务器统计中，结果就反过来了，安装 Linux 操作系统的服务器超过 Windows 服务器。

3.7.2　tigervnc 服务器端配置

CentOS 使用的是 tigervnc 来作为自带的 VNC 工具，默认这个工具是没有被安装的，我们如果想要使用 VNC 服务，就必须手动安装：

```
#yum install tigervnc-servertigervnc
```

安装完 tigervnc-server 服务器端程序以后，我们需要对其进行配置，配置文件是 /lib/systemd/system/vncserver@.service。

创建一个新的配置文件，这里是开启 1 号窗口，方法如下：

```
#cd /lib/systemd/system/
#cpvncserver@.servicevncserver@:1.service
```

之后编辑/lib/systemd/system/vncserver@:1.service，设置用户 liuxuegong 相关参数。

vncserver 的配置文件如图 3-22 所示。

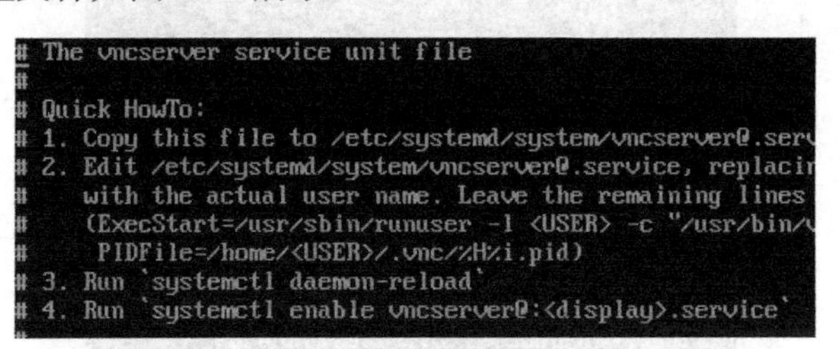
```
# The vncserver service unit file
#
# Quick HowTo:
# 1. Copy this file to /etc/systemd/system/vncserver@.serv
# 2. Edit /etc/systemd/system/vncserver@.service, replacin
#    with the actual user name. Leave the remaining lines
#    (ExecStart=/usr/sbin/runuser -l <USER> -c "/usr/bin/v
#     PIDFile=/home/<USER>/.vnc/%H%i.pid)
# 3. Run `systemctl daemon-reload`
# 4. Run `systemctl enable vncserver@:<display>.service`
```

图 3-22　vncserver 的配置文件

按照文件中的 HowTo 说明操作，把下方 ExecStart 后面的<USER>都替换成要远程登录的用户名 liuxuegong。通常不会为 root 用户设置远程登录，因为这可能会带来安全隐患，毕竟 vncserver 的信息传输并没有像 SSH 那样加密。其实，即使是 SSH 远程登录，最好也是使用普通账号登录，再切换到 root 账号执行管理操作。

(1) 配置 vncserver：

```
#vi /lib/systemd/system/vncserver@:1.service
```

设置普通用户 liuxuegong 的远程登录：

```
ExecStart=/sbin/runuser -l liuxuegong -c "/usr/bin/vncserver %i"
PIDFile=/home/liuxuegong/.vnc/%H%i.pid
```

改变 xstartup 的权限。

在 CentOS 中，xstartup 的文件路径为/root/.vnc/，所以需要执行：

```
#chmod 777 /root/.vnc/xstartup
```

否则连接成功后，普通用户没有足够的权限，会导致黑屏。

如果要设置的是 root 用户的话，设置内容略有不同，这是因为 root 的用户家目录是/root，而不是在/home 目录下：

```
ExecStart=/sbin/runuser -l root -c "/usr/bin/vncserver %i"
PIDFile=/root/.vnc/%H%i.pid
```

(2) 设置用户密码：

```
#vncpasswd 用户名
```

(3) 修改完成后，执行命令重启服务，并把 vncserver 设置为开机启动：

```
#systemctl deamon-reload
#systemctl enable vncserver@:1.service
```

(4) 如果要关闭 1 号远程窗口服务：

```
#systemctl stop vncserver@:1.service
```

(5) 如果要开启更多的接入窗口，类比可以同样操作：

```
#cd /lib/systemd/system/
#cpvncserver@.servicevncserver@:2.service
#vi /lib/systemd/system/vncserver@:2.service
```

到此，VNC 服务器端就配置好了，接下来，我们就可以通过安装 VNC 客户端来远程登录了。

3.7.3 VNC 客户端配置

对于 VNC 客户端程序，在 Linux、Mac、Windows 等系统平台上都有客户端程序。

1. Linux 环境下的客户端设置

(1) 在客户端 Linux 上安装 tigervnc：

```
#yum install tigervnc
```

(2) 运行客户端。

客户端安装之后，在图形桌面下，选择“应用程序”→“互联网”→“TigerVNC Viewer”，如图 3-23 所示，执行 tigervnc 客户端。

(3) 连接远程服务器。

输入要连接的目标服务器的地址“192.168.125.131”，后面加上“:1”，表示连接服务器上配置的一号窗口 1.service，如图 3-24 所示。

图 3-23　执行 vnc viewer

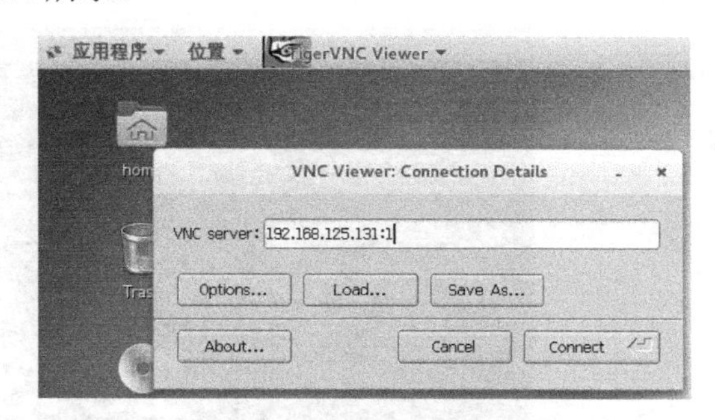

图 3-24　连接远程服务器

输入先前配置 1 号窗口时使用 vncpasswd 为远程用户设置的密码，如图 3-25 所示，就可以打开远程桌面，像操作本地计算机一样操作远程服务器了。

2. Windows 环境下的客户端配置

在 Windows 环境下操作类似，下载 VNC Viewer 后安装执行，输入 192.168.125.131:1 连接远程服务器，如图 3-26 所示。

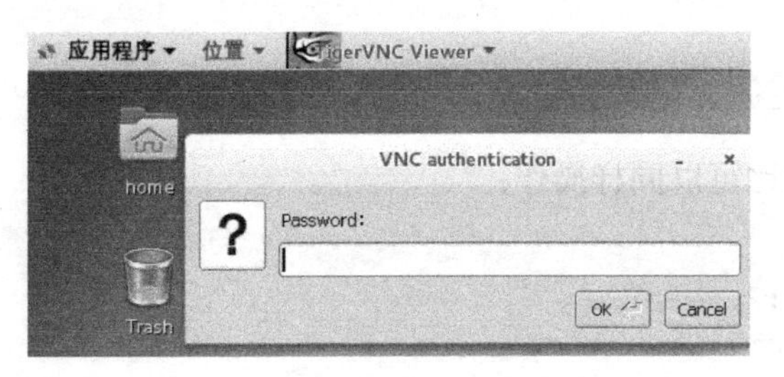

图 3-25 输入密码

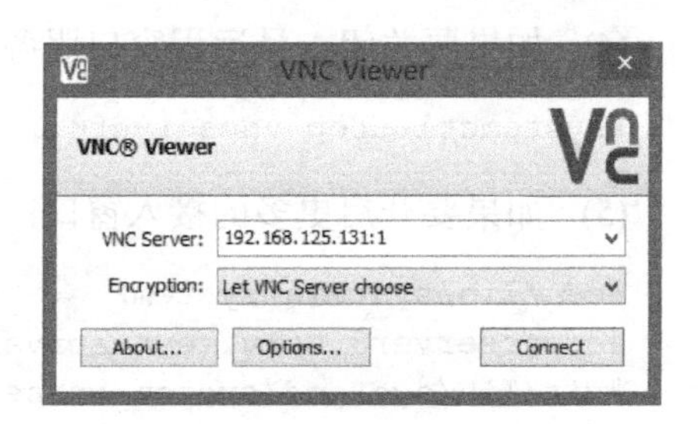

图 3-26 连接服务器

此时会看到一个提示窗口，提醒认证信息会安全传输，但是其他信息传输未加密，单击 Continue 按钮继续连接，如图 3-27 所示。

由于配置服务器端时已经指定了用户名，所以此时只须输入密码即可登录，如图 3-28 所示。只要密码验证成功，即可打开远程桌面，如图 3-29 所示。

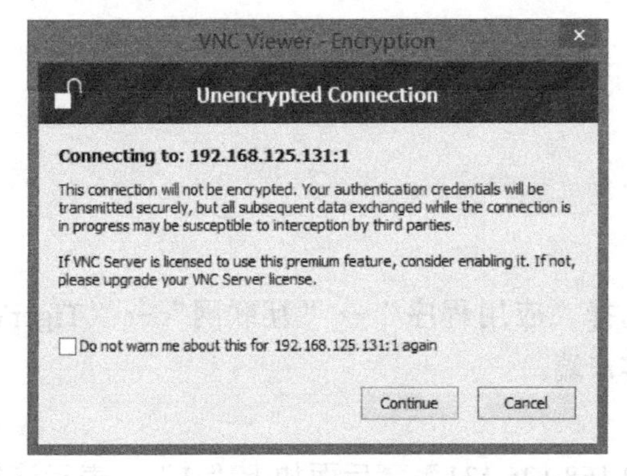

图 3-27 加密提示信息

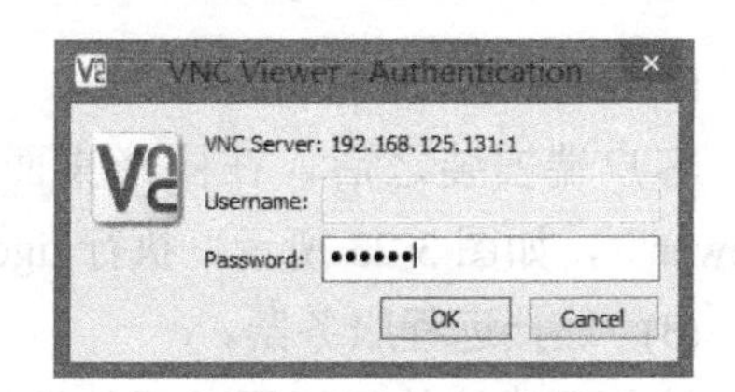

图 3-28 输入密码

图 3-29 打开远程桌面

另外，由于vncserver服务的信息传输并不加密，这样可能会带来安全问题。可以执行ssh命令建立通道，来为传输进行加密：

```
#ssh -v -C -L 590N:目标主机:590N 192.168.125.131
```

-C表示压缩数据传输。

将本地机(客户机)的某个端口转发到远端指定机器的指定端口：

```
-L port:host:hostport
```

工作原理是这样的，本地机器上分配了一个socket侦听port端口，一旦这个端口上有了连接，该连接就经过安全通道转发出去，同时远程主机和host的hostport端口建立连接。可以在配置文件中指定端口的转发。只有root才能转发特权端口。

任务三：服务器数据的备份管理

在这一部分中，我们要关注三个问题：备份/还原是什么？为什么要使用备份/还原？怎么配置备份/还原？

知识储备

3.8　备份的作用和必要性

备份是为防止文件、数据丢失或损坏等可能出现的意外情况，预先将计算机存储设备中的数据复制到磁带等大容量存储设备中。

对于服务器来说，稳定可靠运行是第一位的要求。虽然从硬件到软件，服务器做了很多工作，从冗余到热插拔等，但是，还是不能避免系统出现硬件或者软件的问题，导致服务出现故障。从某种角度上说，出错是必然的，只是什么时候到来，所有的工作都只能降低出错的几率，但是它永远不会为零。

因此，服务器还必须为可能的系统失败做出准备。一旦出现问题，应该如何降低损失、快速恢复系统？

系统故障有很多种，从软件错误到硬件损坏，处理方法要因地制宜。以下是可能导致文件、数据丢失或者损坏的情况：

- 系统硬件故障。
- 软件故障。
- 电源故障。
- 用户的误操作。
- 人为破坏。
- 缓存中的内容没有及时写入磁盘。

当种种努力都不奏效时，最后的选择就是系统重建并恢复数据，俗称“回档”。

要复原系统并恢复数据，就必须提前对整个系统进行完整的备份，这是进行恢复操作的前提，如图 3-30 所示。否则，要重建系统就只能从零开始，谈不上恢复了。

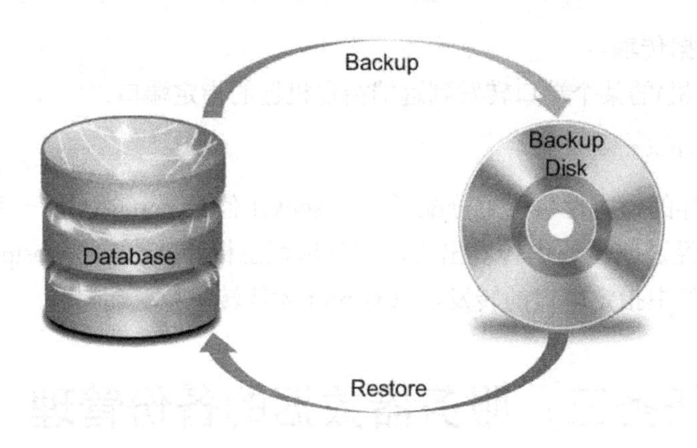

图 3-30　备份 Backup 与还原 Restore

我们可以考虑备份所有的内容，不过数据量可能有点大，为了发生故障时少损失一些数据，备份的间隔不能太长。

就像我们听过的笑话，每天我只做一件事，这件事要做一天。

备份一次数据需要多长时间才能完成，这是个很实际的问题。很显然，备份时间首先受要备份的数据量影响，这是个工作量的问题；其次，与方法效率肯定也有关系。

要减少备份时间，首先可以考虑精简工作量，减少可以不备份的部分；其次，选择合适的备份方法，或者说备份策略；再有，就是工欲善其事、必先利其器，得在提升效率上下功夫。

哪些内容需要备份呢？

一般来说，备份的目标包括系统平台、应用和数据。操作系统和服务器软件提供基础运行平台，是应用的支撑，不可缺少；应用是提供服务的具体执行部件，非常重要，没有它就没有了服务；而数据是应用运行过程中保存下来的历史操作，通常，整个应用的几乎所有价值就集中体现在数据上面。

互联网中的信息，百分之九十以上都存放在数据库中。这些数据，就是一切应用的核心。例如，银行的客户资料、存款的账户信息等。服务器可以毁坏，应用可以崩溃，可是数据一旦损坏，后果会是无法挽回的。

如果操作系统和应用平台变化很小，部署完成后很少改变，备份频率就不需要太高。而业务数据时时都在变化，需要经常备份。

如果对系统和平台较少进行备份的话，日常工作量就大大减轻；相比较来说，对业务数据，要根据业务特征设定备份策略。

在故障来临前，做好事前备份，就可以有效地减免损失，并提高故障恢复速度。

3.8.1　备份策略

针对不同类型的信息，备份的要求和策略也会有很大差异。

备份策略指确定需备份的内容、备份时间及备份方式。各个单位会根据自己的实际情况来制订不同的备份策略。备份的内容越多，工作量也就越大，服务器用于备份的资源和时间就越多，备份占用的资源可能会影响系统的正常运行；备份时间则是指每隔多久进行备份，当故障发生时，只能恢复到备份时的数据状态，备份时间之后产生的所有信息，将最终丢失掉。因此，备份时间不宜太长，以免丢失数据过多；备份方式是指怎样进行备份。目前被采用最多的备份方式主要有三种，如图 3-31 所示。

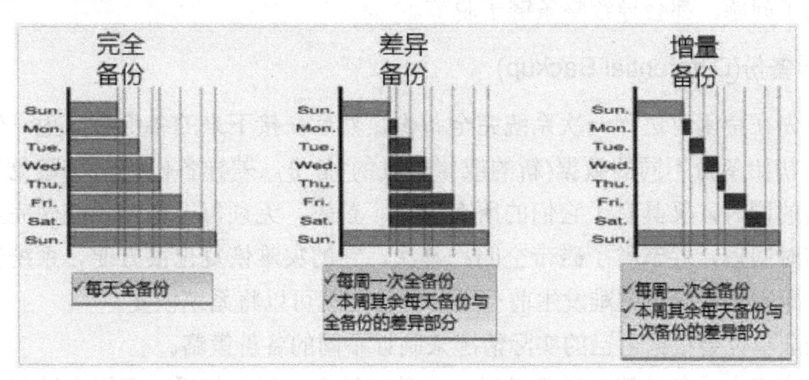

图 3-31　三种备份策略

1. 完全备份(Full Backup)

每次对自己的系统进行完全备份。例如，星期一对整个系统进行备份，星期二再对整个系统进行备份，依此类推。这种备份策略的好处是：当发生数据丢失的灾难时，只要用灾难发生前一天的备份，就可以恢复所有丢失的数据。至于不足之处，首先，由于每天都对整个系统进行完全备份，造成备份的数据大量重复；其次，由于需要备份的数据量较大，因此备份所需的时间也就较长。此备份方式，适用于应用规模和业务数据较小的企业，对于那些业务繁忙、备份时间有限的单位来说，选择这种备份策略就不适合了。

优点：备份的数据最全面、最完整。恢复快，当发生数据丢失的灾难时，只要用一盘磁带就可以恢复全部的数据。

缺点：数据量非常大，占用 Linux 服务器数据备份恢复的磁带设备比较多，备份时间比较长。

2. 增量备份(Incremental Backup)

空闲时间段进行一次完全备份，然后在接下来的时间里只对新的或被修改过的数据进行备份。这种备份策略的优点是节省了磁带空间，缩短了备份时间。但它的缺点在于，当灾难发生时，数据的恢复比较麻烦。例如，系统在星期三的早晨发生故障，丢失了大量的数据，那么现在就要将系统恢复到星期二晚上时的状态。这时，系统管理员就要首先找出星期天的完全备份进行系统恢复，然后再找出星期一的增量备份来恢复星期一的数据，然后找出星期二的增量备份来恢复星期二的数据。很明显，这种方式在备份数据时效率较高，但恢复数据时很麻烦。另外，这种备份的可靠性也很差。在这种备份方式下，每次备份的关系就像链子一样，一环套一环，其中任何一次备份数据出了问题都会导致整条链子断开。比如在上例中，若星期二的备份出了故障，那么管理员最多只能将系统恢复到星期一晚上时的状态。

优点：备份速度快，没有重复的备份数据，节省磁带空间，又缩短了备份时间。

缺点：恢复时间长。如果系统在星期四的早晨发生故障，管理员需要找出从星期一到星期三的备份磁带进行系统恢复。各磁带间的关系就像链子一样，一环套一环，其中任何一盘磁带出了问题，都会导致整条链子脱节。

3. 差异备份(Differential Backup)

管理员先在空闲时进行一次系统完全备份，然后在接下来的备份时间里，管理员再将当时所有与初始备份不同的数据(新的或修改过的)备份。差异备份策略在避免了以上两种策略的缺陷的同时，又具有了它们的所有优点。首先，无须每天都对系统做完全备份，因此备份所需时间短，并节省了磁带空间；其次，它的灾难恢复也很方便。系统管理员只需两份数据，即完全备份与灾难发生前一天的备份，就可以将系统恢复。

各个企业单位会根据自己的实际情况来制订不同的备份策略。

在实际应用中，备份策略通常是以上三种的结合。例如每周一至周六进行增量备份或差异备份，每周日进行全备份，每月底进行一次全备份，每年底进行一次全备份。为了避免备份操作影响正常业务的进行，要挑选服务器空闲时段进行操作。通常，凌晨 4 点到 6 点是备份操作执行的好时段。

3.8.2 规划备份系统

数据的破坏是难以预测的，也是有多种可能性的，因此要保证在随时随地都可以完成数据的完整恢复，就必须要建立完善的备份系统。

1. 数据备份应该遵守的原则

(1) 定期实施备份。

为保证备份数据的无误，必须定时定期、准确地备份，为避免进度混乱，应清楚记录所有步骤，并且，必须为实施备份的所有人员提供此类信息，以免在发生问题时束手无策。此外，还应该建立一个计划并严格遵守，让服务器执行更新日志，当数据在崩溃后需要恢复时，更新日志将会派上用场。

原则上，数据备份应至少保留两份，一份是最近的，一份是在它之前的，而至少要有三个以上备份，才可以把早期的删掉。

应鉴定需保护的系统，存储重要数据的系统都需要全面保护，但也要分出个主次，最重要的数据要经常备份。

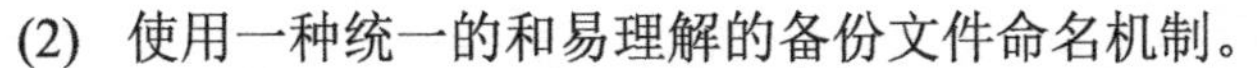

(2) 使用一种统一的和易理解的备份文件命名机制。

选择采用数据名和日期构成备份文件名，会为你实施数据恢复带来很大的方便，因为默认的备份文件名本身没有什么特别的意义，当实施你的恢复时，很可能会浪费大量的时间去找出文件里是什么东西，而使用由数据名和日期所构成的备份文件名，文件里备份的是什么就一目了然了。

(3) 适时地进行数据恢复和故障演习。

如果企业发生灾难，数据丢失，应确保可从备份介质中快速、完整地恢复所有数据，要定期地演习恢复过程，确保在真正需要的时候不会出现差错或意外故障。

2. 备份要考虑的因素

规划备份系统需要考虑的因素较多，一般的数据库备份过程中需要考虑如下因素。

(1) 数据本身的重要程度。

(2) 数据的更新和改变频繁程度。

(3) 备份硬件的配置。

(4) 备份过程中所需要的时间以及对服务器资源占用的实际需求情况。

(5) 备份方案中，要考虑到对业务处理的影响尽可能地小，要把需要长时间完成的备份过程放在业务处理的空闲时间进行。

(6) 对于重要的数据，要保证在极端情况下的损失都可以正常恢复。

(7) 对备份硬件的使用要合理，既不盲目地浪费备份硬件，也不让备份硬件空闲。

3. 进行备份的规划

(1) 制定备份进度。

在制定备份进度时，需要考虑众多因素。

① 需要考虑备份方式，即是选择完全备份还是其他备份方式。

② 要确定备份频率和时序。

③ 要有备份介质的保管措施。备份介质如果使用磁带机或者光盘，一定要注意定时清洁和维护磁带机或光盘，要把磁带和光盘放在合适的地方，过热和潮湿对磁带和光盘是有害的。备份的磁带和光盘最好只容许管理员访问它们，要完整、清晰地做好备份磁带和光盘的标签，避免与其他不重要的混在一起，这样可以有效地保障数据的安全私密性。

(2) 选择适当的备份设备。

根据数据的规模的大小选择备份设备，在小型企业网站中，应当更注重价格和易用性，而在较大型的企业网站中，则应更关注性能和功能。

目前流行的备份设备除了传统的磁带机和光盘刻录设备外，还有磁盘阵列、网络云备份等介质。

不同的备份设备，成本、性能差别很大，要根据企业需要和业务需求合理选择。

(3) 挑选完善的备份软件。

好的备份软件应该具备的基本功能包括操作自动化、安全可靠和高速备份的能力。

① 自动化备份与恢复。

自动化不需要人力去操作或更换磁带媒体(使用自动换带机)，可以降低人员的维护成本，而自动化作业不需要人工操作的特性，也可以很好地避免错误操作的人为因素的发生，从而增加了备份的可靠性。

② 安全性与可靠性。

备份数据前，自动对文件进行病毒扫描，能够确保所备份的数据并未遭受病毒感染，能确保所备份的数据的安全性，日后需要恢复数据的时候，就能实现数据的安全性了。

③ 高速备份能力。

可以在最短的时间内同时对大量的数据进行备份，提供高速的备份能力。

4. 根据实际情况对备份计划进行调整

系统、应用和数据的备份需求通常是不同的，而且，随着时间变化，也可能发生改变。因此，应该根据需要，对备份策略进行微调。

服务器系统投入正式运行后，通常不会做大的改动，可以把对系统备份的间隔时间设置得稍微长一些。

如果服务器发生了大的改动后，例如系统升级、软件平台升级等，通常应该做一次完全备份。

日常工作中，除了规律性的备份外，还可能因为各种原因新增或者减少备份的次数。例如要在服务器上进行某些修改、要给服务打补丁程序等。只要这种变动可能会对服务器运行造成影响，就应该考虑进行备份，到底是完全备份、差异备份还是增量备份，根据实际情况进行选择即可。

另外，对于需要备份的文件和数据，要根据实际情况进行调整，Linux 服务器数据备份恢复处理的是文件的打包和解包。

一般情况下，以下这些目录是需要备份的。

/etc：包含所有核心配置文件。这其中包括网络配置、系统名称、防火墙规则、用户、组，以及其他全局系统项。

/var：包含系统守护进程(服务)所使用的信息，如 DNS 配置、DHCP 租期、邮件缓冲文件、HTTP 服务器文件等。

/home：包含所有用户的默认用户主目录。这包括他们的个人设置、已下载的文件和用户不希望失去的其他信息。

/root：是根(root)用户的主目录。

/opt：是安装许多非系统文件的地方。

有些目录则通常是不备份的。

/proc：应该永远不要备份这个目录。它不是一个真实的文件系统，而是运行内核和环境的虚拟化视图。它包括诸如/proc/kcore 这样的文件，这个文件是整个运行内存的虚拟视图。备份这些文件只是在浪费资源。

/dev：包含硬件设备的文件表示。如果计划还原到一个空白的系统，那就可以备份

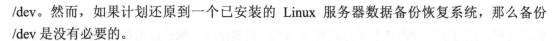

/dev。然而，如果计划还原到一个已安装的 Linux 服务器数据备份恢复系统，那么备份/dev 是没有必要的。

/tmp：临时文件存放的目录。

5. 对数据库的备份计划

应用软件由软件公司开发，管理员一般有最新的安装盘在手里，没特殊需求或调整的话，通常不需要单独进行备份。而数据，则是备份的焦点所在。

如果应用规模和数据量较小，通常会采用完全备份，这样最为稳妥，而对服务器的额外资源消耗也可以接受。但对于大型应用，则要认真考虑备份的时间和方式。

对数据库数据的备份有两种：第一种为物理备份，也称为冷备份，该方法实现数据库的完整恢复，但数据库必须运行在归档模式下，且需要大容量的外部存储设备。

第二种备份方案为逻辑备份，业务数据库采用此种方案，此方法不需要数据库运行在归档模式下，不但备份简单，而且可以不需要外部存储设备。

绝大多数的数据库软件都是采用这两种基本方案的备份，只是在备份的策略和技巧上各有侧重，并且在各种数据库辅助软件的帮助下可以实现定时备份、异地备份、增量压缩备份以及自动备份，帮助企业在数据管理上更好地适应应用的需要。

3.8.3　双机热备份技术

双机热备份技术是一种软硬件结合的较高容错应用方案。该方案是由两台服务器系统和一个外接共享磁盘阵列柜(也可没有，而是在各自的服务器中采取 RAID 卡)及相应的双机热备份软件组成。

在这个容错方案中，操作系统和应用程序安装在两台服务器的本地系统盘上，整个网络系统的数据是通过磁盘阵列集中管理和数据备份的。数据集中管理是通过双机热备份系统，将所有站点的数据直接从中央存储设备读取和存储，并由专业人员进行管理，极大地保护了数据的安全性和保密性。用户的数据存放在外接共享磁盘阵列中，在一台服务器出现故障时，备机主动替代主机工作，保证网络服务不间断。

双机热备份系统采用“心跳”方法保证主系统与备用系统的联系。

所谓“心跳”，指的是主从系统之间相互按照一定的时间间隔发送通信信号，表明各自系统当前的运行状态。一旦“心跳”信号表明主机系统发生故障，或者备用系统无法收到主机系统的“心跳”信号，则系统的高可用性管理软件将认为主机系统发生了故障，主机停止工作，并将系统资源转移到备用系统上，备用系统将替代主机发挥作用，以保证网络服务运行的不间断性。

双机热备份方案中，根据两台服务器的工作方式，可以有三种不同的工作模式，即双机热备模式、双机互备模式和双机双工模式。下面分别予以简单介绍。

双机热备模式即通常所说的 active/standby 方式，active 服务器处于工作状态；而 standby 服务器处于监控准备状态，服务器数据包括数据库数据同时往两台或多台服务器写入(通常各服务器采用 RAID 磁盘阵列卡)，保证数据的即时同步。当 active 服务器出现故障的时候，通过软件诊测或手工方式将 standby 机器激活，保证应用在短时间内完全恢复正常使用。典型应用为证券资金服务器或行情服务器。这是采用较多的一种模式，但由于另外一台服务器长期处于后备状态，从计算资源方面考量，就存在一定的浪费。

双机互备模式，是两个相对独立的应用在两台机器上同时运行，但彼此均设为备机，当某一台服务器出现故障时，另一台服务器可以在短时间内将故障服务器的应用接管过来，从而保证了应用的持续性，但对服务器的性能要求比较高。配置相对要好。

双机双工模式：是 cluster(群集)的一种形式，两台服务器均为活动，同时运行相同的应用，保证整体的性能，也实现了负载均衡和互为备份，需要利用磁盘柜存储技术(最好采用存储区域网络 San 方式)。Web 服务器或邮件服务器等用此种方式比较多。

任务实践

3.9 使用 tar 命令备份文件

打包和压缩是备份时的两种操作。打包是指将一大堆文件或目录变成一个总的文件；压缩则是将一个大的文件通过一些压缩算法变成一个小文件。在 Linux 中，很多压缩程序只能针对一个文件进行压缩，这样，当你想要压缩一大堆文件时，你得先将这一大堆文件先打成一个包(tar 命令)，然后再用压缩程序进行压缩(gzip bzip2 命令)。

3.9.1 使用 tar 备份文件

tar 命令可以为 Linux 的文件和目录创建备份。

利用 tar 命令，可以把一大堆的文件和目录全部打包成一个文件，这对于备份文件或将几个文件组合成为一个文件以便于网络传输是非常有用的。打包之后，可以在备份文件中改变内容文件，或者向其中加入新的文件。

tar 命令语法：

```
#tar [选项] 文件与目录 ....
```

参数选项如表 3-11 所示。

例 1，将整个/etc 目录下的文件全部打包成为/tmp/etc.tar：

```
#tar -cvf /tmp/etc.tar /etc
```

-c 打包，-v 显示交互信息，-f 指定文件名，此命令把/etc 目录打包成/tmp/etc.tar 文件，并且仅打包，不压缩。

例 2，将整个/etc 目录下的文件全部打包并使用 gzip 压缩成为/tmp/etc.tar.gz：

```
# tar -zcvf /tmp/etc.tar.gz /etc
```

-z 表示使用 gzip 工具进行压缩，-c 进行打包，-v 显示交互信息，-f 指定文件。与上一个命令相比，多了压缩设定，这样打包后，以 gzip 压缩，所以文件后缀名通常命名为.tar.gz，或者简写为.tgz。

表 3-11　tar 命令功能选项

选　项	功能说明
-c	建立一个压缩文件/包文件
-x	解开一个压缩文件/包文件
-t	查看包里面的文件
-z	是否需要用 gzip 压缩
-j	是否需要用 bzip2 压缩
-v	压缩的过程中显示文件
-f 文件名	使用文件，后面要立即接文件名
-p	原文件的属性不变
-P	可以使用绝对路径来压缩
-T 文件名	指定备份文件列表
-N 日期	比设定的日期(yyyy/mm/dd)还要新的才会被打包进新建的文件中
-M	分卷处理
-C 目录名	指定目录
--exclude FILE	在压缩的过程中，不要将指定的 FILE 打包

例 3，将整个/etc 目录下的文件全部打包并使用 bzip2 压缩成为/tmp/etc.tar.bz2：

```
#tar -jcvf /tmp/etc.tar.bz2 /etc
```

-j 是使用 bzip2 工具进行压缩，打包后，文件后缀名是.tar.bz2。

虽然在 Linux 环境下并不依靠后缀名来标识文件类型，但在参数“-f”之后的文件名习惯上都用“.tar”来作为后缀名。如果加“z”参数，则以“.tar.gz”或“.tgz”来代表 gzip 压缩过的 tar file。如果加“j”参数，则以“.tar.bz2”来作为文件名。如果不设定这样的后缀，而是随意命名，那么就需要使用“file 文件名”命令来查看文件类型。

例 4，查看/tmp/etc.tar.gz 文件内有哪些文件：

```
#tar -ztvf /tmp/etc.tar.gz
```

-t 表示查看包里面的文件，由于我们使用 gzip 压缩，所以要查阅该 tar file 内的文件时，也要加上“-z”这个参数。

例 5，将/tmp/etc.tar.gz 文件解压缩在/usr/local/src 底下：

```
#cd /usr/local/src
#tar -zxvf /tmp/etc.tar.gz
```

-x 表示解包，-z 和-x 组合使用时，表示使用 gzip 解压缩而不是进行压缩，此命令将工作目录变换到/usr/local/src 下，且解开/tmp/etc.tar.gz，则解开的目录会在/usr/local/src/etc。

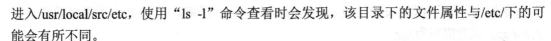

进入/usr/local/src/etc，使用“ls -l”命令查看时会发现，该目录下的文件属性与/etc/下的可能会有所不同。

例 6，在/tmp 底下，将/tmp/etc.tar.gz 内的 etc/passwd 解开：

```
#cd /tmp
#tar -ztvf /tmp/etc.tar.gz|more
#tar -zxvf /tmp/etc.tar.gz etc/passwd
```

可以使用 tar -ztvf 来查阅 tarfile 内的文件名称，如果只需解出包里面的某个文件，就可以通过此方法来实现。

例 7，将/etc/内的所有文件备份下来，并且保存其权限：

```
#tar -zcvpf /tmp/etc.tar.gz /etc
```

-p 表示保存原文件属性，在实际工作中，这个“-p”的属性是很重要的，否则当文件还原时，如果属性不正确，可能导致安全隐患甚至系统故障。

例如/etc/shadow，本来除了 root 用户，都不能访问，如果备份时没有保存原来的属性，当还原的时候，此文件属性就是默认属性了，此时，其他用户也可以查看此文件内容，很可能带来安全问题。

例 8，在/home 中，比 2017/03/01 新的文件才备份：

```
#tar -N '2017/03/01' -zcvf home.tar.gz /home
```

-N 表示比指定的时间 2017 年 3 月 1 日新的/home 下的文件，会被打包到 home.tar.gz 文件中。

例 9，要备份/home、/etc，但不要备份/home/testuser：

```
#tar --exclude /home/testuser -zcvf myfile.tar.gz /home/* /etc
```

--exclude 设定排除，此命令中，把/home/testuser 从备份的/home/*和/etc 范围中排除出来，不进行备份。原因可能是因为此目录不含有重要的信息，或者此目录比较特殊，需要专门进行备份操作。

除了最常用的 tar 命令外，用于备份的命令仍有很多，类似 cp、scp、dd、rsync 等都可以对系统目标进行备份，可根据需要自行选择使用。

如果备份的信息多而杂，建议编写备份脚本并设定定时任务，并安排在服务器空闲时段进行备份操作。

此外，现实运行的系统，很多数据量非常大，要备份的文件也可能很多，建议先制订备份计划和要备份的文件列表，然后再实施备份，以免遗漏。备份完成后，要对备份进行必要的记录，以备后查。

另外，备份好的文件，需要妥善保存。为了恢复方便，本地硬盘一般会考虑放置一份；为了防止硬盘损坏时备份数据也丢失，应该在某台服务器或磁盘上再至少存放一份；有时还会配置异地容灾备份，把数据存储到地理上的远程数据中心(比如服务器在北京，备份存放到深圳)，以防止地震、洪水、火山爆发等区域性灾难彻底毁坏系统数据。

3.9.2　使用 tar 进行完全备份和增量备份

1. 任务描述

使用 LAMP 一键安装脚本，默认网站存放在/data 目录下。现需要备份/data 目录，但/cache 目录排除在外，要求保留所有文件的权限和属性，如用户组和读写权限等。

按照预定的备份策略，对网站数据，每星期日进行完全备份，星期一到星期六进行增量备份。

进行数据恢复模拟，当需要恢复文件时，进行恢复操作。

2. 任务分析

在 Linux 环境下，对重要的文件和数据要进行定期的备份，一般是通过 tar 命令打包压缩备份到指定的地方，如果文件比较大、比较多，还可以利用-g 选项来做增量备份。

例 1，备份当前目录下的所有文件：

```
#tar -g /root/tarsnap -zcpf /root/testdata01.tar.gz .
```

例 2，在需要恢复的目录下解压恢复：

```
#tar -zxpf /root/testdata01.tar.gz -C .
```

-g 选项在备份时会给要备份的目录文件做一个快照，记录权限和属性等信息，第一次备份时/root/tarsnap 不存在，会新建一个并做完全备份。当目录下的文件有修改后，再次执行此备份命令(记得修改后面的档案文件名)，会自动根据-g 指定的快照文件，增量备份修改过的文件，包括权限和属性，没有动过的文件不会重复备份。

Linux 的文件系统会记录以下三种时间。

mtime：文件修改时间。当文件内容发生改变时更新。ls -l 默认显示 mtime。

atime：文件访问时间。当文件被访问时自动更新。要查看文件的 atime，执行 ls -lu。

ctime：文件属性修改时间。当文件属性或权限发生变化时更新。要查看文件的 atime，执行 ls -lc。

-g 选项主要参照 atime 属性，来实现增量备份。tar 非常依赖 atime，如果备份期间对文件发生任何访问，或者备份期间修改了系统时间，那么就会导致归档数据文件不一致。有时候要根据其他条件进行筛选备份时，可以和 find 命令组合使用，设定查找条件，并对查找到的文件进行备份。

另外需要注意，恢复时，存在相同文件名的文件会被覆盖，而原目录下已存在但备份档案里没有的，会依然保留。

所以如果想完全恢复到与备份文件一模一样，需要先清空原目录。如果有增量备份档案，则还需要使用同样的方式分别解压这些档案，而且要注意顺序。

(1)　完全备份和增量备份。

①　进入备份文件存放位置/root/testdata：

```
#cd /root/testdata
```

② 做一次完全备份(tarsnap 是备份时生成的映像文件)：

```
#rm -f /root/tarsnap
#tar -g /root/tarsnap -cpzf /root/testbak_data_1.tar.gz /data
```

首先删除掉映像文件，当-g 指定的映像文件不存在时，tar 命令会进行完全备份。

-c 创建备份文件，-p 保留原始权限设置，-z 使用 bzip 进行压缩，-f 指定打包文件名，/data 是要备份的目录。

③ 第二天开始，每天进行增量备份：

```
#tar -g /root/tarsnap -zcpf /root/testbak_data_2.tar.gz /data
```

在对/data 目录备份的过程中，tar 会检查 tarsnap 映像文件的内容，与当前文件进行比较，把新增或者发生修改的文件(atime，文件访问时间更新过)进行备份。此外，还要注意文件名，不能与完全备份的文件名相同。

(2) 模拟恢复过程。

① 恢复完全备份的档案文件。

进行恢复时，可以选择是否先清空/data/目录：

```
#tar -zxpf /root/testbak_data_1.tar.gz -C /data/
```

② 恢复增量备份的档案文件，一定要保证是按时间顺序恢复的：

```
#tar -zxpf /root/testbak_data_2.tar.gz -C /data/
```

(3) 设置定期备份。

如果每周一次全备，每天一次增量备份，则可以结合 crontab 实现。在做定时备份设置时，除了进行备份时间和频率的设置外，还要考虑备份文件的名称问题。如果使用固定文件名，就会发生覆盖，从而备份失败。想要不发生覆盖，就需要进行检测或者使用不会重复的文件名称。

考虑到文件名的友好性问题，常用的备份名称通常是备份对象、备份类型、备份时间等信息的组合。

例如 databak_20170425_full.tar.gz，其中，databak 表示备份的是 data 目录下的信息，20170425 是备份的时间，full 表示进行完全备份，tar.gz 是文件后缀名。

要保证文件名不充分，只需要各字段其中的一个唯一即可。常见的方法是使用 date 命令获取备份时的时间(年月日时分秒)来作为文件名的一部分。

date 命令的功能是显示和设置系统日期和时间，命令格式：

```
# date [OPTION]... [+FORMAT]
```

date 命令的常用选项如表 3-12 所示。

表 3-12　date 命令的常用选项

部分格式	功能说明
%Y	年(例如 1970、2009 等)
%m	月(01..12)
%H	小时(00..23)
%M	分(00..59)
%S	秒(00..59)
%u	星期几(0~6)

例 1，使用 date 命令获取时间，注意格式参数的大小写，如图 3-32 所示。

```
#date
#date +%u
#date +%Y%m%d
#date +%Y%m%d-%H%M%S
```

```
[root@liuxuegong1 ~]# date
Tue Apr 25 08:42:34 CST 2017
[root@liuxuegong1 ~]# date +%u
2
[root@liuxuegong1 ~]# date +%Y%m%d
20170425
[root@liuxuegong1 ~]# date +%Y%m%d-%H%M%S
20170425-084304
```

图 3-32　date 命令用法

例 2，设置定时执行备份任务：

```
#crontab -e
*/5 * * * * tar -zcpf /root/testbak_data_`date +%Y%m%d%H%M`.tar.gz -g
/root/snap`date +%Y%m%d`
 0 1 */1 * * tar -zcpf /root/testbak_data_full_.`date +%Y%m%d`.tar.gz -g
/root/snap`date +%Y%m%d`
```

各字段含义分别是：第一个字段是分钟(0~59)，第二个字段是小时(0~23)，第三个字段是日期(1~31)，第四个字段是月份(1~12)，第五个字段是星期(0~6)，第六个字段是要执行的命令。

日期设置中，0 表示星期日，1~6 表示星期一到星期六。此外，月份和星期可以使用英文缩写的形式来表示。

3. 配置步骤说明

1)　命令行操作进行备份还原

(1)　建立测试路径与档案：

```
#mkdir test
#touch test/{a,b,c}
```

在 test 目录下生成三个文件，文件名分别为 a、b、c。

(2) 执行完整备份。

① 完整备份：

```
#tar -g snapshot -zcf backup_full.tar.gz test
```

② 查看 tar 包的内容：

```
# tar -ztf backup_full.tar.gz
test/
test/a
test/b
test/c
```

(3) 差异+增量备份。

① 新增一个文件 e，并修改一个文件 a 的内容：

```
#touch test/e
#echo 123 > test/a
```

② 执行第二次的增量备份：

```
#tar -g snapshot -zcf backup_incremental_1.tar.gz test
```

③ 查看增量备份的 tar 包内容：

```
#tar ztf backup_incremental_1.tar.gz
test/
test/a
test/e
```

(4) 还原备份资料。

① 清空测试资料：

```
#rm -rf test
```

② 开始进行资料还原：

```
#tar zxf backup_full.tar.gz
#tar zxf backup_incremental_1.tar.gz
```

③ 查看测试资料：

```
#ls test
a b c d e
```

2) 备份还原脚本的编写

(1) 任务要求。

做个自动备份的脚本，使用 tar 命令每周一做一次完整备份，然后每天只做增量备份。设置定时任务，每晚执行。

(2) 任务实施。

① 编写备份文件 backup1.sh：

```
#vi /root/backup1.sh
#chmod 755 /root/backup1.sh
#cat /root/backup1.sh
```

```
#!/bin/bash
######################
#1.定义配置变量，这样要备份其他目标时
#只需要修改这些变量的值即可
#增加脚本的重用性
######################
dayofweek=`date "+%u"`
today=`date "+%Y%m%d"`
source=/data/
backup=/backup/
```

```
######################
#2.如果是周一，进行完全备份
#如果不是周一，进行增量备份
######################
cd $backup
if [ $dayofweek -eq 1 ]; then
   if [ ! -f "full$today.tar.gz" ]; then
      rm -rf snapshot
      tar -g snapshot -zcf "full$today.tar.gz" $source
   fi
else
   if [ ! -f "inc$today.tar.gz" ]; then
      tar -g snapshot -zcf "inc$today.tar.gz" $source
   fi
fi
```

脚本说明如下。

cd $backup：进入要备份到的目录。

if 条件; then ...，分支程序。

$dayofweek -eq 1：如果今天是星期一，dayofweek 的值是在变量定义部分使用 date 得到的值。

!-f “full$today.tar.gz”：-f 测试文件是否存在，双引号内，$today 的值会自动替换，!是逻辑非，表示取反的意思，这个条件意思是，当目标文件不存在时，即今天(如星期一)还没有备份过，那么就做完全备份。

!-f “inc$today.tar.gz”：如果目标文件不存在，即今天(不是星期一，else 分支)还没有备份过，就做增量备份。

② 设置计划任务，定时执行：

```
#crontab -e
1 0 * * * /root/backup1.sh
```

3.10 备份与恢复数据库

在 Linux 环境下，使用最多的数据库是 MySQL 和 MariaDB 数据库，这两种数据库的备份方法基本一样。

备份数据库的方法主要有两种，一是用 mysqldump 程序，二是直接复制数据库文件(如用 cp、cpio 或 tar 等)，两种方法都有其优缺点。

直接复制方法使用时则有些要注意的事项。

首先，复制操作独立于数据库服务器，在数据库系统外部进行，复制时，如果数据库数据进行了更新，存放信息的数据库表在文件系统备份过程中被修改，这样备份的数据会出现前后不一致的状态，可能引起未知后果。为了防止此意外，可暂停数据库服务再执行复制操作，也称为冷备份，即非运行状态下的备份。

3.10.1 数据库备份与恢复

我们在日常工作中，肯定会经常进行备份数据库、还原数据库的操作，通常不使用对数据库文件进行复制还原的方法，因为系统运行时会不断更新数据库，复制变化的内容可能导致各种意外的问题。

一般有两种方式来完成数据库的备份和还原。

1. 使用 into outfile 和 load data infile 导入导出备份数据

这种方法的好处是，导出的数据可以自己规定格式，并且导出的是纯数据，不存在建表信息，可以直接导入另外一个同数据库的不同表中，相对于 mysqldump 比较灵活机动。

例如，使用 MySQL 命令，把 select 查询的 mytable 表中的数据导出到/data/db_bak 文件中：

```
>select * from mytable into outfile '/data/db_bak1'
>select * from mytable into outfile '/data/db_bak2' fields terminated by
'|' enclosed by '"' lines terminated by '\r\n' ;
```

导入刚才备份的数据，可以使用 load data infile 方法。下面的 MySQL 命令，把先前导出的数据导入 mytable_bak 表中：

```
>load data infile '/data/db_bak1' into table mytable_bak
>load data infile '/data/db_bak2' into table mytable_bak fields
terminated by '|' enclosed by '"' lines terminated by '\r\n';
```

2. 使用 mysqldump 命令备份

mysqldump 与 MySQL/MariaDB 服务器协同操作，是比较常用的数据库备份方法。

mysqldump 比直接复制要慢些，但是数据安全性会好一些，至少，它可以采取方法保证备份过程中的数据更新不会丢失。

mysqldump 命令可用来转储数据库，或对数据库进行备份，或将数据转移到另一个支持 SQL 查询的数据库服务器。转储包含创建表和装载表的 SQL 语句。

mysqldump 可提供两种格式的文件输出，分别是 SQL 格式的标准输出和文件分隔符形式的输出。也可直接在两个 MySQL 数据库之间进行数据复制。

mysqldump 命令将数据库中的数据备份成一个文本文件。表的结构和表中的数据将存储在生成的文本文件中。

mysqldump 命令的工作原理很简单。它先查出需要备份的表的结构，再在文本文件中生成一个 CREATE 语句。然后，将表中的所有记录转换成一条 INSERT 语句。然后通过这些语句，就能够创建表并插入数据。

(1) 备份一个数据库。

mysqldump 基本语法：

```
#mysqldump -u username -p dbname table1 table2 > BackupName.sql
```

命令说明：

dbname 参数表示要备份的数据库的名称。

table1 和 table2 参数表示需要备份的表的名称，为空则整个数据库备份。

BackupName.sql 参数是设定备份文件的名称，在文件名前面可以加上一个绝对路径。通常数据库备份文件后缀名设置为.sql。备份常用功能选项如表 3-13 所示。

表 3-13　备份常用功能选项

常用导出选项	功能说明
--all-databases, -A	备份所有数据库
--databases, -B	用于备份多个数据库，如果没有该选项，mysqldump 把第一个名字参数作为数据库名，后面的作为表名。使用该选项，mysqldump 把每个名字都当作为数据库名
--force, -f	即使发现 SQL 错误，仍然继续备份
--host=host_name, -h host_name	备份主机名，默认为 localhost
--no-data, -d	只导出表结构
--password[=pw], -p[password]	密码
--port=port_num, -P port_num	制订 TCP/IP 连接时的端口号
--quick, -q	快速导出
--tables	覆盖--databases or -B 选项，后面所跟参数被视作表名
--user=user_name, -u user_name	用户名
--xml, -X	导出为 XML 文件

例如，使用 root 用户备份 test 数据库下的 person 表：

```
#mysqldump -u root -p test person > /root/backup1.sql
```

(2) 备份多个数据库。

mysqldump 语法：

```
#mysqldump -u username -p --databases dbname2 dbname2 > backup2.sql
```

此备份命令加上了--databases 选项，然后后面可以跟多个数据库。

例如，备份 test 和 MySQL 数据库：

```
#mysqldump -u root -p --databases test mysql > backup3.sql
```

(3) 备份所有数据库。

mysqldump 命令备份所有数据库的语法如下：

```
#mysqldump -u username -p --all-databases > backup4.sql
```

例如，备份所有数据库：

```
#mysqldump -u -root -p --all-databases > /root/all.sql
```

(4) 在线热备份。

使用参数--single-transaction，适用于 InnoDB 表，与--lock-tables 参数互斥，备份期间不锁表。为确保得到有效的备份文件，使用该参数备份期间应避免使用 DDL(ALTER TABLE、CREATE TABLE、DROP TABLE、RENAME TABLE、TRUNCATE TABLE)语句，因为连续性地读并没有对这些语句进行隔离，备份期间使用这些 DDL 语句会导致潜在的 select 获取到的返回的数据不一致或错误，比如数据读出一半表被删了。

```
#mysqldump --all-databases --single-transaction --master-data=1 --flush-
logs --events > /tmp/dump.sql
```

--flush-logs：完全备份前刷新所有日志到 binlog 文件，并创建一个新的 binlog 文件，用于增量备份。

--master-data：该参数有两个值 1 和 2，默认为 1，mysqldump 导出数据时，当这个参数的值为 1 的时候，mysqldump 出来的文件就会包括 change master to 这个语句，change master to 后面紧接着就是 file 和 position 的记录，在 slave 上导入数据时就会执行这个语句，salve 就会根据指定这个文件位置从 master 端复制 binlog。当这个值是 2 的时候，change master to 也是会写到 dump 文件里面去的，但是这个语句是被注释的状态。

(5) 压缩备份文件。

例如，压缩备份文件，并以当前时间戳命名：

```
#mysqldump --all-databases --single-transaction --master-data=1 --flush-
logs --events | gzip > /tmp/dump_`date '+%Y-%m-%d_%H:%M:%S'`.sql.gz
```

把 date ‘+%Y-%m-%d_%H:%M:%S’命令的结果作为文件名的一部分，这里所使用的是反引号。

(6) 进行数据还原。

还原数据库的常用方法有两种：一种是在数据库交互环境下使用 source 命令来执行备份文件，另一种是在 Shell 命令行界面直接导入数据库。

导入数据库，常用 source 命令。

进入 MySQL 数据库控制台：

```
mysql -u root -p
>use 数据库
>set names utf8;
```

设置编码，如果不设置，可能会出现乱码，注意不是 UTF-8，然后使用 source 命令，后面的参数为脚本文件(如这里用到的.sql)：

```
>source test_db.sql
```

例 1，还原单个数据库：

```
#mysql -u root -p < /root/test.sql
```

或：

```
>use test;
>source /data/test.sql
```

例 2，还原多个数据库(不需要指定数据库)：

```
#mysql -u root -p < /data/all.sql
```

3. 数据修复

有的时候，因为掉电或者其他原因导致数据库损坏，我们可以使用 MySQL 自带的 mysqlcheck 命令来快速修复所有的数据库或者特定的数据库。

mysqlcheck 使用语法：

```
# mysqlcheck [options] 数据库名 [一个或多个数据表]
# mysqlcheck [options] ---database DB1 [DB2 DB3...]
# mysqlcheck [options] --all--database
```

选项说明如下。

-A：所有数据库。

-a：分析指定的表。

-c：检查库或表。

-r：修复库或表。

-o：优化指定的表。

-h：MySQL 服务主机。

-P：端口。

-u：用户名。

-p：密码。

--auto-repair：修复已损坏表。

例 1，检查优化并修复所有的数据库：

```
#mysqlcheck -A -o -r -p
```

例 2，修复指定的数据库：

```
#mysqlcheck -A -o -r 数据库名称 -p
```

3.10.2 数据库备份和还原实例

1. 任务描述

企业数据库名称是 testdb，包含 users、student 等十余个表，要求对 MariaDB 数据库每日零点自动完全备份。

删除(drop)数据库 student，再进行数据恢复。

2. 任务分析

在企业场景中，一个数据库服务器上可能运行着多个数据库，在每个数据库中，信息存放在一个个数据表里。这些数据表，有的数据很多而且变化更新很快，有的数据量少而且变化不大。根据企业应用特征，对不同的数据表、数据库制订好备份策略是很重要的工作，因为业务数据通常都是存储在数据库中的。

备份数据库之前，建议把数据库服务暂时停止，这样，备份得到的数据可以保持一致性。如果服务必须持续提供，不可中断，那么备份时，也应该尽量锁定表。否则如果备份时发生修改操作，备份的数据可能是修改前的，也可能是修改后的，导致出现问题。

要对数据库进行备份还原，首先应准备好环境。以下是相关的配置命令。

(1) 创建数据库 student：

```
#mysql -u root -p
>use testdb;
>CREATE TABLE 'student' (
  'id' int(11) NOT NULL AUTO_INCREMENT,
  'name' char(20) NOT NULL,
  'age' tinyint(2) NOT NULL DEFAULT '0',
  PRIMARY KEY ('id'),
  KEY 'index_name' ('name')
) ENGINE=InnoDB AUTO_INCREMENT=8 DEFAULT CHARSET=utf8;

> insert student values(1,'zhangsan',20);
> insert student values(2,'lisi',21);
> insert student values(3,'wangwu',22);
```

如果执行 use testdb 命令时数据库 testdb 还不存在，使用“create database testdb”命令创建 testdb 数据库。

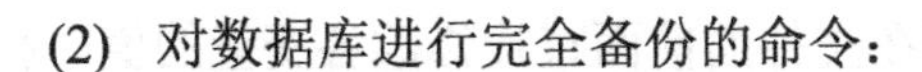

(2) 对数据库进行完全备份的命令：

```
#mysqldump -u root -p -B -F -R -x  testdb
| gzip >/root/test_$(date +%F).sql.gz
```

参数说明如下。

-B：指定数据库。

-F：刷新日志。

-R：备份存储过程等。

-x：锁表。

(3) 删除 testdb 数据库的命令：

```
> drop database testdb;
```

3. 配置步骤

(1) 编写 Shell 文件：

```
#vi /root/backup2.sh
#chmod 755 /root/backup2.sh
#cat /root/backup2.sh
```

```
#!/bin/bash
DB_NAME='testdb'
USER='root'
PWD='rootpassword'
TIME=$(date +%Y%m%d)
DEL_TIME=$(date --date="7 days ago" +%Y%m%d)
DB_BAK_NAME=testdb${TIME}.sql
DB_DEL_NAME=testdb${DEL_TIME}.sql
BACKUP_PATH='/root/'
echo $BACKUP_PATH$DB_BAK_NAME
if test -f $BACKUP_PATH$DB_DEL_NAME
then
echo "Delete history dump file"
rm -f $BACKUP_PATH$DB_DEL_NAME
fi
mysqldump -u $USER -p$PWD -B -F -R -x
$DB_NAME>$BACKUP_PATH$DB_BAK_NAME
```

脚本说明如下。

DB_NAME 变量存放要备份的数据库，USER 变量存放用户名，PWD 变量存放密码，TIME 变量存放当前年月日，DEL_TIME 存放 7 天前的时间，DB_BAK_NAME 存放备份到的文件名，BACKUP_PATH 存放备份文件存放的位置目录。

date --date="7 days ago"是 7 天前的时间。

+%Y%m%d 是设定 date 命令的输出格式，%Y 是年，%m 是月，%d 是日。

test -f 文件名是测试此文件是否存在。

mysqldump 命令执行备份。

如果你要调整修改备份的相关参数，只需要在文件的前面直接修改各变量的值，脚本功能实现部分不需要进行修改。

(2) 立刻备份一次，测试脚本效果：

```
# /root/backup2.sh
# ls -l /root/
```

(3) 修改/etc/crontab，定制任务计划：

```
#crontab -e
1 0 * * * /root /backup2.sh
```

每天的 00:01 分进行数据库备份，并保持 7 天的备份记录。

(4) 还原数据库：

```
#mysql -u root -p < /root/testdb最新时间版本.sql
```

任务四：管理中的简单编程技巧

任务实践

3.11 使用管道和重定向

在 Linux 的设计上，推崇专而精的设计思想，每个命令只完成一个功能，并把这个功能做到全面而极致的程度。因此，我们会发现，每个命令通常都有几乎几十个命令参数，来控制这些功能的详细实现。

然而，在日常工作中，几乎每个管理操作通常都不是一个命令就可以完美实现的，通常需要若干个命令协同工作，才可以完成。

多个命令如何协同工作呢？

对于每一条命令或者说程序而言，由三个基本模块构成，分别是输入、处理、输出。要让多条命令能够协同工作，本质而言，就是接收其他命令的输出信息作为自己的输入，再把自己的输出提供给其他命令。程序的最终结果，常常就在链条的最后一环完成。

从这个角度看，要完成管理功能，就像是流水线一样，对数据进行处理后，再转交给下一环节的一个连续过程，如同链条一般，直到生产出最后的成品。

每一个 Linux 命令，都是链条上的一环。接下来我们学习的，就是如何把每一环连起来，做出一个完整的流水线，生产出成品来。

在计算机领域，管理乃至一切的功能，究其实质，终究只是归结为对数据的处理。

连接链条的就是数据。上一条命令的输出信息可以存放到文件中，然后下一条命令对文件中的信息进行读取，这样，就可以形成完整的链条，如图 3-33 所示。

图 3-33　环环相扣的命令

数据存在于文件中，我们处理的数据，主要来自两种类型的文件：普通文件中存放的数据和数据库中存放的数据。

实际上，还有两类特殊的机制，可以完成数据的传输，它们就是管道和重定向。

管道的作用，是把上一条命令的输出口像流水一样通过管道传输到下一条命令的输入口。而重定向，则是把默认的输入输出设备重新指向新的位置，例如指向某一文件。

3.11.1　在日常管理中使用管道

管道是使用非常普遍的。当多个命令组合使用时，可以把前一个命令的输出当作下一个命令的输入，从而实现更强大的功能，达到 1+1 远远大于 2 的效果，如图 3-34 所示。

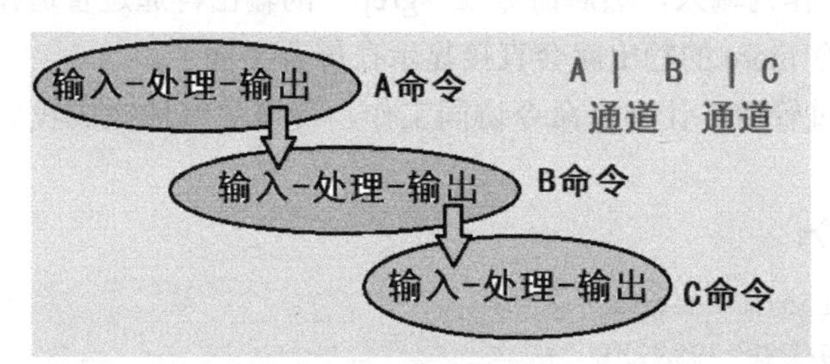

图 3-34　管道的作用

例如，查看日志文件 messages，因为文件内容过多，要查找到关于服务 systemd 的相关信息就很困难。比较一下下列几个命令：

```
#cat /var/log/messages
#more /var/log/messages
#grep systemd /var/log/messages
```

命令说明如下。

执行第一条命令 cat，可以查看日志文件 messages 的内容。

执行第二条命令 more，可以分屏显示文件内容，是文件内容太多，导致只能看到最后一屏内容的情况下的合适选择。显示满一屏信息后，会暂停，保证阅读质量。

执行第三条命令 grep，可以筛选文件中包含指定信息“systemd”的行并显示内容。通常用来查找确定目标的信息，前提是对目标文件的功能和内容格式有一定了解，这样你才知道什么信息存放在哪个文件里，而且是按什么格式存放的。

再比较一下下列几个命令：

```
#cat /var/log/messages
#cat /var/log/messages|more
#cat /var/log/messages|grep systemd
#cat /var/log/messages|grep systemd|more
```

命令说明如下。

这里我们使用了 cat 命令来查看文件内容。

第一条命令，直接用 cat 查看文件内容，因为内容过多，我们会看到很多信息瞬间滑过，结果只能看到文件最后面的信息内容。

第二条命令，对 cat 查看的信息进行进一步处理，把这些信息使用 more 命令来分屏查看，此时，信息在显示满一屏后暂停，当我们查看完毕后，按空格键可以继续显示下一屏信息。

第三条命令，对 cat 查看的信息进行另一种处理，从这些信息中查找包含字符串"systemd"的行，并进行显示。此时，只会查看到与 systemd 服务相关的信息。当然，信息还是有些多，于是，翻屏的结果是只能看到最后的信息。

第四条命令，对第三条命令的结果进行分屏显示，这样就可以仔细查看目标信息了。

以上命令中，"|"就是管道的意思。在命令 4 中，命令 1"cat"的输出，通过管道，送给命令 2"grep"作为输入，然后命令 2"grep"的输出再通过管道作为命令 3"more"的输入，最后的命令 more 的输出就会直接显示在屏幕上面了。

可以看到，通过管道，让多个命令协同工作，可以更好地完成我们的任务，极大地提高工作的效率。

再执行以下命令：

```
#wc -l /var/log/messages
#cat /var/log/messages|wc -l
#cat /var/log/messages|grep systemd|wc -l
```

命令说明如下。

执行第一条命令，wc 命令会统计文件 messages 中的总行数，-l 选项是行统计(line)，还有-c 统计字符(char)，-w 统计单词(word)。

执行第二条命令，把 cat 命令的输出送给"wc -l"命令进行行数统计，我们看到的也是文件的总行数，这里的管道，是把 cat 命令的输出信息作为 wc 命令的输入信息了。最后我们看到的是 wc 命令的输出，即 messages 文件的总行数。

执行第三条命令，cat 命令的输出送给 grep 命令进行筛选，把所有包含 systemd 内容的行挑出来，继续送给"wc -l"命令进行行数统计。最后我们看到的是包含 systemd 信息的总行数。

管道不仅仅使用在查看文件内容中，在日常管理中，也无时无刻都在使用它。

例 1，如何计算当前目录下的文件数和目录数：

```
#ls -l /etc/* |grep "^-"|wc -l
#ls -l /etc/* |grep "^d"|wc -l
```

命令说明如下。

“ls -l”命令使用长格式显示/etc/目录下的所有文件和子目录信息。

grep 命令对 ls 命令的输出结果进行筛选。

“wc -l”命令对筛选的结果进行行数统计。

grep 命令的筛选参数中，^表示从开始匹配。

“^-”表示开头第一个字符是“-”，在“ls -l”的输出结果中，每一行最开始的字符为“-”，表示是普通文件。

“^d”表示开头第一个字符是“-”，在“ls -l”的输出结果中，每一行最开始的字符为“d”，表示是目录文件。

例 2，如何只显示子目录？

```
#ls -F /etc | grep "/$"
```

命令说明：

“ls -F”命令中，-F 选项可以为显示内容增加分类信息，对于目录，会在名称最后增加“/”的显示。

grep 命令对 ls 命令的输出结果进行筛选，$表示从最后匹配，/$即表示以/结尾。也就是-F 选项添加的类别标记。^和$的作用刚好相反。

3.11.2　重定向的使用方法

当程序执行时，会定义三个使用的设备文件，分别是标准输入设备、标准输出设备、标准错误输出设备。标准输入设备(设备 id 是 0)默认指向键盘；标准输出设备(设备 id 是 1)默认是显示器；标准错误输出设备(设备 id 是 2)默认也是显示器。

因此，当程序执行时，我们的键盘输入，程序可以接收；程序的输出和错误信息，我们可以在显示器上看到。

如果对这些默认的设备指向进行修改，就叫作重定向。修改输入重定向，就是设定新的输入源；修改输出重定向，就是把输出信息写到别的地方；修改错误重定向，就是把错误信息写到别的地方。

重定向的标记有“<”、“<<”、“>”、“>>”四种。

“<”是输入重定向标记，“<<”是本地输入重定向标记，“>”是输出重定向标记，“>>”是输出附加重定向标记。其中，输出重定向会删除目标文件原内容，再写入新内容；而输出附加重定向则是在原文件内容最后增加新的内容，原内容不变。

重定向的使用方法如下所示：

```
cmd <file
  cmd 命令以 file 文件作为标准输入设备
```

```
cmd >file
  把标准输出设备重定向到 file 文件中
cmd 1>file
  把标准输出设备重定向到 file 文件中
cmd 2>file
  把标准错误输出设备重定向到 file 文件中
cmd >>file
  把标准输出设备重定向到 file 文件中(追加)
cmd >file 2>&1
  把标准输出设备和标准错误输出设备一起重定向到 file 文件中
cmd 2>>file
  把标准错误输出设备重定向到 file 文件中(追加)
cmd >>file 2>&1
  把标准输出设备和标准错误输出设备一起重定向到 file 文件中(追加)
cmd <file >file2
  cmd 命令以 file 文件作为标准输入设备，以 file2 文件作为标准输出设备
cmd <<结束符定义
  Here document，从标准输入设备中读入，直至遇到定义的结束符
```

例 1：

```
#echo "Hello，Welcome！">file1
  创建 file1，并把信息"Hello，Welcome！"写入文件
#cat file1
  查看 file1 文件内容
#cat file1>file2
  创建 file2，并把 file1 的内容写入 file2
#cat file2
  查看 file2 文件内容
#cat file1 file2>file3
  创建 file3，并把 file1 和 file2 内容写入 file3
#cat file3
  查看 file3 文件内容
#cat file1 >>file3
  把 file1 的内容追加到 file3
#cat file3
  查看 file3 内容
```

例 2：

```
#ls -l >null 2>&1
```

命令说明：

执行命令“ls -l”，以长列表格式显示当前目录下的文件和子目录；“>null”表示把输出信息重定向到设备 null，等于丢弃了所有信息；“2>&1”表示把错误信息重定向到标准输出设备，也就是刚定义的 null，效果也是丢弃所有错误信息。如果执行命令时不想看到命令反馈，就可以执行此命令。

3.12　必须掌握的几个命令

3.12.1　使用 find 查找文件

find 命令用来查找符合条件的目标文件，并可以进行相关的处理工作。

find 命令的语法是：

```
#find 查找位置 -参数 [ -print ] [ -exec -ok command ] {} \;
```

命令说明如下。

查找位置：find 命令所查找的目录路径。例如用“.”来表示当前目录，用“/”来表示系统根目录。

-print：find 命令将匹配的文件输出到标准输出。

-exec：find 命令对匹配的文件执行该参数所给出的 Shell 命令。相应命令的形式为‘command’ { } \;，注意 { } 和 \; 之间有空格分隔。

-ok：与-exec 的作用相同，只不过以一种更为安全的模式来执行该参数所给出的 Shell 命令，在执行每一个命令之前，都会给出提示，让用户来确定是否执行。

常用参数说明如表 3-14 所示。

表 3-14　find 命令参数的说明

参　数	功能说明
-name 文件	按文件名称来查找
-perm 权限	按权限来查找
-user 属主	按文件属主来查找
-group 组名	按组来查找
-mtime -n +n	按文件更改时间来查找文件，-n 指 n 天以内，+n 指 n 天以前
-atime -n +n	按文件访问时间来查找文件，-n 指 n 天以内，+n 指 n 天以前
-ctime -n +n	按文件创建时间来查找文件，-n 指 n 天以内，+n 指 n 天以前
-nogroup	查无有效属组的文件，即文件的属组在/etc/groups 中不存在
-nouser	查无有效属主的文件，即文件的属主在/etc/passwd 中不存在
-newer f1 !f2	查更改时间比 f1 新但比 f2 旧的文件
-type b/d/c/p/l/f	按文件类型查找，块设备 b、目录 d、字符设备 c、管道 p、符号链接 l、普通文件 f

例 1，使用 find 命令来查找目标文件：

```
#find ~ -name "*.txt" -print
  在用户家目录中查找.txt 文件并显示，-name 表示按照文件名查找
#find . -name "[A-Z]*" -print
  查以大写字母开头的文件，“.”指当前目录，“[A-Z]*”是通配符，[]表示匹配里面的任意一
  个字符，A-Z 表示从 A 到 Z，即任意大写字母作为第一个字母；*表示任意长度的任意字符
```

```
#find /etc -name "ho*" -print
 在/etc 目录下查找以 ho 开头的所有文件
#find . -name "[a-z][a-z][0-9]*"  -print
 在当前目录下查找以两个小写字母和一个数字开头的所有文件
#find . -perm 755 -print
 在当前目录下查找权限是 755 的文件
#find . -type d -print
 在当前目录下查找所有类型是目录的文件
#find . -size +1000000c -print
 在当前目录下查找长度大于 1MB 的文件
#find /-amin -10 -print
 查找在系统中最后 10 分钟访问的文件
#find / -atime -2 -print
 查找在系统中最后 48 小时访问的文件
#find / -empty -print
 查找在系统中为空的文件或者文件夹
#find / -group testgroup -print
 查找在系统中属于 testgroup 的文件
#find / -mmin -5 -print
 查找在系统中最后 5 分钟里修改过的文件
#find / -mtime -1 -print
 查找在系统中最后 24 小时里修改过的文件
#find / -nouser -print
 查找在系统中属于作废用户的文件
#find / -user liuxuegong -print
 查找在系统中属于 liuxuegong 这个用户的文件
```

例 2，查当前目录(.)下的所有普通文件，并在-exec 选项中使用 ls -l 命令将它们列出：

```
#find . -type f -exec ls -l {} \;
```

例 3，在/logs 目录中查找更改时间在 5 日以前的文件并删除它们：

```
#find /logs -type f -mtime +5 -exec -ok rm {} \;
```

例 4，查询当天修改过的文件：

```
#find ./ -mtime -1 -type f -exec ls -l {} \;
```

例 5，查找含特定字符串“user”的文件：

```
#find . -type f -exec grep "user" {} \; -print
```

3.12.2 使用 grep 筛选信息

grep(global search regular expression and print out the line，全面搜索正则表达式并把行打印出来)是一种强大的文本搜索工具，它能使用正则表达式搜索文本，并把匹配的行打印出来。

grep 的常见用法如下：

```
# grep [-acinv] [--color=auto] '搜寻字符串' 文件名
```

选项与参数说明如下。

-a：对 binary 文件以 text 文件的方式搜寻数据。

-c：计算找到'搜寻字符串'的次数。

-i：忽略大小写的不同，所以大小写视为相同。

-n：输出行号。

-v：反向选择，亦即显示出没有'搜寻字符串'内容的那一行。

--color=auto：可以将找到的关键词部分加上颜色的显示。

例 1，查找/etc/passwd 账号文件中 root 用户的信息：

```
#grep root /etc/passwd
 查找 passwd 文件中包含“root”的行并输出
#cat /etc/passwd | grep root
 查找 passwd 文件中包含“root”的行并输出
#grep -n root /etc/passwd
 查找 passwd 文件中包含“root”的行并输出，-n 输出行号
#grep -v root /etc/passwd
 查找 passwd 文件中不包含“root”行并输出
#grep -v root /etc/passwd | grep -v nologin
 查找 passwd 文件中不包含“root”并且不包含“nologin”的行并输出
#grep -n root /etc/passwd --color=auto
 查找 passwd 文件中包含“root”的行并输出，输出行号，root 显示颜色
#grep -n root /etc/passwd --color=auto -A3 -B2
 查找 passwd 文件中包含“root”的行并输出，输出行号，root 显示颜色，
 显示的内容还包括之前的两行和之后的三行
```

例 2，在目录中搜索含“abc”行的文件：

```
#grep 'abc' *
 在当前目录搜索含“abc”行的文件
#grep -r 'abc' *
 在当前目录及其子目录下搜索含“abc”行的文件，
 -r 表示递归地对目录下的所有文件(包括子目录)进行搜索筛选
#grep -l -r 'abc' *
 在当前目录及其子目录下搜索含“abc”行的文件，但是不显示匹配的行，只显示匹配的文件
 -l 表示只打印匹配的文件名
```

如果使用正则表达式，可以执行更复杂的搜索。

3.12.3　使用 cut 进行内容提取

cut 是一个选取命令，就是将一段数据经过分析，取出我们想要的。一般来说，选取信息通常是针对“行”来进行分析的，并不是针对整篇信息分析的。

cut 的语法格式为：

```
#cut 选项 文件名
```

cut 命令从文件的每一行剪切字节、字符和字段并将这些字节、字符和字段写至标准输出。

如果不指定文件名参数，cut 命令将读取标准输入。

必须指定 -b、-c 或 -f 标志之一。

常用参数选项如下：

-b：以字节(bytes)为单位进行分割。

-c：以字符(characters)为单位进行分割，可以用于中文字符(双字节)，对于英文字母(单字节)，效果与-b 相同。

-d：自定义分隔符，默认为制表符。

-f：与-d 一起使用，指定显示哪个区域(fields)。

建立一个文件 testfile，内容共三行，如下所示：

```
#vi testfile
#cat testfile
Line one;
Line two;
Line three。
```

例 1，从行中提取内容：

```
#cat testfile | cut -b 3
  取每行的第三个字节，也就是 3 行“n”
#cat testfile | cut -b 3-5,7
  取每行的第 3 到 5 共三个字节和第 7 个字节，对于第一行，也就是“ne n”
#cat testfile | cut -b -3
  -3 表示取从第一个字节到第三个字节，也就是三行“Lin”
#cat testfile | cut -b 3-
  取第三个字节到最后，对于第一行，也就是“ne one; ”
```

很多文件内容长度不是固定的，这样就很难用-b 或-c 在每一行都提取出合适的信息。例如/ctc/passwd 文件，使用“:”作为分隔符分成了多个区域，而每个区域长度并不固定，对于这样的格式，就可以使用区域提取来获得想要的内容。

在 cut 命令中，我们可以把间隔符设为“:”，然后指定要提取的域，就可以把需要的信息提取出来。

例 2，从行中提取区域内容：

```
#cat /etc/passwd|head -n 3
  显示 passwd 文件的前 3 行
#cat /etc/passwd|head -n 3|cut -d : -f 1
  使用“:”作为分隔符，显示前五行中每行的第一个区域内容，即用户名字段
#cat /etc/passwd|head -n 3|cut -d : -f 1-3, 5
  使用“:”作为分隔符，显示 1、2、3、5，共 4 个区域内容
#cat /etc/passwd|head -n 3|cut -d : -f -3
  使用“:”作为分隔符，显示 1、2、3，共 3 个区域内容
```

3.12.4 sed 命令的使用

sed 是一个很好的文件处理工具，本身是一个管道命令，主要是以行为单位进行处

理，可以对数据行进行替换、删除、新增、选取等特定工作。

sed 命令行的格式为：

```
#sed [-nefri] 'command' 输入文本
```

常用选项如下。

-n：使用安静(silent)模式。在一般 sed 的用法中，所有来自标准输入设备的信息一般都会被显示到屏幕上。但如果加上-n 参数后，则只有经过 sed 特殊处理的那一行(或动作)才会被列出来。

-e：直接在指令列模式上进行 sed 的动作编辑。

-f：直接将 sed 的动作写入一个文件，-f filename 则可以执行 filename 内的 sed 动作。

-r：sed 的动作支持的是扩展型正则表达式的语法(预设是基础正规表示法语法)。

-i：直接修改读取的档案内容，而不是由屏幕输出。

常用命令如下。

a：新增，a 的后面可以接字串，而这些字串会在新的一行出现(目前的下一行)。

c：替换，c 的后面可以接字串，这些字串可以取代 n1、n2 之间的行。

d：删除，因为是删除，所以 d 后面通常不接任何东西。

i：插入，i 的后面可以接字串，而这些字串会在新的一行出现(目前的上一行)。

p：打印，亦即将某个选择的资料印出。通常 p 会与参数 sed -n 一起运作。

s：替换，可以直接进行替换的工作！通常，这个 s 的动作可以搭配正则表达式，例如 1,20s/old/new/g。

建立测试文件，并输入十行内容：

```
#vi abc
#cp abc abc1
#cp abc abc2
#cat abc
Line one;
Line two;
...
Line Ten$
```

例 1，在文件 abc 中删除某行：

```
#sed '1d' abc
  删除第一行
#sed '$d' abc
  删除最后一行
#sed '1,2d' abc
  删除第一行到第二行
#sed '2,$d' abc
  删除第二行到最后一行
```

例 2，在文件显示某行：

```
#sed -n '1p' abc1
```

```
  显示第一行
#sed -n $p' abc1
  显示最后一行
#sed -n '1,2p' abc1
  显示第一行到第二行
#sed -n '2,$p' abc1
  显示第二行到最后一行
```

例 3，使用模式匹配(正则表达式)进行查询：

```
#sed -n '/on/p' abc1
  查询 abc 文件中包含关键字“on”的所有行并输出
#sed -n '/\$/p' abc1
  查询包括关键字“$”的所有行，使用反斜线\屏蔽其特殊含义
```

例 4，增加一行或多行字符串：

```
#sed '1a wellcome' abc1
  第一行后增加字符串“wellcome”
#sed '1,3a wellcome' abc1
  第一行到第三行后增加字符串“wellcome”
#sed '1a wellcome\nyou' abc1
  第一行后增加多行，使用换行符\n
```

例 5，替换一行或多行：

```
#sed '1c first line;' abc1
  第一行替换为“first line;”
#sed '3,5c third line;' ab
  第三行到第四行的内容替换为“third line;”
```

例 6，替换一行中的某部分。

命令格式：sed　‘s/要替换的字符串/新的字符串/g’

要替换的字符串可以用正则表达式，/g 表示替换全部的匹配项，否则只替换第一个匹配项。

```
#sed -n '/one/p' abc2 | sed 's/one/1/g'
  替换 one 为 1
#sed -n '/two/p' abc2 | sed 's/two//g'
  删除 two
```

sed 命令的使用十分灵活，多学多练，才能运用自如。

3.12.5　awk 的使用

awk 是一个强大的文本分析工具，相对 grep 的查找、sed 的编辑，awk 在其对数据分析并生成报告时，显得尤为强大。

简单地说，awk 的功能，就是把文件逐行读入，以空格为默认分隔符，将每行切片，切开的部分再进行各种分析处理。

awk 命令行的格式为:

```
awk '{pattern + action}' {filenames}
```

pattern 表示 awk 在数据中查找的内容，而 action 是在找到匹配内容时所执行的一系列命令。大括号{}不需要在程序中始终出现，但它们用于根据特定的模式对一系列指令进行分组。pattern 就是要表示的正则表达式，用斜杠括起来。

awk 语言的最基本功能，是在文件或者字符串中基于指定规则浏览和抽取信息，awk 抽取信息后，才能进行其他文本操作。

完整的 awk 脚本通常用来格式化文本文件中的信息。

通常，awk 是以文件的一行为处理单位的。awk 每接收文件的一行，然后执行相应的命令，来处理文本。

准备好要操作的文件:

```
#cp /etc/passwd testfile
#head -5 testfile
```

例 1，抽取显示用户名:

```
#cat testfile | awk -F ':' '{print $1}'
  使用“:”作为分隔符，把输入行分隔成多个区域，输出第一个区域($1)
```

此时，awk 工作流程是这样的：读入由‘\n’换行符分割的一条记录，然后将记录按指定的域分隔符划分域，填充域，$0 表示所有域，$1 表示第一个域，$n 表示第 n 个域。默认域分隔符是空格键或 Tab 键。-F 指定域分隔符。

例 2，抽取显示用户名和登录 Shell:

```
#cat testfile |awk -F ':' '{print $1"\t"$7}'
  显示/etc/passwd 的账户和账户对应的 Shell，而账户与 Shell 之间以 Tab 键分隔
```

```
#cat testfile | awk -F ':' '/root/'
  搜索 testfile 文件中有“root”关键字的所有行，/root/是正则表达式做条件匹配
```

```
#cat testfile |awk -F ':' 'BEGIN {print "Username\tLoginshell"}
{print $1"\t"$7} END {print "testuser\t/bin/nologin"}'
  显示/etc/passwd 的账户和账户对应的 Shell，而账户与 Shell 之间以逗号分割，
  而且在所有行添加列名 Username 和 Loginshell，在最后一行添加一行额外测试信息
```

此时，awk 工作流程是这样的：先执行 BEGIN，然后读取文件，读入有/n 换行符分割的一条记录，然后将记录按指定的域分隔符划分域，填充域，$0 则表示所有域，$1 表示第一个域，$n 表示第 n 个域，随后开始执行模式所对应的动作 action。接着继续依次读入处理后面的记录，直到所有的记录都读完，最后执行 END 操作。

例 3，awk 编程，统计用户数量:

```
#awk 'BEGIN {count=0;print "[start]user count is ", count}
{count=count+1;print $0;} END{print "[end]user count is ", count}'
testfile
```

count 是自定义变量。

action{}里可以有多个语句，以;号隔开。

BEGIN 模块语句类似循环的初始化部分，会在处理文件内容前执行，初始化变量 count=0，并输出提示信息。

循环，每次读入一行内容，count 变量加 1，输出当前行的内容($0)。

读取完毕，执行 END 模块语句，输出提示信息和当前的 count 值，即一共有多少行(每个用户一行)。

如果翻译成为程序，大概是这样的：

```
int count=0;
输出开始执行的信息
while(每一行)
{
   count=count+1;
   输出每一行内容
}
输出结束信息和 count 变量的值
```

程序共有三大基础结构：顺序结构、分支结构、循环结构，在 awk 中都可以支持。虽然看着可能有点累，但是，熟练使用后，你会发现你无所不能。

awk 其实真的是一门编程语言，具备编程语言的所有要素，不过掌握了这里所讲的内容，进行系统管理也就基本够用了。

3.13 日常管理中的 Shell 编程基础

3.13.1 Shell 是什么以及 Shell 编程是什么

Shell 是一个特殊的应用程序，介于操作系统内核与用户之间，负责接受用户输入的操作指令(命令)并进行解释，将需要执行的操作传递给内核执行。因此，Shell 程序在系统中充当了一个“命令解释器”的角色。

我们登录 CentOS 后，默认的 Shell 是 Bash。有时候，我们看到的名字是 sh，其实也是指向 Bash 的一个链接。

我们可以把要执行的命令序列写在文件中，为它添加执行权限，就可以一次执行所有要做的任务了，这样可以节省大量的精力，提升管理效率。

除了顺序执行的工作任务外，Shell 编程也支持分支结构和循环结构，我们可以像语言编程一样，进行 Shell 脚本编程，来实现复杂的功能。

类似编程语言的学习，Shell 编程也可以很复杂，很强大。幸好，作为日常管理所需，通常只需要了解 Shell 编程的基础知识，就已经可以极大地提升系统管理水平了。

1. Bash 脚本是什么？

凡是使用 Shell 编程的语言编写的程序都可以称为 Shell 脚本，通俗一点说，只要将一些 Linux 命令按顺序保存到一个文本文件中，并给予这个文件可执行权限，那么，这个文件就可以称为 Shell 脚本。

Bash 程序不仅可以作为用户管理 Linux 系统的命令操作环境，同时，也可以作为一种优秀的脚本程序语言。

当然，Shell 脚本是为了完成一定的管理任务才创建的，因此，脚本文件中的各条命令并不是杂乱无章随便放置的，这就需要用户来进行组织和设计。

2. 怎样编写 Shell 脚本文件

使用文本编辑器程序(如 vi)创建脚本文件，文件名中可以使用扩展名(如“.sh”)，也可以不使用扩展名，并没有强制的要求。

```
#vi shell1.sh
```

(1) 脚本文件中包括的内容。

① 运行环境设置。

通常位于文件的第一行，用户指定使用哪个 Shell 程序进行解释。设置时以“#!”开始，后面紧跟上指定的 Shell 程序的完成路径。

例如，编辑脚本文件的环境设置行：

```
#!/bin/bash
```

② 注释行。

在脚本文件中，除了以“#!”开头的 Shell 环境设置行以外，其他以“#”符号开头的内容将被视为注释信息，执行脚本时将予以忽略。

编写脚本程序时，添加必要的注释语句是一个良好的习惯，这样将大大增强脚本文件的易读性，方便在不同时间、不同用户间交流使用。

例如，编辑注释行：

```
#任意注释信息
```

③ 可执行语句。

可执行语句是 Shell 脚本程序中最重要的组成部分，在命令行操作界面中，可以执行的命令都可以写入到脚本中，程序运行时，默认情况下将会按照顺序依次解释执行。

除此以外，还可以添加一些程序结构控制语句，通过灵活控制执行过程，提高程序执行效率，完成更复杂的管理任务。

例如，使用 vi 编辑器编写一个简单的 Shell 脚本文件 tsh1.sh，然后查看家目录下的文件信息：

```
#vi tsh1.sh
#cat tsh1.sh
#!/bin/bash
ls -l ~/
```

程序说明如下。

vi tsh1.sh 编辑建立 tsh1.sh 文件。

文件第一行是默认设定语句，通常每个脚本文件都要这么写。

脚本就一句话，执行 ls 命令查看家目录下的文件，~表示用户的家目录，root 用户的家目录是/root，其他用户的家目录是/home/用户名。

(2) 如何执行 Shell 脚本？

① 直接执行带 x 权限的脚本文件。

为脚本文件设置了可执行属性后，在 Shell 命令行中，可以直接通过脚本文件的路径执行脚本程序，这也是最常用的一种方式。

例如，为脚本文件 tsh1.sh 添加可执行权限并执行，a 表示所有用户，x 是执行权限：

```
#ls -l tsh1.sh
#chmod a+x tsh1.sh
#./tsh1.sh
```

执行时需要在文件名之前加入“./”路径，明确需要执行当前目录下的脚本文件，这种方法也是出于对系统安全性的考虑。

当执行命令时，bash 会查看系统环境变量 PATH 的设置，按照路径的排列顺序依次搜索你要执行的命令，为了防止误执行别的同名命令，通常，路径是必须加上的。

“./”中的“.”表示用户所在的当前目录，这是相对文件路径的表示方法。你也可以使用绝对路径，比如/root/tsh1.sh，从/(根目录)开始的路径就是绝对路径。

② 使用 Shell 解释器程序执行脚本。

这种方式可以将脚本文件作为指定 Shell 解释器程序(如 bash、sh 等)的参数，由解释器程序负责读取脚本文件中的内容并执行，这种方法并不需要脚本文件具有可执行属性。此方法通常只在脚本的调试阶段使用。

例如，使用解释器直接执行脚本文件：

```
#sh tsh1.sh
#bash tsh1.sh
```

③ 使用“.”命令或者 source 命令执行脚本。

使用 Shell 解释器程序(如 bash)执行指定脚本文件时，是在当前 Shell 中启动一个子 Shell 来运行脚本程序，因此脚本程序中定义的环境变量只能在子 Shell 环境中使用，而无法在用户当前的 Shell 环境中使用。

使用 Bash 的内部命令“.”(或使用 source 命令，其作用相同)加载指定的脚本文件并执行时，系统将不会开启新的 Shell 环境。使用这种方式时，脚本文件作为“.”命令的参数，因此同样不要求脚本文件具备 x 权限。

如在修改完“/etc/profile”文件以后，可以执行“. /etc/profile”命令，使得在文件中新设置的变量立即生效，而无需重新登录。

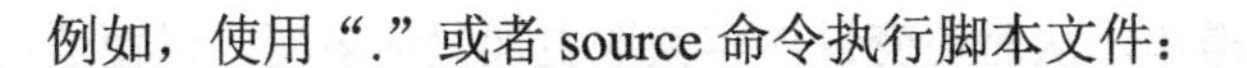
例如，使用“.”或者 source 命令执行脚本文件：

```
#. tsh1.sh
#source tsh1.sh
```

3.13.2　必须了解的 Shell 编程基础

1. Shell 变量

在各种 Shell 程序环境中，都使用到了“Shell 变量”的概念，Shell 变量用于保存系统和用户需要使用的特定参数(值)，而且这些参数可以根据用户的设定或系统环境的变化而相应变化，通过使用变量，Shell 程序能够提供更加灵活的功能，适应性更强。

常见的 Shell 变量的类型包括用户自定义变量、环境变量、预定义编译、位置变量。

(1) 用户自定义变量。

用户自定义变量是由系统用户自己定义的变量，只在用户自己的 Shell 环境中有效，因此又称为本地变量。

在编写 Shell 脚本程序时，通常会需要设置一些特定的自定义变量，以适应程序执行过程中的各种变化，满足不同的需要。

① 变量定义。

Bash 中的变量操作相对比较简单，没有其他高级编程语言(如 C/C++、Java 等)那么复杂，在定义一个新的变量时，一般不需要提前声明，而是直接指定变量名及初始值(内容)即可，定义变量操作的基本格式如下。

格式：变量名=变量值

(注意：等号两边都没有空格)

例如，定义变量 TITLE，值是 Sir：

```
#TITLE=Sir
```

② 查看及引用变量的值。

例 1，输出变量 TITLE 的值：

```
#echo $TITLE
  引用变量，在变量名前加一个“$”
```

例 2，变量 TITLE 的内容后紧跟 Liuxuegong 字符串并一起显示：

```
#echo ${TITLE}Liuxuegong
```

不能写成 echo $TITLELiuxuegong，否则会把 TITLELiuxuegong 当作是一个变量名来处理。

当变量名称容易和紧跟其后的其他字符相混淆时，需要添加大括号{}将其包围起来，否则将无法确定正确的变量名称。

③ 为变量赋值的方法。

在等号“=”后边直接指定变量内容，是为变量赋值的最基本方法，除此以外，管理员通常还会使用到其他的一些赋值操作，从而使变量内容获取更加灵活多变，以便适用于各种复杂的系统管理任务。

常用的几种变量赋值操作包括双引号、单引号、反撇号、read 命令。

双引号(“”)：使用双引号时，允许在双引号的范围使用$符号，来引用其他变量的值(变量引用)。在简单的赋值操作中，双引号有时候可以省略。

单引号(‘’)：使用单引号时，将不允许在单引号的范围内引用其他变量的值，$符号或者其他任务将作为普通字符看待。

反撇号(`)：位于键盘左上角 Esc 按键下方。使用反撇号时，允许将执行特定命令的输出结果赋给变量(命令替换)，反撇号内包含的字串必须是能够执行的命令，执行后会用输出结果，替换该命令字串。

read 命令：除了上述赋值操作以外，还可以使用 Bash 的内置命令 read 来给变量赋值。read 命令可以从终端(键盘)读取输入，实现简单的交换过程。read 将从标准输入读入一行内容，并以空格为分隔符，将读入的各字段分别赋值给指定列表中的变量(多余的内容赋值给最后一个变量)。若指定的变量只有一个，则将赋值内容赋值给该变量。

为了使交互式操作的界面更加友好，提高易用性，read 命令可以结合“-p”选项来设置提示信息，用于告知用户应该输入的内容等相关事项。

④ 设置变量的作用范围。

对于用户自行定义的变量，默认情况下只能在当前的 Shell 环境中使用，因此称为局部变量。

为了使用户定义的变量在所有的子 Shell 环境中能够继续使用，减少重复设置工作，可以使用 export 命令将指定的变量设置为“全局变量”。

export 命令可以同时使用多个变量名作为参数，变量名之间以空格分隔。

```
#export TITLE
```

export 命令还可以在输出变量的同时，对指定名称的变量进程赋值(创建)，这样，在使用 export 命令之前就不需要单独为变量进行赋值了。

例如，定义两个变量 TITLE 和 Sex，并将其设置为全局变量：

```
#export TITLE=Sir SEX=Male
```

⑤ 清除自定义变量。

当用户不再需要使用定义变量时，可使用 unset 命令对已定义的用户变量清除：

```
#unset TITLE SEX
```

(2) 环境变量。

环境变量是指用户登录后 Linux 系统预先设定好的一类 Shell 变量，其功能是设置用户的工作环境，包括用户宿主目录、命令查看路径、用户当前目录、登录终端等，在实际使用过程中，环境变量并没有严格的区分和定义，用户自己设置的变量也可以作为环境变量使用。

环境变量的名称比较固定，通常使用大写字母、数字和其他字符组成，而不使用小写字母。环境变量的值一般由 Linux 系统自行维护，会随着用户状态的改变而改变，用户可以通过读取环境变量来了解自己当前的环境。

例 1，查看环境变量：

```
#set|more
```

例 2，查看当前用户：

```
#set|grep USER
```

例 3，查看当前语言设置：

```
#set|grep LANG
```

例 4，查看当前目录：

```
#set|grep PWD
```

例 5，查看路径搜索设置：

```
#set|grep PATH
```

例 6，添加/root/bin 到系统变量 PATH 搜索路径中：

```
#PATH=$PATH:/root/bin
```

在 Linux 系统中，用户环境变量的设置工作习惯上在“/etc/profile”文件及用户宿主目录中的“.bash_profile”文件中进行，前者称为全局配置文件(对所有用户起作用)，后者称为用户配置文件(允许覆盖全局配置)。

```
#cat /etc/profile|more
#cat ~/.bash_profile|more
```

(3) 位置变量。

当脚本程序执行时，可以添加命令行参数。脚本程序中，可以通过位置变量来获取引用这些参数。

位置变量的形式是$N，定义如表 3-15 所示。

表 3-15　位置变量说明

位置变量	变量说明
$0	脚本的名称
$1,$2,$3....	第一个参数，第二个参数，第三个参数
Shift	每 Shift 一次，参数位置往前一个
Shift　N	往前移动 N 个

例如：

```
#ls -l -a /root
```

此时，位置变量的值是：

$0 是 ls。

$1 是-l。

$2 是-a。

$3 是/root。

此外，脚本中每执行 Shift 命令一次，参数就往前移动一位，$1=$2，$2=$3……

通常，在循环中使用 Shift 来循环处理命令参数。

(4) 预定义变量。

预定义变量是由 Bash 程序预先定义好的一些特殊变量。用户只能使用预定义变量，而不能创建新的预定义变量，或直接修改预定义变量赋值。所有的预定义变量都是由$符号和另一个符号组成的，较常用的 Shell 预定义变量包括以下这些。

$#：表示命令行中位置参数的数量。

$*：表示所有位置参数的内容。

$?：表示命令执行后返回的状态，用户检查上一个命令的执行是否正确。在 Linux 中，命令返回状态为 0 表示命令执行正确，任何非 0 值的表示命令执行错误。

$$：表示当前进程的进程号。

$!：表示后台运行的最后一个进程的进程号。

$0：表示当前执行的进程的进程名。

预定义变量通常使用在 Shell 脚本程序中。

3.13.3 Shell 编程入门技巧

程序设计的三大基础结构是顺序结构、分支结构、循环结构。顺序结构下，程序依次执行，就可以解决很多的日常任务了。

有时候，需要根据环境不同，采取不同的应对策略，这就需要分支结构来实现。最常用的分支结构就是 if 语句，通过条件判断，如果条件为真，执行一个分支；如果条件为假，就执行另一个分支。

在 Shell 脚本中执行使用 if 语句的好处是：可以根据特定的条件(例如判断备份目录是否存在)来决定是否执行某项操作，或者当满足不同的条件时，执行不同的操作(例如备份目录不存在则创建该目录，否则跳过操作)。

1. 条件测试操作

需要在 Shell 脚本中有选择性地执行任务时，首先面临的问题就是，如何设置命令执行的条件？

在 Shell 环境中，可以根据命令执行后的返回状态值来判断该命令是否成功执行，当返回值为 0 时，表示成功执行，否则(非 0 值)表示执行失败。用于特定条件表达式的测试时，可以使用 Linux 系统中提供的 test 命令。

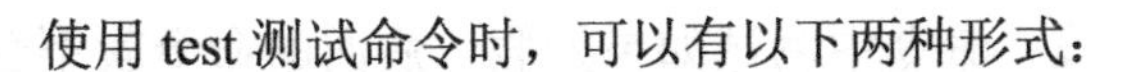

使用 test 测试命令时，可以有以下两种形式：

```
test 条件表达式
[ 条件表达式 ]
```

这两种方式的作用完全相同，但通常后一种形式更为常用，也更贴近编程习惯。需要注意的是，方括号“[”或者“]”与条件表达式语句之间至少需要有一个空格进行分隔。

根据需要判断的条件内容不同，条件操作也不同，最常用的条件主要包括文件状态测试，比较整数值大小，比较字符串，以及同时判断多个条件时的逻辑关系。

(1) 测试文件状态。

文件状态测试是指根据给定的路径名称，判断该名称对应的是文件还是目录，或者判断文件是否可读、可写、可执行等。根据判断的状态不同，在条件表达式中需要使用不同的操作选项。

-d：测试是否为目录(Directory)。

-e：测试目录或文件是否存在(Exist)。

-f：测试是否为文件(File)。

-r：测试当前用户是否有权限读取(Read)。

-w：测试当前用户是否有权限写入(Write)。

-x：测试当前用户是否可执行(Execute)该文件。

-L：测试是否为符号连接(Link)文件。

执行条件测试操作以后，通过预定义变量“$?”可以获得测试命令的返回状态值，从而能够判断该条件是否成立(返回 0 值表示条件成立，非 0 值表示条件不成立)。但通过这种方式查看测试结果会比较繁琐。

例 1，测试“/etc/hosts”是否是文件，并通过“$?”变量查看返回状态值，据此判断测试结果：

```
#[ -f /etc/hosts ]
#echo $?
```

返回值为 0，表示上一步测试的条件成立。

例 2，测试“/media/cdrom/Server”及其父目录是否存在，如果存在，则显示 YES，否则不输出任何信息：

```
#[ -e /media/cdrom/Server ] && echo "YES"
```

无输出表示该目录不存在。

```
#[ -e /media/cdrom ] &&  echo "YES"
```

命令说明：

&&表示逻辑与，||表示逻辑或。逻辑与当两个条件都为真时结果才是真，有一个为假即为假；逻辑或当两个条件都为假时结果才是假，有一个为真结果就是真。

逻辑与和逻辑或都有“短路”特性。对于逻辑与，如果第一个条件就不满足，那么第

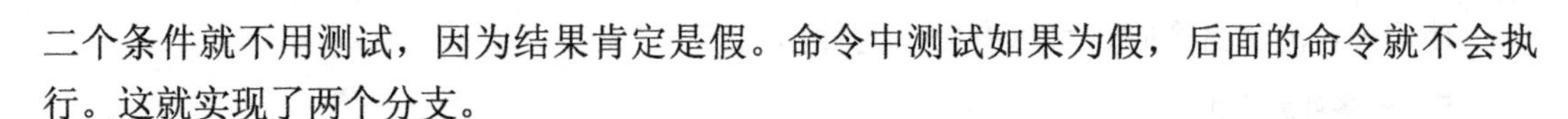

二个条件就不用测试，因为结果肯定是假。命令中测试如果为假，后面的命令就不会执行。这就实现了两个分支。

(2) 整数值比较。

整数值比较是指根据给定的两个整数值，判断第一个数是否大于、等于、小于第 2 个数，可以使用的操作选项如下。

-eq：第一个数等于(Equal)第二个数。

-ne：第一个数不等于(Not Equal)第二个数。

-gt：第一个数大于(Greater Than)第二个数。

-lt：第一个数小于(Lesser Than)第二个数。

-le：第一个数小于或等于(Lesser or Equal)第二个数。

-ge：第一个数大于或等于(Greater or Equal)第二个数。

整数值比较的测试操作在 Shell 脚本编写中的应用较多，如用于判断磁盘使用率、登录用户数量是否超标以及用于控制脚本语句的循环次数等。

例如，测试当前登录到系统中的用户数量是否小于或等于 10，是则输出 YES：

```
#who | wc -l
3
  说明当前有 3 个用户登录到系统
#[ `who | wc -l` -le 10 ] && echo "YES"
```

命令中使用的是反撇号，会把执行的结果替换到此位置。刚才执行时看到结果是 3，这样命令测试的就是 3<=10，结果当然是真。当第一个条件值为真时，继续执行后面的命令，输出 YES。

(3) 字符串比较。

字符串比较可以用于检查用户输入，比如在提供交互式操作时，判断用户输入的选项是否与指定的变量内容相匹配。“=”、“!=”操作选项分别表示匹配、不匹配。“-z”操作选项用于检查字符串是否为空。其中，“!”符号用于取反，表示相反的意思。

例 1，提示用户输入一个字符串，并判断是否是“test”，如果是则显示“YES”：

```
#read -p "Location: " vartest
Location:
  输入“test”然后按 Enter 键
  read 命令接收用户输入，后面-p 参数是输出提示信息，
  vartest 是接收用户输入信息的本地变量
#[ $vartest = "test" ] && echo "YES"
  测试输入到 vartest 的值是不是“test”，如果为真，就输出“YES”
```

例 2，若当前环境变量 LANG 的内容不是“en.US”，则输出 LANG 变量的值，否则无输出：

```
[ $LANG != "en.US" ] && echo $LANG
```

例 3，使用 touch 命令建立一个新文件，测试其内容是否为空，向文件中写入内容后，再次进行测试：

```
#touch testfile
#[ -z `cat testfile` ] && echo "yes"
#echo "something"> testfile
#[ -z `cat testfile` ] && echo "yes"
```

命令说明：

touch 命令当文件不存在时创建文件，文件已存在时更新文件信息。

`cat zero.file`使用的反撇号，会把文件内容替换到所在位置进行测试。

因为 touch 建立文件时，内容为空，使用-z 测试，结果自然为真。

使用 echo 命令把内容存储到文件中，文件就不再是空文件了。

再执行测试，结果为假。

(4)　逻辑测试。

逻辑测试是指同时使用的两个(或多个)条件表达式之间的关系。用户可以同时测试多个条件，根据这些条件是否同时成立或者只要有其中一个条件成立等情况，来决定采取何种操作。逻辑测试可以使用的操作选项如下。

&&：逻辑与，表示前后两个表达式都成立时整个测试结果才为真，否则结果为假。在使用 test 命令形式进行测试时，此选项可以改为“-a”。

||：逻辑或，表示前后两个条件至少有一个成立时，整个测试结果才为真，否则结果为假。在使用 test 命令形式测试时，此选项可以改为“-o”。

!：逻辑否，表示当指定的条件表达式不成立时，整个测试命令的结果为真。

在上述逻辑测试的操作选项中，&&和||通常也用于间隔不同的命令操作，其作用是相似的。同时使用多个逻辑运算操作时，一般按照从左到右的顺序进行测试。

逻辑与和逻辑或都有“短路”特性。对于逻辑与&&，如果第一个条件就不满足，那么第二个条件就不用测试，因为结果肯定是假。对于逻辑或||，如果第一个条件就满足，那么第二个条件就不用测试，因为结果肯定是真。此时，后面的条件就不需要执行，直接跳过，称为“短路”特性。

例 1，测试当前的用户是否是 liuxuegong，若不是，则提示“Not liuxuegong”：

```
#echo $USER
#[ $USER="liuxuegong" ] || echo "Not liuxuegong"
```

||是逻辑或，如果系统变量 USER 的值为 liuxuegong，即当前使用 liuxuegong 登录操作的话，条件为真时，由于短路特性，后面的输出语句将不会执行。如果当前是 root 或者其他用户登录，前面测试为假，后面的输出语句才会执行。

例 2，只要/etc/inittab 或者/etc/hostname 中有一个是文件，则显示“YES”，否则无任何输出：

```
#[ -f /etc/inittab ] || [ -f /etc/hostname ] && echo "yes"
```

-f 测试是否是文件，||是逻辑或，表示两个测试只要有一个为真，结果就是真；&&是逻辑与，当前面的条件为真时，后面的命令才会执行。如果&&前面结果为假，则按照短

路特性，后面语句将不会执行。

例 3，测试/etc/profile 文件是否有可执行权限，若确实没有可执行权限，则提示“Not Execute”的信息：

```
#[ ! -x "/etc/profile" ] && echo "Not Execute"
```

-x 测试是否有执行权限，要查看权限，可以使用“ls -l”命令。前面的“!”是逻辑否，如果有执行权限，否之后就是假，直接短路，不会输出信息；如果没有执行权限，本来是假，否之后变为真，后面的输出语句才会执行。

例 4，若当前的用户是 root 且使用的 Shell 程序是/bin/bash，则显“YES”，否则无任何输出：

```
#echo $USER $SHELL
#[ $USER="root" ] && [ $SHELL="/bin/bash" ] && echo "yes"
```

USER 和 SHELL 是系统环境变量，自动赋值，如果当前是 root 登录，并且默认登录 Shell 是 bash，则输出 YES。

2. if 语句

使用&&和||逻辑测试，可以完成简单的判断并执行相应的操作，但是，当需要选择执行的命令语句较多时，再使用这种方式将使命令行语句显得很复杂，难以阅读。此时，使用 if 语句，则可以更好地体现有选择性执行的程序结构，使得层次更加分明，清晰易懂。

if 语句的选择结构由易到难可以分为三种类型，分别适用于不同的应用场合。

(1) 单分支的 if 语句。

单分支的 if 语句是最简单的选择结构，这种结果只判断指定的条件，当“条件成立”时，执行相应的操作，否则不做任何操作。单分支使用的语句格式如下：

```
if 条件测试命令
then
 命令序列
fi
```

在上述语句中，首先通过判断条件测试命令的返回状态值是否为 0(条件成立)，如果是，则执行 then 后面的一条或多台可执行语句(命令序列)，一直到 fi 为止表示结束，如果条件测试命令的返回值不为 0(条件不成立)，则直接去执行 fi 后面的语句。

(2) 双分支的 if 语句。

双分支的 if 语句使用了两路命令操作，在“条件成立”、“条件不成立”时分别执行不同的命令序列。双分支使用的语句格式如下：

```
if 条件测试命令
then
 命令序列 1
else
 命令序列 2
fi
```

上述语句首先通过 if 判断条件测试命令的返回状态值是否为 0(条件成立)，如果是真，则执行 then 后面的一条或多条可执行语句(命令序列 1)，然后跳转至 fi 结束；如果条件测试命令的返回状态值不为 0(条件不成立)，则执行 else 后面的语句，一直到 fi 结束。

(3) 多分支的 if 语句。

由于 if 语句可以根据条件测试命令的两种状态分别进行操作，所以能够嵌套使用，进行多次判断(如首先判断某学生的得分是否大于等于 60 分，如及格，则再次判断是否高于 85 分)。多重分支使用的语句格式如下：

```
if 条件测试命令 1
then
 命令序列 1
elif 条件测试命令 2
then
 命令序列 2
else
 命令序列 3
fi
```

上面的语法格式中只嵌套了一个 elif 语句。实际上，if 语句中可以嵌套多个 elif 语句。if 语句的嵌套在编写 Shell 脚本时并不常用，因为多重嵌套容易使程序结构变得复杂。需要使用多重分支程序结构时，更多的是使用 case 语句来实现。

例 1，检查/etc/passwd 文件是否存在，若存在，则统计文件内容的行数并输出，否则不做任何操作：

```
#vi  test1.sh
#cat test1.sh
#!/bin/bash
File="/etc/passwd"
if [ -f $File ] ; then
wc -l $File
fi

#sh test1.sh
```

程序说明：

建立脚本文件 test1.sh，在文件中输入相关的命令。

#!/bin/bash 是脚本文件固定的第一句话，表示这是一个 Shell 脚本，使用 bash 执行。

if 条件后，then 要另起一行，通常为了美观工整的考虑，会在条件后加上分号“;”然后写在一行。“;”是在一行书写多条语句的分隔符。

wc -l 命令测试文件内容的行数。

编写完成后，保存并退出，用“sh 脚本名称”来执行。sh 是 bash 的符号链接，此时，test1.sh 脚本不需要有执行权限即可执行。如果给脚本赋予执行权限，则可直接执行。

```
#chmod +x test1.sh
#./test1.sh
```

关于脚本执行，后续所有脚本都是如此，不再重复说明。

例 2，提示用户指定备份目录的路径，若目录已存在，则显示提示信息后跳过，否则显示相应提示信息后创建该目录：

```
#vi test2.sh
#cat test2.sh
#!/bin/bash
read -p "Input you backup Directory:" bd
if [ -d $bd ] ; then
echo "$bd already exist."
else
echo "$bd is not exist,will make it."
mkdir $bd
fi
```

程序说明：

创建 test2.sh 脚本文件，首行固定内容，是#!/bin/bash。

read 接收用户输入的信息给本地变量 bd。

如果目录已经存在，输出提示信息，然后不需要做什么。

如果目录不存在，输出信息，并使用 mkdir 创建目录。

例 3，统计当前登录到系统中的用户数量，并判断是否超过三个，若是，则显示实际数量并给出警告信息，否则列出登录的用户账号名称及所在终端：

```
#vi test3.sh
#cat test3.sh
#!/bin/bash
UserNum=`who |wc -l`
if [ $UserNum -gt 3 ] ; then
echo "Alert, User Total: $UserNum )."
else
 echo "Login users:"
 who | awk '{print $1,$2}'
fi
```

程序说明：

创建脚本文件 test3.sh。

who 命令显示登录到系统的用户信息，wc -l 统计行数，即有几个用户。

使用反撇号代换，把统计结果替换到位置上，赋值给变量 UserNum。

如果用户数大于 3，输出用户数警告。

如果不大于 3，显示登录用户信息，使用 awk 命令从用户信息中取出前两个区域字段显示出来。

例 4，每隔 5 分钟监测一次 MariaDB 服务程序的运行状态，若发现 MariaDB 进程已终止，则在/var/log/messages 文件中追加写入日志信息(包括当时时间)，并重启 MariaDB 服务，否则不进行任何操作：

```
#vi test4.sh
#cat test4.sh
#!/bin/bash
if [ `ps aux|grep mariadb|wc -l` -lt 2 ]; then
echo "At time:`date`:mariadb Server is down.">> /var/log/messages
systemctl start mariadb.service
fi
```

程序说明：

创建脚本文件 test4.sh。

ps aux 列出系统当前所有进程，grep mariadb 搜索包含 mariadb 的进程，因为 grep 命令本身占据了一个进程，如果 mariadb 正常工作，一般应该是两个。具体还要在服务器上执行此命令测试一下；使用“wc -l”计算找到几个进程，本例中，只要小于 2，那么服务器就可以确认没有运行。

反撇号 date 命令执行后得到当前时间，然后 echo 命令把信息写到日志文件中去。这里一定要用输出附加重定向>>，如果使用输出重定向>，就会毁掉日志文件中的所有数据，那就是灾难了。

接下来启动 MariaDB 服务，脚本结束。

为了让检测脚本每 5 分钟执行一次，需要配置定时任务：

```
#chmod u+x test4.sh
#crontab -e
*/5 * * * * /root/test4.sh
```

命令说明：

为脚本添加执行权限，然后编辑定时任务，设置每 5 分钟执行一次 test4.sh 脚本。

第一个字段“*/5”表示每 5 分钟，另外，脚本要使用绝对路径。

3. 使用 for 循环语句

在 Shell 脚本中使用 for 循环语句时，可以为变量设置一个取值列表，每次读取列表中不同的变量值并执行相关命令操作，变量值用完以后，则退出循环。Shell 中的 for 语句不需要执行条件判断，其所用变量的取值来自于预先设置的值列表。

for 语句结构：

```
for 变量名 in 取值列表
do
 命令序列
done
```

上述语句中，使用 in 关键字为用户自定义变量设置了一个取值列表(以空格分隔的多个值)，for 语句第一次执行时，首先将列表中的第一个取值赋给该变量，然后执行 do 后边的命令序列；然后再将列表中的第二个取值赋给该变量，然后执行 do 后边的命令序列；如此循环，直到取值列表中的所有值都已经用完，最后将跳至 done 语句，结束循环。

例 1，依次输出三条文件信息，包括一天中的 Morning、Noon、Evening 字串：

```
#vi circle1.sh
#cat circle1.sh
#!/bin/bash
for TM in "Morning""Noon""Evening"
do
echo "The $TM of the day."
done
```

程序说明：

值列表共有三个值，因此共循环三次。

每次循环，TM 变量接收一个值，所以，第一次循环变量输出第一个值，第二次循环变量输出第二个值，第三次循环变量输出第三个值。

例 2，对于使用/bin/bash 登录 Shell 的系统用户，检查他们在/opt 目录中拥有的子目录或文件数量，如果超过 100 个，则列出具体数量及对应的用户账号：

```
#vi circle2.sh
#cat circle2.sh
#!/bin/bash
DIR="/opt"
LMT=100
ValidUsers=`grep "/bin/bash" /etc/passwd | cut -d ":" -f 1`
  //找出使用 bash 的系统用户列表

for UserName in $ValidUsers
do
Num=`find $DIR -user $UserName | wc -l`
if [ $Num -gt $LMT ] ; then
echo "$UserName have $Num files."
fi
done
```

程序说明：

DIR 变量设置检查的目标目录；LMT 变量设置文件数量的限制值。

反撇号语句中，grep 查找使用 bash 登录的用户，这样的用户可以登录系统；cut 命令获得第一个区域，即用户名。

整个命令把使用 bash 登录系统的所有用户名提取出来，存放到变量 ValidUsers 中，作为循环控制。

每个用户循环一次，使用 find 命令查找属于当前用户在指定文件夹下的所有文件，使用“wc -l”进行计数，把结果保存到变量 Num 中。

如果文件数超过限制值，那么输出信息。

所有用户检查完毕，程序结束。

4. 使用 while 循环语句

在 Shell 脚本中使用 while 循环语句时，将可以根据特定的条件重复执行一个命令列表，直到该条件不再满足时为止。

为了控制循环次数，通常会在执行的命令序列中包含修改测试条件的语句，当循环达到一定次数后，测试将不再成立，从而可以结束循环。

while 语句的结构：

```
while 条件测试命令
do
 命令序列
done
```

在上述语句中，首先通过 while 判断条件测试命令的返回状态值是否为 0(条件成立)，如果是，则执行 do 后边的命令序列，然后返回到 while 再次进行条件测试并判断返回状态值，如果条件仍然成立，则继续执行 do 后边的命令序列，然后返回到 while 重复条件测试；如此循环，直到所测试的条件不成立时，跳转到 done 语句，结束循环。

使用 while 循环语句时，有两个特殊的条件测试返回值，即 true(真)、false(假)。使用 true 作为测试条件时，条件将永远成立，循环体内的语句将无限次执行下去，反之使用 false 则条件永远不成立，循环体内的语句将不会被执行，这两个特殊值也可以用在 if 语句的条件测试中。

例 1，由用户从键盘上输入一个大于 1 的整数(如 50)，并且计算从 1 到该数之间各整数的和：

```
#vi loop1.sh
#cat loop1.sh
#!/bin/bash
read -p "Input a number (>1):" Num
i=1
Sum=0
while [ $i -le $Num ]
do
Sum=`expr $Sum + $i`
i=`expr $i + 1`
done
echo "The sum of 1-$Num is : $Sum"
```

程序说明：

编写 loop1.sh 文件。

输入一个数给 Num 变量。

循环初始化，循环控制变量 i=1，和变量=0。

当循环控制变量小于等于输入值时进行循环，执行循环体。

每次循环，循环控制变量+1，这样从 1 开始，一直加到输入的值，和存放在 Sum 中。

循环结束，输出和的值，程序结束。

例 2，批量添加 20 个系统用户账号，用户名称依次为 stu1、stu2、stu3、...、stu20，各用户的初始密码均设置为 123456：

```
#vi loop2.sh
#cat loop2.sh
#!/bin/bash
i=1
while [ $i -le 20 ]
do
useradd stu$i
echo "123456" | passwd --stdin stu$i &> /dev/null
i=`expr $i + 1`
done
```

程序说明：

循环控制变量 i 初值设为 1。

从 1 到 20 循环 20 次。

每次循环，useradd 添加一个用户，使用 passwd 设置密码，--stdin 从标准输入接收密码，而 echo 命令通过管道把初始密码送到 passwd 命令的标准输入，实现自动设置密码的功能。

每次循环，控制变量 i 加 1，保证循环 20 次就结束。

例 3，编写一个批量删除用户的脚本程序，将上面添加的 20 个用户删除：

```
#vi loop3.sh
#cat loop3.sh
#!/bin/bash
i=1
while [ $i -le 20 ]
do
userdel -r stu$i
i=`expr $i + 1`
Done
```

程序说明：

跟上例类似，使用 userdel 代替 useradd，删除用户功能替代了新建用户功能，密码也不用改了，-r 选项在删除用户账号时，把用户的家目录也删除。

使用“cat /etc/passwd”查看账号信息，会发现刚才新建的用户已经不存在了。

学会了顺序程序设计，我们就体会到了管理效率提升的甜头，原来要忙一个小时，现在有了脚本，只需要花几分钟；加上定时任务，就可以让多数日常管理任务自动进行，极大地提高了日常管理工作的效率。此时，就连这几分钟都可以省掉了。

对于复杂的日常任务，顺序程序设计就可能不够用了，就像半自动挂机工具，很有用，但是离不开人，要想继续逍遥，就要使用分支程序设计和循环程序设计来解决。学会了分支和循环的编写，理论上就可以解决所有的编程问题，剩下的就是漫长而永无止境的经验和技巧的进步阶段了。

可以说，不会写管理脚本的都是菜鸟，学会写脚本，是菜鸟升级进阶的不二法门。

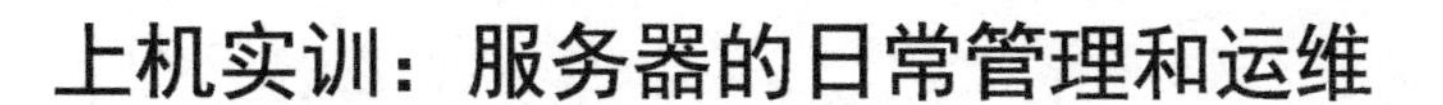

上机实训：服务器的日常管理和运维

本实训步骤自行设计，抓图记录每个操作步骤，并对结果进行简要分析，对遇到的故障和解决方法进行记录并分享。

可参照教材完成实训步骤设计。

为每一实训任务单独编写实训报告并提交。

1. 实训任务列表

任务一：定时备份。

任务二：远程管理。

任务三：文件与数据库备份管理。

任务四：Shell 常用命令。

任务五：Shell 编程练习。

2. 实训步骤(略)

项目四

服务器的安全管理

项目导入

善战者无赫赫之功，因为他可以防范事故于未然；而临危受命，挽狂澜于既倒，更需要平日的时时积累。

对于安全管理，任何一个企业都不会掉以轻心，在这方面，每个企业都会不遗余力，做到最好。

小刘作为某公司的网络管理员，要保护公司业务网站和其他主机不受外界入侵，保证企业重要数据不被泄露。为此，要制订好企业的安全防护方案，并部署实施。

项目分析

可用性和安全性不可兼得，应用对用户越是友好，安全级别通常就越低。所以，不是必需的服务，应尽量关闭，或者需要使用时临时打开，这样可以切断攻击的途径和入口。有些服务是必须开放的，比如网站应用要提供给外界访问，比如 SSH 远程管理要提供管理员通过网络进行管理的必备通道。这些开放的服务，将成为网络攻击的主要目标，要重点防护。

本项目介绍对服务器系统进行安全管理的知识和技能，通过本项目的学习，能够有效提升服务器的安全级别，防范常见的网络攻击。

能力目标

了解网络安全面临的威胁。
掌握账号和密码安全设置方法。
掌握修改文件访问权限的方法。
掌握防火墙开放或者禁止服务端口的方法。

知识目标

了解系统面临的安全威胁。
了解系统漏洞和补丁程序。
了解账号系统。
了解授权管理。
了解防火墙的作用。

任务一：做好安全管理

在这一部分中，我们要关注三个问题：安全管理管什么？为什么说安全管理很重要？如何进行安全管理？

知识储备

4.1　安全管理的起源

在网络发展的早期，安全并没有得到足够的重视，所有的计算机和谐地共存，计算机专家和黑客们醉心于构建网络世界。直到 20 世纪 80 年代，安全问题才开始进入人们的视野，敲响了网络安全的警钟。

为了避免毁掉当时刚刚开始发展壮大的互联网，安全问题的讨论被限制在小范围内传播。但是，网络安全的意识，已经开始引起重视。直到莫里斯的蠕虫病毒出现，触发了安全管理的新时代。

1988 年冬天，正在康乃尔大学攻读的莫里斯，把一个被称为“蠕虫”的电脑病毒送进了美国最大的电脑网络——互联网。1988 年 11 月 2 日，互联网的管理人员首次发现网络有不明入侵者。它们仿佛是网络中的超级间谍，狡猾地不断截取用户口令等网络中的“机密文件”，利用这些口令欺骗网络中的“哨兵”，长驱直入互联网中的用户电脑。入侵得手后，会立即反客为主，并闪电般地自我复制，抢占地盘。

用户目瞪口呆地看着这些不请自来的神秘入侵者迅速扩大战果，充斥电脑内存，使电脑莫名其妙地“死掉”，只好去向管理人员求援，可是，管理员们也只能眼睁睁地看着网络中的电脑一批又一批地被病毒感染而“身亡”。

当晚，从美国东海岸到西海岸，互联网用户陷入一片恐慌。到加州伯克利分校的专家找出阻止病毒蔓延的办法时，短短 12 小时内，已有六千多台采用 Unix 操作系统的计算机瘫痪或半瘫痪，不计其数的数据和资料毁于这一夜之间。

这些数据现在看不算什么，但是要知道，蠕虫病毒爆发于 1988 年。那时候，网络规模远远小于现在，病毒从来没有出现之前，Unix 系统拥有“绝对安全”的神话，甚至网络安全的相关法规还没有一点影子。而这一切，在蠕虫病毒面前，全都变了。

莫里斯事件震惊了美国社会乃至整个世界，而比此事件影响更大、更深远的是：黑客从此真正变黑，大众对黑客的印象从此永远不可能恢复；而且，计算机病毒从此成为网络发展的毒瘤和焦点。

从网络诞生开始到如今，当人们意识到信息系统的脆弱之后，用户对网络安全的要求就越来越高，网络安全管理也就越来越重要。网络安全管理主要聚焦的几个安全问题，包括网络数据的私有性、授权和访问控制。

简单地说，数据的私有性主要保证数据不被非法访问和处理，有时也称为未授权的访问；授权指用户对数据访问的权限设置；访问控制指对非法用户的访问进行拦截。也就是说，安全管理的根本内容就是提供最小授权和严格的审核措施。当然，实际工作场景中，对最小授权不能苛求，只是努力接近就好，这是因为要达到极致的最小授权，必须因人、因时、因情况而异，这样管理工作量太大，基本不可行。

安全管理采用信息安全措施保护网络中的系统、数据以及业务，安全管理与其他管理功能有着密切的关系，安全管理要调用配置管理中的系统服务对网络中的安全设施进行控制和维护。当网络中发现安全方面的故障时，要向故障管理人员通报安全故障事件，以便进行故障诊断和恢复，安全管理功能还要接收计费管理发来的与访问权限有关的计费数据和访问事件通报。

4.2 安全问题与应对措施

现在的互联网，容纳的节点数以十亿计，遍及全世界所有国家。由于接入节点拥有各自的归属，统一管理是不可能实现的。悲观地估计，这就意味着，可能有十亿计的节点会发起攻击。世界上任何一台计算机都不可能在这么庞大的数据冲击下存活。

为了不至于成为被利用来进行网络攻击的棋子，每个接入节点有必要保证自身的基础安全；而对于网络中的重要设备、服务器、数据库等，则更应该提升自身的安全水平和防护能力。

安全管理的目的，是提供信息的隐私、认证和完整性保护机制，使网络中的服务、数据以及系统免受侵扰和破坏。

Linux 操作系统以安全性和稳定性著称，但这并不意味着使用 Linux 就是安全的。

首先，再好的系统也要人来配置使用，如果配置不当，那么系统再完美也是枉然。就好像家里安装了最好的安全门，但是你不锁门也没用；门再安全，如果窗户没做防护，也仍然无法防止入侵。

其次，实用性和安全性是一对永恒的矛盾，没有实用性的系统没有存在的必要，提高实用性，就会降低安全性。比如设置用户密码，要安全性好，那么就得使用复杂密码，但是密码复杂而且长了后，自己就难以记忆，这样实用性就很差；反过来，选姓名加生日来作为密码，很好记忆，看着也很长，但是破解的时候连 1 秒可能都不需要，实用性高了，安全性却荡然无存了。

出于实用性的考虑，系统不可能配置到真正理想中的安全程度。

再者，集成的安全性无法保证。系统是由一个个软件构成的，完美无瑕疵的软件是不可能存在的，每个软件都可能存在安全问题，海量的软件集成在一起，在某种程度上，就相当于海量的安全问题聚集在一起。要保证系统安全，会是巨大的挑战。

最后，随着黑客攻击技术的发展，即使我们现在认为安全的系统，也会不断发现新的漏洞和缺陷，系统安全防范工作仍然需要系统管理员的高度重视。

安全形势如此严峻，那么，怎样保证服务器的安全呢？

(1) 对服务器进行良好的配置，这基本上可以防止绝大多数的网络攻击，从而保证服务器自身的安全。

(2) 根据用户的安全需求，量身定制安全体系。

对于普通安全需求的网络，管理员的任务主要是配置管理好系统防火墙。为了能够及时发现和阻止网络黑客的攻击，可以加配入侵检测系统，对关键服务提供安全保护。

对于安全保密级别要求高的网络，网络管理员除了应该采取上述措施外，还应该配备

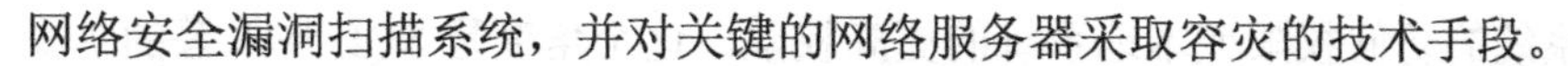

网络安全漏洞扫描系统，并对关键的网络服务器采取容灾的技术手段。

对于更严格的涉密计算机网络，还要求在物理上与外部公共计算机网络绝对隔离，对安置涉密网络计算机和网络主干设备的房间要采取安全措施，管理和控制人员的进出，对涉密网络用户的工作情况要进行全面的管理和监控。

要保证服务器的安全，记住一个基本原则：那就是最小的权限加上最少的服务等于最大的安全。所以，无论是配置任何服务器，我们都必须把不用的服务关闭，把系统权限设置到刚刚能完成任务的权限，这样才能保证服务器最大的安全。

4.3 系统漏洞与补丁程序

4.3.1 什么是系统漏洞

对于服务器系统的安全来说，危害最大的就是系统漏洞。

系统漏洞是指在硬件、软件、协议的具体实现或系统安全策略上存在的缺陷，从而可以使攻击者在未授权的情况下访问或破坏系统。

通俗地说，漏洞就是系统本身有毛病，被坏人利用了，你的服务器就会被攻破。

有了毛病要快治，有了漏洞要快补。操作系统软件、各种应用软件、游戏等，在使用过程中，被发现软件存在问题或漏洞后，开发商或者第三方安全厂商会为此写出修补程序，称为补丁程序。把补丁程序下载安装后，这个安全漏洞就不会再危害你的服务器了。

如果系统存在漏洞，未能及时修正，就可能遭到恶意软件、木马、病毒的攻击。

打补丁的关键是时效性。在漏洞信息和补丁公布的过程中，攻击者和防护人员就在赛跑，如果攻击者跑赢了，就可以在你还没有修补系统漏洞时，利用漏洞进行攻击，从而侵入系统，造成破坏。

如果一个缺陷不能被利用，来干“原本”不能干的事(安全相关的)，那么就不能被称为安全漏洞，所以安全漏洞必然与漏洞利用紧密联系在一起。如果从漏洞利用的视角来看，攻击者关注的有数据、权限、可用性攻击、身份审核、代码执行权限等具体的领域。

(1) 从数据视角上看，攻击者的目的是访问本来不可访问的数据，包括读和写。这一条通常是攻击者的核心目的，而且可造成非常严重的灾难(如银行数据被人改写)。

(2) 从权限视角上看，攻击者的主要目的是权限绕过或权限提升。权限提升或者绕过后，攻击者就可以访问和修改本来不能访问的数据了。

(3) 从可用性攻击视角上看，攻击者的目的是获得对系统某些服务的控制权限，从而对服务达成某种操纵，使得服务不能良好地运行。这可能导致某些重要服务被攻击者停止而呈现拒绝服务攻击。

(4) 从身份审核的视角上看，攻击者的目的不是费力地强制破解密码，而是利用系统漏洞，绕过用户身份认证的模块，不用登录就能进入系统。通常，绕过认证都是为权限提升或直接的数据访问服务的。

(5) 从代码执行角度上看，攻击者的目的主要是让程序将输入的内容作为代码来执

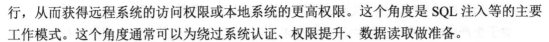

行，从而获得远程系统的访问权限或本地系统的更高权限。这个角度是 SQL 注入等的主要工作模式。这个角度通常可以为绕过系统认证、权限提升、数据读取做准备。

(6) 从攻击者的角度看，可以被攻击的目标很多，这也使得防御变得很艰难。

(7) 从时序上看，漏洞可分为已发现很久的漏洞、刚发现的漏洞和未公开的漏洞。

① 已发现很久的漏洞。

厂商已经发布补丁或修补方法，很多人都已经知道。这类漏洞通常多数人已经进行了修补，宏观上看，危害比较小。

② 刚发现的漏洞。

厂商刚发布补丁或修补方法，知道的人还不多，大多数用户还没有进行修补。相对于上一种漏洞，其危害性较大，如果此时攻击者编写了网络蠕虫程序或傻瓜化的攻击程序，会导致大批系统受到攻击。

③ 未公开的漏洞(0day 攻击)。

在私下小范围传播的，还没有公开的漏洞。这类漏洞通常对大众不会有什么影响，但会导致攻击者瞄准的目标受到精确攻击，危害非常大。这些漏洞通常掌握在专业黑客和攻击者手里，由于未公开，自然也就没有补丁。这通常意味着主机对此漏洞没有防御能力，一旦攻击者进行攻击，防护人员通常无法及时处理和修补，就会造成严重的后果。

4.3.2 补丁跟进和获取

网络管理员每天上班，头三件事，一是查看系统当前的运行状况；二是查看日志，了解服务器在上班之前记录下的各种信息；三是查看最新的漏洞信息和补丁发布信息，以便在补丁发布后及时更新。

对于服务器涉及到的各种系统更新，服务器上配置的各种服务相关的安全漏洞信息和产品厂商发布的安全补丁信息，如果不能及时更新，就可能成为攻击者攻击的目标。

安全补丁根据其对应漏洞的严重程度，分为三个级别：紧急补丁、重要补丁和一般补丁；一般的认知是，紧急补丁必须在 5 天内完成修补，重要补丁必须在 10 天内完成修补，一般补丁要求 1 个月内完成修补。

从得知漏洞和补丁的信息后，管理员要尽快从正式渠道获取安全补丁，例如产品厂商提供的或从产品厂商网站下载的安全补丁。否则，如果使用了来源不可靠的补丁程序，内嵌伪装后的攻击代码，那么就会迎贼进门，无力回天了。

下载得到安全补丁后，系统管理员要负责对安全补丁进行完整性校验，确保获取的安全补丁软件未被修改和可用；再在测试系统上试部署，并测试效果，验证有效且不会对系统造成不利影响后，再在企业环境下部署。部署前，要做好数据的备份工作，以防万一。

4.3.3 补丁测试与加载

补丁加载之前，必须经过严格的测试，严禁未经测试直接在运行的系统上加载补丁。加载经上级信息系统管理部门测试后下发的补丁可以不做测试。

补丁测试的方式有两种：实验机测试和现网测试。实验机测试必须进行，实验机配置环境需要与现网环境尽可能一致，并考虑差异性带来的风险；条件允许的情况下(如有测试设备或备机)可以进行现网测试。

补丁测试的内容包括安装测试、功能性测试、兼容性测试和回退测试。

(1) 安装测试主要测试补丁安装过程是否正确无误，补丁安装后系统是否正常运行。

(2) 功能性测试主要测试补丁是否对安全漏洞进行了修补。

(3) 兼容性测试主要测试补丁加载后是否对应用系统带来了影响，业务是否可以正常地运行。

(4) 回退测试主要包括补丁卸载测试、系统还原测试。

从安全漏洞发布到补丁加载前，公司系统管理员根据需要给出应急措施建议，例如通过加强访问控制、临时关闭服务、加强安全审计等应急措施来加强网络安全，各相关业务系统根据建议采取适当的防护措施，并加强对系统的监控，及时发现和报告安全事件。

补丁加载前，需向主管领导提交《安全补丁测试报告》、《安全补丁安装计划和实施方案》、《安全补丁回退实施方案》，经审批通过后，按计划执行，审批的周期应限制在两个工作日内，并尽量缩短。

在补丁安装前，必须做好数据备份工作，确保任何操作都可回退，在到达回退时间补丁加载没有完成时，启动回退操作，保证业务的正常运行。

补丁测试的工作由系统集成商或系统管理员负责实施。必须对补丁的现场测试和现网测试限定时间，测试完成后，需要编写详细的测试报告，给出明确的测试结论。

系统管理员需要把《补丁测试报告》提交给部门主管领导进行审核，审核通过后，可以进行补丁加载和发布。

为确保系统集成商及时配合补丁的测试和安装工作，需要通过合同的方式，明确集成商的安全补丁测试和安装责任，约束条款至少应包括：实验机测试环境的构建，在规定时间内完成补丁测试，补丁加载，补丁加载失败时的测试与分析，补丁与应用冲突时的系统改造和升级等工作。

补丁加载必须安排在业务比较空闲的时间进行，对补丁加载的操作过程必须详细记录。同时，必须维护已成功加载设备、未加载设备及加载失败的设备清单。

核心业务主机的补丁加载建议要求厂商工程师现场支持。

4.3.4 补丁验证与归档

补丁安装完成后，业务系统管理员必需查看系统信息，确保安全补丁已经成功加载。

必须对加载补丁后的系统按照计划和验证方案进行严格的测试验证，确保补丁加载后不影响系统的性能，确保各项业务操作正常。

补丁加载后的一周内，系统管理员必须加强对系统性能和事件进行密切的监控，填写每天的运行监控报告。

补丁加载验证结束后，系统管理员必须编写《补丁安装报告》、《补丁验证测试报

告》，并进行归档。

系统管理员负责对安全补丁软件进行归档，以备系统重装时的需要。

此外，为了保证整个过程标准有效，必须加强监督和检查。

信息系统管理部门的主管领导负责对各部门补丁管理的执行情况进行考核，考核的内容包括补丁加载情况、补丁版本信息的准确性和相关文档的质量。

可通过安全漏洞扫描和现场人工抽查进行审计和检查，考核的方式可通过部门内部的自查和公司信息系统管理部门组织的巡检进行。

4.4　常见的网络攻击方式

网络服务器通常放置在专业机房中，在物理上，能够充分保证其安全。除了不可抗力因素，例如火山爆发、洪水侵袭、地震等，基本不会受到毁损。

服务器受到的攻击，通常来自网络。作为网络服务器，需要向外界互联网提供服务，这样，就必须跟外网用户进行大量的交互，这也就给来自网络的攻击者提供了攻击的机会。常见的网络攻击方式包括端口扫描、嗅探、木马、病毒等。

4.4.1　端口扫描

端口(Port)指 TCP/IP 协议中的端口，用于承载特定的网络服务，其编号的范围为 0~65535，例如，用于承载 Web 服务的是 80 端口，用于承载 FTP 服务的是 21 端口和 20 端口等。在网络技术中，每个端口承载的网络服务是特定的，因此可以根据端口的开放情况来判断当前系统中开启的服务。

扫描器就是通过依次试探远程主机 TCP 端口，获取目标主机的响应，并记录目标主机信息的攻击方式。根据这些响应的信息，可以搜集到很多关于目标主机的有用信息，包括该主机是否支持匿名登录，以及提供某种服务的软件包的版本等。这些信息可以直接或间接地帮助攻击者了解目标主机可能存在的安全问题。

端口扫描器并不是一个直接攻击网络漏洞的程序，但是，它能够帮助攻击者发现目标主机的某些内在安全问题。

通常，扫描器应该具备如下 3 项功能。

(1)　发现一个主机或网络的能力。

(2)　发现远程主机后，获取该主机正在运行的服务的能力。

(3)　通过测试远程主机上正在运行的服务，发现漏洞的能力。

有了这三大能力，就可以搜集目标计算机的相关信息，为后续攻击提供信息支持。

4.4.2　嗅探技术

嗅探技术是一种重要的网络安全攻防技术，攻击者可以通过嗅探技术，以非常隐蔽的方式攫取网络中的大量敏感信息。

与主动扫描相比，嗅探更加难以被发觉，也更加容易操作和实现。对于网络管理员来说，也可以借助嗅探技术对网络活动进行实时监控，发现网络中的各种攻击行为。

嗅探操作的成功实施，是由以太网的共享式特性决定的。由于以太网是基于广播方式传输数据的，所有的物理信号都会被传送到每一个网络主机节点，而且以太网中的主机网卡允许设置成混杂接收模式，在这种模式下，无论监听到的数据帧的目的地址如何，网卡都可以予以接收。更重要的是，在 TCP/IP 协议栈中，网络信息的传递大多是以明文传输的，这些信息中往往包含了大量的敏感信息，比如邮箱、FTP 或 Telnet 的账号和密码等，因此，使用嗅探的方法可以获取这些敏感信息。

嗅探器最初是作为网络管理员检测网络通信的工具出现的，它既可以是软件的，也可以是硬件设备。软件嗅探器使用方便，可以针对不同的操作系统使用不同的软件嗅探器，而且很多软件嗅探器都是免费的。

处于网络中的主机，如果发现网络出现了数据包丢失率很高或网络带宽长期被网络中的某台主机占用的情况，就应该怀疑网络中是否存在嗅探器。

4.4.3　木马

木马又称特洛伊木马，是一种恶意计算机程序，长期驻留在目标计算机中，可以随系统启动，并且秘密开放一个甚至多个数据传输通道，属于远程控制程序。

木马程序一般由客户端(Client)和服务器端(Server)两部分组成，客户端也称为控制端，一般位于入侵者计算机中，服务器端则一般位于用户计算机中。

木马本身不带伤害性，也没有感染能力，所以木马不是病毒。

木马通常具有隐蔽性和非授权性的特点。

所谓隐蔽性，是指木马的设计者为了防止木马被发现，会采用多种手段隐藏木马，这样，服务端计算机即使发现感染了木马，也不能确定其具体位置。

所谓非授权性，是指一旦客户端与服务端连接后，客户端将享有服务端的大部分操作权限，包括修改文件，修改注册表，控制鼠标、键盘等，这些权力并不是服务端赋予的，而是通过木马程序窃取的。

入侵者一般使用木马来监视被入侵者或盗取被入侵者的密码、敏感数据等。

4.4.4　病毒

虽然 Linux 系统的病毒并不像 Windows 系统那样数量繁多，但是，威胁 Linux 平台的病毒同样存在，而且增长很快。Linux 下的病毒可以分为以下类别。

1. 蠕虫(worm)病毒

1988 年 Morris 蠕虫爆发后，Eugene H. Spafford 给出了蠕虫的定义：“计算机蠕虫可以独立运行，并能把自身的一个包含所有功能的版本传播到另外的计算机上”。与其他种类的病毒相比，在 Linux 平台下最为猖獗的就是蠕虫病毒。随着 Linux 系统的应用越来越广泛，蠕虫的传播程度和破坏力也会随之增加。

2. 可执行文件型病毒

可执行文件型病毒是指能够感染可执行文件的病毒，如 Lindose。这种病毒大部分都只是企图以感染其他主机程序的方式进行自我复制。

3. 脚本病毒

目前出现比较多的是使用 Shell 脚本语言编写的病毒。此类病毒编写较为简单，但是破坏力同样惊人。一个十数行的 Shell 脚本就可以在短时间内遍历整个硬盘中的所有脚本文件，并进行感染。且此类病毒还具有编写简单的特点。

4. 后门程序

后门程序一般是指那些绕过安全性控制而获取程序或系统访问权的程序。在广义的病毒定义概念中，后门也已经纳入了病毒的范畴。从增加系统超级用户账号的简单后门，到利用系统服务加载，共享库文件注册，rootkit 工具包，甚至装载内核模块(LKM)，Linux 平台下的后门技术发展非常成熟，其隐蔽性强，难以清除。

任务实践

上网搜索“网络安全大事记”，选择一件你关注的事件，尝试搜集以下资料，总结经验教训，并分享给大家。

(1) 事件名称：《******网络安全事件资料搜集与分析》。

(2) 发生时间：*年*月*日*时*分。

(3) 事件对象：略。

(4) 事件描述：略。

(5) 造成的后果：略。

(6) 攻击类型：略。

(7) 防御方法：略。

(8) 经验体会：略。

任务二：账号安全和权限管理

在本任务中，我们要明确三个问题：账号安全是最基础和重要的安全问题；权限管理是保证系统安全的基本手段；防火墙是对外防护的重要屏障。

知识储备

4.5　账号和密码的安全管理

基本上，所有的攻击最重要和核心的目标，就是获得具有管理权限的账号，也就是具有 root 权限的账号和密码。只要有了管理权限，攻击者不仅可以完成想要的攻击，还可以清理痕迹，并留下后门，以备后用。

要保证系统安全，首要的问题就是确保账号系统的安全性。

4.5.1　普通账号的安全防护

管理账号是攻击者的目标，当然会进行严密的保护。对于攻击者来说，直接攻击破解管理账号通常很难成功。

因此，一般的攻击模式是想办法先得到一个普通账号，然后使用普通账号进入系统，再寻找系统漏洞，得到管理权限。或者通过网络服务的漏洞渗透到系统，此时，权限比较低，也需要想办法获得更高的权限，以便进一步渗透攻击。

从防护的角度看，要想防范攻击，先要加强防御。

与账号安全有关的文件很多，最重要的就是/etc/passwd 文件，存放着用户账号的基本设置信息。与密码安全有关的主要是/etc/shadow 文件，存放着加密后的密码和关于密码策略的一些设置。

例 1，使用 cat 命令查看/etc/passwd 文件和/etc/shadow 文件：

```
#cat /etc/passwd
#cat /etc/shadow
```

在安装 Linux 系统时，默认添加的各种账号中，有一些基本没什么用，另外，有部分服务账号因为没有启动该服务，而成为多余账号。例如，如果不使用 SSH 服务器，那么 sshd 账号就是多余账号；如果不使用 FTP 服务，那么账号 FTP 即为多余。

账号越多，系统越容易受到攻击。系统管理员应该在第一次使用系统时检查并删除不需要的账号。

例 2，查看系统当前运行的服务：

```
#systemctl list-units --type=service
```

例 3，查看当前开放的服务端口：

```
#ss -antp
```

有些服务，安装了但没有启动；有些服务，虽然启动了，但是可能并不需要。

在没有开启相应的服务的时候，如下的账号都可以删除：adm、lp、sync、halt、mail、mailnull、games、news、sshd、gopher、uucp、ftp、operator、named 等。

例 4，删除多余的账号：

```
#userdel username
```

另外，普通用户账号也可能成为攻击者的目标，为了防止被攻击者利用，暂时不用的账号应该锁定，或者删除；对于还在使用的账号，应该加强密码管理，要求使用较长的复杂密码。

例 5，锁定暂时不用的账号：

```
#usermod -L username
```

虽然普通账号不会对系统造成很大的直接威胁，却很可能成为攻击者的踏板，一旦被攻击者获取利用，就很可能利用系统漏洞或者管理缺陷，获得系统管理的权限。

4.5.2 root 账号的安全防护

在 Linux 系统中，所有的管理功能都能由 root 账号完成，它是系统的超级用户。

root 账号能对系统的所有资源做最大限度的调整，还可以直接允许或禁用单个用户、一部分用户或所有用户对系统的访问。

root 账号还可以控制用户的访问权限以及用户存放文件的位置，可以控制用户能够访问的哪些系统资源，因此不能把 root 账号当作普通用户来使用。

在 Linux 系统中的/etc/security 文件中，包含了一组能够以 root 账号登录的终端名称。该文件的初始值仅允许本地虚拟控制台可以使用 root 登录，而不允许远程用户以 root 账号登录。虽然可以通过修改该文件的方法，允许 root 账号从远程主机登录，但是不建议这样做。

通常的方法是先使用普通账号从远程登录 Linux 主机，然后再使用 su 命令升级为超级用户。当 root 账号使用完毕后，再使用 exit 命令注销返回普通用户模式。如果需要授权其他用户以 root 身份运行某些命令，可以使用 sudo 命令。

sudo 命令在普通用户模式下使用，后面跟着要执行的管理指令。执行指令前，需要输入 root 的密码提升到 root 权限，然后执行命令。命令执行结束后，就不再具有 root 权限，这样，既可以在普通用户模式下完成管理操作，又不担心误操作对系统造成无意的破坏。

sudo 使用的基本格式如下：

```
$sudo [需要以 root 身份运行的命令行]
```

由于 sudo 命令在执行时要输入 root 密码，多次执行管理命令时，会显得有些麻烦。

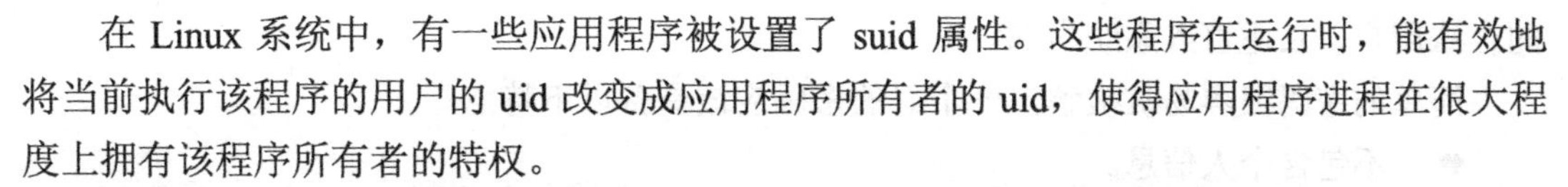

在 Linux 系统中，有一些应用程序被设置了 suid 属性。这些程序在运行时，能有效地将当前执行该程序的用户的 uid 改变成应用程序所有者的 uid，使得应用程序进程在很大程度上拥有该程序所有者的特权。

如果被设置了 suid 属性的应用程序归 root 所有，那么，该进程在运行时就会自动拥有超级用户的特权，即使该进程不是 root 用户启动的，如/usr/bin/passwd 程序。

为命令设置 suid 属性，可以让普通用户完成一些自身相关的管理功能，可以减少管理员的工作量。

但是与 sudo 命令不同，具有 suid 属性的命令在运行时能够自动拥有 root 权限，有可能会被攻击者利用，会给系统带来一定的安全隐患，因此除非必须，应该尽可能减少为应用程序设置 suid 属性。

系统管理员可以使用 find 命令来查找系统中所有被设置了 suid 属性的应用程序。

例 1，查找系统中所有被设置了 suid 属性的应用程序：

```
#find / -perm 4000
```

最高权限位为 4，换算成二进制数就是 100，分别对应 suid 权限、sgid 权限和 sticky 位。4000 就是查找 suid 位被置位，即拥有 suid 属性的命令文件。

对于非必要的被设置了 setuid 属性的应用程序，可以在终端提示符下使用 chmod 命令将其除去。

例 2，除去/usr/bin/rcp 程序的 suid 属性：

```
#chmod -s /usr/bin/rcp
```

Linux 环境下的 root 用户权限非常敏感，这也与 Linux 的运行模式有关。Linux 是一个开放的系统，所有的管理操作基本都是通过脚本来实现，这些脚本数量庞大，并且互相之间关联很多。也许你只是想执行某个脚本，但是，这个脚本会再调用其他的脚本，像链条一样。如果你执行脚本时具有 root 权限，则一般来说，链条上的所有被执行的命令都具有 root 权限，这很可能带来安全隐患。

这也是要求管理人员具有编写脚本能力的原因之一，如果看不懂这些脚本，那么就尽量不要执行它，除非它来源可靠，值得信任。

还记得那个假设吗？Linux 对用户的假设是：Linux 用户知道自己在做什么，知道会有什么结果，并会为此结果负责。

明白多大的权限，就要背负多大的责任后，我们就会慢慢习惯普通用户的操作环境，虽然它不如 root 用户用起来方便，却是管理员真正走向成熟的开端。

4.5.3　密码安全

密码是 Linux 系统对用户进行认证的主要手段，密码安全是 Linux 系统安全的基石。遗憾的是，用户往往对自己的密码安全没有足够的重视。一个简单、易破解的密码就等于向攻击者敞开了系统的大门，攻击者一旦获得了用户账号的密码，就能够登录，成为系统的合法用户，长驱直入系统内部。

简单的密码很容易被破解，一个好的密码应该具备以下特点：

- 不包含个人信息。
- 不存在键盘顺序规律。
- 不使用字典中的单词。
- 最好包含非字母符号。
- 长度不小于 8 位。
- 要方便记忆。

一个比较常用的办法就是：先记住一句话，然后将这句话的第一个字母取出，再将标点符号加在字母的序列中，前后还可以加几个数字，同时可以在密码中混用大小写。

例如：飞流直下三千尺，疑是银河落九天！

拼音是：Fei liu zhi xia san(3) qian chi，Yi shi yin he luo jiu(9) tian!

取每个字拼音的首字母，句首字母大写，其他拼音首字母小写，数字直接拿来，标点符号保留，则有“Flzx3qc,Ysyhl9t!”这样的密码，如果靠猜，只要不知道你的密码由来，基本上就不可能猜中。

这样的密码，如果要靠强制破解，那么真算得上破解者的噩梦了！

我们来算算，密码长度为 16，每个密码有大写字母 26、小写字母 26、数字 10、特殊可用字符通常 10 余个，这么算下来，每位密码就有 72 种可能性，要强制破解的话，需要破解次数是 $72^{16}=5.2\times10^{29}$。

即使每秒能计算破解 1 亿个密码，要破解这么大数量级的密码，需要的时间是 $5.2\times10^{29}/10^{8}=5.2\times10^{21}$ 秒 $=1.65\times10^{14}$ 年。也就是说，需要 165 万亿年。可见，破解这样的密码，只存在理论上的可能性。因此，没有人会去破解这样的密码。

反过来比较一下，如果你用生日作为密码，例如 19731203，看起来也有 8 位了，总的破解次数是 10^{8} 次，破解时间为 $10^{8}/10^{8}=1$ 秒。

实际情况还会更糟糕，通常人活不过 100 岁，那么前 4 位一般可以缩减到一百甚至几十，月份只有 12 个，日期只有 31 个，这样，真正的破解次数是 $100\times12\times31=37200$ 次。破解时间就没必要算了，刹那间就被破解。如果能够想办法获得你的个人信息的话，那么破解次数就只是 1 次了。

密码也不是长了、复杂了就一定安全，比如 Ilikesummer，这个破解次数不能按照 52^{11} 算(大写字母 26+小写字母 26，共 11 位)，因为有一种密码破解方法叫字典破解，常用单词放在字典文件里，互相组合，像这样的句子，由 3 个单词拼成，破解起来也是很快的。

另外，在 Linux 系统中，用户账号和密码的信息都被保存在/etc/passwd 和/etc/shadow 文件中，组的信息保存在/etc/group 和/etc/gshadow 文件中。

为了防止攻击者偷窥用户和组信息，应该检查设置这些文件的访问权限，尤其是 shadow 文件的权限。这是因为，通常 passwd 是任何用户都可以访问的，所以用户名并不是秘密，账号的安全，主要依靠的是密码，而密码是加密后存放在 shadow 文件中的。

```
#ls -l /etc/passwd
#ls -l /etc/shadow
#ls -l /etc/group
#ls -l /etc/gshadow
```

4.6　标准 Linux 访问控制与权限管理

4.6.1　用户权限管理

1.　umask 掩码设置与文件初始权限

(1)　查看新建文件初始权限。

在 Linux 下，查看文件目录的权限可以使用命令“ls -l”，其中“-l”表示使用长列表方式显示内容，此时，文件信息的第一列就是权限属性。

例 1，新建文件并查看文件权限设置，如图 4-1 所示。

```
#touch file1
#ls -l file1
```

```
[root@localhost ~]# touch file1
[root@localhost ~]# ls -l file1
-rw-r--r-- 1 root root 0 Feb  3 10:42 file1
```

图 4-1　新建文件的权限

如图 4-1 所示，“- rw- r-- r--”权限属性中，各项说明如下。

①　“-”是文件的类别属性，表示是一个普通文件，如果是“r”，表示是目录。

②　接下来前三位是属主权限设置，“rw-”表示属主有读写权限，无执行权限。

③　中间三位是同组人员权限，“r--”表示只有读权限。

④　最后三位是其他用户的权限，“r--”表示其他用户也只有读权限。

(2)　数字权限设定法。

权限的表示还有另一种简易的表示方法：数字法。

在每三位一组的权限设定中：“-”没有权限，用 0 表示，“r”读权限用 4 表示，“w”写权限用 2 表示，“x”执行权限用 1 表示，然后将各个权限数字相加。

例 2，“rw-r--r--”对应的等价数字权限就是 644。

第一组表示属主用户权限：rw-，r=4，w=2，-=0，所以权限是 4+2+0=6。

第二组表示同组用户权限：r--，r=4，-=0，-=0，所以权限是 4+0+0=4。

第三组表示其他用户权限：r--，r=4，-=0，-=0，所以权限是 4+0+0=4。

了解权限数字和权限的对应关系，就可以使用 chmod 进行权限设定了。

(3)　设置文件掩码。

umask 命令的功能是设置文件掩码。

在不设置反掩码的情况下，创建文件的默认完整权限是 666，即属主、同组用户和其他用户都具备读写权限。如果是执行脚本，可以进一步添加执行权限。

创建目录的默认权限是“777”，与文件相比，通常要为目录设置执行权限。与文件的执行权限含义不同，如果对目录没有执行权限，那么对目录内文件和子目录的读写都会受影响。

如果我们使用“umask 022”设置文件权限掩码，那么，当创建新文件时，初始权限将是 644(6-0，6-2，6-2)，即属主具有读、写(rw-)权限，同组用户和其他用户只具有读权限(r--)；如果是创建目录，那么，目录初始权限将是 755(7-0，7-2，7-2)，即属主具有读、写、执行(rwx，7)权限，同组用户和其他用户具有读、执行(r-x，5)权限。

可以看出，umask 的功能就是当新建文件时，取消文件的指定权限。上面的例子里，新建用户的同组用户写权限(w=2)和其他用户的写权限(w=2)就被默认取消掉了。

例 3，使用 umask 设置反掩码后再创建文件，查看初始权限：

```
#umask 044
#touch file1
#ls -l file1
#mkdir dir1
#ls -l dir1
```

2. 改变文件属主和属组

chown(change owner，改变所有者)命令功能是更改某个文件或目录的属主和属组。

实际工作中，我们会经常用 chown 命令来改变目录的属主或属组，来为用户授权。

例如，你制作了你的企业网站，把源代码放在 testweb 目录下。此时目录 testweb 和下面的所有文件属主都是你。

当用户通过网络访问网站时，肯定不会登录 Linux 系统账号进行身份验证，这样无论访问者的身份如何，只要是匿名模式访问 Web 页面，都将使用 httpd 服务提供的 Apache 默认账号来访问文件。

此时，Web 访问就面临一个问题，Apache 用户需要访问你的文件，你为它提供授权了吗？如果要进行授权，应该如何授权呢？

通常的目标是，需要 Apache 用户对目录具有读写权限。可以直接为其他用户角色(o)添加读写权限，但是会带来额外的安全问题；可以把 Apache 用户加到你的组里面，然后为组授权，也会有安全问题；或者就是把此目录的属主直接改成 Apache，代价就是你的属主权限将消失。

chown 命令的语法：

```
#chown [选项] 用户或组 文件
```

经常使用选项“-R”来表示递归式地改变指定目录及其下的所有子目录和文件的属主和属组。

例 1，改变文件的所有者(属主)：

```
#touch testchown1
```

```
#ls -l testchown1
#chown newuser1 testchown1
#ls -l testchown1
```

命令说明：root 管理员使用 touch 命令创建新文件，使用“ls -l”来查看文件属主，使用 chown 命令修改文件属主，再使用“ls -l”命令来查看修改后的属主信息。

例 2，改变文件的所有者(属主)和所属组：

```
#touch testchown2
#ls -l testchown2
#chown newuser1.newtest1 testchown2
#ls -l testchown2
```

例 3，改变目录的所有者(属主)，并递归改变此目录下的所有文件和子目录：

```
#mkdir testchown3
#ls -l testchown3
#chown newuser1 testchown3 -R
#ls -l testchown3
```

4.6.2　suid | sgid | sticky 权限管理

在 Linux 环境下，对文件的授权访问是通过对三种角色属主、组员、其他人的权限赋予来进行管理的。由于其他人范围太广，对于其他人中的特例赋予，可以使用 ACL(访问控制列表)来提供。另外，为了防止意外的访问，Linux 还具有 SELinux 机制来强化访问控制。可以说，Linux 的权限管理全面，而且强大。

事实上，除了基本的读 r、写 w、执行 x 权限外，Linux 还有三种特殊权限可以赋予用户，以便提供特殊情况下的授权。它们分别是 suid、sgid 和 sticky。

suid 权限是 SetUserID 的意思，被授予 suid 权限后，当文件执行时，程序视同文件属主在运行。这即是说，如果属主是 root，那么，程序就等同于 root 在运行，将会获得最高权限。

sgid 权限是 SetGroupID 的意思，被授予 sgid 权限后，当文件执行时，程序视同文件组员在运行。这即是说，如果所属组是 root，那么，程序就等同于 root 在运行。

sticky 是不动的意思，可以理解为防删除位。一个文件是否可以被某用户删除，主要取决于该文件所属的组是否对该目录具有写权限。如果没有写权限，则这个目录下的所有文件都不能被删除，同时，也不能添加新的文件，如果希望用户能够添加文件，但同时不能删除文件，则可以使用 sticky。设置该权限后，就算用户对目录具有写权限，也不能删除文件。

例 1，使用 suid 权限，注意 suid 权限只作用于文件：

```
#touch file1 file2
#chmod u+s file1
#chmod 4755 file2
#ls -l file*
```

此时，file 文件属性显示为 rws 或 rwS，s 表示有 x 的权限，S 表示没有 x 的权限。

例 2，使用 sgid 权限，注意 sgid 权限作用于目录，在此目录下创建的文件会继承上一级目录的“组”的权限：

```
#mkdir dir11 dir12
#chmod g+s dir11
#chmod 2755 dir12
#ls -l dir1*
```

此时，目录属性显示为 rws 或 rwS，s 表示有 x 的权限，S 表示没有 x 的权限。

例 3，使用 sticky 权限，注意 sticky 权限作用于目录，使用后，用户在此目录下创建的文件，只有本人或者 root 可以删除：

```
#mkdir dir21 dir22
#chmod o+t dir21
#chmod 1755 dir22
#ls -l dir2*
```

此时，目录属性显示为 rwt 或 rwT，t 表示有 x 权限，T 表示没有 x 权限。

例 4，在使用了 sticky 权限的目录下创建文件和删除文件：

```
#cd dir21
#touch file211
#ls -l
#rm file211
#ls -l
```

在上面的范例中，使用的数字权限中，最前面数值就是三个特殊权限的相加，其中，suid=4，sgid=2，sticky=1。

4.6.3 ACL 访问控制管理

在 Linux 操作系统中，传统的权限管理分三种身份(属主、属组以及其他人)，搭配三种权限(可读、可写以及可执行)，并且搭配三种特殊权限(SUID、SGID、STICKY)，来实现对系统的安全保护。有时候，这个设置并不能满足复杂环境下的权限控制需求。

例如，当前有一个/webdata 目录，现在需要 A 组成员能够可写，B 组成员仅读，C 组成员可读可写可执行，此时怎么办呢？

对于此需求，仅仅依托传统的 ugoa 权限管理模式，是无法实现的。

为了解决该类型的问题，Linux 开发出了一套新的文件系统权限管理方法，叫作文件访问控制列表(Access Control List，ACL)。通过使用 ACL，可以完美解决如上类型的需求问题。

ACL 访问控制列表的主要目的，是针对在传统的三种身份和三种权限之外，提供更加细化的局部权限设定。简单地说，ACL 可以针对单个用户、单个用户组来进行权限细化的控制。

1. 确定文件系统是否支持 ACL

ACL 是必须依托文件系统的，并不是每个文件系统都支持 ACL。

在 Linux 平台上，常见的支持 ACL 的文件系统，如 ext2/ext3/ext4、JFS、XFS 等，都支持 ACL 功能。

例 1，查看你的分区/dev/sda1 是否支持 ACL：

```
#tune2fs -l /dev/sda1 | grep options
```

或：

```
#dumpe2fs /dev/vda1 | grep options
```

如果在输出的信息中，默认挂载选项中有 acl 标识，就代表你的文件系统是支持的。

假设你的文件系统不支持或者支持但是并没有显示这个 acl 标识怎么办呢？

针对这种情况，我们可以通过使用 tune2fs 来为他添加，或者通过 mount 去添加，都可以。启动时自动挂载的分区配置信息存放在/etc/fstab 文件中，也可以直接在挂载选项中添加 acl 参数，在启动挂载分区时，自动开启 ACL 支持。

例 2，为分区启用 ACL 功能：

```
#tune2fs -o acl /dev/sda1
```

2. 使用 ACL 进行授权管理

ACL 的相关的操作主要有 3 个命令，分别是 getfacl、setfacl 和 chacl，如表 4-1 所示。常用的主要是 getfacl 和 setfacl。

表 4-1　ACL 命令

命 令 名	功能说明
getfacl	查看文件/目录的 ACL 设定内容
setfacl	设置文件/目录的 ACL 内容
chacl	查看和更改文件/目录的 ACL 内容

例如，查看文件/目录的 ACL 设定内容：

```
#getfacl /tmp
#getfacl /etc/passwd
```

setfacl 是主要的 ACL 操作命令，功能选项很多。

setfacl 的使用语法如下：

```
#setfacl [-bkRd] [{-m|-x} acl 参数] 文件/目录路径
```

setfacl 的选项介绍如表 4-2 所示。

表 4-2　setfacl 选项

选　项	功能介绍
-b	删除所有的 acl 参数
-k	删除预设的 acl 参数
-R	递归设置后面的 acl 参数
-d	设置预设的 acl 参数(只对目录有效，在该目录新建的文件也会使用此 ACL 默认值)
-m	设置(修改)后面的 acl 参数
-x	删除后面指定的 acl 参数

ACL 参数主要由 3 部分组成，组成结构如表 4-3 所示。

表 4-3　setfacl 参数说明

u | g | o	用户名 | 用户组名	rwx
三种身份	对应身份名	三种权限

3. ACL 操作实例

(1) 建立测试目录/testdir，在目录下添加测试文件 test 和目录 dir，它们的权限都是 600，属主和属组都是 root：

```
#mkdir /testdir
#cd /testdir
#touch test
#mkdir dir
#chmod 600 test
#chmod 600 dir
#ls -l
```

(2) 添加测试用户 testuser1 和 testuser2：

```
#useradd testuser1
#passwd testuser1
#useradd testuser2
#passwd testuser2
```

(3) 为文件 test 增加 ACL 权限，使 testuser1 用户可以可读可写：

```
#setfacl -m u:testuser1:rw test
#getfacl test
```

(4) 切换到 testuser1 用户下，进行测试：

```
#su - testuser1
$echo "Hello,testuser1.">> /testdir/test
$cat /testdir/test1
$exit
```

此时 testuser1 用户应该能写入文件数据，也能读文件数据。

(5)　为文件 test 增加 ACL 权限，使 testuser2 组(创建 testuser2 用户默认添加 testuser2 组)的所有用户都能读该文件：

```
#setfacl -m g:testuser2:r test
#getfacl test
```

(6)　切换到 testuser2 用户下，进行测试：

```
#su - testuser2
$cat /testdir/test
$echo "testuser2-group ACL test.">> /testdir/test
```

由于 testuser2 组成员只有读权限，因此可以查看文件内容，但不能更改和添加。

(7)　为目录 dir 增加 ACL 权限，使 testuser2 组的所有用户都能够对该目录可读、可写、可执行：

```
#setfacl -m g:testuser2:rw dir
#getfacl dir
```

(8)　切换到 testuser2 用户下，进行测试：

```
#su - testuser2
$echo "date">> /testdir/dir/dirtest.sh
$bash /testdir/dir/dirtest.sh
$exit
```

testuser2 对目录的权限是可读写执行，所以操作正常。

(9)　删除文件 test 上关于 testuser2 组的 ACL 权限：

```
#setfacl -x g:testuser2 test
#getfacl test
```

(10) 删除目录 dir 的所有 ACL 权限：

```
#setfacl -b dir
#getfacl dir
```

(11) 为目录 dir 增加了默认的 ACL 权限，使 dir 目录下新创建的文件或目录都默认拥有 testuser2 用户可读、可写、可执行权限：

```
#setfacl -d -R -m u:testuser2:rwx dir
#getfacl dir
#touch /testdir/dir/testfile
#getfacl /testdir/dir/testfile
```

(12) 切换到 testuser2 用户下，进行测试：

```
#su - testuser2
$echo "date">> /testdir/dir/testfile
$cat /testdir/dir/testfile
$bash /testdir/dir/testfile
$exit
```

4.7 SELinux 高级访问控制

4.7.1 SELinux 安全管理简介

1. SELinux 介绍

Linux 安全强化(Security-Enhanced Linux，SELinux)是一个安全体系结构，它通过 LSM (Linux Security Modules)框架被集成到 Linux 内核中，提供了强大的安全保护。

SELinux 提供了一种灵活的强制访问控制(MAC)系统，它定义了系统中每个“用户”、“进程”、“应用”和“文件”的访问和转变的权限，然后它使用一个安全策略来控制这些实体(用户、进程、应用和文件)之间的交互，安全策略指定如何严格或宽松地进行检查。

SELinux 由两部分组成：内核模块和用户态工具。

在 SELinux 系统中，每个文件、目录、网络端口等都被指定一个安全上下文，策略(policy)则给出各安全上下文之间的作用规则。

SELinux 根据策略及安全上下文(security context)规则来决定存取行为是否可执行；对于每条策略和安全上下文，包括主体、客体以及对应的策略内容设定，Subject(主体)是系统进程，比如/usr/sbin/httpd；Object(客体)是被存取的项目，比如 File、Directory、IP、Socket 等。如果 SELinux 审核不通过，则此操作就被禁止。

只有同时满足了“标准 Linux 访问控制”和“SELinux 访问控制”时，主体才能访问客体。

2. Linux 标准访问控制权限管理存在的弱点

比起 Windows 来说，虽然 Linux 的可靠性、稳定性要好得多，但是和其他的 Unix 一样，也存在以下这些不足之处。

(1) 存在特权用户 root

root 作为 Linux 系统的管理账号，拥有最高的权限，可以完成一切功能。这也意味着，任何人只要得到 root 的权限，对于整个系统都可以为所欲为。矛过于锋利，盾就很难有效防御了。

因此，对矛的使用就要尽量限制。例如日常操作使用普通用户账号、使用 sudo 命令进行管理、设置 suid 命令等方法，都是这个目的。

(2) 对于文件的访问权的划分不够细。

在 Linux 系统里，对于文件的操作，只有属主、同组用户、其他用户这 3 类的划分，而对于“其他”这一类里的用户，再详细划分就没有办法了。

在日常工作中，经常需要临时为某些用户提供相关的权限。如果直接加入组给予组权限的话，明显高了，可能造成意外的访问，危及安全。例如只允许某用户获得部分文件的临时访问权，加入组，就会具备组成员对组中所有文件的访问权。

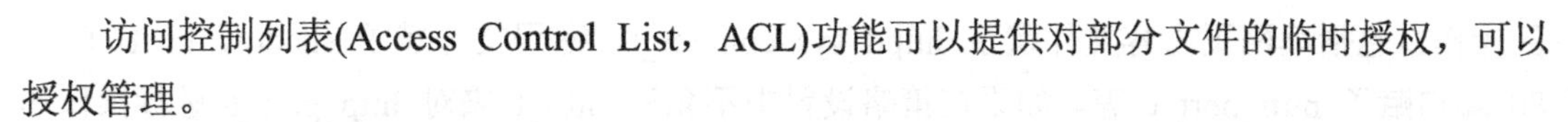

访问控制列表(Access Control List，ACL)功能可以提供对部分文件的临时授权，可以授权管理。

(3) suid 程序的权限升级。

suid 命令让普通用户可以完成一些管理相关的功能，通过临时提升到 root 权限，解决权限不足问题；命令执行完毕，退出后还是原来的用户权限。但是，如果设置了 suid 权限的程序有了漏洞的话，很容易被攻击者所利用，从而获得 root 权限。这也是最常见的窃取 root 权限的方法之一。

(4) 自主访问控制(Discretionary Access Control，DAC)问题。

传统的 Linux 权限管理，是自主访问控制模式。文件目录的所有者可以对文件进行所有的操作，并根据需要，为其他用户进行授权。

这种授权模式，简捷有效。但是从系统管理的角度来说，却不是一件好事。因为文件所有者的任意设置可能会带来安全隐患。就像水桶原理，安全管理的效果，并不取决于最高的那块板，能存多少水，是由最低的那块板决定的。自主访问控制未必不安全，但是至少不可控，这就为安全管理埋下了隐患。

对于这些权限管理中存在的不足，外界安全防护措施，如防火墙，入侵检测系统都是无能为力的。要解决这些问题，还是要加强自身才行。

SELinux 可以很好地解决以上问题。它是一种基于“域-类型”模型(domain-type)的强制访问控制(MAC)安全系统，采用基于角色的访问控制概念。在 SELinux 安全体系下，每个角色都有自己的授权范围和授权类型，超出此范围和类型的操作将被拒绝。

从安全策略的角度上，SELinux 的设置属于默认拒绝的策略。如果没有设置允许，角色就不能做任何事情，这样的设置安全起点就很高。策略设置也可以使用定义好的模板，既避免了管理员可能的策略设计错误，也减少了管理者的工作量和管理难度。

3. SELinux 的核心功能

SELinux 系统比起通常的 Linux 系统来，安全性能要高得多，它通过对于用户、进程权限的最小化，即使受到攻击，进程或者用户权限被夺去，也不会对整个系统造成重大的影响。

(1) MAC(Mandatory Access Control)对访问的控制彻底化。

对于所有的文件、目录、端口之类资源的访问，基于策略设定进行管理，由于这些策略是由管理员定制的，一般用户没有权限更改，因此，只需要对于进程赋予最小的权限，就可以保证安全。

最少的服务+最小的授权=最大的安全。

(2) TE(Type Enforcement)对于进程只赋予最小的权限。

SELinux 使用“域-类型”工作模式，实施基于角色的访问控制。TE 的特点是对所有的文件都赋予一个叫 type 的文件类型标签，对于所有的进程也赋予各自的一个叫 domain 的标签。domain 标签能够执行的操作是在策略里定好的。

例如 Apache 服务器，服务进程 httpd 只能在 httpd_t 里运行，这个 httpd_t 的域能执行的操作，包括读网页内容文件赋予 httpd_sys_content_t、密码文件赋予 shadow_t、TCP 的 80 端口赋予 http_port_t 等。如果在策略设置中不允许 http_t 来对 http_port_t 进行操作的话，Apache 启动都启动不了。反过来说，我们只允许 80 端口，只允许读取被标为 httpd_sys_content_t 的文件，httpd_t 就不能用别的端口，也不能更改那些被标为 httpd_sys_content_t 的文件(read only)。

简单地说，就是一把钥匙开一把锁，拿错了钥匙，就开不了锁。

(3) 域迁移，防止权限升级。

在 Linux 环境下，有大量的脚本，如果某一个脚本里面被添加了非法指令，通常你是无法察觉的，因为你没有透视眼，也因为文件内容很多，混在里面的指令很不起眼。

假如你是 root 用户，执行了这个脚本，自然此非法指令也就被执行了。可怕的是，此时，这个非法指令继承了你的 root 的权限，它无论做什么都不会被阻碍了。

为了防止权限继承导致的权限升级，在 SELinux 中，可以通过域迁移来进行预防。

例如，在用户环境里运行点对点下载软件 azureus，你当前的域是 fu_t，从 SELinux 的角度看，你的权限范围是 fu_t，通俗地说，你具备的权限远不是只能执行 azureus 命令。

但是，你考虑到安全问题，打算让程序在 azureus_t 里运行(最少而够用的权限)，你要是在终端里用命令启动 azureus 的话，它的进程的域就会默认继承你实行的 Shell 的 fu_t。

有了域迁移的话，我们就可以让 azureus 在我们指定的 azureus_t 里运行，在安全上面，这种做法更可取，它不会影响到你的 fu_t。

下面是域迁移的例子：

```
domain_auto_trans(fu_t,azureus_exec_t,azureus_t)
```

说明：域_自动_传递(Shell 域，命令 azureus 执行，自动被传递到 azureus 域)。

意思是在 fu_t 域里执行了标为 azureus_exec_t 的文件时，域从 fu_t 迁移到 azureus_t。

(4) RBAC(Role Base Access Control，基于角色的最小权限赋予)。

对于用户来说，被划分成一些角色，即使是 ROOT 用户，你要是不在 sysadm_r 里，也还是不能实行 sysadm_t 管理操作的。因为，哪些角色可以执行哪些 domain 也是在策略里设定的。角色也是可以迁移的，但是也只能按策略规定的迁移。

在 SELinux 中没有 root 这个概念，安全策略是由管理员来定义的，任何软件都无法取代它。这意味着那些潜在的恶意软件所能造成的损害可以被控制在最小。一般情况下，只有非常注重数据安全的企业级用户才会使用 SELinux。

4. 关于自主访问控制和强制访问控制

访问控制有两类类型：自主访问控制(DAC)和强制访问控制(MAC)。标准 Linux 安全是一种 DAC，而 SELinux 为 Linux 增加了一个灵活的和可配置的 MAC。

所有 DAC 机制都有一个共同的弱点，就是它们不能识别自然人与计算机程序之间最基本的区别。简单点说就是，如果一个用户被授权允许访问，意味着程序也被授权访问，如果程序被授权访问，那么恶意程序也将有同样的访问权。

DAC 最根本的弱点是主体容易受到多种多样的恶意软件的攻击，MAC 就是避免这些攻击的安全机制，大多数 MAC 特性组成了多层安全模型。

SELinux 实现了一个更灵活的 MAC 形式，叫作类型强制(Type Enforcement，TE)和一个非强制的多层安全形式(Multi-Level Security，MLS)。

5. 类型强制的安全上下文(Type Enforcement Security Context)

(1) 安全上下文简介。

安全上下文是一个简单的、一致的访问控制属性，在 SELinux 中，类型标识符是安全上下文的主要组成部分。

一个进程的类型通常被称为一个域(domain)，在安全上下文中称为 TYPE。

系统根据 PAM 子系统中的 pam_selinux.so 模块设定登录者运行程序的安全上下文；文件的安全上下文规则如下。

① rpm 包安装的：会根据 rpm 包内记录来生成安全上下文。

② 手动创建的文件：会根据 policy 中的规定来设置安全上下文。

③ cp：会重新生成安全上下文。

④ mv：安全上下文则不变。

SELinux 对系统中的许多命令做了修改，通过添加一个-Z 选项显示客体和主体的安全上下文。

例 1，显示 Shell 的安全上下文：

```
# id -Z
```

例 2，检查进程的安全上下文：

```
#ps -Z
```

例 3，检查文件、目录的安全上下文：

```
#ls -Z
```

(2) 安全上下文格式。

所有操作系统访问控制都是以关联的客体和主体的某种类型的访问控制属性为基础的。在 SELinux 中，访问控制属性叫作安全上下文。所有客体(文件、进程间通信通道、套接字、网络主机等)和主体(进程)都有与其关联的安全上下文。

一个安全上下文由三部分组成：用户、角色和类型标识符，如图 4-2 所示。常常用下面的格式指定或显示安全上下文：

```
USER: ROLE: TYPE[LEVEL[: CATEGORY]]
# ls -Z /root/anaconda-ks.cfg
```

```
[root@liuxuegong1 ~]# ls -Z /root/anaconda-ks.cfg
-rw-------. root root system_u:object_r:admin_home_t:s0 /root.
[root@liuxuegong1 ~]#
```

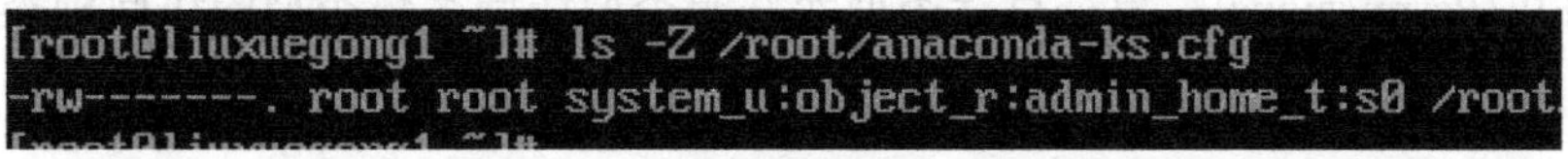

图 4-2　SELinux 安全上下文

① USER。

user identity：类似 Linux 系统中的 UID，提供身份识别，用来记录身份，是安全上下文的一部分。有三种常见的 user。

user_u：普通用户登录系统后的预设。

system_u：开机过程中系统进程的预设。

root：root 登录后的预设。

在 targeted policy 中 users 不是很重要；在 strict policy 中比较重要，所有预设的 SELinux Users 都是以“_u”结尾的，root 除外。

② ROLE。

文件、目录和设备的 role：通常是 object_r。

程序的 role：通常是 system_r。

用户的 role：targeted policy 为 system_r；strict policy 为 sysadm_r、staff_r、user_r。

用户的 role 类似系统中的 GID，不同角色具备不同的权限；用户可以具备多个 role；但是，同一时间内只能使用一个 role。

③ TYPE。

type：用来将主体(subject)和客体(object)划分为不同的组，给每个主体和系统中的客体定义了一个类型；为进程运行提供最低的权限环境。

当一个类型与执行中的进程相关联时，其 type 也称为 domain。

type 是 SElinux security context 中最重要的部位，是 SELinux Type Enforcement 的心脏，预设值以_t 结尾。

④ LEVEL 和 CATEGORY。

定义层次和分类，只用于 mls 策略中。

LEVEL：代表安全等级，目前已经定义的安全等级为 s0-s15，等级越来越高。

CATEGORY：代表分类，目前已经定义的分类为 c0-c1023。

6. 类型强制访问控制(TE)

在 SELinux 中，所有访问都必须明确授权，SELinux 默认不允许任何访问，不管 Linux 用户/组 ID 是什么。这就意味着在 SELinux 中，没有默认的超级用户了。

与标准 Linux 中的 root 不一样，通过指定主体类型(即域)和客体类型使用 allow 规则授予访问权限，allow 规则由 4 部分组成。

(1) 源类型(Source types)：通常是尝试访问的进程的域类型。

(2) 目标类型(Target types)：被进程访问的客体的类型。

(3) 客体类别(Object classes)：指定允许访问的客体的类型。

(4) 许可(Permissions)：象征目标类型允许源类型访问客体类型的访问种类。

例如：

```
allow user_t bin_t : file {read execute getattr};
```

这个例子显示了 TE allow 规则的基础语法，这个规则包含了两个类型标识符：源类型(或主体类型或域)user_t，目标类型(或客体类型)bin_t。标识符 file 是定义在策略中的客体类别名称(在这里，表示一个普通的文件)，大括号中包括的许可是文件客体类别有效许可的一个子集，这个规则解释为：拥有域类型 user_t 的进程可以读/执行或获取具有 bin_t 类型的文件客体的属性。

SELinux allow 规则在 SELinux 中是授予访问权的，要保证数以万计的访问正确授权，只授予最少而又够用的权限，实现尽可能的安全，是一件艰巨的任务。

7. 对比 SELinux 和标准 Linux 的访问控制属性

在标准 Linux 中，主体的访问控制属性是与进程通过在内核中的进程结构关联的真实有效的用户和组 ID，这些属性通过内核利用大量工具进行保护，包括登录进程和 setuid 程序，对于客体(如文件)，文件的 inode 包括一套访问模式位、文件用户和组 ID。以前的访问控制基于读/写/执行这三个控制位，文件所有者、文件所有者所属组、其他人各一套。

在 SELinux 中，访问控制属性总是安全上下文三人组(用户 : 角色 : 类型)形式，所有客体和主体都有一个关联的安全上下文。需要特别指出的是，因为 SELinux 的主要访问控制特性是类型强制，安全上下文中的类型标识符决定了访问权。

注意： SELinux 是在标准 Linux 基础上增加了类型强制(Type Enforcement，TE)，这就意味着标准 Linux 和 SELinux 访问控制都必须满足先要能访问一个客体。例如，如果我们对某个文件有 SELinux 写入权限，但我们没有该文件的 w 许可，那么，我们也不能写该文件。

表 4-4 总结了标准 Linux 和 SELinux 之间访问控制属性的对比。

表 4-4　SELinux 和标准 Linux 的差异

	标准 Linux	SELinux
进程安全属性	真实有效的用户和组 ID	安全上下文
客体安全属性	访问模式、文件用户和组 ID	安全上下文
访问控制基础	进程用户/组 ID 和文件的访问模式，此访问模式基于文件的用户/组 ID	在进程类型和文件类型之间允许的许可

任务实践

4.7.2　SELinux 配置

1. SELinux 配置文件

SELinux 配置文件是位于/etc/目录下的/etc/sysconfig/selinux 文件，此文件是一个符号连接，真正的配置文件为/etc/selinux/config。

配置 SELinux 时可直接编辑此配置文件，/etc/sysconfig/selinux 中包含如下配置选项：

- 打开或关闭 SELinux。
- 设置系统执行哪一个策略(policy)。
- 设置系统如何执行策略(policy)。

配置文件内容设置选项如下。

(1) SELINUX 选项设置 SELinux 的工作状态：

```
SELINUX=enforcing|permissive|disabled
```

enforcing：强制访问控制。

permissive：警告但是不会拒绝执行。

disabled：禁止 SELinux。

(2) SELINUXTYPE 设置 SELinux 执行哪一个安全策略：

```
SELINUXTYPE=targeted|strict
```

targeted：根据 target(目标)保护常见的网络服务，为 SELinux 默认值。

strict：对 SELinux 执行完全的保护。

targeted 策略根据 target 的设置来进行安全保护。可使用 getsebool 查看具体设置，使用 setsebool 设置每个服务的布尔值。

strict 策略为所有的 subjects 和 objects 定义安全环境，且每一个 Action 由策略执行服务器处理。提供符合 Role-based-Access Control(RBAC)的策略设置，具备完整的保护功能，保护网络服务、一般指令及应用程序。

(3) SETLOCALDEFS 控制如何设置本地定义(users and booleans)：

```
SETLOCALDEFS=0|1
```

1：定义由 load_policy 控制，load_policy 来自于文件/etc/sclinux/<policyname>。

0：由 semanage 控制。

例 1，查看/etc/sysconfig/selinux 配置文件内容，如图 4.3 所示。

```
#cat /etc/sysconfig/selinux
```

```
[root@liuxuegong1 ~]# cat /etc/sysconfig/selinux

# This file controls the state of SELinux on the syst
# SELINUX= can take one of these three values:
#     enforcing - SELinux security policy is enforced
#     permissive - SELinux prints warnings instead of
#     disabled - No SELinux policy is loaded.
SELINUX=disabled
# SELINUXTYPE= can take one of three two values:
#     targeted - Targeted processes are protected,
#     minimum - Modification of targeted policy. Only
#     mls - Multi Level Security protection.
SELINUXTYPE=targeted
```

图 4-3 SELinux 配置文件

例 2，查看/etc/selinux/目录，如图 4-4 所示。

```
#ls -l /etc/selinux/
```

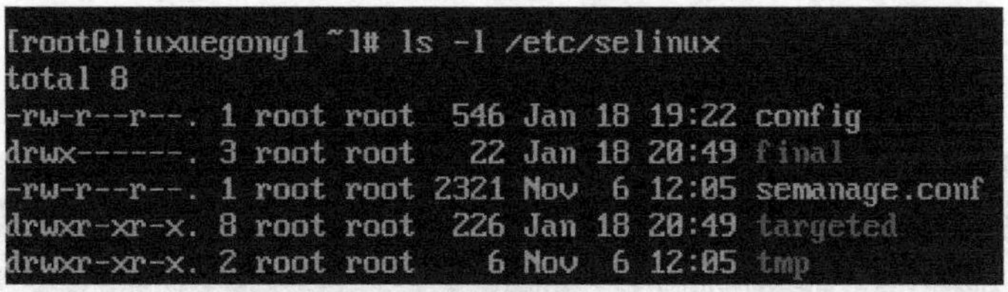

```
[root@liuxuegong1 ~]# ls -l /etc/selinux
total 8
-rw-r--r--. 1 root root  546 Jan 18 19:22 config
drwx------. 3 root root   22 Jan 18 20:49 final
-rw-r--r--. 1 root root 2321 Nov  6 12:05 semanage.conf
drwxr-xr-x. 8 root root  226 Jan 18 20:49 targeted
drwxr-xr-x. 2 root root    6 Nov  6 12:05 tmp
```

图 4-4　SELinux 配置目录下的文件

/etc/selinux/是存放所有策略文件和主要配置文件的目录。

2. SELinux 基本配置命令

例 1，使用/usr/sbin/setenforce 修改 SELinux 的运行模式：

```
#setenforce 1
  SELinux 以强制(enforcing)模式运行
#setenforce 0
  SELinux 以警告(permissive)模式运行
```

例 2，使用 sestatus -v 显示系统的详细状态，如图 4-5 所示。

```
#/usr/sbin/sestatus -v
```

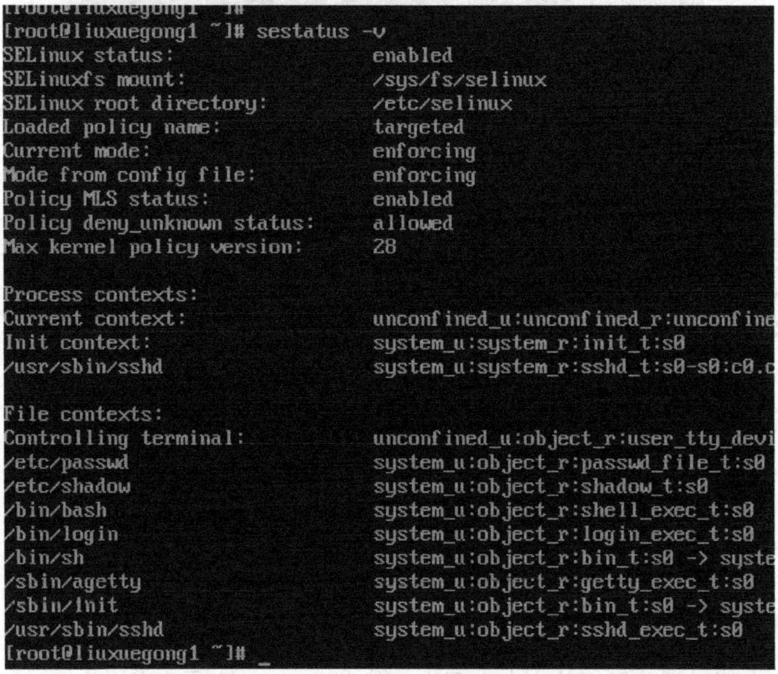

```
[root@liuxuegong1 ~]# sestatus -v
SELinux status:                 enabled
SELinuxfs mount:                /sys/fs/selinux
SELinux root directory:         /etc/selinux
Loaded policy name:             targeted
Current mode:                   enforcing
Mode from config file:          enforcing
Policy MLS status:              enabled
Policy deny_unknown status:     allowed
Max kernel policy version:      28

Process contexts:
Current context:                unconfined_u:unconfined_r:unconfine
Init context:                   system_u:system_r:init_t:s0
/usr/sbin/sshd                  system_u:system_r:sshd_t:s0-s0:c0.c

File contexts:
Controlling terminal:           unconfined_u:object_r:user_tty_devi
/etc/passwd                     system_u:object_r:passwd_file_t:s0
/etc/shadow                     system_u:object_r:shadow_t:s0
/bin/bash                       system_u:object_r:shell_exec_t:s0
/bin/login                      system_u:object_r:login_exec_t:s0
/bin/sh                         system_u:object_r:bin_t:s0 -> syste
/sbin/agetty                    system_u:object_r:getty_exec_t:s0
/sbin/init                      system_u:object_r:bin_t:s0 -> syste
/usr/sbin/sshd                  system_u:object_r:sshd_exec_t:s0
[root@liuxuegong1 ~]# _
```

图 4-5　SELinux 状态

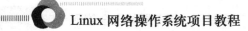

例 3，使用 getsebool 查看所有布尔值，如图 4-6 所示。

```
#getsebool -a
#getsebool -a | grep httpd | grep on$
#getsebool -a | grep httpd | grep off$ |wc -l
#getsebool -a | wc -l
```

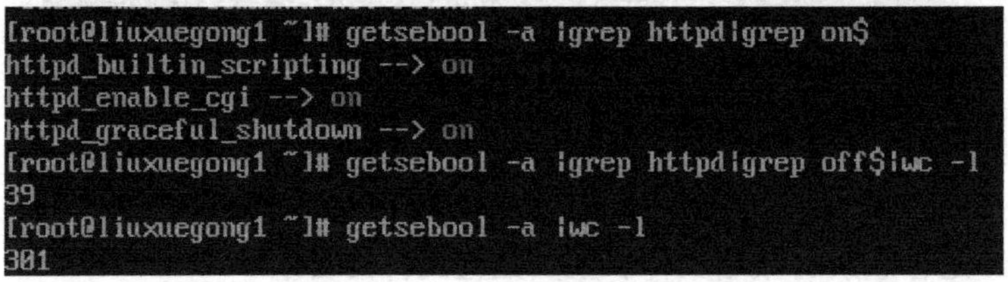

```
[root@liuxuegong1 ~]# getsebool -a |grep httpd|grep on$
httpd_builtin_scripting --> on
httpd_enable_cgi --> on
httpd_graceful_shutdown --> on
[root@liuxuegong1 ~]# getsebool -a |grep httpd|grep off$|wc -l
39
[root@liuxuegong1 ~]# getsebool -a |wc -l
301
```

图 4-6　SELinux 查看 bool 值

例 4，使用 setsebool 设置目标的 bool 值，如图 4-7 所示。-P 参数指永久性设置。

```
#setsebool -P httpd_enable_cgi=false
#getsebool -a | grep httpd_enable_cgi
#setsebool httpd_enable_cgi=true
#getsebool -a | grep httpd_enable_cgi
```

```
[root@liuxuegong1 ~]# getsebool -a |grep httpd_enable_cgi
httpd_enable_cgi --> off
[root@liuxuegong1 ~]# setsebool httpd_enable_cgi=true
[root@liuxuegong1 ~]# getsebool -a |grep httpd_enable_cgi
httpd_enable_cgi --> on
```

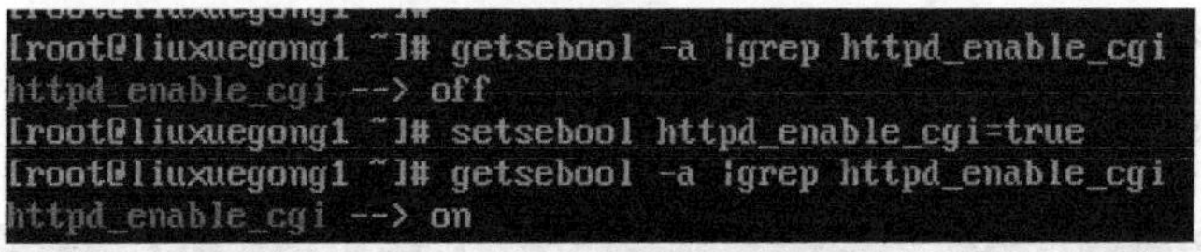

图 4-7　SELinux 设置 bool 值

例 5，使用 chcon 修改文件、目录的安全上下文，用 restorecon 恢复，如图 4-8 所示。

```
#touch test.txt
#ls --context test.txt
#chcon -t etc_t test.txt
#ls -lZ test.txt
#restorecon test.txt
#ls -lZ test.txt
```

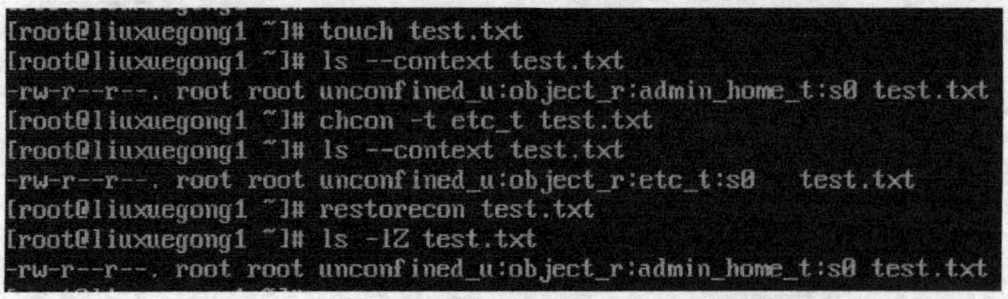

```
[root@liuxuegong1 ~]# touch test.txt
[root@liuxuegong1 ~]# ls --context test.txt
-rw-r--r--. root root unconfined_u:object_r:admin_home_t:s0 test.txt
[root@liuxuegong1 ~]# chcon -t etc_t test.txt
[root@liuxuegong1 ~]# ls --context test.txt
-rw-r--r--. root root unconfined_u:object_r:etc_t:s0    test.txt
[root@liuxuegong1 ~]# restorecon test.txt
[root@liuxuegong1 ~]# ls -lZ test.txt
-rw-r--r--. root root unconfined_u:object_r:admin_home_t:s0 test.txt
```

图 4-8　SELinux 更改安全上下文

chcon 命令可以更改目标的安全上下文，其中-u [user]选项改变用户，-r [role]选项改变角色，-t [type]改变域，-R 选项对目录下的文件和子目录进行递归操作。restorecon 命令可以恢复目标的安全上下文。

任务三：防火墙管理

在本任务中，我们要关注三个问题：防火墙是什么？为什么要使用防火墙？怎么配置和管理防火墙？

知识储备

4.8　防火墙(Firewall)是什么/为什么要使用防火墙

当网络中不同区域安全需求不同时，就需要使用防火墙。防火墙布置在不同安全区域之间，区域间的数据流都必须经过防火墙，由防火墙进行审核。例如，企业内网，互相信任，不需要设置太多的安全防御手段，应尽量提升可用性；外界互联网则鱼龙混杂，通常无法信任，需要进行验证审核和防护。二者安全需求差异巨大，所以，在企业内网和外界互联网间，通常都要设置防火墙进行隔离和审核，如图 4-9 所示。

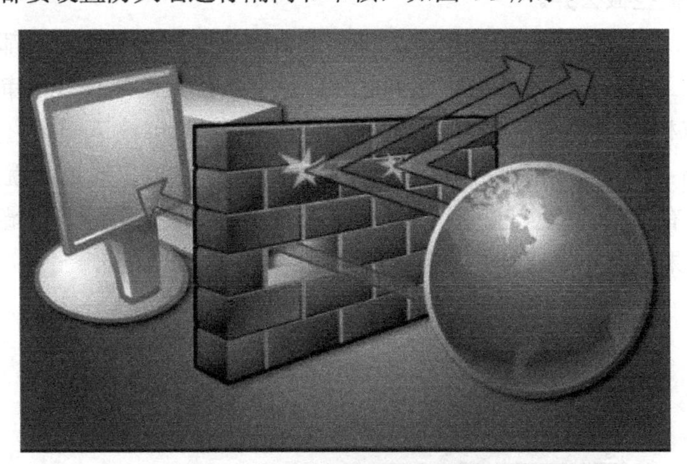

图 4-9　防火墙防御网络攻击

对于防火墙来说，通常会具备以下特性。

1. 网络位置特性

防火墙要部署在网络安全区域的边界，一般如果不同网络区域之间有不同的安全要求，那么就应该考虑部署防火墙。

所谓网络边界，即是采用不同安全策略的两个网络连接处，比如用户网络和互联网之间连接、与其他业务往来单位的网络连接、用户内部网络不同部门之间的连接等。防火墙的目的，就是在网络连接之间建立一个安全控制点，通过允许、拒绝或重新定向经过防火墙的数据流，实现对进、出内部网络的服务和访问的审计和控制。

部署防火墙后，不同安全区域之间的所有网络数据流都必须经过防火墙，这是防火墙设置的一个前提。因为只有当防火墙是网络之间通信的唯一通道时，才可以对外界到内网的通信流量进行审核，从而全面、有效地保护企业网内部网络不受侵害，如图 4-10 所示。

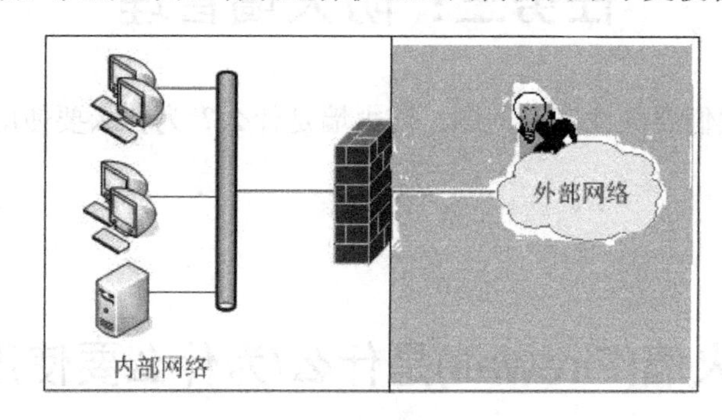

图 4-10　防火墙部署在安全边界

2. 审核功能

防火墙最基本的功能是确保网络流量的合法性，只有符合安全策略的数据流，才能通过防火墙。通过对审核策略的制订，管理员可以有效控制合法流量通过设备，而不符合策略的数据包，将被拦截丢弃。

在防火墙上，预先定义好审核策略。每一个数据包经过防火墙时，都要经过防火墙审核。假如定义了 10 条策略，当数据包到达时，就会按照策略顺序逐条审核，每条策略都由筛选条件和审核结果构成，如果筛选条件不符合，那就审核下一条；如果筛选条件符合，就进行判断：如果策略允许通过，就放行；如果策略阻止通过，就拦截并丢弃数据包。有时候，所有策略都检查过了，仍没有匹配项。这时候，要看防火墙的默认设置是允许还是拒绝。如果是允许就通行，是拒绝就拦截，如图 4-11 所示。

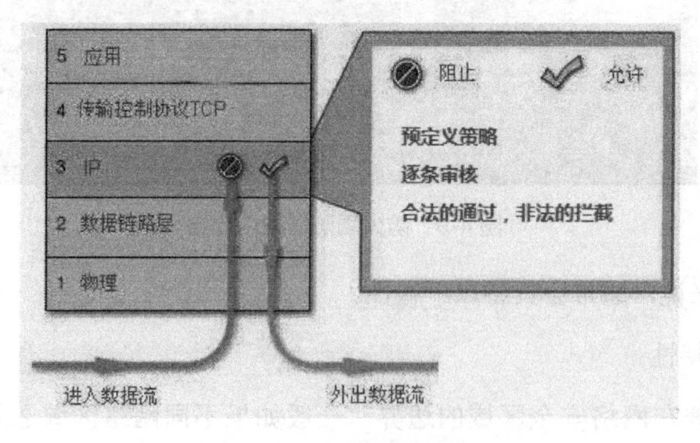

图 4-11　防火墙策略审核

3. 超强的防御能力

防火墙处于安全区域边缘，就像一个边界卫士一样，每时每刻都要面对来自外界的探测攻击和黑客入侵的考验，如果没有非常强的抗击入侵能力，那么被攻击后，就会失去安全防护的能力。

我们都知道，可用性和安全性是一对永恒的矛盾。提升安全性，必然会降低系统的可用性，对于服务器来说，需要提供网络服务，并进行日常管理维护，考虑到可用性的需求，所以安全性肯定会受到影响。我们可以在服务器上部署防火墙，来增强服务器的安全措施。

我们还可以配置专用防火墙来提升网络的安全性，由于此防火墙是专用设备，功能少而专，因此，打开的服务端口较少，易于增强防御能力；更重要的是，专用防火墙配置完毕后，通常不需要额外的日常管理和维护，所以，可以把专用防火墙设置到极高的安全级别。因为专用防火墙不需要提升可用性，所以，安全性就可以得到极大的强化。对于攻击者来说，这就极大地增加了攻击的难度，如图 4-12 所示。

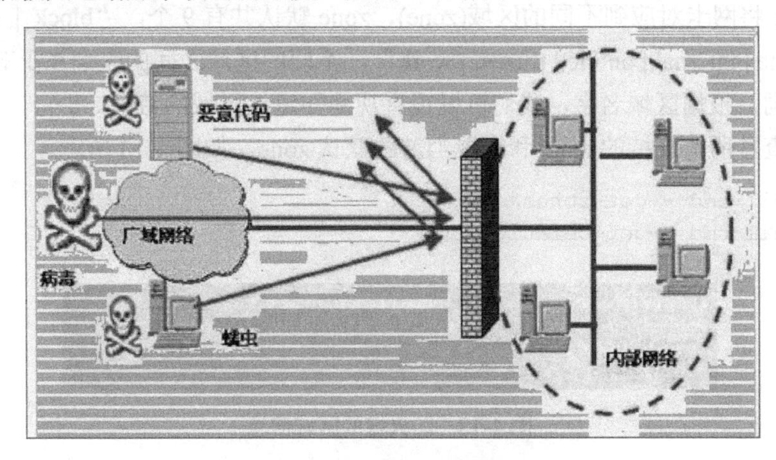

图 4-12　防火墙的超强防御能力

4.9　了解动态防火墙 firewalld

CentOS 操作系统默认安装的防火墙是 firewalld，它部署安装在服务器上，对服务器进行安全防护。它会对经过的数据流进行审核，来保护服务器的安全。

防火墙总是部署在网络的安全边界上，对于 firewalld 来说，服务器内部，需要配置较高的安全级别；而外界的访问者，则来源复杂，难以信任，属于不确定区域，安全级别较低。在外界和服务器的网络通信连接通道上，架设防火墙，对流入和流出的数据包进行审核，把非法信息拦截在服务器之外，就可以在很大程度上提升服务器的安全。

对于传统防火墙，用户将新的防火墙规则添加进配置文件后，需重新启动服务，使变更的规则生效。这种哪怕只修改一条规则也要进行所有规则的重新载入的模式，可以称为静态防火墙。

firewalld 的工作模式下，任何规则的变更都不需要对整个防火墙规则列表进行重新加载，因此被称为动态防火墙。

静态防火墙在更新规则时，会对旧的防火墙规则进行清空，然后重新完整地加载所有新的防火墙规则，这些动作很可能对运行中的系统产生额外的不良影响，特别是在网络非常繁忙的系统中。而动态防火墙不清空原有规则，对系统的不良影响就可以降到最低。

此外，firewalld 还具有以下优势和特性。

(1) firewalld 的配置文件。firewalld 的配置文件被放置在不同的 XML 文件中，这使得对规则的维护变得更加容易和可读，有条理。

(2) firewalld 的区域模型。firewalld 抽象出一个区域模型的概念，将原本十分灵活的自定义链统一成一套默认的标准使用规范和流程，使得防火墙在易用性和通用性上得到提升。

(3) firewalld 让规则管理变得更加人性化，让初学者也可以在很短时间内掌握其基本用法，规则管理变得更快捷。

1. firewalld 的区域(zone)

firewalld 将网卡对应到不同的区域(zone)，zone 默认共有 9 个，“block | dmz | drop | external | home | internal | public | trusted | work”，不同的区域之间的差别在于对待数据包的默认行为不同，根据区域名字，我们可以很直观地知道该区域的特征。

例如，查看所有支持的 zone 和查看当前的默认 zone，如图 4-13 所示。

```
#firewall-cmd --get-zones
#firewall-cmd --get-default-zone
```

```
[root@liuxuegong1 ~]# firewall-cmd --get-zones
work drop internal external trusted home dmz public block
[root@liuxuegong1 ~]# firewall-cmd --get-default-zone
public
```

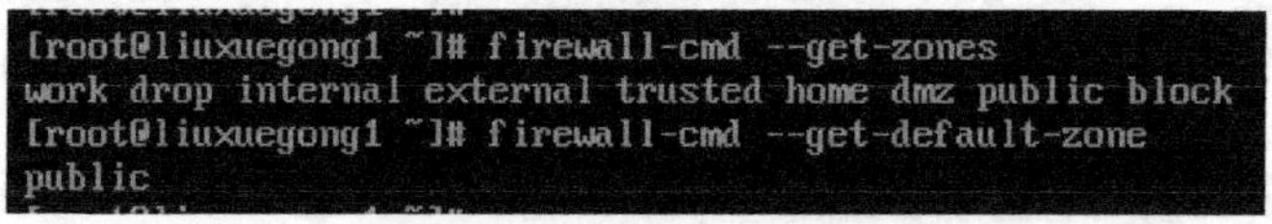

图 4-13 防火墙的区域信息

如图 4-13 所示，firewalld 有 9 个默认区域，默认的区域是 public。

drop：默认丢弃所有包，不做出任何响应，只允许流出的网络连接。

block：拒绝所有外部连接，只允许由该系统初始化的网络连接。

public：用在可以公开的部分，认为网络中其他的计算机不可信并且可能伤害我们的计算机，只允许选中的连接接入。

external：用在路由器等启用伪装的外部网络，认为网络中其他的计算机不可信，并且可能伤害我们的计算机，只允许选中的服务通过。

dmz：用以允许隔离区(dmz)中的电脑有限地被外界网络访问，只允许选中的服务通过。

work：用在工作网络，信任网络中的大多数计算机不会影响我们的计算机，只接受被选中的连接。

home：信任网络中的大多数计算机不会影响我们的计算机，只允许选中的服务通过。

internal：用在内部网络。信任网络中的大多数计算机不会影响我们的计算机，只允许选中的服务通过。

trusted：允许所有网络连接，即使没有开放任何服务，使用此 zone 的流量照样通过。

所有可用 zone 的 XML 配置文件被保存在/usr/lib/firewalld/zones/目录中，该目录中的配置为默认，不允许管理员手工修改，自定义 zone 配置需保存到/etc/firewalld/zones/目录。防火墙规则即是通过 zone 配置文件进行组织管理的，zone 的配置文件根据不同的场景，默认地定义了不同的版本供选择使用，这就是 zone 的方便之处，如图 4-14 所示。

```
#ls /usr/lib/firewalld/zones
#cat /usr/lib/firewalld/zones/public.xml
```

```
[root@liuxuegong1 ~]# ls /usr/lib/firewalld/zones/
block.xml  drop.xml      home.xml      public.xml  work.xml
dmz.xml    external.xml  internal.xml  trusted.xml
[root@liuxuegong1 ~]# cat /usr/lib/firewalld/zones/public.xml
<?xml version="1.0" encoding="utf-8"?>
<zone>
  <short>Public</short>
  <description>For use in public areas. You do not trust the othe
 your computer. Only selected incoming connections are accepted.
  <service name="ssh"/>
  <service name="dhcpv6-client"/>
</zone>
```

图 4-14　public 区域的默认设置

如图 4-14 所示，在/usr/lib/firewalld/zones/目录下存放着 9 个区域的默认配置文件，并且，在 public 的默认配置文件中，默认启动了两个服务，一个是 SSH 服务，一个是 dhcpv6-client。当然，这里的 public 区域默认配置文件并不是真正起作用的 firewalld 配置文件，真正起作用的 public.xml 是/etc/firewalld/zones/public.xml。

2. firewalld 的服务(service)

在/usr/lib/firewalld/services/目录中，还保存了另外一类配置文件。每个文件对应一项具体的网络服务，如 SSH 服务等，与之对应的配置文件中记录了各项服务所使用的 TCP/UDP 端口，当默认提供的服务不够用或者需要自定义某项服务的端口时，我们需要将 service 配置文件放置在/etc/firewalld/services/目录中，如图 4-15 所示。

```
#ls /usr/lib/firewalld/services/
```

```
[root@liuxuegong1 ~]# ls /usr/lib/firewalld/services
amanda-client.xml      ipp-client.xml     pmwebapis.xml     squid.xml
amanda-k5-client.xml   ipp.xml            pmwebapi.xml      ssh.xml
```

图 4-15　查看各个服务的配置文件

如图 4-16 所示，SSH 服务的端口绑定的是 TCP 端口的 22 号端口：

```
#cat /usr/lib/firewalld/services/ssh.xml
```

```
[root@liuxuegong1 ~]# cat /usr/lib/firewalld/services/ssh.xml
<?xml version="1.0" encoding="utf-8"?>
<service>
  <short>SSH</short>
  <description>Secure Shell (SSH) is a protocol for logging into a
chines. It provides secure encrypted communications. If you plan o
via SSH over a firewalled interface, enable this option. You need
ed for this option to be useful.</description>
  <port protocol="tcp" port="22"/>
</service>
```

图 4-16　SSH 服务的配置文件

因为默认区域是 public，在 public 的默认配置文件中会启用 SSH 服务，在 SSH 服务的配置文件中设定了服务端口是 22。这样，防火墙就会对 22 号端口的流量放行，SSH 服务的通信才可以正常通过防火墙。

service 配置的好处显而易见，第一，通过服务名字来管理规则更加人性化，第二，通过服务来组织端口分组的模式更加高效，如果一个服务使用了若干个网络端口，则服务的配置文件就相当于提供了到这些端口的规则管理的批量操作快捷方式。每加载一项 service 配置，就意味着开放了对应的端口访问。

例如，查看所有支持的 service 和查看当前 zone 中加载的 service，如图 4-17 所示。

```
#firewall-cmd --get-services
#firewall-cmd --list-services
```

```
[root@liuxuegong1 ~]# firewall-cmd --get-services
RH-Satellite-6 amanda-client amanda-k5-client bacula b
client dns docker-registry dropbox-lansync freeipa-lda
vailability http https imap imaps ipp ipp-client ipsec
ps libvirt libvirt-tls mdns mosh mountd ms-wbt mysql
 pop3 pop3s postgresql privoxy proxy-dhcp ptp pulseaud
amba-client sane smtp smtps snmp snmptrap squid ssh sy
t tinc tor-socks transmission-client vdsm vnc-server
p-server
[root@liuxuegong1 ~]# firewall-cmd --list-services
dhcpv6-client http ssh https
[root@liuxuegong1 ~]#
```

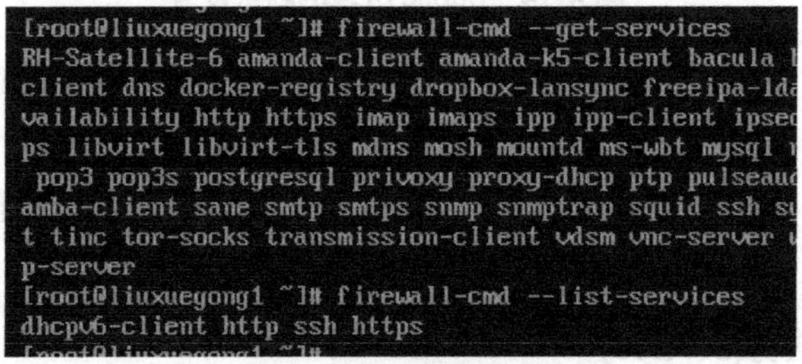

图 4-17　防火墙的服务列表

如图 4-17 所示，防火墙支持的服务有很多，当前加载的服务有 4 个，http 和 https 都是 Web 网站服务。

任务实践

4.10　firewalld 的配置和使用

1. 任务描述

为了保护服务器的安全，需要配置防火墙来对访问流量进行审核。服务器的 IP 地址是 192.168.125.131，当前运行了两个 Web 服务：企业网站和企业内部办公平台，为了这些服务能够正常运行，需要开放对应的服务端口；另外，为了对服务器进行远程管理，需要开放服务器的远程管理端口。其他端口的通信默认拦截。如下所示：

服务名称	服 务 名	绑定端口
Web 网站服务	http	80
企业内部办公	http	8001
SSH 远程登录服务	sshd	8064(8022)

其他要求如下。

(1) 为了网络安全考虑，应不允许 ping 数据包通过防火墙。

(2) SSH 远程登录服务只允许管理机 192.168.125.200 访问。

2. 任务分析

防火墙可以对流经的信息进行审核。在服务器上运行着很多网络服务，打开端口接收外界请求，与其他主机通信。当防火墙开启时，这些流量都会筛选过滤，合法的可以通过，不合法的就会被拦截。

如果一个服务的信息被拦截了，那么通信就会中断，服务也就不能正常工作了。

对于网络防火墙来说，对流经信息的过滤是通过源 IP 地址、目的 IP 地址、源端口、目的端口、协议信息等来进行过滤的；对于主机防火墙，部署在主机与外界的安全边界上，通信的一侧只有主机自己，所以需要过滤的依据主要是端口和协议信息。

防火墙 firewalld 的简单配置思路如下。

① firewalld 的安装、运行、开机自启动设置。

② 在主配置文件中指定默认区域。

③ 在区域配置文件中配置服务。

④ 然后在服务文件中设定端口或者直接开放/禁止端口。

除了允许的服务和端口，其他信息无法通过防火墙。这样，即使其他服务存在安全漏洞，由于防火墙把通信直接拦截封锁了，也可以有效地保障服务器的安全。

firewalld 的配置命令是 firewall-cmd，以下是常用的配置命令和说明。

(1) 获取 firewalld 的状态：

```
#firewall-cmd --state
```

(2) 在不改变状态的条件下重新加载防火墙：

```
#firewall-cmd --reload
```

(3) 处理运行时区域。

运行时模式下对区域进行的修改不是永久有效的。重新加载或者重启后修改将失效。

① 启用区域中的一种服务：

```
#firewall-cmd [--zone=<zone>] --add-service=<service>
```

此命令启用区域中的一种服务。如果未指定区域，将使用默认区域。如果服务已经活跃，将不会有任何警告信息。

例 1，启用默认区域中的 HTTP 服务：

```
#firewall-cmd --add-service=http
```

② 禁用区域中的某种服务：

```
#firewall-cmd [--zone=<zone>] --remove-service=<service>
```

此命令禁用区域中的某种服务。如果未指定区域，将使用默认区域。

例如，禁止 home 区域中的 HTTP 服务：

```
#firewall-cmd --zone=home --remove-service=http
```

区域中的服务将被禁用。如果服务没有启用，将不会有任何警告信息。

③ 启用区域端口和协议组合：

```
#firewall-cmd [--zone=<zone>] --add-port=<port>[-<port>]/<protocol>
```

此命令将启用端口和协议的组合。端口可以是一个单独的端口<port>或者是一个端口范围<port> ~ <port>。协议可以是 TCP 或 UDP。

④ 禁用端口和协议组合：

```
#firewall-cmd [--zone=<zone>] --remove-port=<port>[-<port>]/<protocol>
```

⑤ 启用区域的 ICMP 阻塞功能：

```
#firewall-cmd [--zone=<zone>] --add-icmp-block=<icmptype>
```

此命令将启用选中的 Internet 控制报文协议(ICMP)报文进行阻塞。ICMP 报文可以是请求信息或者创建的应答报文，以及错误应答。

⑥ 禁止区域的 ICMP 阻塞功能：

```
#firewall-cmd [--zone=<zone>] --remove-icmp-block=<icmptype>
```

例 2，阻塞区域的响应应答报文：

```
#firewall-cmd --zone=public --add-icmp-block=echo-reply
```

(4) 处理永久区域。

永久选项不直接影响运行时的状态。这些选项仅在重载或者重启服务时可用。为了使用运行时和永久设置，需要分别设置两者。

选项--permanent 需要是永久设置的第一个参数。

① 永久启用区域中的服务。如果未指定区域，将使用默认区域：

```
#firewall-cmd --permanent [--zone=<zone>] --add-service=<service>
```

② 禁用区域中的一种服务：

```
#firewall-cmd --permanent [--zone=<zone>] --remove-service=<service>
```

例 3，永久启用 home 区域中的 ipp-client 服务：

```
#firewall-cmd --permanent --zone=home --add-service=ipp-client
```

③ 永久启用区域中的一个“端口-协议”组合：

```
#firewall-cmd --permanent [--zone=<zone>]
              --add-port=<port>[-<port>]/<protocol>
```

④ 永久禁用区域中的一个“端口-协议”组合：

```
#firewall-cmd --permanent [--zone=<zone>]
              --remove-port=<port>[-<port>]/<protocol>
```

例 4，永久启用 home 区域中的 HTTPS (tcp 443)端口：

```
#firewall-cmd --permanent --zone=home --add-port=443/tcp
```

⑤　永久启用区域中的 ICMP 阻塞：

```
#firewall-cmd --permanent [--zone=<zone>] --add-icmp-block=<icmptype>
```

此命令将启用选中的 Internet 控制报文协议(ICMP)报文进行阻塞。ICMP 报文可以是请求信息或者创建的应答报文或错误应答报文。

⑥　永久禁用区域中的 ICMP 阻塞：

```
#firewall-cmd --permanent [--zone=<zone>] --remove-icmp-block=<icmptype>
```

例 5，阻塞公共区域中的响应应答报文：

```
#firewall-cmd --permanent --zone=public --add-icmp-block=echo-reply
```

3. 配置步骤

(1)　firewalld 安装与启动。

首先检查防火墙 firewalld 是否安装，是否正常运行，如图 4-18 所示。

```
#yum info firewalld
#systemctl status firewalld
```

```
[root@liuxuegong1 ~]# systemctl status firewalld
● firewalld.service - firewalld - dynamic firewall
   Loaded: loaded (/usr/lib/systemd/system/firewall
   Active: active (running) since Thu 2017-04-13 07
     Docs: man:firewalld(1)
 Main PID: 685 (firewalld)
```

图 4-18　查看 firewalld 运行状态

如果没有安装，就安装 firewalld 防火墙，默认情况下，firewalld 应该已经安装了。

```
#yum install firewalld
```

安装后开启防火墙并设置为开机自动启动，默认应该已经配置好了：

```
#systemctl start firewalld
#systemctl enable firewalld
```

可以停止 firewalld 服务，并且关闭开机自动启动：

```
#systemctl stop firewalld
#systemctl disable firewalld
```

注意： 暂时关闭 SELinux，因为要配置测试防火墙，firewalld 就不关了。如果以下步骤执行出错，通常就是没有关闭 SELinux 造成的。

```
#setenforce 0
```

(2) 区域管理。

public 作为默认区域，为网络接口所应用，允许 dhcpv6-client、SSH 服务。

使用命令 firewall-cmd 可进行多种操作。如果省略指定的应用区域(-zone=***)，就使用该默认区域 public。

① 查看默认区域：

```
#firewall-cmd --get-default-zone
```

② 查看现在的区域设定：

```
#firewall-cmd --list-all
```

③ 查看定义的所有区域：

```
#firewall-cmd --list-all-zones
```

④ 查看指定区域(如 external)所允许的服务：

```
#firewall-cmd --list-service --zone=external
```

⑤ 变更默认区域(如 external)，如图 4-19 所示。

```
#firewall-cmd --set-default-zone=external
#firewall-cmd --get-default-zone
#firewall-cmd --set-default-zone=external
#firewall-cmd --get-default-zone
```

```
[root@liuxuegong1 ~]# firewall-cmd --set-default-zone external
success
[root@liuxuegong1 ~]# firewall-cmd --get-default-zone
external
[root@liuxuegong1 ~]# firewall-cmd --set-default-zone public
success
[root@liuxuegong1 ~]# firewall-cmd --get-default-zone
public
```

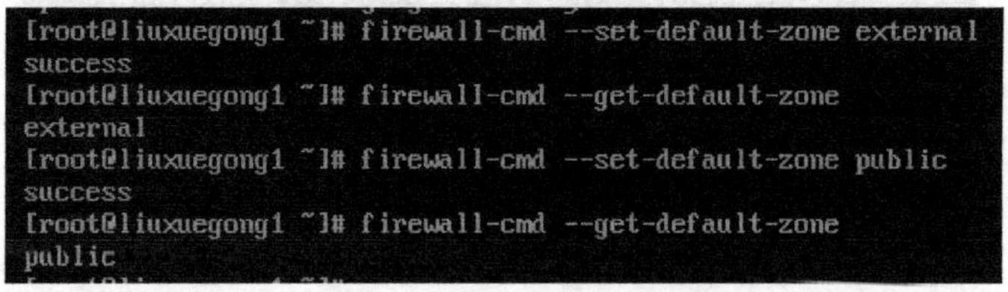

图 4-19 改变默认区域

如图 4-19 所示，通过设置不同的区域，可以调整默认的防火墙策略。

(3) 服务管理，添加 HTTP 服务。

① 确认所定义的服务一览：

```
#firewall-cmd --get-services
```

② 查看所定义的服务保存目录：

```
#ls /usr/lib/firewalld/services
```

③ HTTP 服务的添加和删除设置。

添加 HTTP 服务(动态防火墙，设定即时有效)，之后查看是否生效，如图 4-20 所示。

```
#firewall-cmd --add-service=http
#firewall-cmd --list-service
```

```
[root@liuxuegong ~]# firewall-cmd --add-service=http
success
[root@liuxuegong ~]# firewall-cmd --list-services
dhcpv6-client ssh http
```

图 4-20　添加 HTTP 服务

④　删除 HTTP 服务并查看配置是否生效，如图 4-21 所示。

```
# firewall-cmd --remove-service=http
# firewall-cmd --list-service
```

```
[root@liuxuegong ~]# firewall-cmd --remove-service=http
success
[root@liuxuegong ~]# firewall-cmd --list-services
dhcpv6-client ssh
```

图 4-21　删除 HTTP 服务

⑤　永久添加 HTTP 服务并查看配置效果：

```
#cat /etc/firewalld/zones/public.xml
# firewall-cmd --permanent --add-service=http
#cat /etc/firewalld/zones/public.xml
```

如图 4-22 所示，没有永久添加 HTTP 服务时，当前默认区域文件里只有两个服务；执行完添加命令后，public 默认配置文件多了 HTTP 服务的配置项。

```
[root@liuxuegong ~]# cat /etc/firewalld/zones/public.xml
<?xml version="1.0" encoding="utf-8"?>
<zone>
  <short>Public</short>
  <description>For use in public areas. You do not trust the other
 your computer. Only selected incoming connections are accepted.</d
  <service name="dhcpv6-client"/>
  <service name="ssh"/>
</zone>
[root@liuxuegong ~]# firewall-cmd --permanent --add-service http
success
[root@liuxuegong ~]# cat /etc/firewalld/zones/public.xml
<?xml version="1.0" encoding="utf-8"?>
<zone>
  <short>Public</short>
  <description>For use in public areas. You do not trust the other
 your computer. Only selected incoming connections are accepted.</d
  <service name="dhcpv6-client"/>
  <service name="http"/>
  <service name="ssh"/>
</zone>
```

图 4-22　永久添加 HTTP 服务

如图 4-23 所示，虽然--permanent 会永久添加 HTTP 服务，但是并不会让设置马上生效。第一次查看服务时，HTTP 服务并未生效。为使设置生效，需使用--reload 功能选项刷新 firewalld 的过滤策略。这样刷新后再查看，就看到 HTTP 服务了。

```
#firewall-cmd --list-service
#firewall-cmd --reload
#firewall-cmd --list-service
```

```
[root@liuxuegong ~]# firewall-cmd --list-services
dhcpv6-client ssh
[root@liuxuegong ~]# firewall-cmd --reload
success
[root@liuxuegong ~]# firewall-cmd --list-services
dhcpv6-client http ssh
```

图 4-23　刷新 firewalld 配置

如果不指定--permanent 的话，系统重启后，这些设定就无效了。

(4) HTTP 服务自定义端口 8001 的添加与删除。

① 配置 Web 服务器，添加 8001 端口的虚拟主机，如图 4-24 所示。

```
#vi /etc/httpd/conf/httpd.conf
```

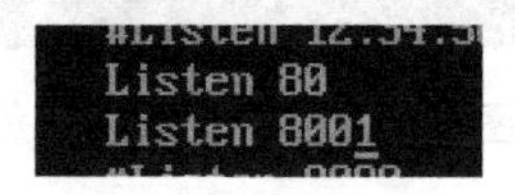

图 4-24　添加 8001 端口

② 在 httpd.conf 文件尾输入以下内容。

如图 4-25 所示，企业网站使用 80 端口，内部办公平台使用 8001 端口，80 已经默认配置好了，还需要增加 8001 端口的监听：Listen 8001。

```
<VirtualHost 192.168.125.131:8001>
ServerName www.test8001.com
DocumentRoot /var/www/html/main
<Directory /var/www/html/main>
        Require all granted
</Directory>
</VirtualHost>
```

图 4-25　配置虚拟主机

企业网站使用默认的网站设置，只需要把网站源文件复制到/var/www/html 目录下即可；内部办公平台使用 8001 端口，还需要配置一下相关的内容。

③ 编写测试页面：

```
#echo "Test URL:
http://192.168.125.131:8001">/var/www/html/main/index.html
```

④ 重启 Apache Web 服务器，让设置生效：

```
#systemctl restart httpd.service
```

⑤ 测试此虚拟主机。

此时本机可以正常访问，其他主机访问不了此服务，因为防火墙拦截请求，如图 4-26 所示。

本机访问虚拟主机：

```
#lynx 192.168.125.131:8001
```

```
Test URL:http://192.168.125.131:8001
```

图 4-26　访问虚拟主机

⑥　在其他主机访问此虚拟主机(本机 IP 地址是 192.168.125.131)：

```
#lynx 192.168.125.131:8001
```

⑦　进行防火墙配置，开放 8001 端口。

配置防火墙开放相应服务端口有两种常见方法：一是直接开放端口，二是先复制模板配置文件，然后修改服务文件，在服务文件中添加修改端口，再 reload 让服务生效。

方法一：直接开放端口

添加 8001 端口，如图 4-27 所示。

```
# firewall-cmd --add-port=8001/tcp
# firewall-cmd --list-port
```

```
[root@liuxuegong ~]# firewall-cmd --add-port=8001/tcp
success
[root@liuxuegong ~]# firewall-cmd --list-port
8001/tcp
```

图 4-27　增加 8001 号端口

删除 8001 端口，如图 4-28 所示。

```
# firewall-cmd --remove-port=8001/tcp
# firewall-cmd --list-port
```

```
[root@liuxuegong ~]# firewall-cmd --remove-port=8001/tcp
success
[root@liuxuegong ~]# firewall-cmd --list-port
```

图 4-28　删除 8001 号端口

永久追加 8001 端口，如图 4-29 所示(为使设定生效，需重新加载配置)。

```
# firewall-cmd --permanent --add-port=8001/tcp
# firewall-cmd --reload
# firewall-cmd --list-port
```

```
[root@liuxuegong ~]# firewall-cmd --permanent --add-port=8001/tcp
success
[root@liuxuegong ~]# firewall-cmd --reload
success
[root@liuxuegong ~]# firewall-cmd --list-port
8001/tcp
```

图 4-29　永久添加 8001 号端口

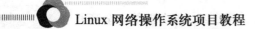

方法二：此操作也可以通过编辑 HTTP 的服务文件，添加此端口，效果相同

复制 HTTP 服务的配置文件到/etc/firewalld/services 目录下：

```
#cp /usr/lib/firewalld/services/http.xml /etc/firewalld/services/
```

编辑 http.xml 服务文件，添加 8001 端口，如图 4-30 所示。

```
#vi /etc/firewalld/services/http.xml
```

```
<?xml version="1.0" encoding="utf-8"?>
<service>
  <short>WWW (HTTP)</short>
  <description>HTTP is the protocol used
licly available, enable this option. Thi
ping Web pages.</description>
  <port protocol="tcp" port="80"/>
  <port protocol="tcp" port="8001"/>
</service>
```

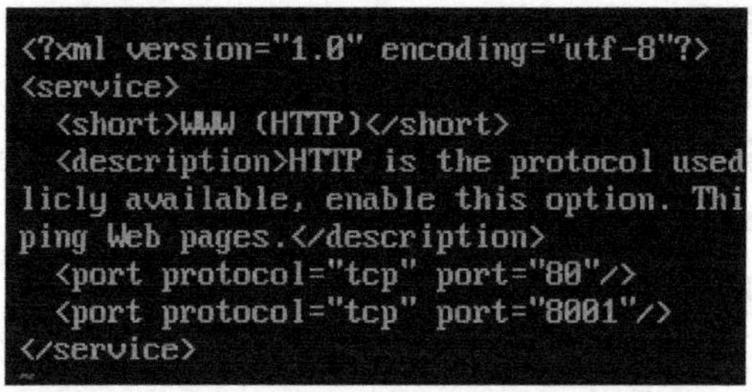

图 4-30　在服务文件中添加 8001 端口

重新加载，让配置生效：

```
#firewall-cmd --reload
```

⑧　在客户机，也就是另一台 Linux 主机进行访问，测试是否能正常访问。

```
#lynx http://192.168.125.131:8001
```

如图 4-31 所示，此时 Web 服务应该可以正常访问了。

```
Test URL:http://192.168.125.131:8001
```

图 4-31　浏览网站测试配置

(5)　ICMP 回送信息拦截的设置与删除。

①　先在另一台 Linux 主机测试 ping 是否正常工作，如图 4-32 所示(本主机 IP 地址：192.168.125.131)。

```
#ping 192.168.125.131 -c 1
```

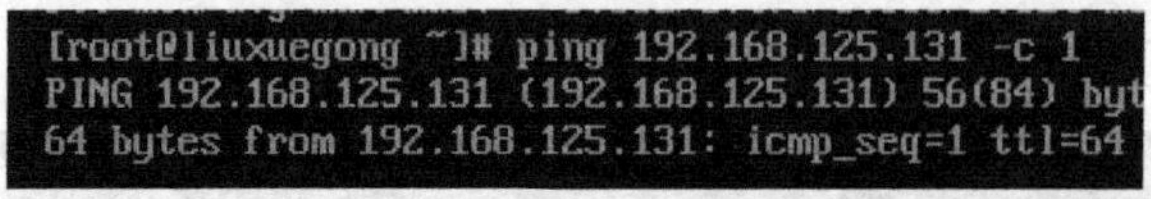

```
[root@liuxuegong ~]# ping 192.168.125.131 -c 1
PING 192.168.125.131 (192.168.125.131) 56(84) byt
64 bytes from 192.168.125.131: icmp_seq=1 ttl=64
```

图 4-32　使用 ping 进行测试

ping 命令发送的信息使用的协议是 ICMP 协议，与 HTTP 服务默认拒绝通过不同，ICMP 信息在防火墙上是默认允许通过的。这可能导致服务器成为 DDOS 攻击的目标。接下来，我们配置拦截 ping 的数据包。

②　配置回送信息 echo-reply 的拦截。

添加 echo-reply 拦截，如图 4-33 所示。

```
#firewall-cmd --add-icmp-block=echo-reply
#firewall-cmd --list-icmp-blocks
```

```
[root@liuxuegong1 ~]# firewall-cmd --add-icmp-block=echo-reply
success
[root@liuxuegong1 ~]# firewall-cmd --list-icmp-blocks
echo-reply
```

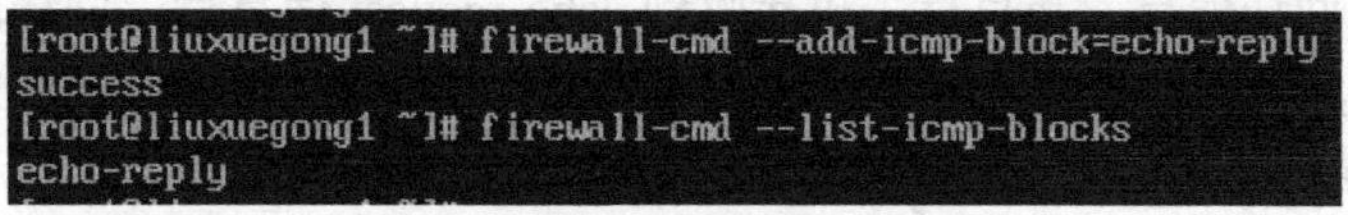

图 4-33 添加 echo-reply 拦截

在另一台 Linux 主机上执行 Ping 测试：

```
#ping 192.168.125.131 -c 1
```

删除 echo-reply，如图 4-34 所示。

```
# firewall-cmd --remove-icmp-block=echo-reply
# firewall-cmd --list-icmp-blocks
```

```
[root@liuxuegong1 ~]# firewall-cmd --remove-icmp-block=echo-reply
success
[root@liuxuegong1 ~]# firewall-cmd --list-icmp-blocks
```

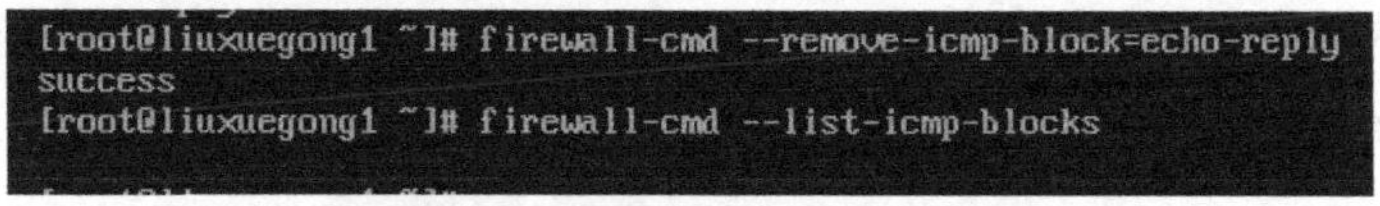

图 4-34 删除 echo-reply 设置

设置永久 echo-reply 拦截，如图 4-35 所示。

```
#firewall-cmd --permanent --add-icmp-block=echo-reply
#firewall-cmd --list-icmp-blocks
#firewall-cmd --reload
#firewall-cmd --list-icmp-blocks
```

```
[root@liuxuegong ~]# firewall-cmd --permanent --add-icmp-block=echo-reply
success
[root@liuxuegong ~]# firewall-cmd --list-icmp-blocks

[root@liuxuegong ~]# firewall-cmd --reload
success
[root@liuxuegong ~]# firewall-cmd --list-icmp-blocks
echo-reply
```

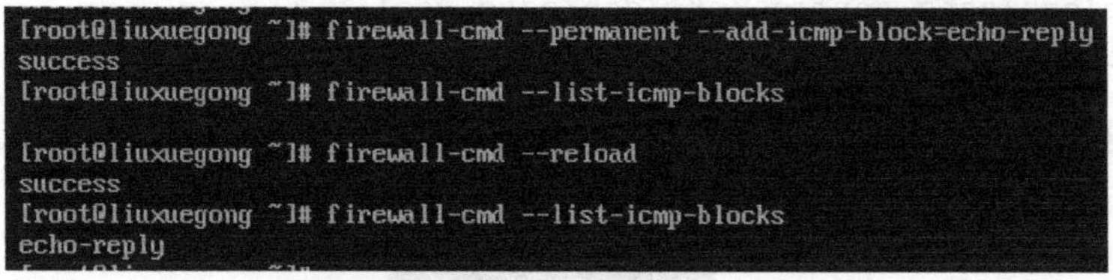

图 4-35 永久拦截 Ping 的消息

在另一台 Linux 主机上执行 Ping 测试：

```
#ping 192.168.125.131 -c 1
```

③ 查看可以指定的 ICMP 类型一览，如图 4-36 所示。

```
# firewall-cmd --get-icmptypes
```

```
[root@liuxuegong ~]# firewall-cmd --get-icmptypes
destination-unreachable echo-reply echo-request param
er-solicitation source-quench time-exceeded timestamp-
```

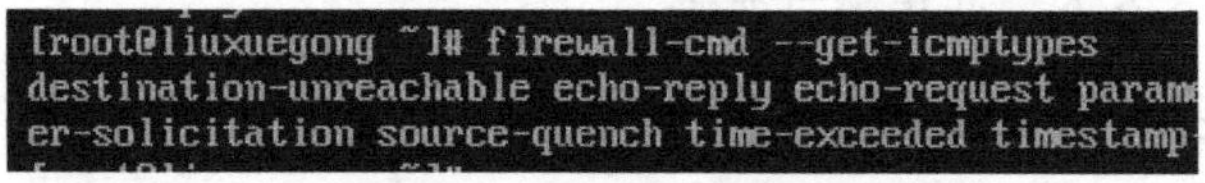

图 4-36 查看 ICMP 类型

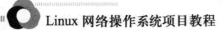

以下是几个比较常见的消息类型说明。

destination-unreachable：目标无法到达，此故障原因通常是路由设备无法在路由表中找到到达目标的路径，从而无法继续转发数据。

echo-reply：回送信息，当目标主机接收到 echo-request 信息后，回送的信息。

echo-request：发送请求信息，测试主机向目标主机发送的连通性测试请求信息，目标主机收到此信息后会回发 echo-reply 信息。

time-exceeded：超时信息，转发设备在转发数据时，因为无法收到转发目标的确认信息，回送的消息。这通常是因为网络繁忙，或者设备与线缆故障导致的网络不通。

(6) 自定义 SSH 服务端口号 8064 的添加与删除。

出于安全因素，我们往往需要对一些关键的网络服务默认端口号进行变更，如 SSH 服务，SSH 的默认端口号是 22。此项目要求把 SSH 服务的服务端口修改为 8064。

① 要做的准备工作。

在另一台 Linux 主机上远程登录此主机(192.168.125.131)：

```
#ssh 192.168.125.131
```

如图 4-37 所示，SSH 服务可以正常远程登录。

```
[root@liuxuegong1 ~]# ssh 192.168.125.131
root@192.168.125.131's password:
Last login: Thu Apr 13 08:11:27 2017
```

图 4-37 测试远程登录

配置 sshd 服务，把服务端口改成 8064。

sshd 服务的配置文件是/etc/ssh/sshd_config，备份之后进行修改。

```
#cp /etc/ssh/sshd_config /etc/ssh/sshd_config.1
#vi /etc/ssh/sshd_config
```

如图 4-38 所示，找到“#port 22”，把“#”号去掉，然后把 22 替换成 8064，保存并退出，再重启 SSH 服务。

图 4-38 修改服务端口

重新启动 sshd 服务：

```
#systemctl restart sshd.service
```

通知 SELinux 端口的变化，使用 semanage 命令安装 policycoreutils-python 包。如果已经执行过 setenforce 0 命令，此步骤可忽略。

```
#semanage port -a -t ssh_port_t -p tcp 8064
```

清空 iptables 规则。

由于 firewalld 防火墙的底层是 iptables 防火墙，所以还会受到 iptables 防火墙的影响，这里把 iptables 防火墙的策略清空，不然会提示错误信息“no route to host”。

```
#iptables -F
```

在另一台 Linux 主机上远程登录此主机(192.168.125.131:8064)。

因为不是使用默认端口，SSH 需要使用-p 选项来指定端口。如果不想用 root 账号远程登录，可以在主机前面设定登录用户名，然后@主机 IP 地址就可以了。

```
#ssh -p 8064 liuxuegong@192.168.125.131
```

然而，由于防火墙拦截，此时是不能正常远程登录的。接下来，设置防火墙允许发往 8064 端口的信息通过。

② 修改防火墙设置，添加自定义 SSH 服务端口 8064，如图 4-39 所示。

```
# firewall-cmd --add-port=8064/tcp
# firewall-cmd --list-port
```

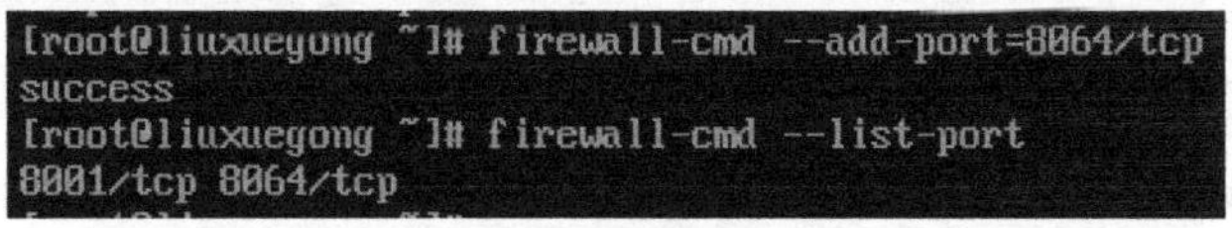

```
[root@liuxuegong ~]# firewall-cmd --add-port=8064/tcp
success
[root@liuxuegong ~]# firewall-cmd --list-port
8001/tcp 8064/tcp
```

图 4-39　添加服务端口

或者使用下面的命令永久添加自定义 SSH 服务端口 8064，如图 4-40 所示。

```
# firewall-cmd --add-port=8064/tcp --permanent
# firewall-cmd --reload
# firewall-cmd --list-port
```

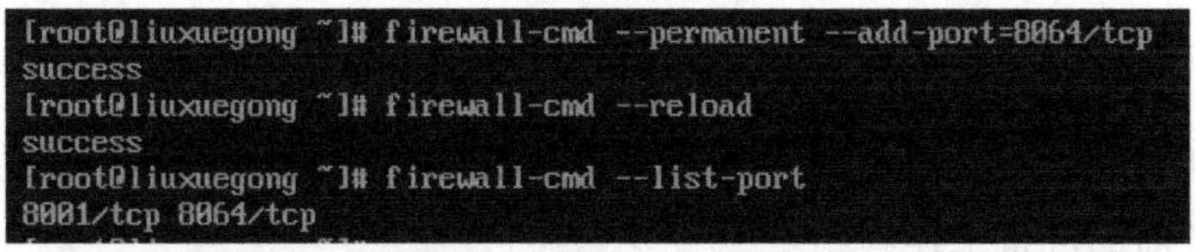

```
[root@liuxuegong ~]# firewall-cmd --permanent --add-port=8064/tcp
success
[root@liuxuegong ~]# firewall-cmd --reload
success
[root@liuxuegong ~]# firewall-cmd --list-port
8001/tcp 8064/tcp
```

图 4-40　添加永久服务端口

③ 在另一台 Linux 主机上测试远程登录。

```
#ssh -p 8064 liuxuegong@192.168.125.131
```

如图 4-41 所示，登录成功。到此，SSH 端口修改配置成功。

```
[root@liuxuegong1 ~]# ssh -p 8064 liuxuegong@192.168.125.131
liuxuegong@192.168.125.131's password:
```

图 4-41　登录成功

(7) 使用自定义 SSH 服务文件配置 8064 端口。

直接配置防火墙开放端口简单方便，但是时间长了，可能会忘记当初的配置原因。如果修改服务配置文件的话，什么时候看都非常直观。不用看端口号，而是管理服务名称就可以了。

① 配置之前的准备工作。

同前面的准备工作：配置好 SSH 服务，修改服务端口为 8064，并完成其他设置。

② 在/etc/firewalld/services/目录中添加并编辑自定义配置文件 ssh8064.xml。

复制 SSH 的样本服务文件，进行修改，把服务名改为“customized SSH”或者起一个其他的名字，然后把端口号改为 8064：

```
#cp /usr/lib/firewalld/services/ssh.xml /etc/firewalld/services/ssh8064.xml
#vi /etc/firewalld/services/ssh8064.xml
<short>customized SSH</short>
<port protocol="tcp" port="8064"/>
```

执行命令重载配置文件，并添加防火墙规则：

```
#firewall-cmd --add-service=ssh8064
#systemctl reload firewalld
```

③ 在另一台 Linux 主机上测试远程登录：

```
#ssh -p 8064 liuxuegong@192.168.125.131
```

如图 4-42 所示，登录成功。到此，SSH 端口修改配置成功。

```
[root@liuxuegong1 ~]# ssh -p 8064 liuxuegong@192.168.125.131
liuxuegong@192.168.125.131's password:
```

图 4-42 测试远程登录

④ 配置成功后生效，旧的 SSH 端口规则就可以被禁用掉了：

```
#firewall-cmd --remove-service=ssh
```

(8) 只允许管理计算机 192.168.125.200 远程访问 SSH 服务。

① 配置之前的准备工作。

同前面的准备工作：配置好 SSH 服务，修改服务端口为 8064，并完成其他设置。

② 配置防火墙。

使用 firewalld 的富语言风格配置指令，允许指定的 IP 地址 192.168.125.200 访问 SSH 远程登录服务，如图 4-43 所示。

```
#firewall-cmd --add-rich-rule="rule family='ipv4' source address=
'192.168.125.200' port port='8064' protocol='tcp' accept"
```

```
[root@liuxuegong ~]# firewall-cmd --add-rich-rule="rule family='ipv4' source address='192.168.125.20
0' port port='8064' protocol='tcp' accept"
success
```

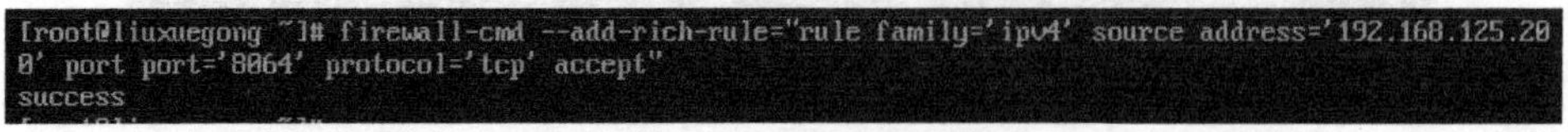

图 4-43 设置 IP 地址限制

③ 远程登录测试。

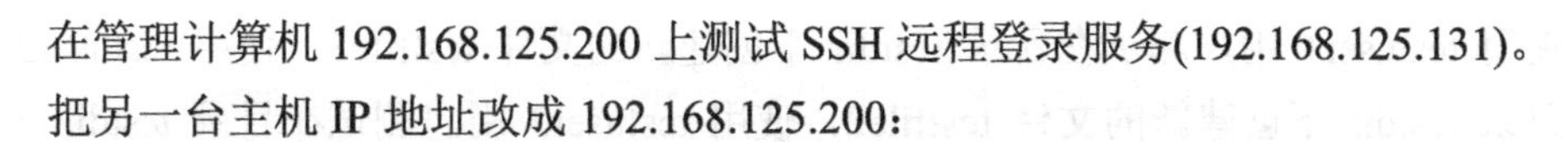

在管理计算机 192.168.125.200 上测试 SSH 远程登录服务(192.168.125.131)。

把另一台主机 IP 地址改成 192.168.125.200：

```
#ifconfig ens33 192.168.125.200
```

执行远程登录，访问远程主机 192.168.125.131 的 SSH 服务，如图 4-44 所示。

```
#ssh -p 8064 192.168.125.131
```

```
[root@liuxuegong1 ~]# ssh -p 8064 liuxuegong@192.168.125.131
liuxuegong@192.168.125.131's password:
Last login: Thu Apr 13 12:02:13 2017 from 192.168.125.200
[liuxuegong@liuxuegong ~]$
```

图 4-44　测试远程登录

把另一台主机 IP 地址改成 192.168.125.201：

```
#ifconfig ens33 192.168.125.201
```

执行远程登录，访问远程主机 192.168.125.131 的 SSH 服务：

```
#ssh -p 8064 192.168.125.131
```

此时，SSH 访问就会被防火墙拦截了。

上机实训：服务器的安全管理

本实训步骤自行设计，抓图记录每个操作步骤，并对结果进行简要分析，对遇到的故障和解决方法进行记录并分享。

可参照教材完成实训步骤设计。

为每一实训任务单独编写实训报告并提交。

1. 实训任务列表

任务一：账号与密码安全管理。

任务二：权限管理。

任务三：防火墙管理。

2. 实训步骤(略)

课后练习

(1) 创建账号 testuser1、testuser2、testuser3。

(2) 创建组 testgroup，并把 testuser1、testuser2 加入 testgroup。

(3) 在新的控制台分别登录这三个测试账户。

(4) 使用 testuser1 用户创建目录/testdir，并设置同组成员具有写权限。

(5) 把 testdir 的属组改为 testgroup。

(6) 使用 testuser1 用户测试在目录 testdir 下创建新的文件 testfile1，使用 testuser2 用户测试在目录 testdir 下创建新的文件 testfile2，使用 testuser3 用户测试在目录 testdir 下创建新的文件 testfile3，记录结果。

(7) 使用 ACL 访问控制为 testuser3 设置对目录 testdir 的写权限。

(8) 使用 testuser3 用户测试在目录 testdir 下创建新的文件 testfile3，记录结果。

查看目录 testdir 的安全上下文，记录结果。

项目五

云平台的使用

项目导入

网络云时代的到来，为企业带来了机遇和挑战。大多数企业和事业单位正在进行云技术的应用和尝试。

小刘收到领导下发的任务通知，要求对公司员工进行云技术的知识普及，同时研究部署和使用公司私有专用云，并为把公司业务迁移到云中进行准备。

项目分析

自从互联网诞生后，随着云技术的成熟，下一次互联网大变革已经到来。

如果说 TCP/IP 协议支撑起了互联网的物理基础，那么，云技术就是支撑新一代互联网应用的基石。通过云技术，海量的资源被聚集、被使用、被再分配、被销售……海量的应用集中在云中，海量的数据被处理加工。下一代的网络体系，将是数据和计算超量聚集，并催生出全新应用和商业的模式。

对于企业来说，这既是机遇，也是挑战。云技术可以有效降低企业的成本，提升企业的效率，并创造新的利润来源。如果不能及时跟上云技术的发展，就会被时代丢弃。

本项目从云技术的知识开始，对云技术的关键技术和发展进行介绍，并对私有云的搭建和公有云的使用进行进一步的探讨。

能力目标

根据需要选择合适的云技术。
掌握搭建云平台的技术。
熟悉各种云平台的使用。

知识目标

了解云技术的基本知识和关键技术。
了解 IaaS、PaaS、SaaS 多层面的云服务。
了解主流的云平台和云服务商。

任务一：了解云技术

知识储备

5.1 云技术简介

云技术是当前网络技术的热点和前沿技术，很多我们熟知的应用都与云技术有直接的关系，例如 Google、Yahoo、百度等搜索引擎公司的云搜索，Amazon、EMC 等存储方案商提出的云存储，瑞星、趋势、金山等杀毒软件厂商的云安全，以及 SalesForce 等在线软件服务提供商实现的诸多云服务。这些应用，其特点可以总结为“规模可伸缩、虚拟化、高可靠性、通用性、按需服务、高性价比等”。

从技术角度看，云技术是指在广域网或局域网内将硬件、软件、网络等系列资源统一起来，实现数据的计算、储存、处理和共享的一种托管技术，如图 5-1 所示。

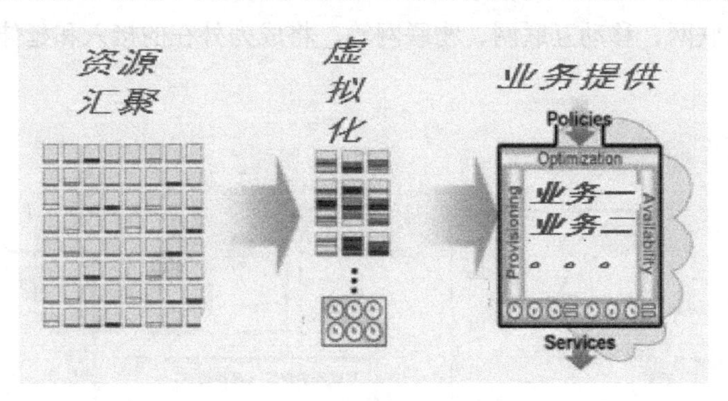

图 5-1　云技术

通常情况下，服务器资源多数处于闲置状态；在服务器的工作时间里，绝大多数时间，资源都有超过百分之五十以上处于空闲状态，有时甚至会超过百分之九十。这是很明显的浪费，但是，我们也不能够降低服务器的配置，不然重负荷到来的时候，服务器承受不住就要崩溃了。

云计算最初就是想利用计算机的闲散资源做些事情。后来随着技术的发展演进，把富余资源汇集起来，形成了强大的计算能力；再利用虚拟机技术，把计算能力转化为一个个虚拟机，这样来实现对资源的充分利用。再后来，把这些虚拟计算能力进行销售，就是我们所说的云商业模式了。

通俗的说，云，就好比一个集贸市场。原来是很多商户聚集在一起，各自独立运营的一种分散经营模式。每个商户就像是网络中的一个个企业网络，各自独立。现在，新建一个百货中心，通过集中化的管理服务，提供商户运营所需的所有服务需求。每家商户到百货中心，可以租赁商铺店面，专注于核心业务的实现，其他的基本运行所需，由百货中心来统一完成。

对于百货中心，可以通过集团化的运营，降低成本，获取利润；对于商户，可以以便宜的价格，享受优质贴心的服务，节约时间精力金钱来创造更大的财富。从这个角度上说，云这种商业模式是很友好而高效的。

在传统模式下，当企业用户需要建立自己的网络业务时，他需要购买服务器，聘用专门的信息管理专业人员进行管理，租用线路，购买和申请域名及 IP 地址，选择比较各种适合的技术和软件版本，开发自己需要的应用，测试应用以及在不同平台下的效果，可能还要建立自己的专业机房和对应的管理团队，甚至开发维护团队。虽然复杂而繁冗，但又不可或缺。

现在使用云服务来建设，那么就会简单得多。一切基础设施都不用烦心，直接按照所需，从云中租赁服务器、线路、系统和应用平台、测试机、域名、IP 地址等。用户不需要为此花费任何精力，建设维护都交给云的技术团队，用户唯一需要的，就是发展自己的业务内容，而且还可以极大地降低花费。

如图 5-2 所示，互联网的体系结构，正以云为核心进行演进转化。云将成为互联网的大脑，信息的汇聚、处理，各种应用都将汇聚集中在云中，强化效率，并且无止境地提升性能。而传统互联网、移动互联网、物联网等，将成为外在的接入和延伸，作为云的接入端和被控端。

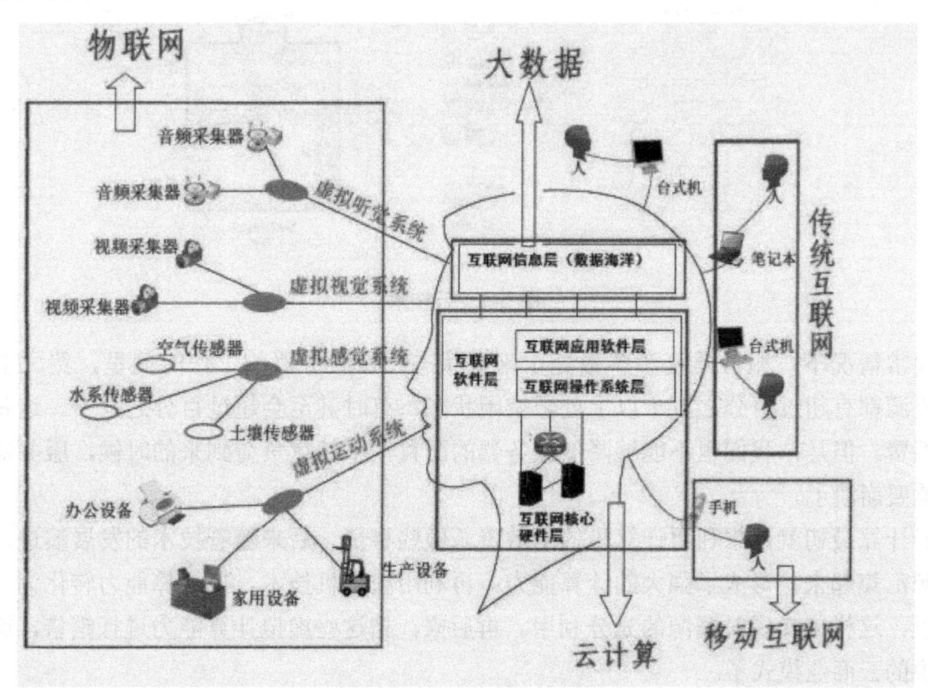

图 5-2 云技术成为互联网中心

预计，网络中的应用，百分之八十以上将迁移到云。也许，未来的网络世界，将是云作为控制功能端，传统互联网和移动互联网作为接入端，物联网、机器人作为被控端的三层模式。而云技术，是这一体系的核心技术之一。

5.2 云计算的关键技术

云的使用是对现有多种网络技术的集成。云计算的关键技术包括虚拟化技术、分布式海量数据存储、海量数据管理技术、分布式计算模式、云计算平台管理技术等。

1. 虚拟化技术

虚拟化技术是指应用在虚拟机上，而不是在真实的主机上运行，它可以扩大硬件的容量，简化软件的重新配置过程，减少软件虚拟机相关开销和支持更广泛的操作系统。通过虚拟化技术，可实现软件应用与底层硬件相隔离，它包括将单个资源划分成多个虚拟资源的裂分模式，也包括将多个资源整合成一个虚拟资源的聚合模式。虚拟化技术根据对象，可分成存储虚拟化、计算虚拟化、网络虚拟化等，计算虚拟化又分为系统级虚拟化、应用级虚拟化和桌面虚拟化。在云计算实现中，计算系统虚拟化是一切建立在“云”上的服务与应用的基础。虚拟化技术主要应用在 CPU、操作系统、服务器等多个方面，是提高服务效率的最佳解决方案。

2. 分布式海量数据存储

云计算系统由大量服务器组成，同时为大量用户服务，因此，云计算系统采用分布式存储的方式存储数据，用冗余存储的方式(集群计算、数据冗余和分布式存储)保证数据的可靠性。冗余的方式通过任务分解和集群，用低配机器替代超级计算机的性能，来保证低成本，这种方式能够保证分布式数据的高可用、高可靠和经济性，即为同一份数据存储多个副本。

3. 海量数据管理技术

云计算需要对分布的、海量的数据进行处理、分析，因此，数据管理技术必需能够高效地管理大量的数据。云计算系统中的数据管理技术主要是 Google 的 BigTable 数据管理技术和 Hadoop 团队开发的开源数据管理模块 HBase。由于云数据存储管理形式不同于传统的 RDBMS 数据管理方式，如何在规模巨大的分布式数据中找到特定的数据，也是云计算数据管理技术所必须解决的问题。

由于管理形式的不同，造成传统的 SQL 数据库接口无法直接移植到云管理系统中来，为云数据管理提供 RDBMS 和 SQL 的接口、保证数据安全性和数据访问高效性，都是云计算关注的重点问题。

4. 分布式计算模式

云计算提供了分布式的计算模式，客观上要求必须有分布式的编程模式。云计算采用了一种思想简洁的分布式并行编程模型 Map-Reduce。Map-Reduce 是一种编程模型和任务调度模型，主要用于数据集的并行运算和并行任务的调度处理。在该模式下，用户只需要自行编写 Map 函数和 Reduce 函数即可进行并行计算。其中，Map 函数中定义各节点上的分块数据的处理方法，而 Reduce 函数中定义中间结果的保存方法及最终结果的归纳方法。

5. 云计算平台管理技术

云计算资源规模庞大，服务器数量众多，并分布在不同的地点，同时运行着数百种应用，如何有效地管理这些服务器，保证整个系统提供不间断的服务，是巨大的挑战。云计算系统的平台管理技术，能够使大量的服务器协同工作，方便进行业务部署和开通，快速发现和恢复系统故障。通过自动化、智能化的手段实现大规模系统的可靠运营。

5.3　云技术的发展

互联网络从 1968 年 ARPAnet 建成开始计算，经历了酝酿、互联、Web 化、云化几个大阶段。到 20 世纪 80 年代，互联网核心技术体系 TCP/IP 技术和常见网络服务基本成型，就好像怀胎十月，刚诞生的婴儿；到 20 世纪 90 年代，全球信息高速公路建设快速发展，互联网铺遍全球，实现了世界互联互通，就好像少年的成长壮大；到 2000 年左右，网络应用逐渐转向 Web 化，像青年一般强壮与成熟；到 2010 年左右，云技术基本成型，互联网技术进入壮年阶段。目前，在关键领域，云计算技术已经就绪。

5.3.1 云技术成熟的标志

1. 标准化

公共技术的长期发展，使得基础组件的标准化非常完善，硬件层面的互通已经没有阻碍，这使得资源的集成变得极其容易，大规模运营的云计算能够极大降低单位建设成本。

2. 虚拟化与自动化

虚拟化技术不断纵深发展，IT 资源已经可以通过自动化的架构提供全局动态调度能力，自动化提升了 IT 架构的伸缩性和扩展性。简单地说，就是资源的汇聚和拆分技术已经成熟。

3. 并行/分布式架构

大规模的计算与数据处理系统已经在分布式、并行处理的架构上得到广泛应用，计算密集、数据密集、大型数据文件系统成为云计算的实现基础，从而要求整个基础架构具有更高的弹性与扩展性。

4. 网络速度

大规模的数据交换需要超高带宽的支撑，网络平台在高速带宽支持下，可具备更扁平化的结构，使得云计算的信息交互能以最短的快速路径执行，如图 5-3 所示。

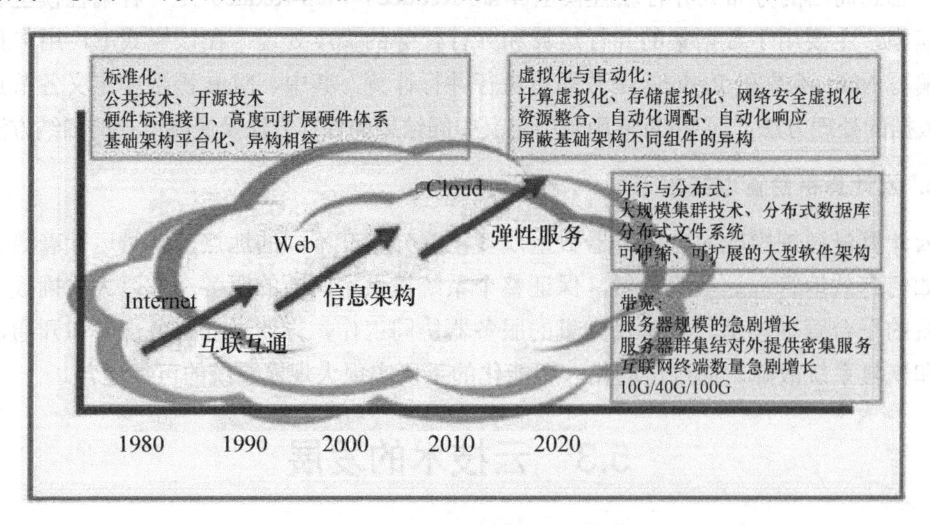

图 5-3　云技术发展阶段与技术领域

因此，从传统 Web 服务向云计算服务发展已经具备技术基础，而企业的 IT 业务从信息架构演进到云的弹性的 IT 服务也成为必然。

5.3.2　云的三个层面服务并存

从技术上看，云平台的系统结构从底向上，依次是 Networking(网络层)、Storage(存储层)、Servers(服务器层)、Virtualization(虚拟化层)、O/S(系统层)、Middleware(中间件层)、Runtime(运行平台层)、Data(数据层)、Applications(应用程序层)，共 9 个层面。

云中的服务通常分为三个层次，分别是基础架构即服务(Infrastructure as a Service，IaaS)、平台即服务(Platform as a Service，PaaS)和软件即服务(Software as a Service，SaaS)，如图 5-4 所示。

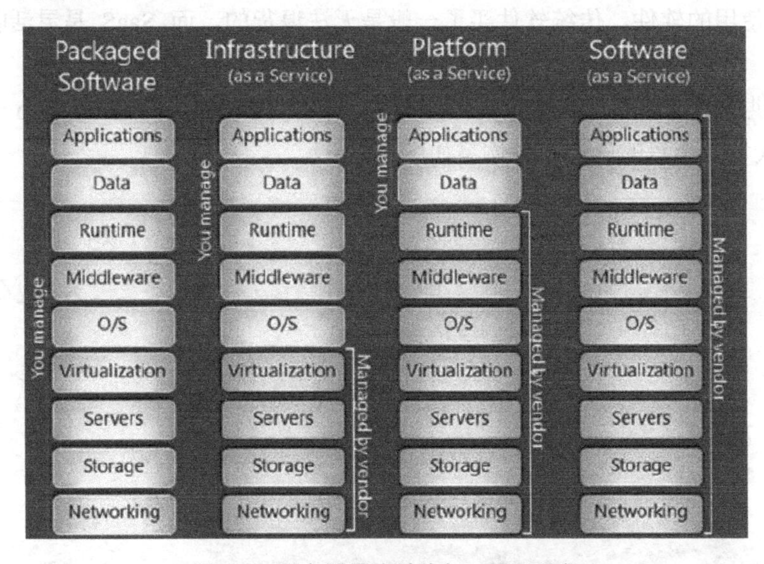

图 5-4　服务器层次结构与三层云服务

对于 IaaS 业务，服务商构建虚拟化平台，向外提供虚拟主机服务，用户可以操作管理的，包括系统层往上的部分。

对于 PaaS 业务，运行环境 runtime 层已经搭建好，用户可以直接在此平台上开发部署应用和数据。平台层之下，看不到，也管理不了。

对于 SaaS 业务，用户可以直接部署使用应用，底层支持和配置无权、也不需要进行管理和操作。

1. IaaS 服务(基础架构即服务)

最基础的云计算服务是 IaaS。在这一层面，通过虚拟化、动态化，将 IT 基础资源(计算、网络、存储)形成资源池。资源池即是计算能力的集合，终端用户(企业)可以通过网络获得自己所需要的计算资源，运行自己的业务系统，这种方式使用户不必自己建设这些基础设施，而只是通过对所使用的资源付费即可。

IaaS 提供的商品是虚拟机，也就是我们所说的 VPS(Virtual Private Server)。

2. PaaS 服务(平台即服务)

在 IaaS 之上是 PaaS 层。这一层面除了提供基础计算能力，还具备了业务的开发运行环境，对于企业或者终端用户而言，这一层面的服务，可以为业务创新提供快速、低成本的环境。

PaaS 提供的商品是应用平台，提供更有针对性的开发、部署和运行的平台环境。

3. SaaS(软件即服务)

云体系的最上层是 SaaS。SaaS 的软件(Software)是拿来即用的，不需要用户安装，因为 SaaS 真正运行在 ISP 的云计算中心，SaaS 的软件升级与维护也无需终端用户参与，SaaS 是按需使用的软件，传统软件买了一般是无法退货的，而 SaaS 是灵活收费的，不使用就不付费。

SaaS 提供的是功能软件，就像文档处理的 WPS、处理图像的 Photoshop 一样，拿来即用，用完走人。云计算的三层服务体系如图 5-5 所示。

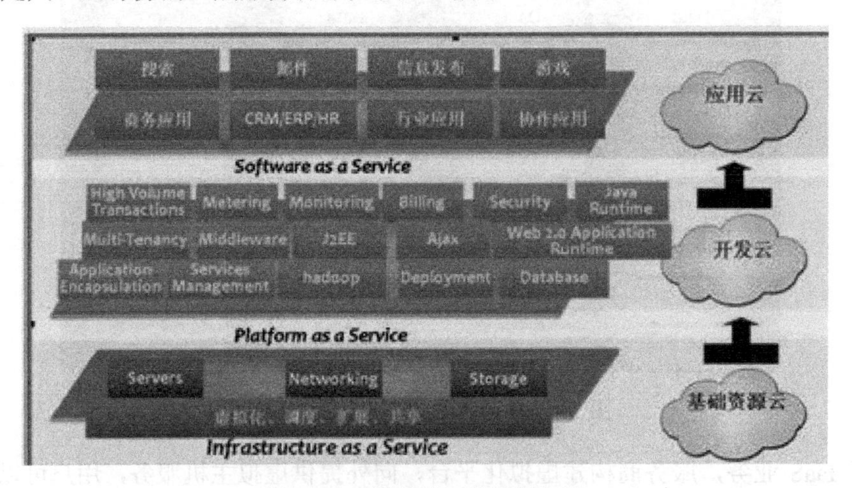

图 5-5　云计算的三层服务体系

层次化的云计算体系一般也称为 I-P-S 云计算，各层可独立提供云服务，下一层的架构也可以为上一层云计算提供支撑。以搜狗拼音为例，由大型服务器群、高速网络、存储系统等组成的 IaaS 架构为内部的业务开发部门提供基础服务，而内部业务开发系统在 IaaS 上构建了 PaaS，并部署运行搜狗拼音应用系统，这样一个大型的系统对互联网用户而言，就是一个大规模 SaaS 应用。

5.3.3　云技术发展

云技术的起源可以追溯到 1959 年 6 月，Christopher Strachey 发表虚拟化论文，虚拟化是今天云计算基础架构的基石。

1984 年，Sun 公司的联合创始人 John Gage 说出了“网络就是计算机”的名言，用于描述分布式计算技术带来的新世界，今天的云计算正在将这一理念变成现实。

1996 年，网格计算 Globus 开源网格平台起步。

1998 年，VMware(威睿公司)成立，并且首次引入了 x86 的虚拟技术，使虚拟化技术走向成熟。

1999 年，Marc Andreessen 创建了 LoudCloud，是第一个商业化的 IaaS 平台。

2000 年，SaaS 兴起。

2005 年，Amazon 的 Amazon Web Services 云计算平台投入使用。

2006 年，Amazon 相继推出了在线存储服务 S3 和弹性计算云 EC2 等云服务，引领了云技术的发展方向。

2008 年，Gartner 披露了十大数据中心的突破性技术，虚拟化和云计算上榜。

云时代彻底到来了。

自 Amazon 的 AWS 云平台成功之后，各大 IT 公司竞相向云计算厂商转型，相继加入了云技术的大家庭，如图 5-6 所示。这也极大地推进了云的普及和技术成熟。

图 5-6　云技术大家族

按照各大公司推出的产品分类，可以分为 SaaS、PaaS、IaaS 三大类。Amazon 提供的是典型的 IaaS 服务，同样类型的还有 IBM、HP、Sun 等大型公司；Facebook 公司提供的服务可以归属于 PaaS 服务类型，Windows Azure 也提供了 PaaS 服务；SaaS 的代表有 Google 和 Yahoo 等，如图 5-7 所示。云服务商的技术虽然看起来千差万别，但是，同质化也很明显，所以这里只是粗略划分，让大家做个初步了解。

我国云技术起步较晚，但是国家重视，云基础设施和应用发展很快。

按照国家规划，到 2017 年，云计算在重点领域的应用得到了深化，产业链条基本健全，初步形成了安全保障有力，服务创新、技术创新和管理创新协同推进的云计算发展格局，带动了相关产业的快速发展。

预计到 2020 年，云计算应用基本普及，云计算服务能力达到国际先进水平，通过掌握云计算关键技术，将形成若干具有较强国际竞争力的云计算骨干企业。云计算信息安全监管体系和法规体系将得到健全。大数据挖掘分析能力将显著提升。云计算将成为我国信息化的重要形态和建设网络强国的重要支撑，推动经济社会各领域信息化水平大幅提高。

图 5-7　三个类型的云技术公司

可见，云技术的应用前景非常广阔。要大力发展云技术和产业，就需要大量的云技术相关专业的人才。

任务二：搭建 OwnCloud 私有存储云

知识储备

对众多企业来说，自身计算机设备的性能也许永远无法满足需求，需要不断采购，不断升级。即使如此，也要面临数据量暴增、IT 环境日益复杂而难于管理，并且，效果可能仍然满足不了企业的需求。

5.4　公有云、私有云、混合云

云计算是一种全新的商业模式，其核心部分依然是数据中心，它使用的硬件设备主要是成千上万的工业标准服务器。企业和个人用户通过高速互联网得到计算能力，从而避免了大量的硬件投资。

从云计算到云商业，凡是拥有一定富余计算能力的企业或机构都可以建设云，甚至，我们自己也可以在家中的计算机上构建家庭私有云。

而具有更丰富资源的企业不满足于只建设内部云，富余的计算和存储能力也让他们的目光投向更远的目标——向外提供计算服务。从对消费者级的服务，逐渐发展到产业级服务，即为互联网企业、政府、各种需要大容量运算的企业提供服务。

公有云是云计算服务提供商为公众提供服务的云计算平台，理论上，任何人都可以通过授权接入该平台。公有云可以充分发挥云计算系统的规模经济效益，但同时，也增加了安全风险。

私有云则是云计算服务提供商为企业在其内部建设的专有云计算系统。私有云系统存在于企业防火墙之内，只为企业内部服务。与公有云相比，私有云的安全性更好，但成本也更高。云计算的规模经济效益也受到了限制，整个基础设施的利用率要远低于公有云。

混合云则是同时提供公有和私有服务的云计算系统，它是介于公有云和私有云之间的一种折中方案。

私有云的优势在于安全。数据安全对于企业来说，是至关重要的，公有云服务可能存在不确定的安全隐患，通常，在公有云平台上部署那些非关键性业务。企业，尤其是大型企业，会更多地倾向于选择私有云计算平台。

公有云的优势在于其规模经济效益，价格相对便宜很多。大多数企业选择云计算方案是出于成本考虑。

混合云则既可以尽可能多地发挥云计算系统的规模经济效益，同时，又可以保证数据安全性。那些不是很敏感的非关键业务，可以由混合云中的公有模块实现，而对那些安全性要求较高的应用，则可以迁移到私有模块实现。混合云可以引入更多诸如身份认证、数据隔离、加密等安全技术，来保证数据的安全，同时保留云计算系统的规模经济效益。

5.5　云平台简介

全球公共云计算市场占有率排前三名的是：亚马逊、微软、阿里云，这三家名字都以字母 A 开头(亚马逊 AWS、阿里云 AliCloud、微软 Azure)的云计算公司已经组成全球公共云市场的第一阵营。

1. Amazon 的弹性计算云 AWS(Amazon Web Services)

Amazon 是最为成功的云服务商，具有最高的市场份额、最好的服务，是云技术的领航者。

Amazon 是互联网上最大的在线零售商，为了应付交易高峰，不得不购买了大量的服务器。而在大多数时间，大部分服务器闲置，造成了很大的浪费。为了合理利用空闲服务器，Amazon 建立了自己的云计算平台——弹性计算云 EC2(elastic compute cloud)，并且是第一家将基础设施作为服务出售的公司。

Amazon 将自己的弹性计算云建立在公司内部的大规模集群计算的平台上，而用户可以通过弹性计算云的网络界面去操作在云计算平台上运行的各个实例(instance)。用户使用实例的付费方式由用户的使用状况决定，即用户只需为自己所使用的计算平台实例付费，运行结束后计费也随之结束。这里所说的实例即是由用户控制的完整的虚拟机运行实例。通过这种方式，用户不必自己去建立云计算平台，节省了设备与维护费用。

AWS 的优势在于其丰富的细分产品和它的应用市场，尤其是后者，它能够帮助云计算玩家将触角延伸到更广泛的传统 IT 领域，具有颠覆性的想象力。在创新层面以及产品的丰富程度上，Amazon 遥遥领先。

2. Microsoft 的 Windows Azure Platform

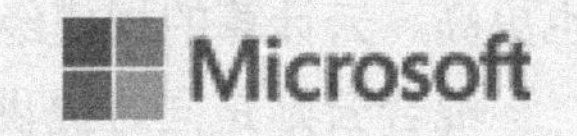

微软是世界上最大的软件商，转型到云服务商后，也成了最成功的云服务商之一。微软的云计算战略包括三大部分，为自己的客户和合作伙伴提供三种不同的云计算运营模式。

(1) 微软运营。

微软自己构建及运营公共云的应用和服务，同时向个人消费者和企业客户提供云服务。例如，微软向最终使用者提供的 Online Services 和 Windows Live 等服务。

(2) 伙伴运营。

各种合作伙伴可基于 Windows Azure Platform 开发 ERP、CRM 等各种云计算应用，并在 Windows Azure Platform 上为最终使用者提供服务。

微软运营在自己的云计算平台中的 Business Productivity OnlineSuite(BPOS)产品也可交由合作伙伴进行托管运营。BPOS 主要包括 Exchange Online、SharePoint Online、Office Communications Online 和 LiveMeeting Online 等服务。

(3) 客户自建。

客户可以选择微软的云计算解决方案构建自己的云计算平台。微软可以为用户提供包括产品、技术、平台和运维管理在内的全面支持。

微软 Azure 云平台的优势在于有海量的高级技术人员，有丰富的企业业务经验，这非常好地帮助了微软 Azure 在商业领域中的传统行业和大型政企的推进。

3. 阿里云(aliyun，Alicloud)

阿里云计算资源规模亚洲最大，目前，阿里云已经构建起了一个巨大的云计算生态系统，包含有 76.5 万多付费用户(同比增长超过 100%)。在全球范围内，阿里云在日本、新加坡、中东、欧洲、澳洲、美国东部、美国西部等地设有 14 个地域节点，覆盖全世界主要互联网市场。

阿里云在中国占据绝对主导地位，2016 年在中国公共云市场占据 50%份额，另外两家国际云计算服务商微软 Azure 和亚马逊 AWS 市场份额总和约 10%到 15%，而其他国内服务商如腾讯云、百度云、华为云等正在努力追赶。

4. 开源云平台 OpenStack

OpenStack 是一个开源的基础架构，即服务(IaaS)云计算平台，可以为公共云和私有云服务提供云计算基础架构平台。OpenStack 使用的开发语言是 Python，采用 Apache 许可证发布该项目源代码。

OpenStack 开源项目是在 2010 年由 Rackspace 公司和美国国家航空航天局(NASA)发起

的云计算项目。OpenStack 项目发展得非常的快，目前，有超过 150 家公司和成千上万的个人开发者已经宣布加入到该项目的开发。在支持 OpenStack 开发的一些大公司中，包括了 AT&T、Canonical、IBM、HP、Redhat、Suse、Intel、Cisco、VMware、Yahoo!、新浪、华为等一批在 IT 业界非常知名的公司。

OpenStack 的使命，是为大规模的公共云和小规模的私有云都提供一个易于扩展的、弹性云计算服务，从而让云计算的实现更加简单和让云计算架构具有更好的扩展性。也可以说，OpenStack 是一个云计算操作系统，它提供仅仅通过一个使用 Web 交互接口的控制面板(Dashboard)来管理一个或多个数据中心的所有计算资源池、存储资源池、网络资源池等硬件资源。OpenStack 的作用是整合各种底层硬件资源，为系统管理员提供 Web 界面的控制面板，以方便资源管理，为开发者的应用程序提供统一管理接口，为终端用户提供无缝的透明的云计算服务。OpenStack 在云计算软硬件架构的主要作用上与操作系统类似。

5. ownCloud 介绍

ownCloud 是一个开源免费专业的私有云存储项目，它能帮你快速在个人电脑或服务器上架设一套专属的私有云文件同步网盘，可以实现文件跨平台同步、共享、版本控制、团队协作等。ownCloud 能让你将所有的文件掌握在自己的手中，只要你的设备性能和空间充足，那么用起来几乎没有任何限制。

安装好 ownCloud 的服务器端作为主机，即可通过局域网访问和使用你自己的私有云了。当然，你也可以将电脑配置成公网访问的形式，或者安装在公网的 VPS 服务器上，来实现真正的互联网云存储服务。云存储是在云计算(cloud computing)概念上延伸和发展出来的一个新的概念，是指通过集群应用、网格技术或分布式文件系统等功能，将网络中大量各种不同类型的存储设备通过应用软件集合起来协同工作，共同对外提供数据存储和业务访问功能的一个系统。当云计算系统运算和处理的核心是大量数据的存储和管理时，云计算系统中就需要配置大量的存储设备，那么云计算系统就转变成为一个云存储系统，所以云存储是一个以数据存储和管理为核心的云计算系统。

ownCloud 跨平台支持 Windows、Mac、Android、iOS、Linux 等平台，而且还提供了网页版和 WebDAV 形式访问，因此你在任何电脑、手机上都能轻松获取你的文件。

ownCloud 不仅适用于个人使用，对经常需要传输共享文件、远程协作等需求的团队或公司，更是合适。功能上也很强大：能支持文件分享、获取文件链接、文件版本历史控制(文件删除恢复)、文件评论协作、文件共享(可设置读写权限)、图片音乐和文档等文件预览、开放 API、支持第三方应用整合等。除了云存储之外，ownCloud 还可以用于同步日历、电子邮件联系人、网页浏览器的书签等功能。ownCloud 主机服务器端还支持将文件上传到公有云服务，所以更加灵活。

ownCloud 项目使用了 PHP+MySQL 的经典组合，无论在自己的电脑上还是 VPS 服务器上，基本上只要能支持 LAMP 架构的机器都能运行，安装服务器端就像用 PHP 程序建站一样简单。另外，ownCloud 还提供了搭建好环境的虚拟机文件，可以直接在 VMWare、VirtualBox、Hyper-V 中运行 ownCloud 服务器端。

任务实践

5.6 ownCloud 存储云的安装

5.6.1 安装 LAMP 基本环境

1. 安装 Apache Web 服务器

(1) 安装 Apache 服务：

```
#yum -y install httpd
```

(2) 开启 Apache 服务：

```
#systemctl start httpd.service
```

(3) 设置 Apache 服务开机启动：

```
#systemctl enable httpd.service
```

(4) 验证 Apache 服务是否安装成功：

```
#echo "TestSite">/var/www/html/index.html
#lynx 127.0.0.1
```

2. 安装 MariaDB 数据库服务器

(1) 安装 MariaDB：

```
#yum -y install mariadb-server mariadb
```

(2) 开启 MariaDB 服务：

```
#systemctl start mariadb.service
```

(3) 设置开机启动 MariaDB 服务：

```
#systemctl enable mariadb.service
```

(4) 设置数据库的安全设定项：

```
#mysql_secure_installation
```

说明如下。

Set root password?[Y/n]Y：设置 root 账号的密码。

New password：输入数据库密码，接下来需要。

Re-enter new password：再次确认密码。

Remove anonymous users?[Y/n]Y：删除匿名用户。

Disallow root login remotely?[Y/n]Y：禁止 root 账号远程登录数据库。

Remove test database and access to it?[Y/n]Y：删除 test 数据库及权限设定。

Reload privilege tables now?[Y/n]Y：刷新权限设置。

(5) 测试数据库服务器。

使用刚设置的 root 账号的密码登录 MariaDB 数据库，如图 5-8 所示。

```
#mysql -u root -p
```

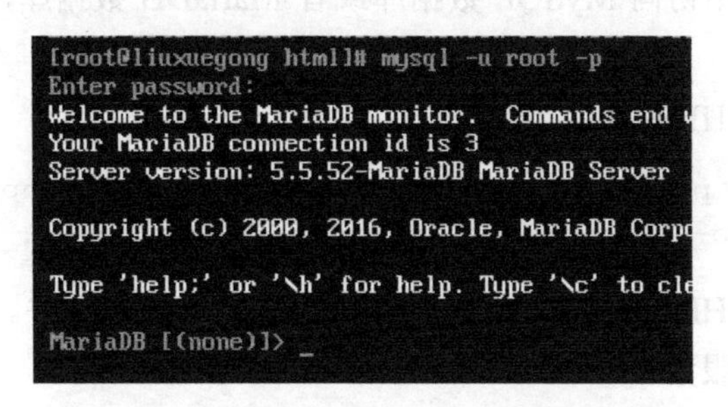

图 5-8　登录进入 MariaDB 数据库

3. 安装 PHP 相关包

(1) 安装 PHP 和相关辅助包，如图 5-9 所示。

```
#yum -y install php
```

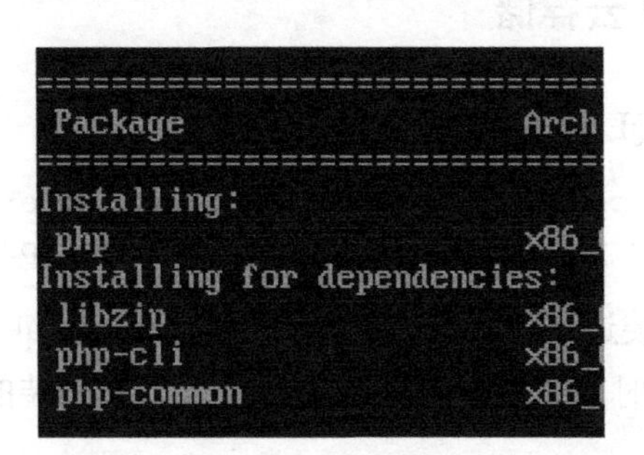

图 5-9　安装 PHP

(2) 重启 httpd 服务，让 PHP 生效。

httpd 服务默认支持 PHP，可以不做任何配置，就直接运行 PHP 程序。不过要重新启动 httpd 服务器，刷新服务器配置，让新安装的 PHP 起作用：

```
#systemctl restart httpd.service
```

(3) 写一个 PHP 测试文件：

```
#vi /var/www/html/info.php
```

内容是：

```
<?php phpinfo(); ?>
```

(4) 测试 PHP 功能：

```
#lynx 127.0.0.1/info.php
```

(5) 将 PHP 和 MySQL 关联起来：

```
#yum info php-mysql
#yum -y install php-mysql
```

如果想让 PHP 应用访问 MySQL 数据库或者 MariaDB 数据库，就需要安装 php-mysql 软件包。

(6) 安装常用的 PHP 模块：

```
#yum -y install php-gd php-ldap php-odbc php-pear php-xml php-xmlrpc
php-mbstring php-snmp php-soap curl curl-devel
```

为了扩展和增强 PHP 的功能，需要安装常见的 PHP 功能插件。

(7) 重启 Apache 服务：

```
#systemctl restart httpd.service
```

(8) 再次在浏览器中运行 info.php，你会看到新安装的 PHP 功能模块的信息：

```
#lynx 127.0.0.1/info.php
```

5.6.2 安装 ownCloud 云存储

(1) 安装 PHP、MySQL 相关模块以支持 ownCloud：

```
#yum -y install httpd php php-mysql mariadb-server sqlite php-dom
php-mbstring php-gd php-pdo php-fpm wget vim bzip2
```

有的组件可能已经安装过了，例如 httpd、php、php-mysql、mariadb-server，但还是写上以备万一，在 yum 安装时，会对安装的包进行检查，已安装的组件不会重复安装。

(2) 重启 Apache 服务：

```
#systemctl restart httpd.service
```

(3) 使用浏览器访问 info.php，查看新安装的模块：

```
#lynx 127.0.0.1/info.php
```

(4) 下载 ownCloud 文件：

```
#wget http://download.owncloud.org/community/owncloud-9.0.3.tar.bz2
```

(5) 解压 ownCloud 文件，如图 5-10 所示。

```
#tar -jxvf owncloud-9.0.3.tar.bz2 -C /var/www/html/
#cd /var/www/html/
#ls -l owncloud
```

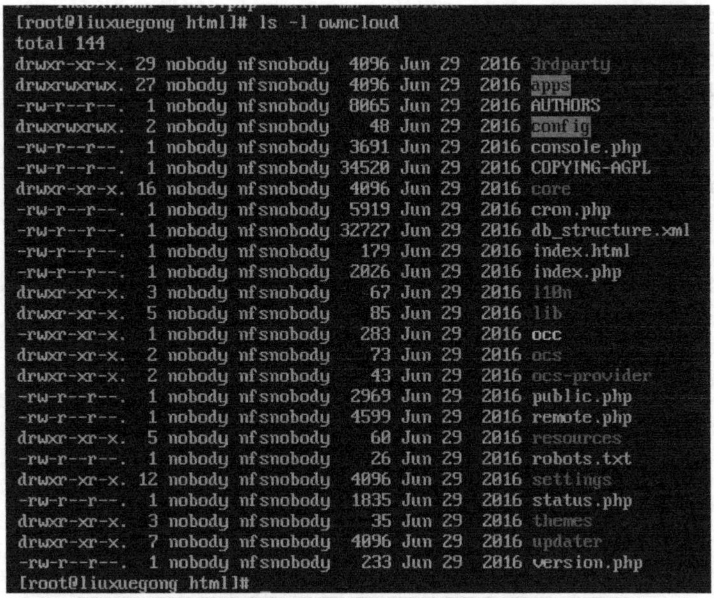

```
[root@liuxuegong html]# ls -l owncloud
total 144
drwxr-xr-x. 29 nobody nfsnobody  4096 Jun 29  2016 3rdparty
drwxrwxrwx. 27 nobody nfsnobody  4096 Jun 29  2016 apps
-rw-r--r--.  1 nobody nfsnobody  8065 Jun 29  2016 AUTHORS
drwxrwxrwx.  2 nobody nfsnobody    48 Jun 29  2016 config
-rw-r--r--.  1 nobody nfsnobody  3691 Jun 29  2016 console.php
-rw-r--r--.  1 nobody nfsnobody 34520 Jun 29  2016 COPYING-AGPL
drwxr-xr-x. 16 nobody nfsnobody  4096 Jun 29  2016 core
-rw-r--r--.  1 nobody nfsnobody  5919 Jun 29  2016 cron.php
-rw-r--r--.  1 nobody nfsnobody 32727 Jun 29  2016 db_structure.xml
-rw-r--r--.  1 nobody nfsnobody   179 Jun 29  2016 index.html
-rw-r--r--.  1 nobody nfsnobody  2026 Jun 29  2016 index.php
drwxr-xr-x.  3 nobody nfsnobody    67 Jun 29  2016 l10n
drwxr-xr-x.  5 nobody nfsnobody    85 Jun 29  2016 lib
-rwxr-xr-x.  1 nobody nfsnobody   283 Jun 29  2016 occ
drwxr-xr-x.  2 nobody nfsnobody    73 Jun 29  2016 ocs
drwxr-xr-x.  2 nobody nfsnobody    43 Jun 29  2016 ocs-provider
-rw-r--r--.  1 nobody nfsnobody  2969 Jun 29  2016 public.php
-rw-r--r--.  1 nobody nfsnobody  4599 Jun 29  2016 remote.php
drwxr-xr-x.  5 nobody nfsnobody    60 Jun 29  2016 resources
-rw-r--r--.  1 nobody nfsnobody    26 Jun 29  2016 robots.txt
drwxr-xr-x. 12 nobody nfsnobody  4096 Jun 29  2016 settings
-rw-r--r--.  1 nobody nfsnobody  1835 Jun 29  2016 status.php
drwxr-xr-x.  3 nobody nfsnobody    35 Jun 29  2016 themes
drwxr-xr-x.  7 nobody nfsnobody  4096 Jun 29  2016 updater
-rw-r--r--.  1 nobody nfsnobody   233 Jun 29  2016 version.php
[root@liuxuegong html]#
```

图 5-10　解压 ownCloud 安装文件

(6)　让 Apache 对 owncloud 目录拥有读写权限，如图 5-11 所示。

```
#chown -R apache.apache /var/www/html/owncloud/
#ls -l owncloud
```

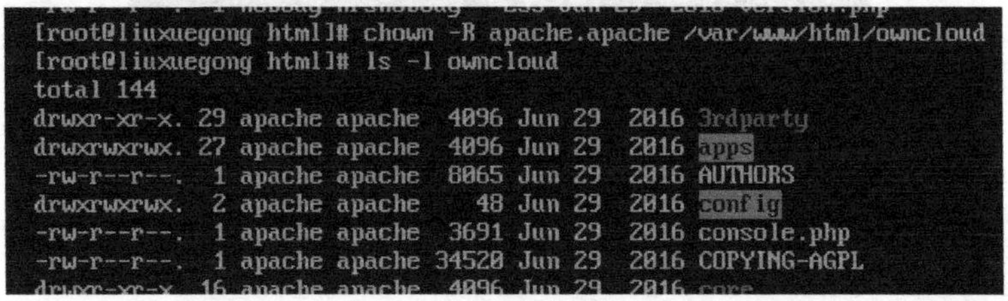

```
[root@liuxuegong html]# chown -R apache.apache /var/www/html/owncloud
[root@liuxuegong html]# ls -l owncloud
total 144
drwxr-xr-x. 29 apache apache  4096 Jun 29  2016 3rdparty
drwxrwxrwx. 27 apache apache  4096 Jun 29  2016 apps
-rw-r--r--.  1 apache apache  8065 Jun 29  2016 AUTHORS
drwxrwxrwx.  2 apache apache    48 Jun 29  2016 config
-rw-r--r--.  1 apache apache  3691 Jun 29  2016 console.php
-rw-r--r--.  1 apache apache 34520 Jun 29  2016 COPYING-AGPL
drwxr-xr-x. 16 apache apache  4096 Jun 29  2016 core
```

图 5-11　查看 ownCloud 安装文件的权限设置

(7)　配置 MariaDB 数据库安全设置(前面如果设置过的话，就不用再做，不确定就再执行一次)：

```
#mysql_secure_installation
Set root password?[Y/n]New password: (输入数据库密码)
Re-enter new password: (再次确认密码)
Remove anonymous users?[Y/n]Y
Disallow root login remotely?[Y/n]Y
Remove test database and access to it?[Y/n]Y
Reload privilege tables now?[Y/n]Y
```

(8)　登录 MariaDB 数据库并配置云数据库，如图 5-12、图 5-13 所示。

(注：①需要输入刚才设置的密码；②交互模式下，命令结束用英文标点“;”号。)

```
#mysql -u root -p
```

```
mysql> create database owncloud;
mysql> create user 'owncloud'@'localhost' identified by
'owncloudtestpassword';
mysql> grant all on owncloud.* to 'owncloud'@'localhost';
mysql> flush privileges;
mysql> quit;
```

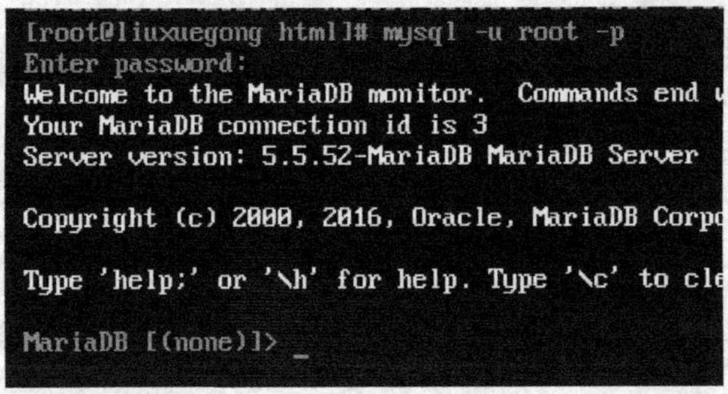

```
[root@liuxuegong html]# mysql -u root -p
Enter password:
Welcome to the MariaDB monitor.  Commands end w
Your MariaDB connection id is 3
Server version: 5.5.52-MariaDB MariaDB Server

Copyright (c) 2000, 2016, Oracle, MariaDB Corpo

Type 'help;' or '\h' for help. Type '\c' to cle

MariaDB [(none)]> _
```

图 5-12　登录数据库

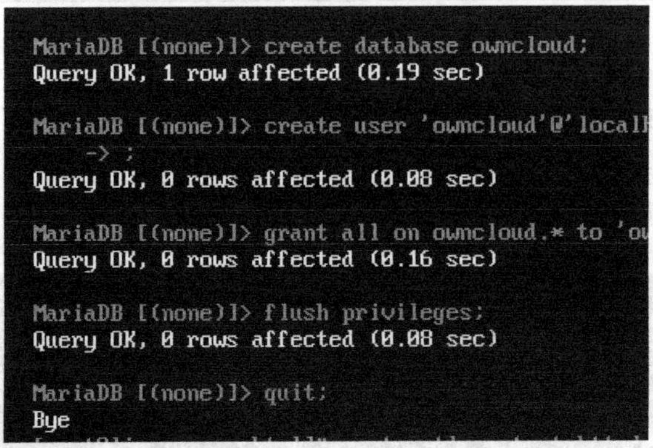

```
MariaDB [(none)]> create database owncloud;
Query OK, 1 row affected (0.19 sec)

MariaDB [(none)]> create user 'owncloud'@'local
    -> ;
Query OK, 0 rows affected (0.08 sec)

MariaDB [(none)]> grant all on owncloud.* to 'ow
Query OK, 0 rows affected (0.16 sec)

MariaDB [(none)]> flush privileges;
Query OK, 0 rows affected (0.08 sec)

MariaDB [(none)]> quit;
Bye
```

图 5-13　添加 ownCloud 数据库和相关权限

(9)　配置完成后重启 Apache 和 Mariadb：

```
#systemctl restart httpd.service
#systemctl restart mariadb.service
```

(10) 至此，用浏览器就可以访问了(xx.xx.xx.xx/owncloud)。

(11) 配置防火墙和 SELinux，开放互联网访问和限制。

设置防火墙，永久开放服务 HTTP 和 HTTPS，并使用--reload 重新加载设置。：

```
#firewall-cmd --permanent --zone=public --add-service=http
#firewall-cmd --permanent --zone=public --add-service=https
#firewall-cmd --reload
```

设置 SELinux 允许 ownCloud 写数据(也可以使用 setenforce 0 避开 SELinux 限制)：

```
#setsebool -P httpd_unified 1
```

(12) 在客户端浏览器访问云平台系统，配置初始运行选项。

第一次访问 ownCloud，需要配置初始设置项。

① 创建 ownCloud 云存储平台的管理员账号密码。

② 设定数据存放目录(保持默认即可)。

③ 选择使用的数据库，选 MySQL/MariaDB。

接下来对数据库进行设置。

数据库用户：先前设置的 owncloud 用户账号(用创建的 root 账号也可以)。

数据库密码：先前设置的密码 owncloudtestpassword。

数据库名称：先前设置的数据库 owncloud。

访问主机设置：localhost。

设置完毕，单击“安装完成”按钮，如图 5-14 所示。

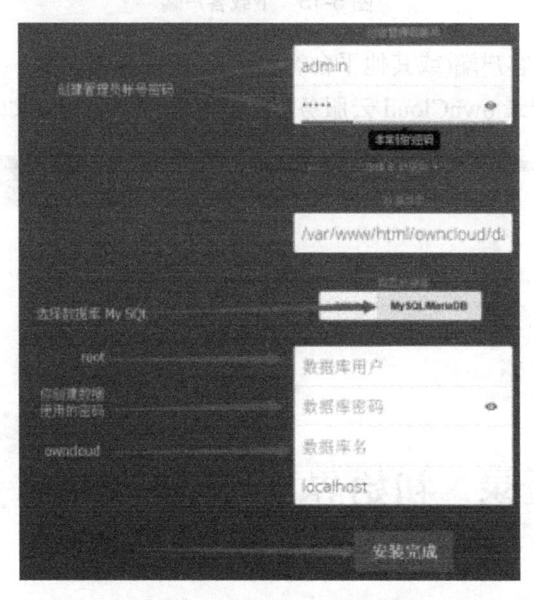

图 5-14　配置 ownCloud 云平台

5.6.3　配置 ownCloud 客户端，使用云存储

(1) 在客户端上进行网络测试，测试到服务器 192.168.125.131 的网络连通性：

```
#ping 192.168.125.131
```

(2) 打开浏览器，访问“服务器 IP 地址(192.168.125.131)或域名”+“/ownCloud”：

```
http://192.168.125.131/ownCloud
```

(3) 下载客户端并安装。

如果通过浏览器访问操作，不需要下载客户端。

ownCloud 的客户端包括桌面平台(Windows、OS X、Linux)、Android 平台、苹果平台(IOS)，使用什么类型的设备系统，就下载对应的客户端，如图 5-15 所示。

图 5-15　下载客户端

(4)　使用 Android 客户端(或其他平台客户端)访问 ownCloud。

输入账号密码，登录 ownCloud 云服务器。客户端简洁易用，如图 5-16 所示。

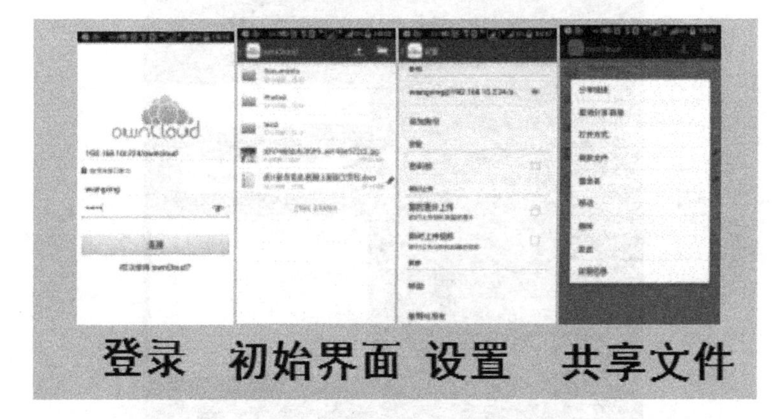

图 5-16　使用 Android 客户端

(5)　创建和管理组和用户。

ownCloud 不支持用户注册，新建用户需要使用管理账号进行添加(默认管理权限的组是 admin)。

创建组时，一个组可以增加多个管理员；创建用户时，一个用户可以分配在多个组中，如图 5-17 所示。

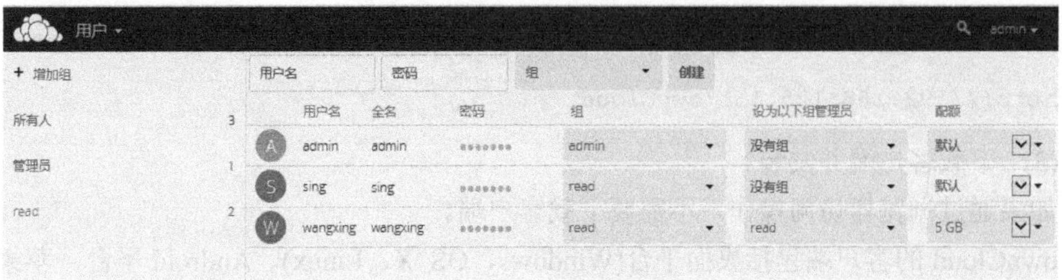

用户 ▾　　admin ▾

+ 增加组　　用户名　密码　组　创建

所有人 3　管理员 1　read 2

用户名	全名	密码	组	设为以下组管理员	配额
admin	admin	●●●●●●●	admin	没有组	默认
sing	sing	●●●●●●●	read	没有组	默认
wangxing	wangxing	●●●●●●●	read	read	5 GB

图 5-17　用户和组管理

(6) 上传文件到云中。

单击“+”进行文件上传，如图 5-18 所示。

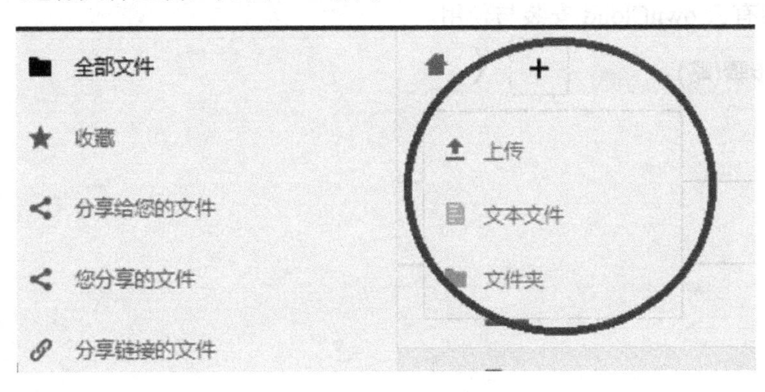

图 5-18　上传文件

(7) 在云服务器上共享或下载文件。

单击“<”打开共享设置，进行共享；单击“…”按钮打开更多设置，可以查看文件的详细信息，对文件做重新命名、下载和删除操作，如图 5-19 所示。

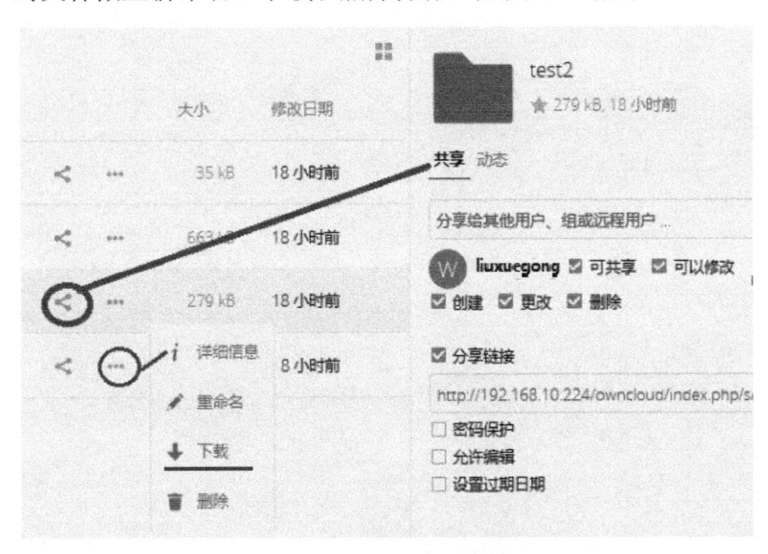

图 5-19　共享文件和下载文件

上机实训：云平台的使用

本实训步骤自行设计，抓图记录每个操作步骤，并对结果进行简要分析，对遇到的故障和解决方法进行记录并分享。

可参照教材完成实训步骤设计。

为每一实训任务单独编写实训报告并提交。

1. 实训任务列表

任务：私有云 ownCloud 安装与使用。

2. 实训步骤(略)

项目六

综合实训

项目导入

小刘接到领导通知，公司打算近期对网络系统进行整体升级，要求对公司网络进行整体规划，并尝试把业务应用迁移到云服务器中。

项目分析

随着企业的发展，网络规模在不断增大，业务也在逐渐增加。通常，企业网络规划组建时，要对现有网络情况进行调查和评估，并进行需求分析，明确当前网络的弱点和企业对新网络的各项需求，来进行相应的设计升级。

设计时，对网络拓扑、地址、主机名称等进行合理的规划；要选择当前的主流技术产品，并保证在未来的一到三年内不会落伍；要综合考虑性能和价格，进行产品的合适选型；考虑到未来一段时间企业的发展，还需要为未来进行一定的预留。

在云技术的选择上，则要对企业需求进行评估，确定是建设私有云还是使用公有云。为了保证企业业务的正常运行，原服务器不改动继续运行，并在自建的私有云主机或者选择的公有云主机上进行配置和测试。

本项目要求，结合书中讲述的内容，设计和实施在虚拟机或者云主机上配置新的服务器的一系列任务，并编写综合实训报告。

能力目标

能够根据企业需求进行合理的规划设计。
能够根据需求进行公共云平台的选择或私有云平台的搭建。
能够在虚拟机或云主机上配置和部署企业应用。

知识目标

了解进行网络规划的基本知识。
了解服务器选型的知识。

任务一：服务器与项目规划设计

知识储备

6.1　进行需求调研与系统规划设计的方法

在工作中，所有的项目最开始要做的，是可行性分析和需求分析。可行性分析是判断此项目能不能做，挣不挣钱；需求分析是确定项目要达成什么样的效果、满足什么样的需求。所有的案例，最开始的项目描述，就是需求分析的简化版。

进行需求分析之前，要确认各自的角色。一般所说的甲方，是要出钱进行项目建设的公司和企业；乙方则是承接项目并完成此项目的对象。工程师的定位是乙方，要对甲方的项目需求进行分析，完成需求调研和系统的规划设计。

1. 基本原则

从充分调查入手，充分了解用户业务活动和用户信息需求；在调查分析的基础上，在充分考虑需求与约束(经费、工作基础与技术等方面)的前提下，对网络系统组建与信息系统开发的可行性进行充分的论证，避免盲目性；运用系统的概念，完成网络工程技术方案的规划与设计。

2. 网络用户调查与网络工程需求分析

(1) 用户调查。

需求分析是设计、建设、运行网络系统的关键。要建设项目，先要对甲方的用户进行走访和问卷调查，了解用户目前的工作状态、对项目的预期、当前存在的问题等内容。主要的任务是用户调查和应用需求调查。

(2) 网络节点地理位置分布情况。

应当了解甲方的用户数量及分布的位置、建筑物内部布局结构、信息点的位置、建筑物群的情况。这些信息是最终确定网络规模、布局、拓扑结构以及结构化布线方案的重要依据。

(3) 应用概要分析。

对甲方需要使用的 Internet 或 Intranet 服务、数据库服务和其他网络基础服务系统进行调查和分析。

(4) 网络需求详细分析。

网络需求详细分析主要包括网络总体需求分析、综合布线需求分析、网络可用性与可靠性分析、网络安全性分析，以及网络工程造价估算等。

3. 网络总体设计基本方法

(1) 网络工程设计总体目标与设计原则。

网络工程建设必须首先明确用户的实际需求，统一规划，分期建设，选择适合的技术，确保网络工程建设的优先性、可用性、可靠性、可扩展性与安全性。因此，网络设计的原则是实用性、开放性、高可靠性、安全性、先进性与可扩展性。

(2) 网络结构与拓扑结构设计方法。

大型和中型的网络结构必须采用分层的设计思想，这是解决网络系统规模、结构和技术的复杂性的最有效方法。

对大型网络结构，可以设计为三层结构体系。底层是接入层，通过交换机提供大量的端口接入和快速的本地数据交换；中间层是汇聚层，使用三层交换机把一个个网段互联汇聚成更大规模的区域，并对区域进行 VLAN 管理、安全管理、流量管理等管理任务；最上层是核心层，承载整个网络的连接通信，作为信息交流主干网，并连接外界互联网，在此区域部署服务器、防火墙、入侵检测等，是整个网络的核心功能区。

对于规模小一些的网络，可以把汇聚层和接入层功能合一，这就是两层结构体系；如果网络规模非常小，那么就不需要考虑分层的问题。

是否需要分成三层结构体系组建的经验数据是：如果节点数为 250~5000 个，一般需要按三层结构来设计；如果节点为 100~500 个，可以设计为两层网络，节点直接通过汇聚层的路由器或交换机接入；如果节点数为 100 个以内，也可以不考虑网络分层，直接做交换机堆叠，或者级联，来实现组网接入。

网络系统分层设计的另一个好处，是可以方便地分配和规划带宽，有利于均衡负荷，提高网络效率。根据实际经验总结：层次之间的上联带宽与下一级带宽之比，一般控制在 1:20 或者 1:10 之间。

例如，如果一个接入交换机有 24 个 10/100Mb/s 端口，那么上联带宽可以控制在 (24×100)÷20＝120Mb/s，留有一个余量后，一般定为 200Mb/s。如果有 10 个规模相同的接入交换机，那么总的上联带宽可以选择 2Gb/s。

这样，在进行网络设备选择时，就可以做到有的放矢。

6.2 网络服务器选型

网络服务器的选型是网络系统建设的重要内容之一。

从主机硬件角度看，网络服务器可以按照主机硬件体系结构、硬件性能与使用的关键技术进行分类。

1. 按体系结构选择

按照网络服务器主机的硬件体系结构分类，可以分为如下两种。

(1) 基于 CISC 处理器的 Intel 结构的 PC 服务器。

(2) 具有 RISC 结构处理器的服务器。

各种大型中型计算机和超级服务器都采用 RISC 结构的处理器，操作系统通常采用 Unix 或者 Linux。

2. 按应用规模选择

按照网络应用规模分类，网络服务器可以分为如下几种。

(1) 基础级服务器。

(2) 工作组级服务器。

(3) 部门级服务器。

(4) 企业级服务器。

基础级服务器一般是支持 1 个 CPU、配置较低的 PC 服务器。一般应用如办公室文件与打印机共享的小型局域网服务器。

工作组级服务器一般支持 1~2 个 CPU，配置热拔插大容量硬盘、备用电源等，具有较好的数据处理能力、容错性和可扩展性，适用于处理数据量大、高处理速度和可靠性要求较高的应用领域，可用于 Internet 接入，也可用于替代传统企业级 PC 服务器的升级。

部门级服务器一般支持 2~4 个 CPU，采用对称多处理(SMP)技术，配置热拔插大容量硬盘、备用电源等，具有较好的数据处理能力、容错性和可扩展性，适合作为中小型网络的应用服务器、小型数据库服务器、Web 服务器。

企业级服务器一般支持 4~8 个 CPU，采用最新的 CPU 和对称多处理技术，支持双 PCI 通道与高内存带宽，配置大容量热拔插硬盘、备用电源，并且关键部件有冗余，具有较好的数据处理能力、容错性和可扩展性。

3. 按服务器支持的技术选择

为了提高网络服务器的性能，各种服务器都在设计中采用了不同的技术。

(1) 对称多处理(Symmetric Multi-Processing，SMP)技术。

对称多处理技术是指在一个计算机上汇集了一组处理器(多 CPU)，各 CPU 之间共享内存子系统以及总线结构。在对称多处理系统中，系统资源被系统中所有的 CPU 共享，工作负载能够均匀地分配到所有可用处理器上，从而可以提供更强大的任务处理能力。在多 CPU 结构的服务器中，是否采用对称多处理技术是十分重要的一个指标。

(2) 集群(Cluster)技术。

集群(Cluster)技术是向一组独立的计算机提供高速通信线路，组成一个共享数据存储空间的服务器系统，提高了系统的数据处理能力。集群将很多服务器集中起来，一起进行同一种服务，在客户端看来就像是只有一个服务器。当集群中多台计算机进行并行计算时，可以获得很高的计算速度；也可以用多个计算机做备份，从而使得任何一个机器出现故障时，整个系统还是能正常运行。

当集群中的应用出现故障时，其他的某台服务器会接替这个服务器的任务，接管位于共享磁盘柜上的数据，进而使应用重新正常运转。因此，集群技术可以大大提高服务器的可靠性、可用性和容灾能力。

(3) 非统一内存访问(Non-Uniform Memory Access，NUMA)技术。

非统一内存访问(NUMA)是一种用于多处理器的电脑记忆体设计，内存访问时间取决于处理器的内存位置。在 NUMA 下，处理器访问它自己的本地存储器的速度比非本地存储器(存储器的位置到另一个处理器之间共享的处理器或存储器)快一些。

NUMA 架构在逻辑上遵循对称多处理(SMP)架构。NUMA 通过提供分离的存储器给各个处理器，避免多个处理器访问同一个存储器产生的性能损失，来试图解决这个问题。对于涉及到分散的数据的应用(在服务器和类似于服务器的应用中很常见)，NUMA 可以通过一个共享的存储器提高性能至 n 倍，而 n 大约是处理器(或者分离的存储器)的个数。

(4) 高性能存储(High Performance Storage System，HPSS)技术。

存储能力是衡量服务器性能与选型的主要指标之一。评价高性能存储技术的指标主要是存储 I/O 速度和磁盘容量。由于服务器容量不断增多，硬盘的存取速度经常会成为服务器的瓶颈。要解决这个问题，从存储系统总线上必须采用快速的磁盘访问技术，同时采用独立磁盘冗余阵列(Redundant Array of Independent Disks，RAID)技术，将若干个硬盘驱动器组成一个整体，由阵列管理器管理。在提高磁盘容量的基础上，通过改善并行读写能力，提高硬盘的存储能力和吞吐量。通过磁盘容错处理，提高系统的可靠性。智能 I/O 系统负责中断处理、缓冲区存储、数据传输，从而达到均衡负荷、提高系统效率的目的。

高性能存储系统 HPSS 是为那些由并行计算机、超级计算机或者高端工作站组成的网络设计的存储管理系统，在这种系统中转移大容量视频数据或科学计算产生的大量数据时，需要极高的可靠性，这时，就可以利用高性能存储系统来实现文件转移。

(5) 服务处理器与 Intel 服务器控制技术(Intel Server Control，ISC)。

ISC 服务器控制，是 Intel 的服务器管理软件，只适用于使用 Intel 架构的带有集成管理功能主板的服务器。采用这种技术后，用户在一台普通的客户机上，就可以监测网络上所有使用 Intel 主板的服务器，监控和判断服务器的工作状态是否正常。一旦服务器内部硬件传感器进行实时监控或第三方硬件中的任何一项出现错误，就会报警提示管理人员。并且，监测端和服务器端之间的网络可以是局域网，也可以是广域网，可直接通过网络对服务器进行启动、关闭或重新置位，极大地方便了管理和维护工作。

(6) 应急管理端口(Emergence Management Port，EMP)技术。

应急管理端口是服务器主板上所带的一个用于远程管理服务器的接口。远程控制计算机可以通过网络与服务器相连，控制软件安装在控制计算机上。远程控制机通过 EMP Console 控制界面，可以对服务器进行应急管理任务，例如打开或关闭服务器的电源、重新设置服务器、监测服务器内部情况等，这样技术支持人员就可以在任何地点及时解决服务器发生的硬件故障了。

EMP 技术是一种很好的实现快速服务和节省维护费用的技术手段。

(7) 热插拔技术(Hot-Plugging 或 Hot Swap)。

热插拔即带电插拔，热插拔功能就是允许用户在不关闭系统，不切断电源的情况下取出和更换损坏的硬盘、电源或板卡等部件，从而提高了系统对灾难的及时恢复能力、扩展性和灵活性等，具体又可以分为热替换(Hot Replacement)、热添加(Hot Expansion)和热升级(Hot Upgrade)等。

4. 按性能选择

网络服务器选型的重要依据是服务器的性能。服务器的性能主要表现在：运算处理能力、磁盘存储能力、高可用性、可管理性与可扩展性等。

(1) 运算处理能力。

计算机的性能在很大程度上由 CPU 的性能决定，而 CPU 的性能主要体现在其运行程序的速度上。影响运行速度的性能指标包括 CPU 的工作频率、Cache 容量、指令系统和逻辑结构等参数。

CPU 的工作频率越高，CPU 处理数据的速度就越快。工作频率和实际的运算速度存在一定的关系，但并不是一个简单的线性关系。

如果 CPU1 的主频为 M1，CPU2 的主频为 M2，CPU1 与 CPU2 采用相同的技术，并且 M2>M1，配置 CPU2 比配置 CPU1 服务器性能提高(M2−M1)/M1×50%，这就是 CPU 的

50%定律。

简单地说，就是同样技术的CPU，提升的实际处理能力是数值差距的一半左右。

提升运算处理能力的常见方法是使用多CPU，一般来说，CPU多，处理能力就更强，但是同样，也不是简单的线性关系。

(2) 磁盘存储能力。

磁盘存储能力表现在磁盘存储容量和I/O服务速度上，而决定这两个参数的因素又在于磁盘接口总线与硬盘两个方面。

存储分为内置存储和外挂存储。其中，外挂存储根据连接的方式，分为直连式存储(Direct-Attached Storage，DAS)和网络化存储(Fabric-Attached Storage，FAS)。而网络化存储根据传输协议，又分为网络接入存储(Network-Attached Storage，NAS)和存储区域网络(Storage Area Network，SAN)。

在中小企业应用中，直连式存储DAS是最主要的应用模式，存储系统被直连到应用的服务器中；网络接入存储NAS也通常被称为附加存储，指存储设备通过标准的网络拓扑结构(例如以太网)添加到一群计算机上；存储区域网络SAN，是通过光纤通道交换机连接存储阵列和服务器主机，最后成为一个专用的存储网络。

(3) 系统的高可靠性。

系统高可靠性通常用MTBF(平均无故障时间)来衡量，优势也用n个9来描述。

如果系统高可靠性达到99.9%，那么每年的停机时间≤8.8小时；系统高可靠性达到99.99%，那么每年的停机时间≤53分钟；系统高可靠性达到99.999%，那么每年的停机时间≤5分钟。

(4) 可管理性。

使用工具进行管理工作的难易程度。

(5) 可扩展性。

考虑到企业在未来一段时期的发展，提前做好资源预留和增加新设备的准备。

6.3　设计时要考虑的其他问题

1. 网络安全问题

网络安全技术涉及的基本内容包括网络防攻击技术、网络安全漏洞与对策的研究、网络中的信息安全问题、网络内部安全防范、网络防病毒、垃圾邮件、灰色软件与流氓软件、网络数据备份恢复与灾难恢复等。

进行网络系统安全设计时，要进行全局考虑、整体设计。

2. IP地址规划问题

当网络规模比较大时，需要进行IP地址规划，以免工程实施和后续运营管理中，出现冲突和混乱。IP地址是网络最基础的设置，如果IP地址配置出现问题，那么网络是不可能正常运行的。

通常，企业无法得到足够使用的公网地址，此时，可以根据网络规模，选择 10.0.0.0/8 的 A 类保留网段，进行子网划分，或者 172.16.0.0/16 ~ 172.31.0.0/16 的 B 类保留网段进行子网划分。B 类网段可以划分 254 个 C 类规模的子网、A 类网段可以划分 65534 个 C 类的子网。

工程实践中，每个 VLAN 网段，通常主机数量不超过 60(40 左右为佳)，为每个网段分配一个 C 类规模的网段，可以容纳 254 台主机，IP 地址是很富裕的。在网段够用的前提下，不要害怕浪费。当然，分配一个较小的刚刚够用并略有富余的网段也是可以的，这要看管理员的设计习惯。

各 VLAN 之间需要使用三层交换机或者路由器进行路由才可以通信。

在企业网边界需要配置 NAT(网络地址转换)，把内网地址和获得的少量公网地址进行转换，不然不能正常访问外界互联网，因为内网地址通常是不能在公网通信的，所以发送出去的数据包，要换成公网地址，回送的数据包，再换回来内网地址。

3. 服务器部署问题

选择购买什么样的服务器，要根据需求来进行选择；在每一台服务器上部署什么服务，也需要规划；另外，服务器部署在网络的什么位置，面向公网服务还是面向内网服务，也是必须考虑的问题；在进行安全设计时，防火墙、入侵检测、日志服务器、流量控制设备、过滤策略制订等，都与服务器的部署直接相关。

任务二：基于企业网络构建企业站点

本任务需要综合运用学到的 Linux 系统安装使用、Web 服务器配置、DNS 服务器配置、DHCP 服务器配置以及服务器的种种管理技巧等知识和实践技能，来构建和管理一个中小型企业网络。

知识储备

6.4 综合实训的目的和要求

1. 综合实训的目的

(1) 培养学生深入认识和使用计算机网络，并利用计算机网络知识处理和解决实际问题的能力。培养学生协作学习、团队合作的素质。

(2) 培养学生使用 Linux 网络操作系统组建企业部门级工作组网络，使用 TCP/IP 协议进行计算机通信，使用 Linux 网络操作系统管理局域网、提供 Internet 服务。

(3) 培养学生学会使用 Linux 系统组建 LAMP 环境，进行网站设置、配置 DNS 服务器/DHCP 服务器等网络服务。

(4) 培养学生在工作中灵活运用学到的管理技能和知识进行管理的能力。

通过本综合性任务课程的学习，让学生了解完成一个本职业技术领域基于 Linux 网络操作系统的典型工作任务的完整工作过程，掌握所需要的方法，并培养社会能力，养成良好的职业习惯与素养。

通过本综合实训任务，培养学生系统、完整、具体地解决实际问题的职业综合能力，具备收集信息、制订计划、实施计划和自我评价的能力，锻炼团队工作的能力，学生通过综合实训完整的工作过程，可以掌握实际的 Linux 系统网络项目的“建网、管网”核心能力和关键能力。

2. 综合实训的要求

综合实训项目的具体要求如下。

(1) 对实训任务进行充分讨论，理解任务并进行工作规划与分工。

(2) 充分了解自己的学习能力，针对拟完成任务的设计功能要求与规范，查阅资料，了解相关系统设计的技术情况，主动参与团队各阶段的讨论，表达自己的观点和见解。

(3) 在学习过程中，认真负责，在关键问题与环节上下功夫，充分发挥自己的主动性、创造性来解决技术上与工作中的问题，并培养整个工作过程中的团队协作意识。

(4) 认真撰写资料搜集、需求分析、网络规划、任务实施、测试与纠错各阶段的相关作业文件和工作记录，并学会根据学习与工作过程的作业文件和记录及时总结。

(5) 汇总阶段任务文档，完成综合实训报告。

6.5　中小型企业网站组建与管理综合实训内容

1. 实训任务网络拓扑

实训任务的网络拓扑如图 6-1 所示。

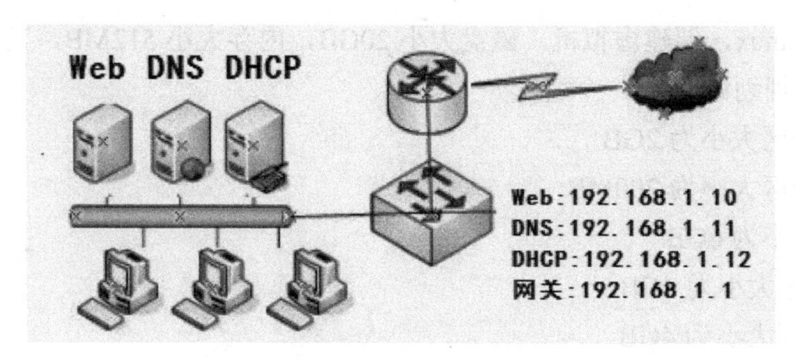

图 6-1　实训工作任务的网络拓扑

2. 任务要求

(1) 安装 Linux 系统。

正确安装 Linux 操作系统，正确设置防火墙与 SElinux，正确使用图形界面软件，正确使用命令界面。

(2) 使用 Linux 系统。

正确设置目录操作，正确创建文件，正确使用文件的查看与编辑，正确使用 vi，正确添加用户与组，正确设置权限。

(3) 管理 Linux 系统。

正确使用文件系统，正确进行磁盘管理，正确进行文件的归档与压缩，正确管理 RPM 软件包，正确管理进程和内存，正确配置网络参数，正确查看网络信息。

(4) 配置与管理 DHCP 服务器。

正确安装 DHCP，正确配置 DHCP 服务器，正确配置 DHCP 客户端，正确配置 DHCP 超级作用域。

(5) 配置与管理 DNS 服务器。

正确安装 DNS 服务，正确配置常规 DNS 服务器。正确配置主 DNS 服务器，正确配置辅助 DNS 服务器，正确配置子域 DNS 服务器。正确配置 DNS 客户端，正确测试 DNS。

(6) 配置与管理企业网站。

正确安装、启动 Apache 服务，正确设置 Apache 服务器，正确配置虚拟主机，正确配置用户身份认证。

(7) 制订服务器安全管理措施并实施。

(8) 制订服务器备份策略计划并实施。

任务实践

6.6 实训任务步骤

1. 安装 Linux 系统

(1) 安装 Linux，创建虚拟机，磁盘大小 20GB，内存大小 512MB，其他任意。

[选做]分区规划如下：

swap 分区大小为 2GB

/boot 分区大小为 200MB

/分区大小为 6GB

/usr 分区大小为 4GB

/var 分区大小为 4GB

/home 分区大小为剩下的空间，约 4GB

(2) 设置防火墙。

(3) 设置 SELinux。

(4) 添加用户账号。

(5) 安装 CentOS 7 Linux 操作系统。

2. 使用 Linux 系统

(1) 使用 ls、mkdir、rmdir、cd、mv、rm、cp 等文件目录管理指令。

① 使用 ls 指令查看/目录下的内容。

② 使用 mkdir 指令在用户主目录中创建三个目录，分别以 A、B、C 为名称。

③ 使用 rmdir 指令删除 C 目录。

④ 使用 cd 指令进入 A 目录。

⑤ 使用 mv 指令将以 B 目录移动至 A 目录。

⑥ 使用 rm 指令删除 B 目录。

⑦ 使用 cp 指令将用户主目录下的 bashrc 文件拷贝至 A 目录。

(2) 使用 mount 和 umount 指令。

① 使用 mount 指令加载光驱设备，将光驱加载至/mnt/cdrom。

② 使用 umount 指令将光驱卸载。

③ 加载 U 盘。

(3) 使用 gzip、gunzip、tar 等命令。

① 使用 gzip 指令将用户主目录下的 bashrc 文件压缩成 bashrc.gz。

② 使用 gunzip 指令将 bashrc.gz 文件解压。

③ 使用 tar 指令对用户主目录进行操作(压缩、解压缩、查看内部文件)。

(4) 文本编辑命令。

① 使用 vi，编辑一篇英文文章(内容不少于 20 行)，练习 vi 操作命令。

② 使用 cat 查看文件。

③ 使用 more 命令。

④ 使用 less 命令。

⑤ 使用 head 命令。

⑥ 使用 tail 命令。

(5) 用户与组的管理。

① 使用命令添加名称为 user1、user2、user3、user4 的用户。

② 使用命令设置 user1、user2、user3、user4 用户的密码为 centosuser。

③ 使用命令删除 user2 和 user4 用户。

④ 使用命令添加 group1、group2 和 group3 三个组。

⑤ 使用命令删除 group2 组。

⑥ 使用 who 和 w 指令查看当前登录系统的用户。

⑦ 使用命令看当前用户的 UID 与 GID。

⑧ 使用命令查看当前使用 Shell 的用户名称。

⑨ 使用 su 指令从 root 用户切换至 user1，然后切换回 root 用户。

(6) 权限管理。

① 使用 chmod 指令，在 Linux 系统中设置指定文件的权限。

第 1 步：创建目录 A、B。

第 2 步：使用“ls -l”指令查看以上两个目录的相关权限。

第 3 步：使用 chmod 指令，要求设置 A 目录仅为属主拥有所有权限，其他用户没有任何权限。

第 4 步：使用 chmod 指令，要求使用设置 B 目录的权限为属主拥有所有权限，组成员有读和执行权限，其他用户没有任何权限。

② 使用八进制数字法设置文件权限。

第 1 步：创建目录 C、D。

第 2 步：使用“ls -l”指令查看以上两个目录的相关权限。

第 3 步：使用 chmod 指令，要求设置 C 目录的权限为所有人都拥有所有权限。

第 4 步：使用 chmod 指令，要求设置 D 目录的权限为属主拥有读写权限，组成员有读和执行权限，其他用户没有任何权限。

③ 使用 chown 指令，设置文件的属主。

第 1 步：创建目录 E。

第 2 步：使用“ls -l”指令查看以上两个目录的相关权限。

第 3 步：使用 chown 指令将 E 文件的属主更改为 user1。

3. 管理 Linux 系统

(1) 磁盘管理。

使用 df、du、mount 等命令对硬盘进行管理。

[选做]在虚拟机添加一块新磁盘，使用 fdisk 进行分区，使用 mount 进行挂载，对分区进行格式化。

(2) 软件包管理。

使用 yum 命令安装、查询、卸载 rpm 软件包。

[选做]rpm 软件包管理。使用 rpm 命令安装、查询、卸载 rpm 软件包。

[选做]使用软件源代码进行编译安装。

(3) 配置常规网络参数。

① 配置主机名。

② 修改 IP 地址、子网掩码等参数。

③ 禁用网卡。

④ 启用网卡。

⑤ 使用 route 命令设置网关，查看本机路由表。

⑥ 使用 nmtui 命令进行网络配置。

(4) 设置 DNS(修改 resolv.conf)。

4. 配置与管理 DHCP 服务器

按照规划，需要构建一台 DHCP 服务器来解决 IP 地址动态分配的问题，要求能够分

配 IP 地址以及网关、DNS 等其他网络属性信息。

企业 IP 地址规划如下。

(1) 企业 DHCP 服务器 IP 地址为 192.168.1.12。

(2) DNS 服务器的域名为 dns.testweb.com.cn，IP 地址为 192.168.1.11。

(3) Web 服务器 IP 地址为 192.168.1.10。

(4) 网关地址为 192.168.1.1。

(5) 其他待分配主机地址范围为 192.168.1.2 到 192.168.1.150。

(6) 为管理计算机分配保留地址：192.168.1.150。

(7) 排除地址是 192.168.1.10 ~ 192.168.1.20，掩码为 255.255.255.0。

5. 配置与管理 DNS 服务器

企业已经有自己的网站，员工希望通过域名来进行访问，同时，员工也需要访问 Internet 上的网站。该企业已经申请了域名 testweb.com.cn。

要求在企业内部构建一台 DNS 服务器，为局域网中的计算机提供域名解析服务。该 DNS 服务器管理 testweb.com.cn 域的域名解析。

(1) DNS 服务器的域名为 dns.testweb.com.cn，IP 地址为 192.168.1.11。

(2) 需要为客户提供以下主机的域名解析。

① 财务部域名(cw.testweb.com.cn：192.168.1.11)。

② 销售部域名(xs.testweb.com.cn：192.168.1.11)。

③ 管理机域名(gl.testweb.com.cn：192.168.1.150)。

④ OA 系统(oa.testweb.com.cn：192.168.1.11)。

6. 配置与管理企业网站

(1) 企业网站域名为 www.testweb.com.cn。

(2) 使用 192.168.1.13 和 192.168.1.14 两个 IP 地址，创建基于 IP 地址的虚拟主机。其中 IP 地址为 192.168.1.13 的虚拟主机对应的主目录为/var/www/ipweb2，IP 地址为 192.168.1.14 的虚拟主机对应的主目录为/var/www/ipweb3。

(3) 创建基于 xw.testweb.com.cn、xs.testweb.com.cn 和 oa.testweb.com.cn 三个域名的虚拟主机，域名为 xw.testweb.com.cn 的虚拟主机对应的主目录为/var/www/xw，域名为 xs.testweb.com.cn 的虚拟主机对应的主目录为/var/www/xs，域名为 oa.testweb.com.cn 的虚拟主机对应的主目录为/var/www/oa。

(4) 创建企业测试网站，端口地址为 8421(或自己选择一个端口地址)。

7. 安全管理

(1) 安装系统补丁程序(#yum update)。

(2) 检查账号系统安全性。

(3) 为用户使用安全的密码。

(4) 为用户进行权限访问管理。

(5) 配置防火墙，提升安全性。

8. 日常管理

(1) 监控系统运行状况。
(2) 配置远程管理功能。
(3) 添加定时任务。
(4) 定期备份。
(5) 把常用功能和操作写成 Shell 脚本并运行。

参 考 文 献

[1] 王亚飞，王刚. CentOS 7 系统管理与运维实战[M]. 北京：清华大学出版社，2016.

[2] 杨云. 网络服务器搭建、配置与管理 - Linux 版[M]. 2 版. 北京：人民邮电出版社，2015.

[3] 洪伟. Linux 操作系统项目化教程[M]. 北京：清华大学出版社，2013.

[4] 鸟哥. 鸟哥的 Linux 私房菜 - 服务器架设篇[M]. 3 版. 北京：机械工业出版社，2012.